中国矿业大学教材建设工程资助教材

土木工程测试

（第二版）

主　编　宋　雷
副主编　张　勇

中国矿业大学出版社

内 容 提 要

本书以具体的工程实践为依托，内容涵盖了土木工程测试的全过程，建立了从理论到实践的完整的知识体系。其中在基础知识部分，针对各种测试方法，介绍了其构造、原理、适用条件、工程应用，并给出了各种典型物理量的测试系统构成。在工程应用部分，结合典型工程，分析工程特点，从监测方案设计到监测数据分析提供了完整的监测案例。

编者主要参照土木工程专业的教学大纲，根据多年从事土木工程测试技术研究和教学的经验，在参考了大量相关规范、教材、论文和工程资料的基础上编写了本教材。本教材实用性强，能够满足土木工程专业学生的学习需求和土木工程测试技术的教学要求。

图书在版编目(CIP)数据

土木工程测试 / 宋雷主编. —2 版. —徐州 ：中国矿业大学出版社，2019.7

ISBN 978 - 7 - 5646 - 4086 - 6

Ⅰ. ①土… Ⅱ. ①宋… Ⅲ. ①土木工程—建筑测量 Ⅳ. ①TU198

中国版本图书馆 CIP 数据核字(2018)第 183517 号

书　　名　土木工程测试
主　　编　宋　雷
责任编辑　杨　洋
出版发行　中国矿业大学出版社有限责任公司
　　　　　　(江苏省徐州市解放南路　邮编 221008)
营销热线　(0516)83884103　83885105
出版服务　(0516)83995789　83884920
网　　址　http://www.cumtp.com　**E-mail**:cumtpvip@cumtp.com
印　　刷　江苏淮阴新华印务有限公司
开　　本　787×1092　1/16　**印张** 15.75　**字数** 395 千字
版次印次　2019 年 7 月第 2 版　2019 年 7 月第 1 次印刷
定　　价　28.00 元

第二版前言

土木工程测试具有显著的开放性，它与土木工程的发展和进步相辅相成、相互促进。土木工程测试需要不断借鉴和采纳相关学科（尤其是传感器、测试技术、自动控制等）的最新成果，从而推动土木工程科技进步。因此，土木工程测试具有显著的学科交叉特点，始终处于土木工程学科发展和进步的前沿，这也是本教材进行修订的内在原因。

本教材在第一版教材的基础上，根据实际使用过程中的师生反馈，编者对教材中图表、结构进行了进一步的补充和完善。每一章最后提供了习题，以备读者更好地掌握主要学习内容。在第 6 章中增加一节，介绍了 Origin 在回归分析中的应用，并给出了工程实例。

本版教材的修订工作由中国矿业大学宋雷教授和李海鹏副教授承担，其中宋雷教授主要负责统筹和全书的校订工作，李海鹏副教授负责第 3 章和第 6 章的修订。中国矿业大学博士研究生陈贵武、王国柱、王煜以及硕士研究生杨光照等参与了部分章节的修订，在此表示衷心感谢。

编　者

2018 年 12 月 15 日

第一版前言

土木工程勘察、设计、施工、验收和使用各个环节，均需定量评估建（构）筑物的质量及其对周边环境的影响，往往需要开展土木工程测试。目前，测试技术已渗透到土木工程的各个领域，成为工程监测和科学研究的重要手段。对于土木工程专业的技术人员来说，工程测试是一门技术基础课和必修课。编者依据《2012 版高等学校土木工程本科指导性专业规范》，根据多年从事土木工程测试技术研究和教学的经验，并参考了相关教材、论文和工程资料，编写了本教材。

与一般的工程测试技术不同，土木工程测试中所采用的测试仪器、处理方法和方案设计有其自身的特点。本书的主要特点是系统性强、注重实际应用。本书重点讲述目前土木工程测试中常用的传感器和测试系统，并结合其具体的工程背景展开介绍，力求使读者能够掌握土木工程测试技术的基础知识和基本技能，并了解其最新进展。

本教材是由中国矿业大学深部岩土力学与地下工程国家重点实验室宋雷教授担任主编，中国矿业大学力建学院张勇副教授担任副主编，中国矿业大学力建学院韩涛博士、张弛博士、张营营博士及河南城建学院宋锦虎博士和西安科技大学朱彬博士参加编写工作。全书共八章，具体分工为：宋雷教授负责统稿，并编写绪论和第 4 章、第 8 章之第 2、3、4 节，张勇副教授负责第 5 章和第 7 章，韩涛博士、张驰博士、宋锦虎博士、朱彬博士和张营营副教授分别负责第 1、2、3、6 章和第 8 章之 1、5 节。

本教材由中国矿业大学黄家会教授主审，杨维好教授、岳丰田教授、王衍森教授、崔振东教授、李海鹏副教授、任彦龙副教授、石荣建副教授、杨志江博士、陆路博士等对本书的编写提出了大量的宝贵意见和建议，在此表示衷心的感谢。本教材的编写参考并引用了大量的相关领域专著、教材以及有关单位的研究成果和技术报告，在此谨致谢忱。本教材的编写得到了“十二五”教材建设计划的资助，在此表示衷心的感谢。

受编者水平所限，本教材中难免存在不当之处，敬请读者和同行予以批评指正。文中引用了本单位和合作单位的部分内部资料，未能在文中一一标注，在此表示歉意和感谢。

编　者

2016年5月于徐州

目　录

绪　论

土木工程承载着不同时代的文明特征，是人类伟大事业的标志之一。土木工程建设就是人类不断挑战自我，发挥自身创造力，尝试各种新材料、新工艺、新结构和新技术的过程。这个过程离不开大量的工程实践、工程测试和经验总结，其中一个重要的环节就是土木工程测试。据不完全统计，在土木工程类学术期刊公开发表的研究性论文中，测试及与之相关的论文达60%以上。

(1) 土木工程测试的概念和特点

广义来看，测试是人的本能，包括视觉、听觉、嗅觉、味觉、触觉等，是人类感知或测试周围环境的基本技能。但是在实际工程中，单纯依赖人的知觉往往无法精确感知材料和结构的荷载、内力和变形等参数的微小变化，这时就需要借助工程测试的方法和技术手段。

工程测试是测量和试验技术的总称，是实验科学的重要环节，其核心是研究物理量的测量原理和信号分析处理方法，它是进行科学实验研究和生产过程参数测量必不可少的手段。测试技术广泛应用于各种工程及科研领域，如航空航天、机械电子、道路交通、建筑、生物、医学等。在自动化过程中，参数的检测、反馈、调控，现场的实时检测与监控以及试验过程中的参数测量与分析广泛应用。测试技术水平已成为衡量国家科技发展水平的重要标志之一，其功用主要体现在：各种参数的测定；自动化过程中参数的检测、反馈、调控；现场的实时检测与监控；试验过程中的参数测量与分析等。

具体到土木工程领域，土木工程测试是指在土木工程结构物或试验对象上，使用仪器设备和工具，采用各种试验技术手段，在各种荷载（重力、机械扰动力、地震力、风力等）或其他因素（温度、变形）的作用下，通过量测与结构工作性能有关的各种参数，判明结构的实际工作性能，估计结构的承载力，确定结构对使用要求的符合程度，并用以检验和发展土木工程的设计和计算理论的技术和方法的统称。它是土木工程结构科学研究的重要手段，也是土木工程试验、结构检测、监测的技术基础，服务于土木工程建设的施工、验收和使用各个阶段。

与一般的工程测试技术（如机械工程测试）相比，因所面向的工程对象的建造与使用条件的不同，土木工程测试有其自身的特点。土木工程建设和使用周期长，要求相应的传感器和监测系统需要满足长期稳定性要求；土木工程所处的环境更为复杂，既有地面结构、道桥，又有地下的基础、隧洞等，要求测试系统能够适应高围压、高温差、潮湿、腐蚀、动载等环境条件，并需要对其环境影响进行校验；土木工程所涉及的材料有混凝土、砖石、钢筋等非均质材料，而机械工程中多为均质的金属或塑料材料，埋设在土工材料中的传感器将不可避免受到周围介质的影响，实现高精度测试及分析的难度更大。

因此，在土木工程测试中，需要根据工程的实际情况，依照相关规范规程，选择适当的测试方法和仪器设备，合理地布设测试传感器，严格校验测试数据，并通过土木工程的相关知识分析测试数据中所蕴含的科学规律。

(2) 土木工程测试的由来

土木工程测试是科学性、实践性很强的活动，是研究和发展新材料、新体系、新工艺以及探索结构设计新理论的重要手段，在工程结构科学研究和技术革新方面起着重要的作用。以"受弯梁横截面应力分布"的认识过程为例，1638 年伽利略认为受弯梁横截面应力分布是均匀受拉的；1684 年，马里奥托和莱布尼兹认为受弯梁横截面上应力呈三角形分布；1713 年，巴朗提出了中性层假设——一边受拉，另一边受压，但因无法验证而未被接受。1767 年容格密里首先用简单的试验方法，令人信服地证明了断面上压应力的存在。他在一根简支梁的跨中，沿上缘受压区开槽，槽的方向与梁轴垂直，槽内塞入硬木垫块。试验证明，这种梁的承载能力丝毫不弱于整体的未开槽的木梁。这说明只有上缘受压力才可能有这样的结果。当时，科学家们对容格密里的这个试验给予极高的评价，誉为"路标试验"。1821 年，拿维叶从理论上推导了应力分布公式，二十多年后，阿莫列恩完成试验验证。

模型试验是土木工程研究的重要手段，通过对小尺度试验模型的测试，可以使人们获得对大尺度原型工程的变形、内力和可靠度的认识。1772 年，俄工程师库利宾验证一座跨长 298.76 m 的木拱桥的可靠性(1∶10 的模型)。19 世纪中叶，俄工程师茹拉夫斯基用弦测探求斜杆桁架中的内力分布情况。1846 年英国罗伯特・斯坦福森等人对一座管形结构铁桥做了模型试验。19 世纪末，随着大跨度桥梁和大型建筑物的出现，要求确知结构可靠性能、承载能力、长期安全荷载大跨度；编制结构设计规范，推广经验，用精密仪器和设备来进行测试，测取各种数据，对数据进行分析和研究，进入了采用测试技术研究土木工程的时期。第二次世界大战结束到 20 世纪 60 年代末，是土木工程测试的推广发展阶段，随着高层建筑、大跨度桥梁、长隧道和高大坝的发展，模型试验得到了推广和发展，美、英、法、德、日先后建立了大型的土木工程试验室，为新材料、新结构和新工艺的研制发挥了重大作用。

20 世纪 80 年代以来，电子技术、信息技术的发展，为土木工程测试解决更为复杂的研究课题提供了有力手段。尤其进入 21 世纪后，无损检测技术和动态仿真计算技术的应用，使得超前预测重大和复杂的土木工程的安全状况成为可能，土木工程测试进入了新的阶段，并在施工过程控制中起到了越来越重要的作用。以隧道施工的新奥法为例，新奥法的核心在于充分发挥围岩的自承能力，通过监测围岩变形和应力等参数，适时施做支护结构以控制隧洞的变形；再以国家体育场"鸟巢"为例，其所采用的巨型空间马鞍形钢桁架编织式"鸟巢"结构，安装精度要求高、焊接难度大、空间构件的稳定难度大，需要在工程中通过精准的位移测试、无损的焊缝检测等来予以保证。

(3) 土木工程测试的发展趋势

传感器的研发和应用代表着一个国家科学研究的水平，是航空航天、超深钻孔、军工装备和医学检测等领域的核心技术。新材料的发明和新的物理、化学、生物效应的发现，为开发新型传感器提供了可能。集成芯片、人工智能技术的进步，促进了高度集成的、多功能的、微型化与智能化的传感器的研发。近年来，分布式光纤传感器、CCD 传感器、生物传感器、非晶体合金传感器、超导体传感器、液晶传感器、薄膜传感器、微传感器、智能传感器、模糊传感器(学习型传感器)等相继被研发出来。其中，光纤传感器因其灵敏度高、适应性强等优点，已经在土木工程中得到了广泛的应用，在本教材中将着力予以呈现。

无损检测是工业发展必不可少的有效工具，在一定程度上反映了一个国家的工程技术发展水平，其重要性已得到公认。近年来，无损检测技术也被广泛应用到建筑工程质量检测中，声发射、相控阵超声（B超）、层析成像（CT）、探地雷达、红外、非线性超声等检测技术为土木工程研究提供了新的有力的工具。

在数据采集与处理方面，计算机虚拟仪器技术是一大进步，计算机加仪器板卡现已替代了传统的、功能单一的大型仪器，如示波器、XY函数记录仪等。此外，通过计算机软件来替代硬件中的分析电路，已实现测试数据采集与处理的集成化和智能化。为此，本教材中未单列测试系统的组成及其系统特性，而是将其放在第1章中进行介绍。

在试验技术方面，试验设备越来越大型化、多功能化，同时其测试精度不断提高，为开展深部地下工程、大跨度结构和超高层建筑的试验研究提供了条件；同时，测试仪器，包括传感器和二次仪表，越来越小型化、集成化和智能化；计算机模拟试验技术的应用，使研究者可以实现加载、测试和后处理的全程自动控制，提高了试验的精度。土木工程试验往往是破坏性的、不可逆的，所以其成本高，难再现。高精度的测试技术可实时获得结构的应力、应变、荷载等全程动态数据，为通过结构非破损试验分析结构的承载性能提供了基础。此外，通过自设的信号基站、公共电信网络或卫星载波传递，可实现测试数据的远程无线遥测，该技术在土木工程测试中应用也越来越广泛。

总之，土木工程测试是高等工科学校土木工程专业的一门技术基础课和必修课程。测试技术已渗透到土木工程各个领域，成为工程监测和科学研究的重要手段。通过本教材的学习，使读者具备工程测试的基本知识和基本理论，了解测试系统的组成和测试仪表的选择方法，掌握传感器的工作原理、构造、性能和标定方法，并掌握温度、力、压力、位移、应变、振动、流量等常见物理量的测量方法，为从事土木工程施工、设计和科研工作打下必要的基础。

第1章 传 感 器

(1) 传感器的定义

根据我国国家标准《传感器通用术语》(GB/T 7665—2005),传感器定义为能够感受规定的被测量(主要为各种非电的物理量、化学量、生物量等)并按照一定规律转换成(便于应用、处理)可用输出信号(通常为电参量)的器件和装置,通常由敏感元件和转换元件组成。传感器的典型组成如图 1-1 所示。

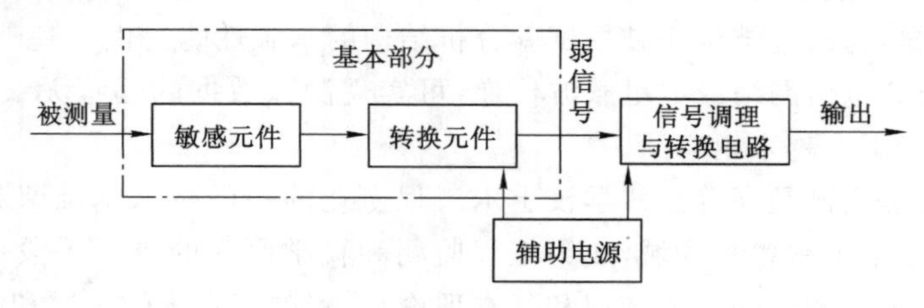

图 1-1 传感器的典型组成部分

传感器的定义包含以下几个方面的内容:① 传感器是一种实物测量装置,可用于对指定被测量进行检测;② 传感器能感受某种被测量(传感器的输入量),如某种非电的物理量、化学量、生物量的大小,并把被测量按一定规律转换成便于人们应用、处理的另一参量(传感器的输出值),通常为电参量。③ 在其规定的精确度范围内,传感器的输出量与输入量具有对应关系。

根据传感器的定义,传感器的基本组成部分为敏感元件和转换元件两部分,分别完成检测和转换两个基本功能。敏感元件是指传感器中能直接感受和响应被测量的部分;转换元件是指传感器中能将敏感元件的感受或响应的被测量转换成适于传输和测量的电信号部分。值得指出的是,一方面,并不是所有的传感器都能明显地区分敏感元件和转换元件两个部分,如半导体气敏或湿度传感器、热电偶、压电晶体、光电器件等,它们一般是将感受到的被测量直接转换为电信号输出,即将敏感元件和转换元件的功能合二为一;另一方面,只由敏感元件和转换元件组成的传感器通常输出信号弱,还需要信号调理与转换电路将输出信号进行放大并转换为容易传输、处理、记录和显示的格式。信号调理与转换电路的作用:一是将来自传感器的信号转移和放大,使其更适于作进一步处理和传输,多数情况下是将各种电信号转换成电压、电流、频率等少数几种便于测量的电信号;二是进行信号处理,即对经过转换的信号,进行滤波、调制或解调、衰减、运算、数字化处理等。常见的信号调理与转换电路有放大器、电桥、振荡器、电荷放大器等。另外,传感器的基本部分和信号调理与转换电路还需要辅助电源提供工作能量。

(2) 传感器的分类

传感器种类繁多,其分类方法也较多。传感器常见的分类方法如表 1-1 所示。

土木工程测试中,需测量的物理量大多数为非电量,如位移、压力、应力、应变、温度、加速度等。本章以土木工程测试为背景，主要介绍土木工程测试中常涉及和普遍使用的电阻式传感器、振弦式传感器、光纤光栅传感器、压电式传感器、电容式和电感式传感器和其他类型传感器。

表 1-1 **传感器的分类**

分类方法	传感器的种类	说　明
按传感器输入参量分类	位移传感器、压力传感器、温度传感器、一氧化碳传感器等	传感器以被测参量命名
按传感器转换机理(工作原理)分类	电阻式、振弦式、电容式、电感式、压电式、超声波式、霍尔式等	以传感器转换机理命名
按物理现象分类	结构型传感器	传感器依赖其结构参数的变化实现信息转换
	物性型传感器	传感器依赖其敏感器件物理特性的变化实现信息转换
按能量关系分类	能量转换型传感器	传感器直接将被测对象的能量转换为输出能量
	能量控制型传感器	由外部供给传感器能量，由被测量大小比例控制传感器的输出能量
按输出信号分类	模拟式传感器	将被测量的非电学量转换成模拟量
	数字式传感器	将被测量的非电学量转换成数字量(直接或间接转化)

1.1 电阻式传感器

电阻式传感器是把被测量(如位移、力等参数)转换为电阻变化的一种传感器，本节主要介绍电位器式传感器、电阻应变式传感器、热电阻式传感器。

1.1.1 电位器式传感器

电位器是具有三个引出端、阻值可按某种变化规律调节的电阻元件，是可变电阻器的一种。电位器的作用是调节电压(含直流电压与信号电压)和电流的大小。电位器通常由电阻体和转动或滑动系统(可移动的电刷)组成。电位器是由电阻率很高的绝缘细导线在绝缘骨架上密绕而成，由弹性金属片或金属丝制成的电刷在一定的压力下与导线绕组保持接触并能移动。当电阻体的两个固定触点之间外加一个电压时，通过转动或滑动系统改变触点在电阻体上的位置，在动触点与固定触点之间便可得到一个与动触点位置成一定关系的电压。

电位器主要是一种把机械的线位移或角位移输入量转换为与其成一定函数关系的电阻或电压输出的传感元件来使用。电位器常做成变阻器和分压器两种，变阻器是电阻输出，而分压器是电压输出。线性电位器的理想空载特征曲线应具有严格的线性关系，电位器式位移传感器原理图如图 1-2 所示，如果把它作为电阻器使用，且假定全长为 x_{max} 的电位器总电阻为 R_{max}，电阻沿长度的分布是均匀的，则当滑臂由 A 向 B 移动 x 后，A 到滑臂间的阻值为 R_x。

$$R_x = \frac{x}{x_{max}} \cdot R_{max} \tag{1-1}$$

如把它作为分压器使用，且假定加在电位器 A，B 之间的电压为 U_{max}，则输出电压为

$$U_x = \frac{x}{x_{\max}} \cdot U_{\max} \tag{1-2}$$

图 1-3 所示为电位器式角度传感器,如作为变阻器使用,则电阻值与角度的关系为

$$R_\alpha = \frac{\alpha}{\alpha_{\max}} \cdot R_{\max} \tag{1-3}$$

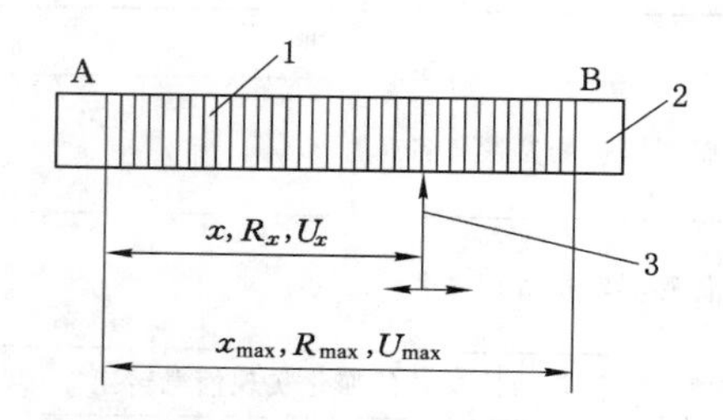

图 1-2　电位器式位移传感器原理图

1——电阻丝;2——骨架;3——滑臂

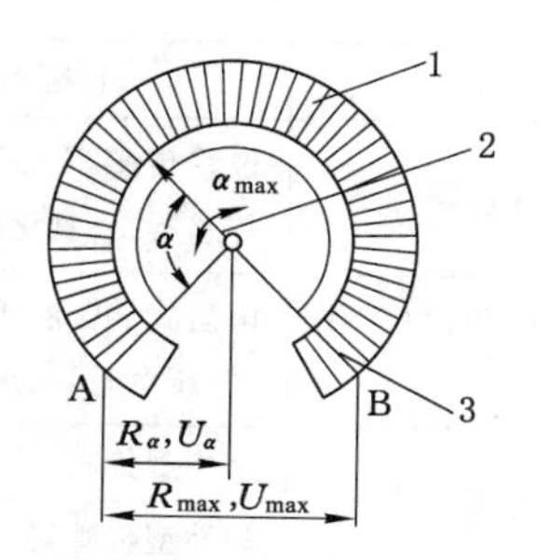

图 1-3　电位器式角度传感器

1——电阻丝;2——滑臂;3——骨架

如作为分压器使用,则有

$$U_\alpha = \frac{\alpha}{\alpha_{\max}} \cdot U_{\max} \tag{1-4}$$

电位器式位移传感器的可动电刷与被测物体相连,物体的位移引起电位器移动端的电阻变化,阻值的变化量反映了位移的量值,阻值的增加还是减小则表明了位移的方向。图 1-4 为电位器式位移传感器的结构,其中 3 为输出轴,电阻丝 1 缠绕在绝缘骨架上,触点 2 沿着电阻丝的裸露部分滑动,并由导电片 4 输出。

电位器式压力传感器是利用弹性元件(如弹簧管、膜片或膜盒)把被测得的压力变换为弹性元件的位移,并使此位移变为电刷触电的移动,从而引起输出电压或电流相应的变化。图 1-5 为远程压力表原理图,它是由一个弹簧管和电位器组成的压力传感器。图 1-6 为另一种电位器式压力传感器的工作原理,其弹性敏感元件膜盒的内腔通入被测流体压力,在此压力作用下,膜盒中心产生位移,推动连杆上移,使曲柄轴带动电刷在电位器电阻丝上滑动,同样输出与被测压力成正比的压力信号。

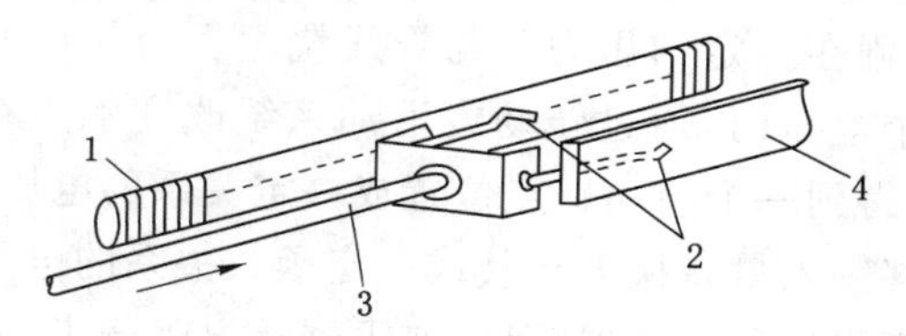

图 1-4　电位器式位移传感器原理图

1——电阻丝;2——触点;3——输出轴;4——导电片

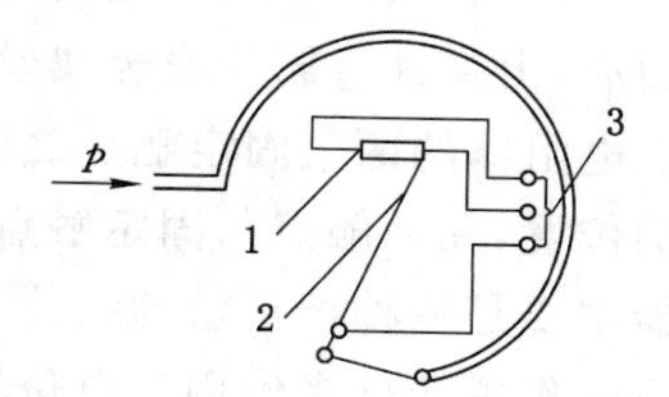

图 1-5　压力传感器原理图

1——电位器;2——电刷;3——输出端子

电位器式传感器的优点是结构简单、使用方便、稳定性和直线性较好。其主要器件为变阻器,可根据需要做成不同的形状,而得到的位移量与输出电量成线性或非线性的关系。电位器式传感器是测试技术中常用的一种机电参数转换元件,其功能是把输入的机械位移转换成与位移有确定函数关系的电阻,并引起输出电压或电流的变化。当它配上各种弹性元件和传动

机构，主要用于测量位移、压力、加速度、航面角等各种参数，还可用来测量液压、温度、速度和加速度等参数。

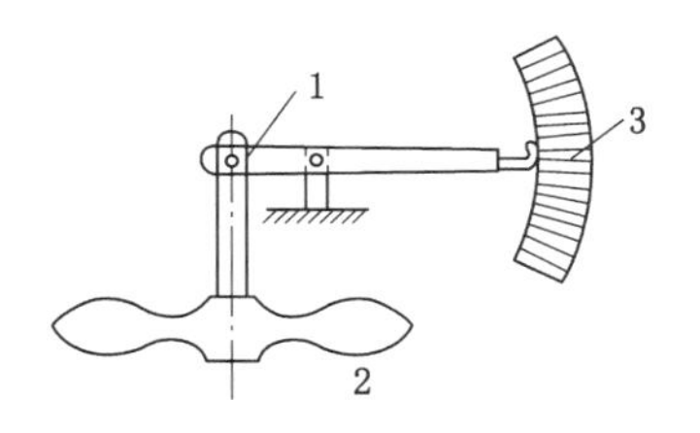

图 1-6 膜盒电位器式压力传感器原理图

1——杠杆；2——膜盒；3——电位器

1.1.2 电阻应变式传感器

电阻应变式传感器的工作原理是基于电阻应变效应，其结构通常由应变计、弹性元件和其他附件组成。根据电阻应变效应先将被测量转换成应变，再将应变量转换成电阻，所以它也是电阻式传感器的一种，得到了广泛的应用。

(1) 金属材料的电阻应变效应

应变片的工作原理是电阻应变效应，即应变片线材（金属丝或箔片）电阻值随着构件受力变形（伸长或缩短）而发生改变的物理现象。

以丝式应变片为例，金属丝电阻值 $R(\Omega)$ 和电阻率 $\rho(\Omega \cdot \mathrm{mm}^2/\mathrm{m})$、栅长 $L(\mathrm{m})$、横截面面积 $A(\mathrm{mm}^2)$ 之间的关系为

$$R=\rho\frac{L}{A}=\rho\frac{L}{\pi r^2} \tag{1-5}$$

一般当一根金属丝承受轴向拉力产生机械变形时，它的长度增加，横截面面积 A 减小，电阻率 ρ 也将发生变化。对式(1-5)全微分后，得到

$$\frac{\mathrm{d}R}{R}=\frac{\mathrm{d}\rho}{\rho}+\frac{\mathrm{d}L}{L}-2\frac{\mathrm{d}r}{r} \tag{1-6}$$

式中 $\frac{\mathrm{d}L}{L}$——电阻丝的轴向应变，$\frac{\mathrm{d}L}{L}=\varepsilon_x$；

$\frac{\mathrm{d}r}{r}$——电阻丝的径向应变，$\frac{\mathrm{d}r}{r}=\varepsilon_y$。

在弹性范围内，根据材料力学原理，电阻丝的轴向应变与径向应变存在如下关系：

$$\varepsilon_y=-\mu\varepsilon_x \tag{1-7}$$

式中 μ——金属丝材料的泊松比，负号表示两者变化方向相反。

将上式代入式(1-6)中，得到

$$\frac{\mathrm{d}R}{R}=\frac{\mathrm{d}\rho}{\rho}+\frac{\mathrm{d}L}{L}-2\frac{\mathrm{d}r}{r}=\frac{\mathrm{d}\rho}{\rho}+(1+2\mu)\varepsilon_x \tag{1-8}$$

电阻丝电阻率变化与体积变化率存在线性关系，即

$$\frac{\mathrm{d}\rho}{\rho}=m\frac{\mathrm{d}V}{V} \tag{1-9}$$

式中 m——常数，给定的材料和加工方法时 m 为定值；

V——金属材料的体积。

在单向受力状态下，体积变化率可表示为

$$\frac{\mathrm{d}V}{V}=\frac{\mathrm{d}L}{L}+\frac{\mathrm{d}(\pi r^2)}{r}=(1-2\mu)\varepsilon_x \tag{1-10}$$

式(1-9)、式(1-10)代入式(1-6)中得

$$\frac{\mathrm{d}R}{R}=\frac{\mathrm{d}\rho}{\rho}+\frac{\mathrm{d}L}{L}-2\frac{\mathrm{d}r}{r}=\frac{\mathrm{d}\rho}{\rho}+(1+2\mu)\varepsilon_x=[1+2\mu+m(1-2\mu)]\varepsilon_x=k_0\varepsilon_x \tag{1-11}$$

式中　k_0——金属丝对应变的灵敏系数，$k_0=1+2\mu+m(1-2\mu)$。

可见，当材料确定时，k_0 仅为金属材料泊松比 μ 的函数。

式(1-11)表明，金属材料电阻的相对变化与其轴向应变成正比，称为金属材料的电阻应变效应，对于金属材料的 k_0，前半部分是受力后金属丝几何尺寸改变所引起的，后半部分则是材料的电阻率变化所引起的。金属材料的电阻应变效应主要以结构尺寸变化为主。各种材料金属丝的灵敏系数由实验测定，某些金属(如康铜、镍合金等)的应变与电阻值变化率之间存在线性关系。

基于金属材料的电阻应变效应原理，主要用于测量位移、压力、加速度、扭矩等，配合各种弹性元件和传动机构，可制成检测不同物理量的多种传感器，如应变式拉压力、荷重、位移、压力、加速度、扭矩传感器等。

(2) 半导体材料的电阻应变效应

对于半导体材料，电阻率变化与材料受力和变形之间存在线性关系，即

$$\frac{\mathrm{d}\rho}{\rho}=\pi\sigma=\pi E\varepsilon_x \tag{1-12}$$

式中　σ——作用于材料的轴向应力；

π——半导体材料在受力方向上的压阻系数；

E——半导体材料的弹性模量。

$$\begin{aligned}\frac{\mathrm{d}R}{R}&=\frac{\mathrm{d}\rho}{\rho}+\frac{\mathrm{d}L}{L}-2\frac{\mathrm{d}r}{r}=\frac{\mathrm{d}\rho}{\rho}+(1+2\mu)\varepsilon_x\\&=\pi E\varepsilon_x+(1+2\mu)\varepsilon_x=(1+2\mu+\pi E)\varepsilon_x=k_s\varepsilon_x\end{aligned} \tag{1-13}$$

式中　$1+2\mu+\pi E$——半导体材料的电阻应变系数，称为半导体材料的电阻应变效应。

对于半导体材料的 k_s，前半部分同样是由几何尺寸变化引起的；后半部分则是由半导体材料的压阻效应引起的。半导体材料的电阻应变效应主要基于压阻效应。使用半导体材料应变片时，应采取温度补偿和非线性补偿措施。

常用的应变片灵敏度系数：金属导体应变片灵敏度系数约为 2，但不会超过4～5；半导体材料应变片灵敏度系数为 100～200。可见，半导体材料应变片的灵敏度系数比金属材料的灵敏度系数大几十倍。此外，根据选用的材料或掺杂多少的不同，半导体应变片的灵敏度系数可以做成正值或负值，即拉伸时应变片电阻值增加或降低。

1.1.3　热电阻式传感器

(1) 热电阻传感器

热电阻传感器是利用某些金属导体的电阻率随温度变化而变化(或增大，或减小)的特性，制成各种热电阻传感器，用来测量温度，达到将温度变化转换成电量变化的目的。因而，热电阻传感器一般是温度计，金属导体的电阻和温度的关系可用下式表示：

$$R_t=R_0(1+\alpha\Delta t) \tag{1-14}$$

式中　R_t，R_0——温度为 t ℃和 t_0 ℃时的电阻值；

Δt——温度的变化值，$\Delta t=t-t_0$；

α——温度在 $t_0\sim t$ 之间时金属导体的平均电阻温度系数。

电阻温度系数 α 是温度每变化 1 ℃时材料电阻的相对变化值，α 越大，电阻温度计越灵敏。因此，制造热电阻温度计的材料应具有较高、较稳定的电阻温度系数和电阻率，在工作

温度范围内，其物理性质和化学性质稳定。常用的热电阻材料有铂、铜等，其中，铜热电阻常用来测量－50～180 ℃范围内的温度。它可用于各种场合的温度测量，如大型建筑物厚底板温差控制测量等。其特点是：电阻与温度成线性关系，电阻温度系数较高，机械性能好，价格便宜。热电阻温度计的测量电路一般采用电桥，把随温度变化的热电阻或热敏电阻值变换成电信号。

(2) 半导体热电阻传感器

半导体热电阻是由半导体材料做成的电阻，它与一般电阻不同，不仅可具有正的电阻系数，而且还可具有负的电阻温度系数，即当温度升高时，其电阻值反而会减小，且电阻温度系数的绝对值比金属的大4～9倍，因此，它的灵敏度和电阻率高，体积小，可测点温度和固体表面温度，而且结构简单、性能稳定、寿命长。其缺点是复现性和互换性差，电阻值与被测温度成非线性关系。它一般用来测量温度在－100～300 ℃之间的反映温度变化很灵敏的场所，如自动防火报警系统等。

在土工工程中，电阻式传感器结构简单，原理清楚，得到了广泛应用。电阻式传感器与相应的测量电路组成的测力、测压、称重、测位移、加速度、扭矩等测量仪表是土木工程、冶金、电力、交通、石化、生物医学和国防等行业或部门进行结构检测、自动称重、过程检测和实现生产过程自动化等不可缺少的工具之一。

1.2 振弦式传感器

1.2.1 振弦式传感器原理

振弦式传感器工作原理如图1-7所示。图中1为预先拉紧的金属丝弦，该金属丝在振弦式传感器中称为“振弦”，也叫“钢弦”。图1-7(a)中振弦1被置于磁激励线圈和铁芯产生的磁场里，其两端均固定在传感器受力部件3的两个支架2上，且平行于受力部件。而图1-7(b)中振弦1置于两个电磁激励线圈(称双线圈)和铁芯产生的磁场中，被固定于受力部件3的两端，且位于受力部件的轴线上。对压力传感器而言，该受力部件3系指受压板，也叫受压膜或受力膜。当受压板受到外荷载后，产生微小的挠曲，致使支架2产生相对倾角而松弛或拉紧振弦，振弦的内应力发生变化，则使振弦的振动频率相应变化；对应变传感器而言，该受力部件3系指传力应变筒，当应变筒受到外荷载后，产生轴向变形，则钢弦被拉紧或松弛产生内应力的大小由待测的力学参数决定。

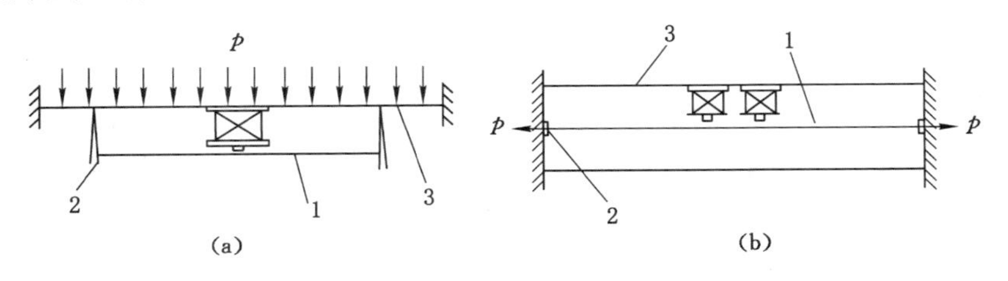

图1-7 振弦式传感器工作原理图

(a) 压力传感器；(b) 应变传感器

1——钢弦；2——支架；3——受力部件

由于振弦的自振频率取决于它的长度、振弦材料的密度和振弦的内应力,故其关系式表示为

$$f=\frac{1}{2L}\sqrt{\frac{\sigma}{\rho}} \tag{1-15}$$

式中 f——振弦振动频率,Hz;

L——振弦长度,m;

ρ——振弦的密度,kg/m³;

σ——振弦所受的张拉应力,MPa。

由式(1-15)可见,对于振弦的密度和长度为定值的钢弦,其自振频率由钢弦的内应力决定,所以内应力可用自振频率来表示。由于振弦被置于磁场中,因此它在振动时在线圈中感应出电势。感应电势的频率就是钢弦振动的频率。因此测出感应电势的频率就可以知道钢弦的振动频率,也就知道了待测的振弦内应力的大小。

振弦内应力的变化为

$$\Delta\sigma=K(f^2-f_0^2) \tag{1-16}$$

式中 f——受力后振弦的频率,Hz;

f_0——未受力时振弦的频率,Hz;

K——标定系数,与传感器构造等有关的常数。

当被测参量发生变化时,振动元件的固有振动频率随之改变,通过相应的测量电路就可得到与被测参量成一定关系的电信号。以拉紧的金属弦作为敏感元件,利用振动元件把被测参量转换为频率信号的传感器称为钢弦式传感器,又称为振弦式传感器或频率式传感器。振弦的材料与质量直接影响传感器的精度、灵敏度和稳定性。钨丝的性能稳定、硬度、熔点和抗拉强度都很高,是常用的振弦材料。此外,还可用提琴弦、高强度钢丝、钛丝等作为振弦材料。振弦式传感器由振弦、磁铁、夹紧装置和受力机构组成,振弦一端固定、一端连接在受力机构上,利用不同的受力机构可做成测压力、扭矩或加速度等的各种振弦式传感器。振弦式传感器按被测物理量可分为力传感器、压力传感器、位移传感器等。振弦式力传感器包括应变计、钢筋测力计、锚杆应力计、锚索测力计、反力计等;振弦式压力传感器主要包括孔隙水压力计、土压力计等;振弦式位移传感器主要包括位移计、测缝计、测斜仪、沉降仪等。在土木工程测试中,振弦式传感器常用于测量力、位移、应力和应变等。

1.2.2 振弦式测力传感器

测力传感器主要用于分布和集中荷载的量测,是工业和工程测试中用得较多的传感器。

(1) 振弦式土压力传感器

振弦式压力盒构造简单,测试结果比较稳定,受温度影响小,易防潮,可用于长期观测,故在地下工程和岩土工程现场测试和监测中得到广泛应用。其缺点是灵敏度受压力盒尺寸的限制,且不能用于动态测试。图 1-8 所示是测定地下结构和岩土体压力常用振弦式压力盒的构造图,当表面刚性板 1 受力后,发生挠曲,带动两个支架 12 向两侧拉开,振弦被拉紧,使得振弦应力发生变化,以致弦的自振频率发生相应变化,根据频率变化测定膜片所受压力的大小,通过预先标定的传感器压力与振动频率的标定曲线,就可换算出所要测定的土压力量值。

土压力传感器的研制和使用已有几十年的历史,在路基、挡土墙、坝体以及隧道和地下

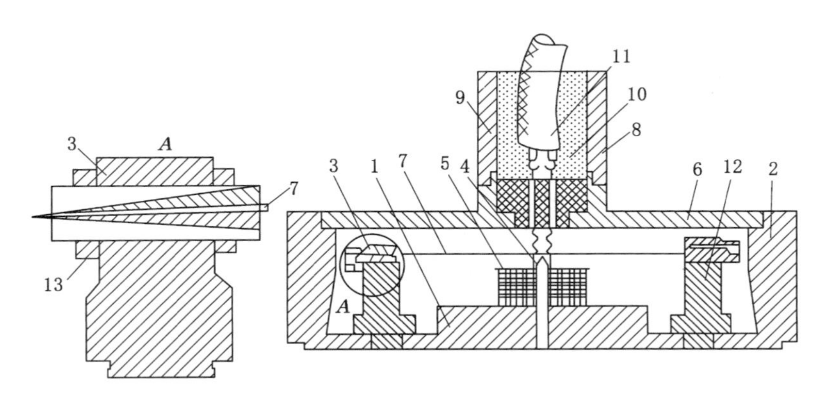

图 1-8 振弦式压力盒的构造图

1——承压板；2——底座；3——钢弦夹；4——铁芯；5——电磁线圈；6——封盖；7——振弦；8——塞；9——引线管；10——防水涂料；11——电缆；12——钢弦架；13——拉紧固定螺栓

隧道等地下结构工程测试中，振弦式土压力传感器得到了广泛应用。

(2) 振弦式流体压力传感器

流体压力的量测中采用的各种类型的传感器其受压面都很小，但也能满足要求，因为流体介质是均质的，不像固体介质特别是土壤、岩石等那样复杂，所以，量测流体压力的传感器只要满足量程在弹性范围内和防水等要求即可。

(3) 振弦式孔隙水压力传感器

由于土壤的强度和变形特性受有效应力控制，如果不了解有效应力，就无法确定地层强度和结构物的稳定性，但直接测定土壤颗粒所承受的有效应力是不可能的，因此有必要用土压力传感器测总应力，减去用孔隙水压力传感器测得的孔隙水压力，求得有效应力。

工程测试中所用的孔隙水压力传感器，其结构大致与土压力传感器相同，而不同之处在于：为了把水压从总压力中分离出来，孔隙水压力传感器在结构上需要有一个过滤部件，即在土压力传感器上增加一块透水石及固定透水石的装置。

(4) 振弦式摩擦力传感器

振弦式摩擦力传感器在工程测试中用以量测沉井、簿壳基础以及打入桩等与土壤间的摩擦力。当传感器的活动板上受到剪力(摩擦力)后，钢支柱弹性弯曲变形，使活动板与固定板间产生了相对位移，因而钢弦的频率发生变化。且钢支柱、橡胶圈及钢弦的变形都可在弹性限度内，振弦的频率与活动板上的摩擦力之间的相应关系可以通过事先标定得到。摩擦力传感器正是用这样的相应关系来量测工程结构物的壁面与土体间的剪应力，通称为摩擦力。

1.2.3 振弦式应变传感器

钢弦式应变传感器又可分为振弦式表面应变传感器、振弦式钢筋应力传感器和振弦式内部(埋入式)应变传感器，在测试钢筋混凝土内力中广泛应用。

(1) 振弦式应变传感器

振弦式应变计也是利用钢弦的频率特性制成的应变传感器，构造如图 1-9 所示。

振弦式表面应变传感器主要用于工程结构物(主要指混凝土、钢筋混凝土、钢结构和网状钢结构以及岩石)表面应变的量测。该传感器的结构简单，而不需要专门设计，一般根据

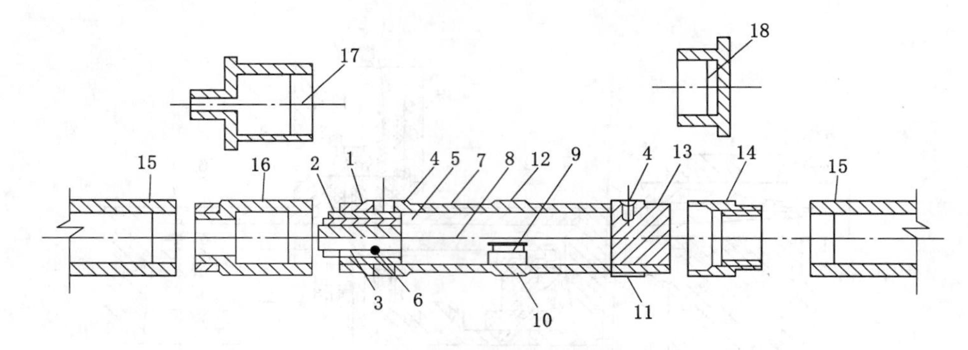

图 1-9 振弦式应变计的构造图

1——接头甲；2——调弦螺母；3——调弦螺杆；4——固定螺杆；5——固弦销甲；6——止螺旋丝；7——外壳；8——振弦；9——线圈；10——线圈铁芯；11——接头乙；12——固封螺丝；13——固弦销乙；14——连接套乙；15——连接杆；16——连接套甲；17——端头甲；18——端头乙

构造要求加工、制作、安装、标定和使用，图 1-10(a)是钢弦式表面应变计的结构简图。

振弦式内部应变传感器，应变传感器中的钢弦在受力应变管中展开，一同被固定在混凝土结构物或可塑性材料中，通过两端的端板与混凝土紧密嵌固，而中间受力的应变管用布缠绕，与混凝土隔开，则由传感器的凸缘带动应变管变形，使钢弦内应力发生变化，通过测定钢弦受力变形前后的频率值，根据标准曲线则得到混凝土的变形量，图 1-10(b)为埋入内部应变传感器结构简图。

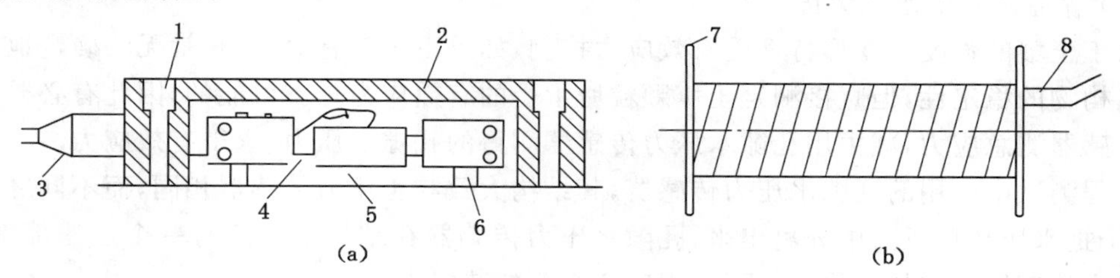

图 1-10 应变计传感器

(a) 表面应变计；(b) 埋入式应变计

1——埋入式支撑螺栓焊接接线柱；2——保护器；3——密封圈；4——钢管内的量测栓；5——磁铁夹具；6——支柱；7——端部钢法兰；8——端装电缆

(2) 振弦式钢筋应力传感器

振弦式钢筋应力传感器主要由传力应变管、振弦夹紧部件、电磁激励线圈等组成，从设计和使用的角度而言，主要是选择一个合适的传力应变管，其他部件按构造要求设计制作即可满足需要。图 1-11 所示为振弦式钢筋应力计的构造图。

1.2.4 振弦式传感器的特点及应用

振弦式传感器的主要特点：

(1) 结构简单可靠，制作安装方便

振弦式传感器的敏感元件是一根金属丝弦，与传感器的受力部件易于连接固定，结构简单可靠，传感器的设计、制造、安装和调试都非常方便。

(2) 零点非常稳定，适宜长期观测

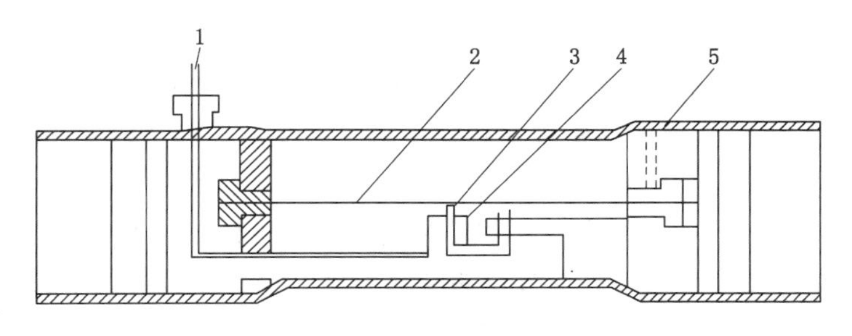

图 1-11 振弦式钢筋应力计的构造图

1——引出线；2——钢弦；3——铁芯；4——线圈；5——钢管外壳

传感器中的振弦，经过热处理之后，其蠕变极小，零点稳定。国内外的工程测试实践证明，振弦式传感器适宜长期观测。

(3) 适宜多点远传，便于数字化

因为振弦式传感器所测定参数的主要特征是频率或周期，所以输出电压波形幅值若有失真或衰减，对量测的结果没有影响，因此适宜远程控制和多点量测。传感器输出的频率信号不需要变换，可以直接进行数字显示，或者直接输入到电子计算机中做数据处理。

(4) 易于解决防潮和防水问题

用于工程结构物试验中的任何一种传感器，其防潮防水问题都非常重要。对电阻应变式传感器，要求其绝缘电阻要在 200 MΩ 以上，而使用振弦式传感器，要求其绝缘电阻只有几百欧姆，就能满足量测要求。在一般振弦式传感器产品中，规定其绝缘电阻不低于 50 MΩ。

另外，振弦式传感器坚固耐用、体积小、重量轻、结构紧凑、分辨率高、精度高以及便于数据传输、处理和存储、造价低廉并且与传感器配套的振弦频率(或周期)测定仪也小巧轻便，适宜现场使用。

由于具有以上优点，振弦式传感器在国内外工程测试实践中得到了极其广泛的应用。主要用于测量压力、位移等，也用于测量转矩、密度、加速度和温度等，应用于铁道、交通、水利电力、石油、建筑等现场及实验室测量的各个领域。

1.3 光纤光栅传感器

(1) 光纤

光纤是光导纤维的简写，是 20 世纪 70 年代因为光通信而发展出的，是一种由玻璃或塑料制成的纤维，可作为光传导工具。传输原理是“光的全反射”。光导纤维是由两层折射率不同的玻璃组成的圆柱形细丝。内层为光内芯，直径为几微米至几十微米，外层的直径为 0.1～0.2 mm。一般内芯玻璃的折射率比外层玻璃大 1%。

(2) 光纤光栅

光纤光栅是利用光纤材料的光敏性，通过紫外光曝光的方法将入射光相干场图样写入纤芯，在纤芯内产生沿纤芯轴向折射率周期性变化，从而形成永久性空间的相位光栅，其作用实质上是在纤芯内形成一个窄带的(透射或反射)滤波器或反射镜，使光的传播行为得以改变和控制。当一束宽光谱光经过光纤光栅时，满足光纤光栅布拉格条件的波长将产生反射，其余的波长透过光纤光栅继续传输。

光纤传感器主要研究的是光的模拟信号在光波导中传感和传输，利用敏感元件感受规定的被测量，通过转换元件按照一定规律转换成适于在光波导中传输的光信号。

光纤光栅传感器(Fiber Grating Sensor)属于光纤传感器的一种，基于光纤光栅的传感过程是通过外界物理参量对光纤布拉格(Bragg)波长的调制来获取传感信息，是一种波长调制型光纤传感器。光纤光栅传感器可以实现对温度、应变等物理量的直接测量。

通过对光栅进行一定的封装之后，但凡能够使光纤光栅产生轴向形变的物理量，均可通过光纤光栅来测量。如温度、应变(压力)、位移、液位、加速度、弯曲等，可制成光纤光栅应变传感器、温度传感器、加速度传感器、位移传感器、压力传感器、流量传感器、液位传感器等。由于光栅光纤具有体积小、熔接损耗小、全兼容于光纤、能埋入智能材料等优点，并且其谐振波长对温度、应变、折射率、浓度等外界环境的变化比较敏感，因此在光纤通信和传感领域得到了广泛的应用。

1.3.1 光纤布拉格光栅传感器

1.3.1.1 光纤光栅传感原理

光纤布拉格光栅(Fiber Bragg Grating，FBG)传感器是一种近年来发展起来的新型光纤传感器，工作原理如图 1-12 所示。基本原理是将光纤特定位置制成折射率周期分布的光栅区，于是特定波长(布拉格反射光)的光波在这个区域内将被反射。反射的中心波长信号与光栅周期和纤芯的有效折射率有关。将光栅区用作传感区，当被传感物质温度、结构或是位置发生变化，光栅的周期和纤芯模的有效折射率将会发生相应的变化，从而改变 Bragg 中心波长。通过光谱分析仪或是其他的波长解调技术对反射光的 Bragg 波长进行检测就可以获得待测参量的变化情况。

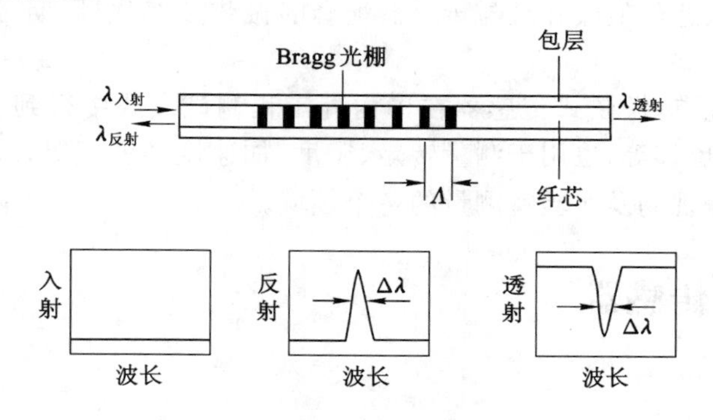

图 1-12 光纤布拉格光栅工作原理

当入射光 $\lambda_{入射}$ 通过 FBG 时，满足一定条件的光被反射回来，因此，入射光被分为反射光 $\lambda_{反射}$ 和透射光 $\lambda_{透射}$。反射光的中心波长 λ_B 称为 Bragg 波长，满足光栅方程。光纤光栅的 Bragg 波长是随光栅的周期和纤芯模的有效折射率变化的，因此 Bragg 波长对于外界力、热负荷等极为敏感。应变和压力影响 Bragg 波长是由于光栅周期的伸缩以及弹光效应引起的，而温度影响 Bragg 波长是由于热膨胀效应和热光效应引起的。当外界的温度、应力和压力等参量发生变化时，Bragg 波长的变化可表示为

$$\lambda_B = 2n_{eff}\Lambda \tag{1-17}$$

式中 n_{eff}——FBG的有效折射率；

Λ——FBG的周期。

式(1-17)也称为FBG的Bragg条件，由此可见，改变 n_{eff} 或 Λ 都会使 λ_B 发生漂移(移位)。

FBG的 n_{eff} 和 Λ 主要受应变和温度的影响，即

$$\lambda_B = 2n_{eff}\Lambda = 2n_{eff}(\varepsilon, T)\Lambda(\varepsilon, T) \tag{1-18}$$

式中 ε——FBG承受的应变；

T——环境温度。

对式(1-18)进行全微分运算，整理得到

$$\frac{\Delta\lambda_B}{\lambda_B} = \left(\frac{1}{n_{eff}}\frac{\partial n_{eff}}{\partial \varepsilon} + \frac{1}{\Lambda}\frac{\partial \Lambda}{\partial \varepsilon}\right)\Delta\varepsilon + \left(\frac{1}{n_{eff}}\frac{\partial n_{eff}}{\partial T} + \frac{1}{\Lambda}\frac{\partial \Lambda}{\partial T}\right)\Delta T \tag{1-19}$$

式(1-19)是FBG的基本传感模型，它说明温度和应变作用于光栅时，可以引起Bragg波长 λ_B 的变化。作为传感单元，FBG的调制信息为波长编码的状态测量。利用光纤光栅可以制成用于检测应力、应变、温度等诸多参量的光纤光栅传感器。

1.3.1.2 光纤Bragg光栅应力应变传感器原理

应力应变是直接引起Bragg波长移位的外界参量，不但导致光栅周期 Λ 变化，并且光纤的弹光效应 Δn_{eff} 使有效折射率 n_{eff} 随之变化，即

$$\Delta\lambda_B = 2n_{eff}\Delta\Lambda + 2\Delta n_{eff}\Lambda \tag{1-20}$$

式中 $\Delta\Lambda$——光纤本身在应力条件下的弹性形变；

Δn_{eff}——光纤的弹光效应。

应力引起Bragg波长移位的主要因素包括光纤弹性形变、光纤弹光效应和由光纤内部应力引起的波导效应。

(1) 轴向灵敏度

假设光纤光栅仅受轴向应力作用，温度场和均匀压力场保持恒定，轴向应力会引起光栅栅距的改变。

$$\Delta\Lambda = \Lambda\varepsilon_z \tag{1-21}$$

有效折射率的变化为

$$\Delta\left(\frac{1}{n_{eff}^2}\right)_{x,y,z} = \begin{cases} [P_{12} - \nu(P_{11} + P_{12})] \cdot \varepsilon_z & (x\text{方向}) \\ [P_{12} - \nu(P_{11} + P_{12})] \cdot \varepsilon_z & (y\text{方向}) \\ [P_{12} - 2\nu P_{12}] \cdot \varepsilon_z & (z\text{方向}) \end{cases} \tag{1-22}$$

式中 P_{ij}——弹光系数；

ν——纤芯材料泊松比。

沿 z 轴方向传播的光波所经受的折射率的变化为

$$\Delta n_{eff} = -\frac{1}{2}n_{eff}^3\Delta(1/n_{eff}^2)_{x,y} = -\frac{1}{2}n_{eff}^3[P_{12} - \nu(P_{11} + P_{12})] \cdot \varepsilon_z \tag{1-23}$$

定义有效弹光系数

$$P_e = \frac{1}{2}n_{eff}^2[P_{12} - \nu(P_{11} + P_{12})] \cdot \varepsilon_z \tag{1-24}$$

综合上式，可得应变的灵敏度

$$K_\varepsilon = \frac{\Delta\lambda_B}{\varepsilon_z}/\lambda_B = 1 - P_e \tag{1-25}$$

若沿光纤轴向施加拉力 F，根据胡克定律，光纤产生的轴向应变为

$$\varepsilon_z = F/(E \cdot S) \tag{1-26}$$

式中 E——光纤的弹性模量；

S——光纤面积。

该拉力引起的 Bragg 波长变化

$$\Delta\lambda_B = F(1 - P_e)\lambda_B/ES \tag{1-27}$$

(2) 压力灵敏度

压力影响也是由光栅周期的伸缩和弹光效应引起的。假设温度场和轴向拉力保持恒定，光纤处于一个均匀压力场 P 中，轴向应变会使光栅的栅距改变

$$\Delta\Lambda = \Lambda\varepsilon_z = -\Lambda P(1 - 2\nu)/E \tag{1-28}$$

有效折射率的变化为

$$\Delta n_{eff} = -\frac{1}{2}n_{eff}^3\Delta(1/n_{eff}^2)_{x,y} = \frac{1}{2}n_{eff}^3(P/E)(1-2\nu)(2P_{12}+P_{11}) \tag{1-29}$$

光纤光栅的压力灵敏度为

$$K_P = \frac{\Delta\lambda_B}{P}/\lambda_B = \frac{1-2\nu}{E}\left[n_{eff}^2\left(\frac{P_{11}}{2}+P_{12}\right)-1\right] \tag{1-30}$$

可见，对于任意应力情况，均可将其分解为轴向应力和径向应力，其灵敏度则由两种标准方向上灵敏度的和表示。

1.3.1.3 光纤布拉格光栅温度传感原理

外界温度改变引起波长移位的主要因素是光纤的热膨胀效应、光纤热光效应及光纤内部热应力引起的弹光效应，温度影响 Bragg 波长是由热膨胀效应和热光效应引起的。假设均匀压力场和轴向应力场保持恒定，当外界温度变化 ΔT 导致 FBG 的相对 Bragg 波长移位，由热膨胀效应引起的光栅周期变化为

$$\Delta\Lambda = \alpha \cdot \Lambda \cdot \Delta T \tag{1-31}$$

式中 α——光纤的热膨胀系数。

热光效应引起的折射率变化为

$$\Delta n_{eff} = \xi \cdot n_{eff} \cdot \Delta T \tag{1-32}$$

这里，ξ 为光纤的热光系数，表示折射率随温度的变化率。

Bragg 光栅的波长在变化的温度场中的表达式为

$$\Delta\lambda_B/\lambda_B = (\xi + \alpha) \cdot \Delta T \tag{1-33}$$

Bragg 波长的变化与温度之间的变化有良好的线性关系，光栅的温度灵敏度为

$$K_T = \Delta\lambda_B/\Delta T = (\xi + \alpha) \cdot \lambda_B \tag{1-34}$$

可以明显看出，当材料确定后，光纤光栅对温度的灵敏度系数基本上是和材料系数相关的常数，这就从理论上保证了采用光纤光栅作为温度传感器可以得到很好的输出线性。

1.3.1.4 传感器的封装技术

由于裸的光纤光栅直径只有 0.1～0.2 mm，在恶劣的工程环境中容易损伤，只有对其进行保护性封装（如埋入衬底材料中），才能赋予光纤光栅更稳定的性能，延长其寿命，传感器才能交付使用。同时，通过设计封装的结构，选用不同的封装材料可以实现温度补偿、应力和温度的增敏等功能。

当布拉格光纤光栅受到应力作用或环境温度改变时，其布拉格波长按照一定的规律发生漂移，也就是说布拉格光纤光栅传感器是波长唯一编码的。

1.3.2 光纤光栅传感器的特点及应用

(1) 光纤光栅传感器的特点

① 抗电磁干扰——一般电磁辐射的频率比光波低许多，所以在光纤中传输的光信号不受电磁干扰的影响。

② 电绝缘性能好，安全可靠——光纤本身是由电介质构成的，而且无需电源驱动，因此适宜在易燃易爆的油、气、化工生产中使用。

③ 耐腐蚀，化学性能稳定——由于制作光纤的材料(石英)具有极高的化学稳定性，因此光纤传感器适宜在较恶劣环境中使用。

④ 体积小、重量轻，几何形状可塑。

⑤ 传输损耗小——可实现远距离遥控监测。

⑥ 传输容量大——可实现多点分布式测量。

⑦ 测量范围广——可测量温度、压强、应变、应力、流量、流速、电流、电压、液位、液体浓度、成分等。

(2) 光纤布拉格光栅传感的单参量测试

光纤光栅测量压力及应变的典型传感器结构如图 1-13 所示。采用宽带发光二极管作为系统光源，利用光谱分析仪(光纤光栅测量仪器)进行布拉格波长漂移监测，这是光纤光栅作为传感器应用的最典型结构。

(3) 光纤布拉格光栅传感的双参量测量

光纤光栅除对应力、应变敏感外，对温度变化也相当敏感，这意味着在使用中不可避免地会遇到双参量的相互干扰。为了解决这一问题，通常采用多个波长光栅进行光纤光栅温度、应变双参量同时监测的试验方案，如图 1-14 所示，带温度补偿的光纤光栅传感器同时测量应变和温度。

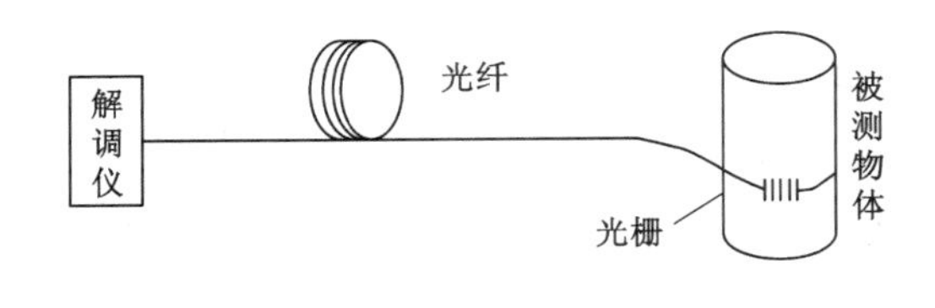

图 1-13 光纤光栅应力应变传感器结构简图

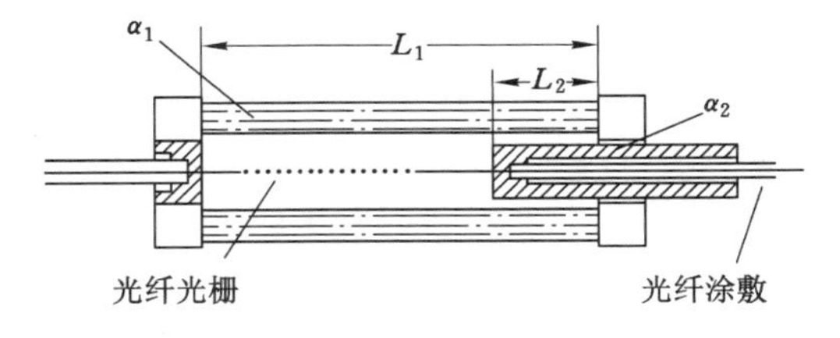

图 1-14 带温度补偿的光纤光栅传感器

(4) 光纤布拉格光栅传感的准分布式多点测量

将光纤光栅用于光纤传感器的另一优点是便于构成分布式传感网络，可以在大范围内同时对多点进行测量。图 1-15 是典型的基于光纤光栅的准分布传感网络，其重点在于如何实现多光栅反射信号的监测。

将 FBG 传感器用于工程监测，其最大优势在于可以将具有不同栅距的布拉格光栅间隔地制作在同一根光纤上，用同一根光纤复用多个 FBG 传感器，实现对待测结构的准分布式的测量。

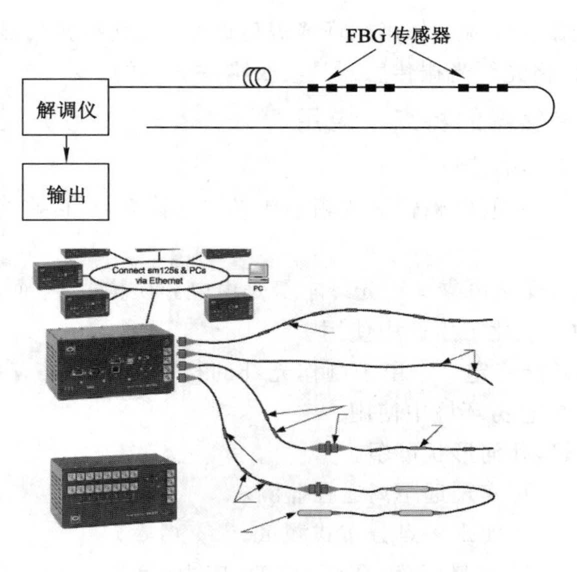

图 1-15　FBG 传感网

(5) 光纤布拉格光栅传感的应用

光纤布拉格光栅传感器广泛应用于桥梁、通信、建筑、机械、医疗、航海、航天、矿业等领域。

① 土木及水利工程中的应用——土木工程中的结构监测是光纤光栅传感器应用最活跃的领域。力学参量的测量对于桥梁、矿井、隧道、大坝、建筑物等的维护和健康状况监测是非常重要的。通过测量上述结构的应变分布,可以预知结构局部的载荷及健康状况。光纤光栅传感器可以粘贴在结构的表面或预先埋入结构中,对结构同时进行健康检测、冲击检测、形状控制和振动阻尼检测等,以监视结构的缺陷情况。另外,多个光纤光栅传感器可以串接成一个传感网络,对结构进行准分布式检测,可以用计算机对传感信号进行远程控制。

② 在桥梁安全监测中的应用——目前,应用光纤光栅传感器最多的领域当数桥梁的安全监测。斜拉桥斜拉索、悬索桥主缆及吊杆和系杆拱桥系杆等是这些桥梁体系的关键受力构件,其他土木工程结构的预应力锚固体系,如结构加固采用的锚索、锚杆也是关键的受力构件。上述受力构件的受力大小及分布变化最直接地反映结构的健康状况,因此对这些构件的受力状况监测及在此基础上的安全分析评估具有重大意义。

③ 在水位遥测中的应用——在光纤光栅技术平台上研制出的高精度光学水位传感器专门用于江河、湖泊以及排污系统水位的测量。当 FBG 与弹性膜片或其他设备连接在一起时,水位的变化会拉伸或压缩 FBG。而且,反射波长会随着折射率周期性变化而发生变化。那么,根据反射波长的偏移就可以监测水位的变化。

④ 在公路健康检测中的应用——现在的公路一般分三层进行施工,分为底基层、普通层和沥青层,在施工过程中埋入温度以及应变传感器可以及时得到温度以及应变的变化情况,对公路质量进行实时监控。

1.4 热电偶传感器

1.4.1 热电偶测温原理

热电偶测温属于接触式测温法，测温原理均是利用导体两端温度不同时产生热电势的性质进行工作的。其测温范围较宽，为$-269\sim 2\ 800$ ℃。热电偶由于测量范围大，性能稳定，信号可远距离传输，动态性能好，结构简单，使用方便，因而在工业生产和科学实验中得到了广泛应用。

1.4.1.1 热电变换原理

两种不同的导体A和B组成一个闭合回路时（图1-16），若两个结合点的温度不同，则在回路中就有电流产生，这种现象称为热电效应，相应的电势称为热电势。A，B组成的闭合回路称为热电偶，A，B称为热电极，两电极的连接点称为接点。测温时置于被测温度场T的接点称为热端，另一端称为冷端。

由理论分析可知，热电势是由两个导体的接触电势和同一导体的温差电势组成的。金属中都存在自由电子，不同的金属中自由电子密度不同，当两种金属A和B接触时，在接触面上便产生电子的扩散运动，若A的自由电子密度大于B，则A中的电子扩散到B中的多，而B中的电子扩散到A中的少，于是在接触处便形成了电场，这个电场阻碍电子继续扩散。当扩散作用与电场的反作用相等时，就达到了动态平衡，这时在A，B接触面处形成的稳定电位差称为接触电势，其值为

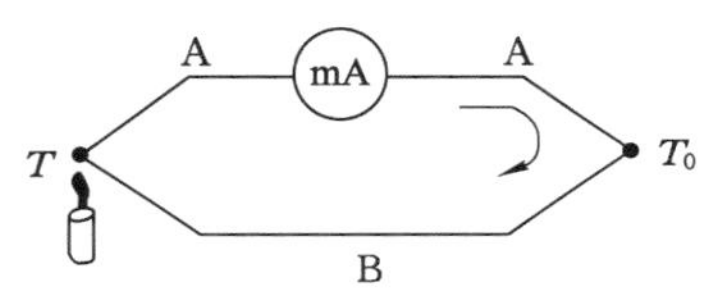

图1-16 热电效应示意图

$$E_{AB}(T)=\frac{kT}{e}\ln\frac{n_A}{n_B} \tag{1-35}$$

式中 T——接触处的绝对温度；

k——玻耳兹曼常量；

E——电子电荷量；

n_A,n_B——导体A和B的自由电子密度。

金属中自由电子的能量随温度的增加而增大。如果导体A两端存在温度差，那么热端自由电子的动能比冷端要大，热端便有更多的电子扩散到冷端，使热端失去电子而带正电，冷端得到电子而带负电，高温与低温端之间形成的电位差称为温差电势，其值为

$$E_A(T,T_0)=\int_{T_0}^{T}\sigma_A\mathrm{d}T \tag{1-36}$$

综上所述，由导体A、B组成的闭合回路，当两个接点温度$T>T_0$时，回路的总热电势为两个接点的接触电势和两个导体温差电势的代数和，即

$$\begin{aligned}E_{AB}(T,T_0)&=[E_{AB}(T)-E_{AB}(T_0)]+[-E_A(T,T_0)+E_B(T,T_0)]\\&=\frac{kT}{e}\ln\frac{n_A}{n_B}-\int_{T_0}^{T}(\sigma_A-\sigma_B)\mathrm{d}T\end{aligned} \tag{1-37}$$

由式(1-37)可知：

① 如果热电偶的两个热电极材料相同，两结点的温度虽然不同，但总热电势仍为零。

因此，热电偶必须由两种不同的材料构成。

② 如果热电偶两个接点的温度相同，即使两个热电极 A、B 的材料不同，回路中热电势仍然为零。因此要产生热电势不但要求两个电极材料不同，而且两个接点必须有温度差。

③ 热电势的大小仅与热电极材料的性质、两个接点的温度有关，与热电偶的尺寸及形状无关。同样材料的热电极其温度与电势的关系是一样的，因此热电极材料相同的热电偶可以互换。

实践证明，金属中的自由电子很多，温度变化对电子密度的影响很小，所以在同一导体内的温差电势极小，可以忽略不计。因此式(1-37)可写为

$$E_{AB}(T,T_0)=\frac{k}{e}(T-T_0)\ln\frac{n_A}{n_B} \tag{1-38}$$

所以 A，B 材料选定后，热电势 $E_{AB}(T,T_0)$是温度 T 和 T_0的函数差，即

$$E_{AB}(T,T_0)=f(T)-f(T_0) \tag{1-39}$$

若使冷端温度 T_0保持不变，则热电势 $E_{AB}(T,T_0)$为 T 的单值函数，因此通过测量热电势 $E_{AB}(T,T_0)$就可求出被测温度 T。

1.4.1.2 热电偶的基本定律

利用热电偶测温时，必须用导线将热电偶与测量仪表连接起来。那么，这些导线和仪表以及它们之间形成的接点会不会产生新的热电势影响测量精度呢？为此必须掌握热电偶的基本定律。

(1) 均质导体定律

由一种性质均匀的导体组成的闭合电路，当有温差时不产生热电势。

(2) 中间导体定律

在热电偶测温线路中，需要用连接导线将热电偶与测量仪表接通，这相当于在热电偶回路中接入第三种导体 C，如图 1-17 所示。只要第三种导体两端的温度相等，就不会改变总热电势 $E_{AB}(T,T_0)$的大小。因此可以在回路中引入各种仪表直接测量其热电势，也允许采用不同方法来焊接热电偶，或将两热电极直接焊接在被测导体表面。

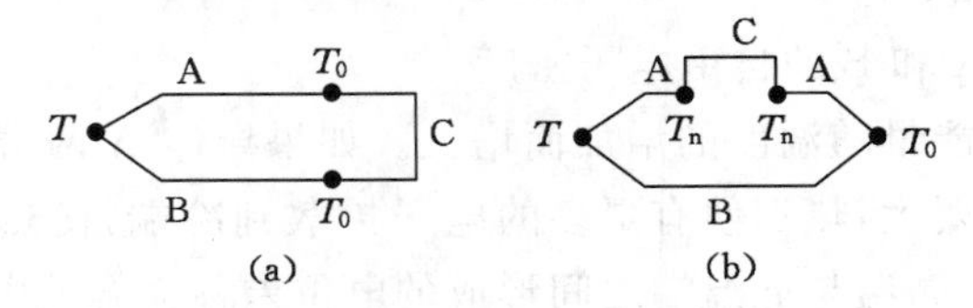

图 1-17 有中间导体的热电偶回路

(3) 中间温度定律

热电偶回路中，热端温度为 T、冷端为 T_0时的热电势，等于此热电偶热端为 T、冷端为 T_n，及同一热电偶热端为 T、冷端为 T_0时热电势的代数和，如图 1-18 所示，即

$$E_{AB}(T,T_0)=E_{AB}(T,T_n)+E_{AB}(T_n,T_0) \tag{1-40}$$

中间温度定律是制定热电偶分度表的理论基础。由于热电偶分度表都是以冷端温度为 0 ℃时做出的，但一般工程测量中冷端都不为零，因此，只要得出热端 T 与冷端 T_0的热电势，便可利用中间温度定律求出热端温度 T。

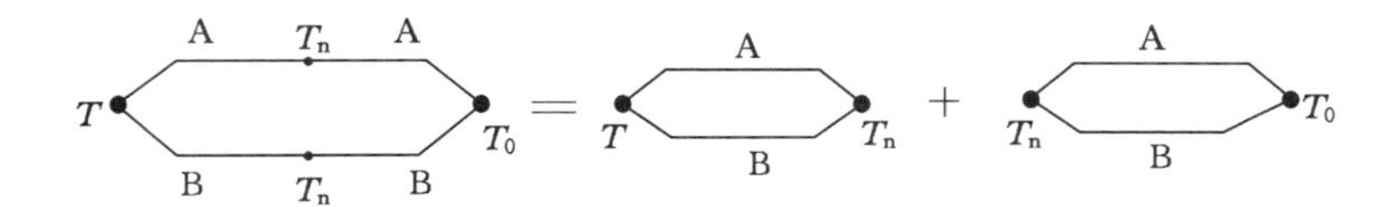

图 1-18 中间温度定律示意图

(4) 参考电极定律

若两种导体 A,B 分别与第三种导体 C 组成的热电偶所产生的热电势已知,则导体 A 和 B 组成的热电偶的热电势(图 1-19)为

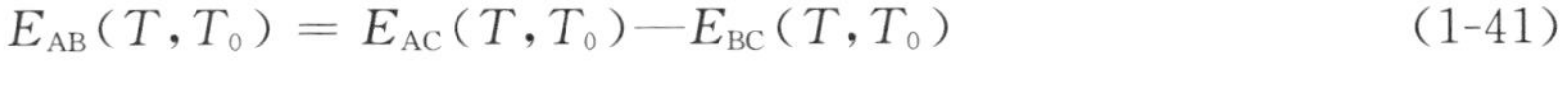

$$E_{AB}(T,T_0)=E_{AC}(T,T_0)-E_{BC}(T,T_0) \tag{1-41}$$

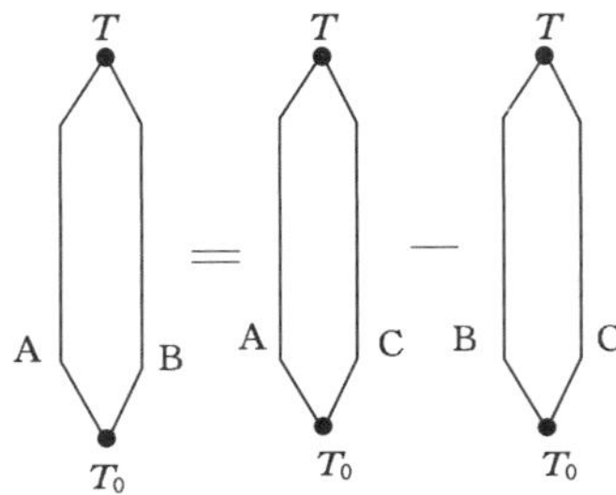

图 1-19 参考电极定律示意图

这里 C 称为标准电极。铂容易提纯,熔点高,性能稳定,实用中一般是以纯铂作为标准热电极。有了标准电极定律,就使热电偶的选配工作大为简化,只要知道一些材料与标准电极相配时的热电势,就可用公式(1-41)求出任何两种材料配成热电偶的热电势。

1.4.2 冷端补偿常用的方法

由于热电偶的分度表给出的通常是在其冷接点温度 T_0 保持在 0 ℃时的分度值。但在实际使用时,经常不能保证这个条件,因此便引起测量误差。若冷接点高于 0 ℃,会使测量值偏低,为了消除测量误差须进行冷端补偿。

1.4.2.1 计算修正法

当热电偶的冷接点温度增加(或降低)为 t'_0 时,其热电势降低(或增加)的数值等于该热电偶在热接点为 t'_0、冷接点为 t_0(0 ℃)时所产生的热电势,即 $E(t'_0,t_0)$。所以热电势的真实数值 $E(t,t_0)$ 应等于热电势读数 $E(t,t'_0)$ 加上(或减去)$E(t'_0,t_0)$,即

$$E(t,t_0)=E(t,t_0)\pm E(t'_0,t_0) \tag{1-42}$$

式(1-42)中,$t'_0>t_0$(0 ℃)时,取"+"号;$t'_0<t_0$(0 ℃)时,取"-"号。

1.4.2.2 冷端冰点法

将热电偶的冷端放在盛满冰水混合物的冰点槽内,使其维持 0 ℃。图 1-20 为冰点槽的示意图。它是在一个保温大口瓶内装满清洁的冰、水混合物(冰要砸成小块),在盖子上插进两个盛油的试管(试管内的油是为了保证传热性能良好),把热电偶的冷端插入试管中即可。

1.4.2.3 补偿导线法

当热电偶冷端所处的环境温度较高或者经常变化时,可采用补偿导线将冷端移至温度较低且变化不大的地点。应注意的是,热电偶所用的补偿导线的热电性质应与所接热电偶

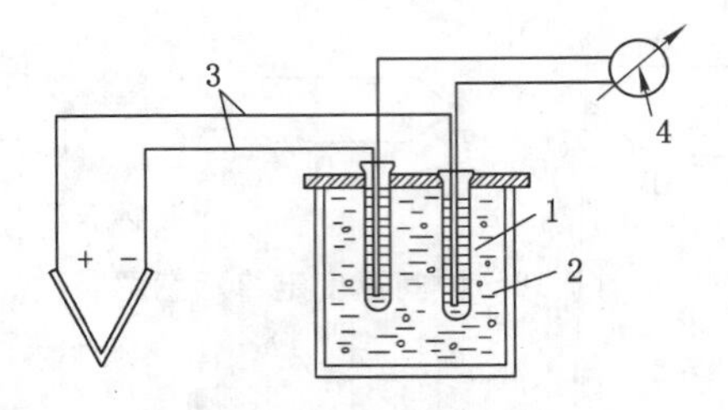

图 1-20　冰点槽法接线图

1——装有绝缘油的试管;2——冰水混合物;3——补偿导线;4——毫伏计

相近并且价格较便宜,同时应掌握正确的使用方法,否则不但不能起到补偿作用,而且会增大测量误差。

1.4.2.4　补偿电桥法

热电偶的热电势随着冷端温度的升高而变小。如果有一个输出电压的装置正好反过来,即输出的电压随着温度的升高而升高,用这个装置与热电偶配合后,热电偶冷端温度因高于 0 ℃而使热电势减小的数值,正好从这个装置的输出电压由于温度升高而增大得到补偿。这个装置叫做补偿电桥,又称为冷端温度补偿器。

1.5　压电式传感器

压电式传感器是基于压电效应的传感器,是一种自发电式和机电转换式传感器。其敏感元件由压电材料制成,压电材料受力后表面产生电荷,此电荷经电荷放大器和测量电路放大和变换阻抗后就成为正比于所受外力的电量输出。压电式传感器用于测量力和能变换为力的非电物理量。其优点是频带宽、灵敏度高、信噪比高、结构简单、工作可靠和重量轻等。缺点是某些压电材料需要防潮措施,而且输出的直流响应差,需要采用高输入阻抗电路或电荷放大器来克服这一缺陷。

1.5.1　工作原理

压电式传感器是以某些介质的压电效应作为工作基础的。压电效应是对某些电介质沿一定方向施以外力使其变形,其内部将产生极化而使其表面出现电荷集聚的现象,也称为正压电效应。由于某些介质材料具有压电效应,在受力作用下变形时,在两个表面上产生符号相反的电荷,在外力去除后又重新恢复到不带电状态,使机械能转变为电能。

在研究压电材料时,还发现一种现象:当在片状压电材料的两个电极面上施加交流电压,那么压电片将产生机械振动,即压电片在电极方向上产生伸缩变形,压电材料的这种现象称为电致伸缩效应,也称为逆压电效应。逆压电效应是将电能转变为机械能。逆压电效应说明压电效应具有可逆性。

利用逆压电效应可以制成电激励的制动器(执行器);基于正压电效应可制成机械能的敏感器(检测器),即压电式传感器。当有力作用于压电材料上时,传感器就有电荷(电压)输出。压电式传感器是典型的有源传感器。

1.5.2　压电材料

目前,在传感器中常用的压电材料有压电晶体、压电陶瓷和压电半导体等。

(1) 压电晶体

① 石英晶体——石英晶体即二氧化硅(SiO_2),有天然石英晶体和人工石英晶体两种。其压电系数 $d_{11}=2.31\times10^{-12}$ C/N,在几百摄氏度温度范围内,压电系数几乎不随温度变化,当温度达到 575 ℃时,石英晶体完全失去了压电性质,这就是它的居里点。石英的熔点为 1 750 ℃,密度为 2.65×10^3 kg/m^3,有很大的机械强度和稳定的机械性质,可承受高达 68~98 MPa 的压力。鉴于石英晶体有上述性质及灵敏度低和没有热释电效应(由于温度变化导致电荷释放的效应)等特性,石英晶体主要用来测量大量值的力或用于准确度、稳定性要求高的场合,也可以用来制作标准传感器。

② 水溶性压电晶体——最早发现的是酒石酸钾钠($NaKC_4H_4O_6\cdot4H_2O$),它有很大的压电灵敏度和很高的介电常数,压电系数 $d_{11}=3\times10^{-9}$ C/N,但是酒石酸钾钠易受潮,它的机械强度低,电阻率也低,因此只限于在室温和湿度低的环境下使用。

③ 铌酸锂晶体——1965 年通过人工提拉生长法制成铌酸锂大晶块,铌酸锂($LiNbO_2$)压电晶体和石英相同,也是一种单晶体,为无色或浅黄色。由于它是单晶体,所以时间稳定性远比多晶体的压电陶瓷高,在耐高温的传感器上有广泛的应用前景。但是,铌酸锂具有明显的各向异性力学性能,与石英晶体相比很脆弱,而且热冲击性很差,所以在加工装配和使用中必须谨慎,避免用力过猛、急冷和急热。

(2) 压电陶瓷

压电陶瓷是人工制造的多晶体压电材料。材料内部的晶粒有许多自发极化的电畴,它有一定的极化方向,从而存在电场。在无外电场作用下,电畴在晶体中杂乱分布,极化效应相互抵消,压电陶瓷内极化强度为零,因此原始的压电陶瓷呈中性,不具有压电性质。

在陶瓷上施加外电场时,电畴的极化方向发生转动,趋向于外电场方向排列,从而使材料得到极化。外电场越强,就有更多的电畴更完全地转向外电场方向。当外电场强度大到使材料的极化达到饱和的程度,即所有电畴极化方向都整齐地与外电场方向一致时,去掉外电场后,电畴的极化方向基本不变,即剩余极化强度很大,这时的材料才具有压电特性。

压电陶瓷的压电系数比石英晶体的大得多,所以采用压电陶瓷制作的压电式传感器的灵敏度较高。极化处理后的压电陶瓷材料的剩余极化强度和特性与温度有关,它的参数也随时间变化,从而使其压电特性减弱。

① 钛酸钡压电陶瓷——最早使用的压电陶瓷材料是钛酸钡($BaTiO_3$),由碳酸钡和二氧化钛按一定比例混合后烧结而成。它的压电系数约为石英的 50 倍,但使用温度较低,最高只有 70 ℃,温度稳定性和机械强度都不如石英。

② 锆钛酸铅系压电陶瓷(PZT 系列)——目前使用较多的压电陶瓷材料是锆钛酸铅(PZT 系列),它是钛酸钡($BaTiO_3$)和锆酸铅($PbZrO_3$)组成的 $Pb(ZrTi)O_3$,有较高的压电系数和较高的工作温度。

③ 铌酸盐系列压电陶瓷——铌镁酸铅是 20 世纪 60 年代发展起来的压电陶瓷。它由铌镁酸铅[$Pb(Mg\cdot Nb)O_3$]、锆酸铅($PbZrO_3$)和钛酸铅($PbTiO_3$)按不同比例配成的不同性能的压电陶瓷,具有极高的压电系数和较高的工作温度,而且能承受较高的压力。

(3) 压电半导体

近年来出现了多种压电半导体，如硫化锌(ZnS)、碲化镉(CdTe)、氧化锌(ZnO)和硫化镉(CdS)等，这些压电材料的显著特点是既具有压电效应，又具有半导体特性，有利于将元件和线路集成于一体，从而研制出新型的集成压电传感器测试系统。

1.5.3 压电式传感器的等效电路

由压电元件的工作原理可知，压电式传感器可以看作一个电荷发生器。同时，它也是一个电容器，晶体上聚集正负电荷的两表面相当于电容的两个极板，极板间物质等效于一种介质，则其电容 C_a 为

$$C_a = \frac{\varepsilon_0 \varepsilon A}{\delta} \tag{1-43}$$

式中 ε——极板间介质的相对介电系数，对于空气，$\varepsilon=1$；

ε_0——真空中介电系数，$\varepsilon_0=8.85\times10^{-12}$ F/m；

δ——极板间距离，m；

A——两极板相互覆盖面积，m^2。

因此，压电传感器可以等效为一个与电容相串联的电压源，如图 1-21(a)所示。电容器上的电压 U_a、电荷量 Q 和电容量 C_a 的关系为

$$U_a = \frac{Q}{C_a}$$

C_a压电传感器也可以等效为一个电荷源，如图 1-21(b)所示。

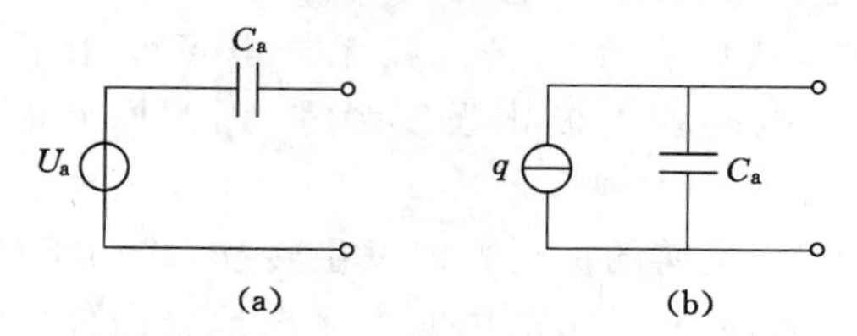

图 1-21 压电传感器的等效电路

(a) 电压源；(b) 电荷源

1.5.4 压电传感器的应用

(1) 压电晶体加速度传感器

图 1-22 是压电晶体加速度传感器的结构图，它主要由压电晶体片 3、惯性质量块 2、压紧弹簧 1 和金属基座 4 等组成。其结构简单，但结构的形式对性能影响很大。图 1-22(a)型系弹簧外缘固定在壳体上，因而外界温度、噪声和实际变形都将通过晶体和基座影响加速的输出。图 1-22(b) 型系中间固定型，质量块、压电片和弹簧装在一个中心架上，有效克服了图 1-22(a)型的缺点。图 1-22(c) 型是倒置中间固定型，质量块不直接固定在基座上，可避免基座变形造成的影响，但这时壳体是弹簧的一部分，故它的谐振频率较低。图 1-22(d) 型是剪切型，一个圆柱形压电元件和一个圆柱形质量块黏结在同一中心架上，加速度计沿轴向振动时，压电元件受到剪切应力，这种结构能较好地隔离外界条件变化的影响，有很高的谐振频率。

根据极化原理可证明，某些晶体当沿某一晶轴的方向有力的作用时，其表面上产生与所受力的大小成比例的电荷，即

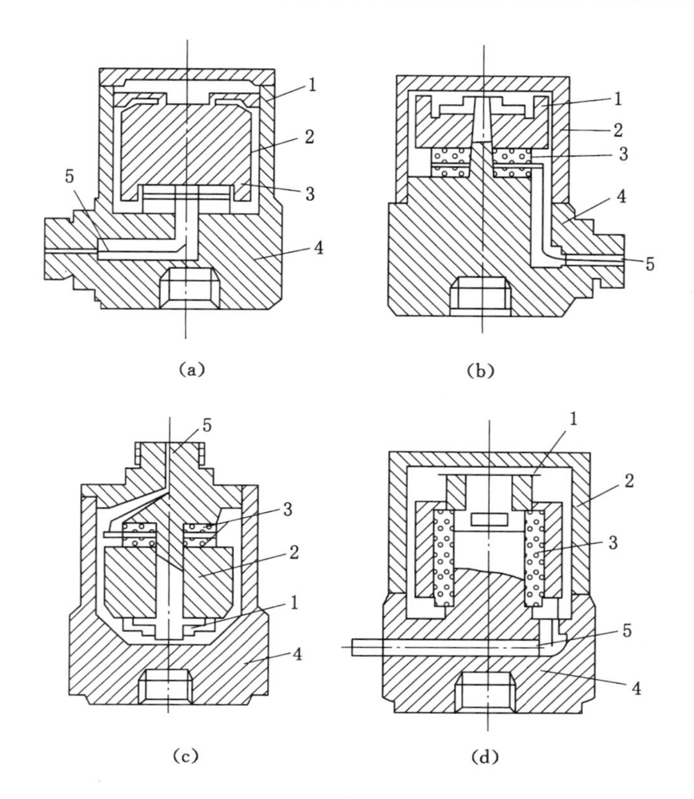

图 1-22 压电晶体加速度传感器

1——压紧弹簧；2——惯性质量块；3——压电晶体；4——基座；5——引出线

$$Q = d_x F = d_x \sigma A \tag{1-44}$$

式中 Q——电荷，C；

d_x——压电系数，C/N；

σ——应力，N/m^2；

A——晶体表面积，m^2。

作为信号源，压电晶体可以看作一个小电容，其输出电压为

$$V = Q/C \tag{1-45}$$

式中 C——压电晶体的内电容。

当传感器底座以加速度 a 运动时，则传感器的输出电压为

$$V = \frac{Q}{C} = \frac{d_x F}{C} = \frac{d_x ma}{C} = \frac{d_x m}{C} a = ka \tag{1-46}$$

即输出电压与振动的加速度成正比。

压电晶体式传感器是发电式传感器，故不需对其进行供电，但它产生的电信号是十分微弱的，需放大后才能被显示或记录。由于压电晶体的内阻很高，又必须两极板上的电荷不致泄漏，故在测试系统中需通过阻抗变换器送入电测线路。

(2) 压电式测力传感器

图 1-23 为单向压电式测力传感器的结构简图，根据压电晶体的压电效应，利用垂直于

电轴的切片便可制成拉(压)型单向测力传感器,在该传感器中采用了两片压电石英晶体片,目的是为了使电荷量增加1倍,相应灵敏度也提高1倍,同时也为了便于绝缘。对于小力值传感器,可采用多只压电晶体片重叠的结构形式,以便提高其灵敏度。

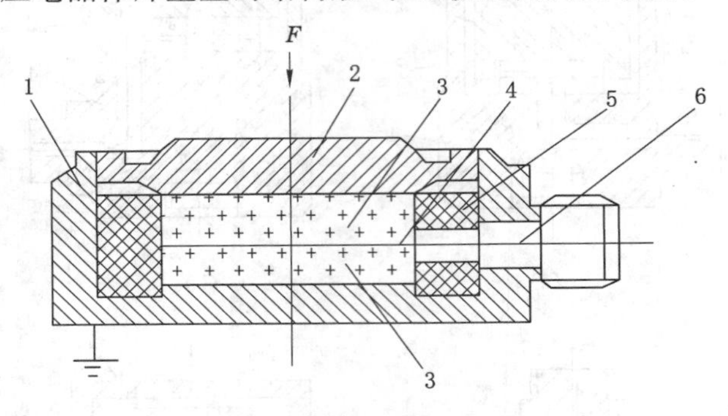

图 1-23　单向压电式测力传感器结构图

1——壳体;2——弹性盖;3——压电石英;4——电极;5——绝缘套;6——引出导线

1.6　电容式和电感式传感器

1.6.1　电容式传感器

电容式传感器是将被测非电量的变化转换为电容量变化的一种传感器,其具有结构简单、动态响应快、易于实现接触测量等突出优点,能够在高温、辐射和强烈振动等恶劣条件下工作,其被广泛应用于压力、压差、液位、振动、位移加速度、成分含量等物理量的测量。

1.6.1.1　工作原理

电容式传感器是以各种类型的电容器作为传感元件,将被测物理量或机械量转换为电容量的变化,电容式传感器的基本原理可以用图 1-24 所示平板电容器来说明。当忽略边缘效应时,其电容 C 为

$$C = \frac{\varepsilon_0 \varepsilon_r A}{\delta} \tag{1-47}$$

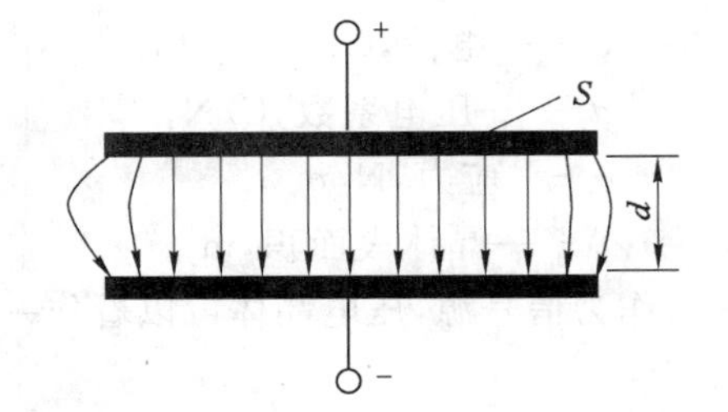

图 1-24　平板电容器

式中　ε_r——极板间介质的相对介电系数,空气取1;

ε_0——真空中介电系数,$\varepsilon_0 = 8.85 \times 10^{-12}$ F/m;

δ——极板间距离,m;

A——两极板相互覆盖面积,m^2。

上式表明,当式中3个参数中任意2个保持不变而另一个变化时,则电容 C 就是该变量的单值函数。

1.6.1.2　类型及特性

实际应用时,常常仅改变其中的一个参数来使 C 发生变化。所以电容式传感器可分为3种基本类型:变极距型、变面积型和变介电常数型。图 1-25 所示为常用电容器的结构形式。图 1-25(b)、图 1-25(c)、图 1-25(d)、图 1-25(f)、图 1-25(g)和图 1-25(h)为变面积型,图 1-25(a)

和图 1-25(e)为变极距型,而图 1-25(i)至图 1-25(l)则为变介电常数型。

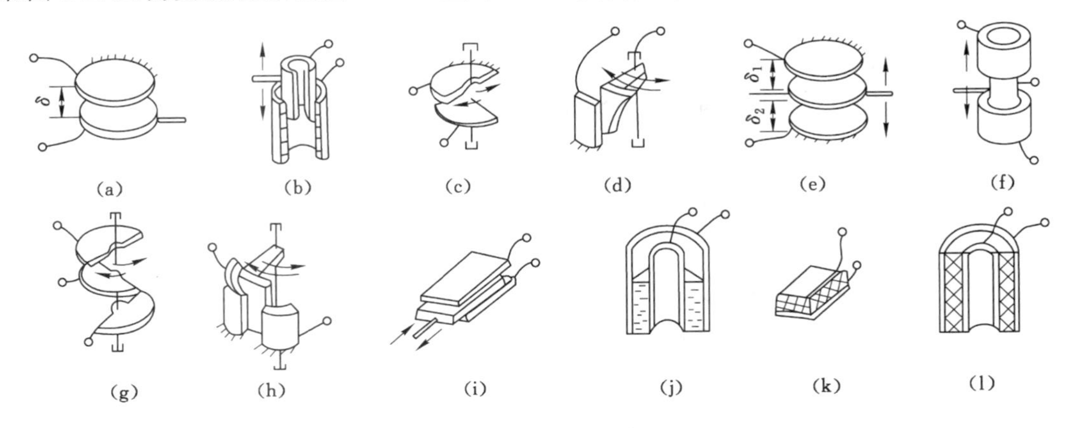

图 1-25 电容式传感元件的各种结构形式

(1) 变极距型电容传感器

由式(1-47)可知,当电容式传感器极板间距因被测量变化而变化时,电容变化量为

$$\Delta C = C_0 \frac{\Delta\delta}{\delta - \Delta\delta} \tag{1-48}$$

式中 C_0——极距为 δ 时的初始电容量。

该类型电容式传感器存在着原理非线性,所以实际中常做成差动式来改善其非线性。

(2) 变面积型电容传感器

变面积型电容传感器中,平板形结构对极距变化特别敏感,测量准确度受到影响。而圆柱形结构受极板径向变化的影响很小,成为实际中最长用的结构,其中线位移单组式的电容量 C 当忽略边缘效应时为

$$C = \frac{2\pi\varepsilon l}{\ln(r_1/r_2)} \tag{1-49}$$

式中 l——外圆筒与内圆柱覆盖部分的长度,m;

r_1, r_2——外圆筒内半径和内圆柱外半径,m。

当两圆筒相对移动时,电容变化量为

$$\Delta C = \frac{2\pi\varepsilon\Delta l}{\ln(r_1/r_2)} = C_0 \frac{\Delta l}{l} \tag{1-50}$$

该类传感器具有良好的线性。

(3) 变介电常数型电容传感器

变介电常数型电容式传感器大多数用来测量电介质的厚度和液位,还可根据极间介质的介电常数温度、湿度改变而改变被测量介质材料的温度、湿度等。

应注意,电极之间的被测介质导电时,电极表面应涂绝缘层(如 0.1 mm 厚的聚四氟乙烯等)以防止电极间发生短路。

1.6.1.3 电容式压力传感器的应用

(1) 电容式压力传感器

图 1-26 为差动式压力传感器的结构图。图中膜片为动电极,两个在凹形玻璃上的金属镀层为固定电极,构成差动电容器。

当被测压力或压差作用于膜片并产生位移时，所形成的两个电容器的电容量一个增大，一个减小。该电容值的变化经测量电路转换成与压力或压力差相应的电流或电压的变化。

（2）电容式加速度传感器

图 1-27 为差动电容式加速度传感器结构图。它有两个固定极板（与壳体绝缘），中间有一用弹簧支撑的质量块，此质量块的两个端面经过磨平抛光后作为可动极板（与壳体点连接）。

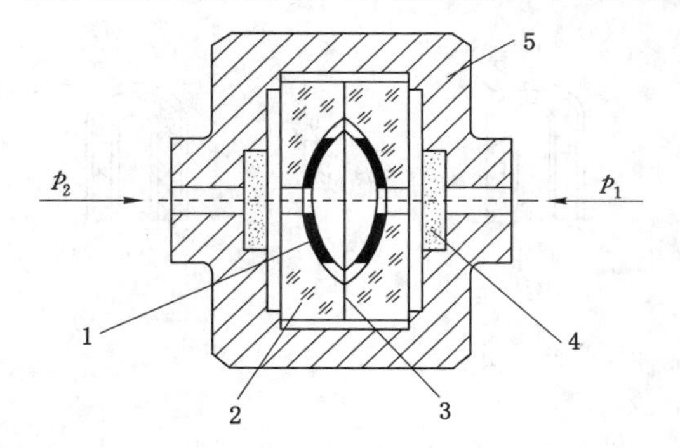

图 1-26　电容式压力传感器结构图

1——金属镀层；2——凹形玻璃；
3——膜片；4——过滤器；5——外壳

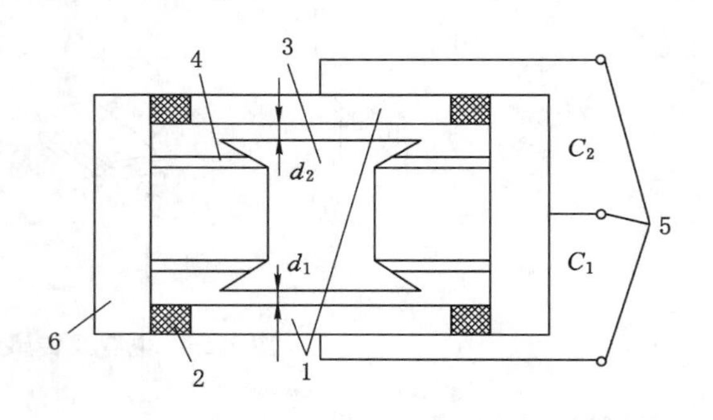

图 1-27　电容式加速度传感器结构图

1——固定电极；2——绝缘垫；3——质量块；
4——弹簧；5——输出端；6——壳体

当传感器壳体随被测对象在垂直方向作直线加速运动时，质量块在惯性空间相对静止，两个固定电极将相对于质量块在垂直方向产生大小正比于被测加速度的位移。此位移使两电容的间隙发生变化：一个增加，一个减小，从而使 C_1、C_2 产生大小相等、符号相反的增量，此增量正比于被测加速度。

电容式加速度传感器的主要特点是频率响应快和量程范围大，大多数采用空气或其他气体作阻尼物质。

（3）差动式电容测厚传感器

电容测厚传感器是用来在轧制过程中对金属带材厚度的检测，其工作原理是在被测带材的上下两侧各放置一块面积相等的与带材距离相等的极板，这样极板与带材就构成了两个电容器 C_1、C_2。把两块极板用导线连接起来成为一个极，而带材就是电容的另一个极，其总电容为 C_1+C_2，如果带材的厚度发生变化，将引起电容量变化，用交流电桥将电容的变化测出来，经过放大即可由电表指示测量结果。

差动式电容测厚传感器的测量原理如图 1-28 所示。音频信号发生器产生的音频信号，接入变压器 T 的原边线圈，变压器副边的两个线圈作为测量电桥的两臂，电桥的另外两桥臂由标准电容 C_0 和带材与极板形成的被测电容 C_x（$C_x = C_1+C_2$）组成。电桥的输出电压经放大器放大后整流为直流，再经差动放大，即可用指示电表指示出带材厚度的变化。

1.6.2　电感式传感器

电感式传感器是根据电磁感应原理制成的，利用电磁感应原理将被测非电量，如位移、压力、流量、振动等，转换成线圈自感系数 L 或互感系数 M 的变化，再由测量电路转换为电压或电流的变化量输出，这种装置称为电感式传感器。电感式传感器是将被测量的变化转换成电感中的自感系数 L 或互感系数 M 的变化，引起后续电桥桥路的桥臂中阻抗 Z 的变

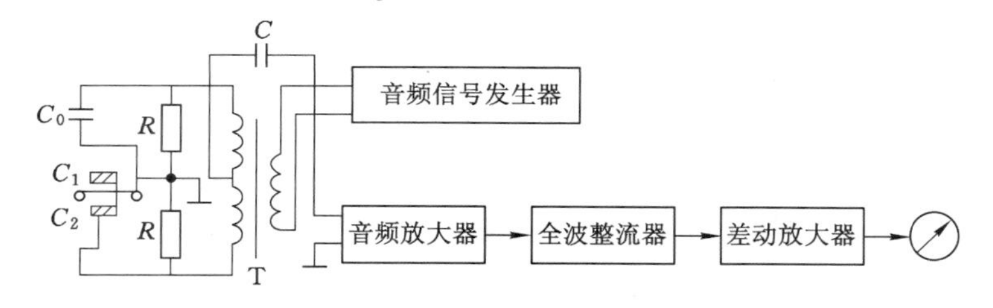

图 1-28 差动式电容测厚仪系统组成框架图

化；当电桥失去平衡时，输出与被测的位移量成比例的电压 U_c。电感式传感器常分成自感式（单磁路电感式）和互感式（差动变压器式）两类。

1.6.2.1 单磁路电感传感器

单磁路电感传感器由铁芯、线圈和衔铁组成，如图 1-29(a)所示。当衔铁运动时，衔铁与线圈的铁芯之间的气隙发生变化，引起磁路中磁阻的变化，因此改变了线圈中的电感。线圈中的电感量 L 可按下式计算：

$$L=\frac{W^2}{R_m}=\frac{W^2}{R_{m0}+R_{m1}+R_{m2}} \tag{1-51}$$

式中 W——线圈的匝数；

R_m——磁路的总磁阻，H^{-1}；

R_{m0}，R_{m1}，R_{m2}——空气隙、铁芯和衔铁的磁阻，H^{-1}。

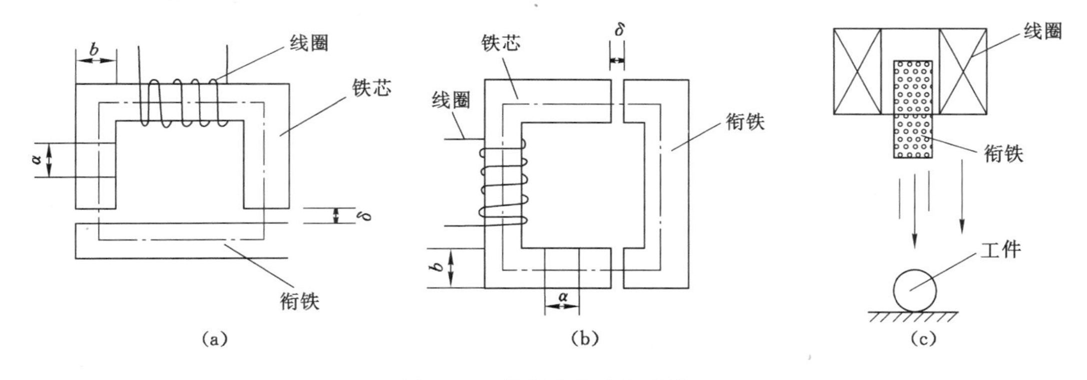

图 1-29 单磁路电感传感器

(a) 改变气隙厚度 δ；(b) 改变通磁气隙面积 A；(c) 螺旋管式（可动铁芯式）

由于铁芯和衔铁的磁导率远大于空气隙的磁导率，所以铁芯和衔铁的磁阻 R_{m1} 和 R_{m2} 可略去不计，故有

$$L\approx\frac{W^2}{R_m}\approx\frac{W^2}{R_{m0}}=\frac{W^2\mu_0 A_0}{2\delta}=K\frac{1}{\delta}=K_1A_0 \tag{1-52}$$

式中 A_1——空气隙有效导磁截面面积，m^2；

μ——空气的磁导率；

δ——空气隙的磁路长度，m；

$K=\frac{W^2\mu_0A_0}{2}$，$K_1=\frac{W^2\mu_0}{2\delta}$。

式(1-52)表明,电感量与线圈的匝数平方成正比,与空气隙有效导磁截面面积成正比,与空气隙的磁路长度成反比,因此,改变气隙长度和气隙截面积都能使电感量变化,从而可形成 3 种类型的单磁路电感传感器:改变气隙厚度 δ[图 1-29(a)]、改变通磁气隙面积 A[图 1-29(b)]、螺旋管式(可动铁芯式)[图 1-29(c)]。其中,最后一种实质上是改变铁芯上的有效线圈数。在实际测试线路中,常采用调频测试系统,将传感器的线圈作为调频振荡的谐振回路中的一个电感元件。单磁路电感传感器可做成位移的电感式传感器和压力的电感式传感器,也可做成加速度的电感式传感器(图 1-30)。

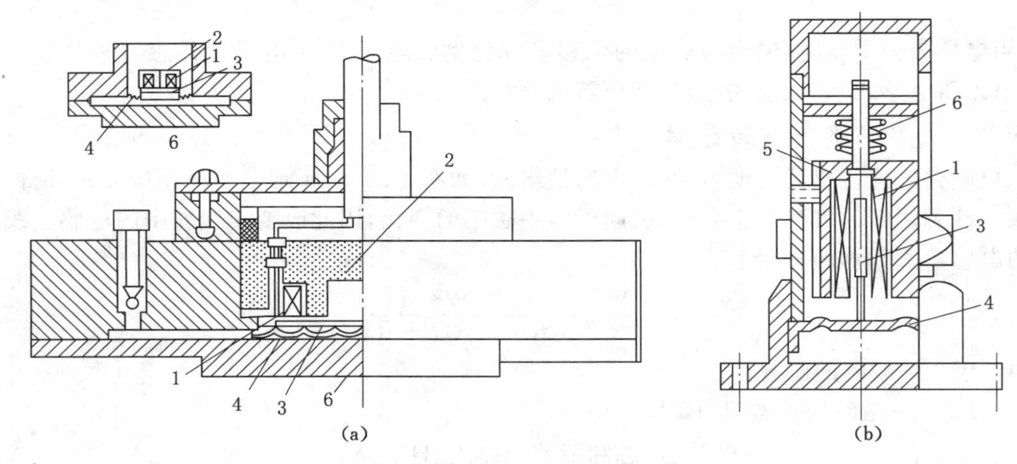

图 1-30 变磁阻式压力盒和加速度计

(a) 变磁阻式压力盒;(b) 加速度计

1——线圈;2——磁芯;3——衔铁;4——波纹铁片;5——惯性体;6——承压板

图 1-31 是变隙电感式压力传感器的结构图。它由膜盒、铁芯、衔铁及线圈等组成,衔铁与膜盒的上端连在一起。

当压力进入膜盒时,膜盒的顶端在压力 P 作用下产生与压力 P 大小成正比的位移,于是衔铁也发生移动,从而使气隙发生变化,流过线圈的电流也发生相应的变化,电流表的指示值就反映了被测压力的大小。

图 1-32 为变隙式差动电感压力传感器。它主要由 C 形弹簧管、衔铁、铁芯和线圈等组成。

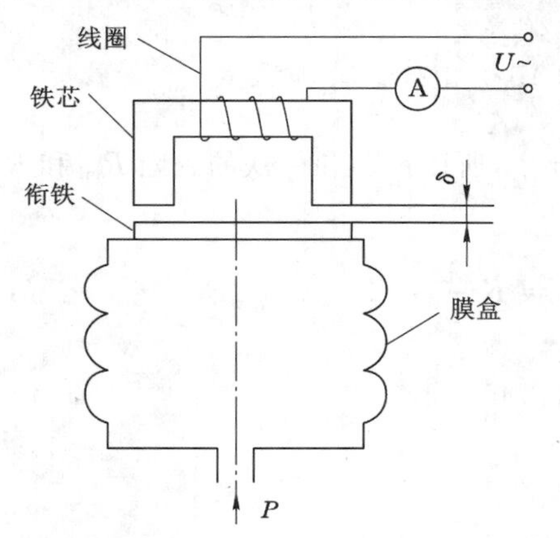

图 1-31 变隙电感式压力传感器结构图

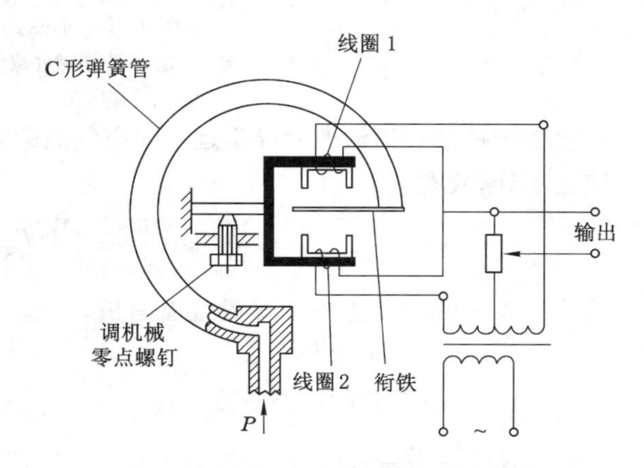

图 1-32 变隙式差动电感压力传感器

当被测压力进入C形弹簧管时,C形弹簧管产生变形,其自由端发生位移,带动与自由端连接成一体的衔铁运动,使线圈1和线圈2中的电感发生大小相等、符号相反的变化,即一个电感量增大,一个电感量减小。电感的这种变化通过电桥电路转换成电压输出,所以只要用检测仪表测量出输出电压,即可得知被测压力的大小。

1.6.2.2 差动变压器式电感传感器

差动变压器式传感器是互感式电感传感器中最常用的一种。其原理如图1-33(a)所示,当初级线圈L_1通入一定频率的交流电压E激磁时,由于互感作用,在两组次级线圈L_{21}和L_{22}中就会产生互感电势e_{21}和e_{22},其计算的等效电路如图1-33(b)所示。

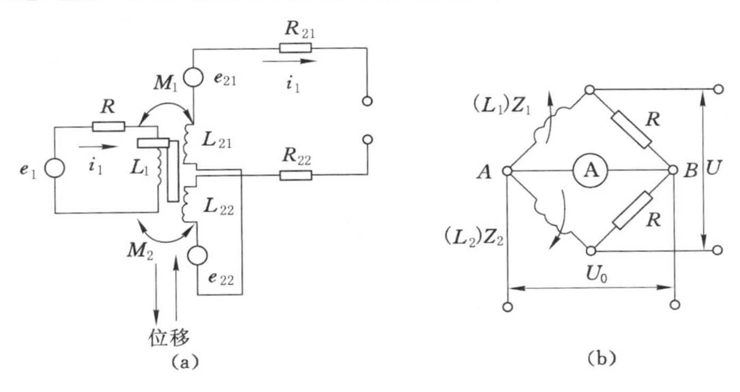

图1-33 差动变压器式传感器原理图和等效电路图

(a) 原理图;(b) 等效电路图

按理想化情况(忽略涡流、磁滞损耗等)计算,初级线圈的回路方程为

$$\dot{I}_1 = \frac{\dot{E}_1}{R_1 + J\omega L_1} \tag{1-53}$$

次级线圈中的感应电势分别为

$$\begin{cases}\dot{E}_{21} = -j\omega M_1 \dot{I}_1 \\ \dot{E}_{22} = -j\omega M_2 \dot{I}_1\end{cases} \tag{1-54}$$

当负载开路时,输出电势为

$$\dot{E}_2 = \dot{E}_{21} - \dot{E}_{22} = -j\omega(M_1 - M_2)\dot{I}_1 \tag{1-55}$$

$$\dot{E}_2 = -j\omega(M_1 - M_2)\frac{\dot{E}_1}{R_1 + j\omega L_1} \tag{1-56}$$

输出电势有效值为

$$E_2 = \frac{\omega(M_1 - M_2)}{\sqrt{R_1^2 + (\omega L_1)^2}} E_1 \tag{1-57}$$

当衔铁在两线圈中间位置时,由于$M_1 = M_2 = M$,所以$E_2 = 0$。若衔铁偏离中间位置时,$M_1 \neq M_2$,若衔铁向上移动,则$M_1 = M + \Delta M$,$M_2 = M - \Delta M$,此时式(1-57)变为

$$E_2 = \frac{\omega E_1}{\sqrt{R_1^2 + (\omega L_1)^2}} 2\Delta M = 2KE_1 \tag{1-58}$$

式中 ω——初级线圈激磁电压的角频率。

图 1-34 为差动变压器式位移传感器的结构示意图,差动变压器式传感器在结构上作一些变化,也可做成差动变压器式压力传感器(图 1-35),该传感器采用一个薄壁筒形弹性元件,当弹性元件受到轴力 F 的作用产生变形时,铁芯就相对于线圈发生位移。也就是说,它是通过弹性元件来实现力和位移之间的转换。它也可以做成位移传感器、压力传感器和加速度传感器。

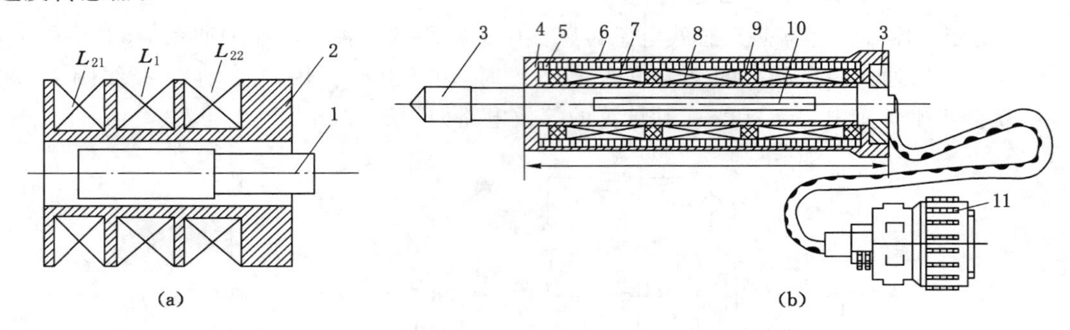

图 1-34 差动变压器式位移传感器

1——衔铁;2——线圈架;3——触头;4——外壳;5——下端盖;6——磁屏蔽;7——次级线圈;8——初级线圈;9——骨架;10——衔铁;11——插头

由于差动变压器式传感器具有线性范围大、测量精度高、稳定性好和使用方便等优点,所以广泛应用于直线位移测量中,也可通过弹性元件把压力、重量等参数转换成位移的变化再进行测量。

差动变压器式传感器可以直接用于位移测量,也可以测量与位移有关的任何机械量,如振动、加速度、应变、比重、张力和厚度等。

图 1-36 为差动变压器式加速度传感器的原理结构示意图。它由悬臂梁和差动变压器构成。测量时,将悬臂梁底座及差动变压器的线圈骨架固定,而将衔铁的 A 端与被测振动体相连,此时传感器作为加速度测量中的惯性元件,其位移与被测加速度成正比,使加速度测量转变为位移的测量。当被测体带动衔铁以 $\Delta x(t)$ 振动时,导致差动变压器的输出电压也按相同规律变化。

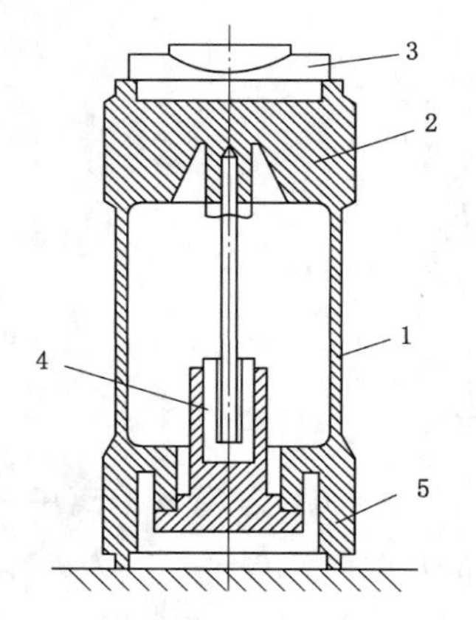

图 1-35 差动变压器式压力传感器

1——弹性元件;2——上部固定铁芯;3——承压板;4——线圈;5——下部固定线圈座

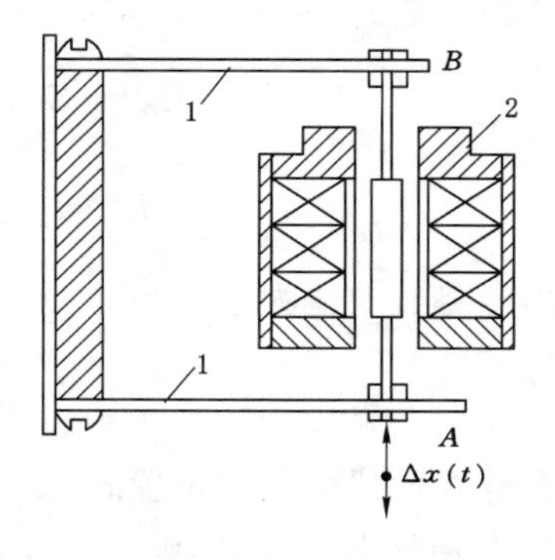

图 1-36 差动变压器式加速度传感器原理图

1——悬臂梁;2——差动变压器

1.6.3 压磁式传感器

压磁式传感器是一种有源传感器，其工作原理基于材料的压磁效应。压磁效应是指在外力作用下铁磁材料内部发生应变，产生应力，使各磁畴之间的界限发生移动，从而使磁畴磁化强度矢量转动，因而铁磁材料的磁化强度也发生相应的变化，这种由于应力使铁磁材料磁化强度变化的现象称为压磁效应。相反，某些铁磁物质在外界磁场的作用下会产生变形，这种现象称为“磁致伸缩”。

铁磁材料的压磁效应规律：铁磁材料受到拉力时，作用方向的磁导率提高，而在与作用力相垂直的方向，磁导率略有降低；铁磁材料受到压力作用时，其效果相反，当外力作用消失后，它的导磁性能复原。

压磁式传感器是电感式传感器的一种，也称为磁弹性传感器，是一种新型传感器。它的工作原理是建立在磁弹性效应基础之上，即利用这种传感器将作用力（如弹性应力、残余应力等）的变化转化成传感器导磁体的磁导率变化并输出电信号。压磁式传感器的优点有很多，如输出功率大、信号强、结构简单、牢固可靠、抗干扰性能好、过载能力强、便于制造、经济实用，可用在给定参数的自动控制电路中，但测量精度一般，频响较低。近年来，压磁式传感器不仅在自动控制上得到越来越多的应用，而且在对机械力（弹性应力、残余应力）的无损测量方面，也为人们所重视，并得到相当成功的应用。在生物医学领域，骨科及运动医学测试也正在应用该类传感器。

若某一铁磁材料上绕有线圈，在外力的作用下，铁磁材料的磁导率发生变化，则会引起线圈的电感和阻抗变化。当铁磁材料上同时绕有激磁绕组和测量绕组时，磁导率的变化将导致绕组间耦合系数的变化，从而使输出电势发生变化。通过相应的测量电路，就可以根据输出的量值来衡量外力的作用。

压磁式传感器是测力传感器的一种，它利用铁磁材料的磁弹性物理效应，即当铁磁材料受机械力作用后，在它的内部产生机械效应力，从而引起铁磁材料的磁导率发生变化；如果在铁磁材料上有线圈，由于磁导率的变化，将引起铁磁材料中磁通量的变化；磁通量的变化则会导致线圈上自感电势或感应电势的变化，从而把力转换成电信号。

图 1-37 为压磁式钻孔应力计的构造图，包括磁芯部分和框架部分，磁芯一般为工字形。磁芯受压面积应当与外加压应力面积相近，以防止磁芯受压时发生弯曲而影响灵敏度的稳定。钻孔应力计的磁芯，在外加压力作用下，将产生磁导率的变化，磁导率变化能引起感应

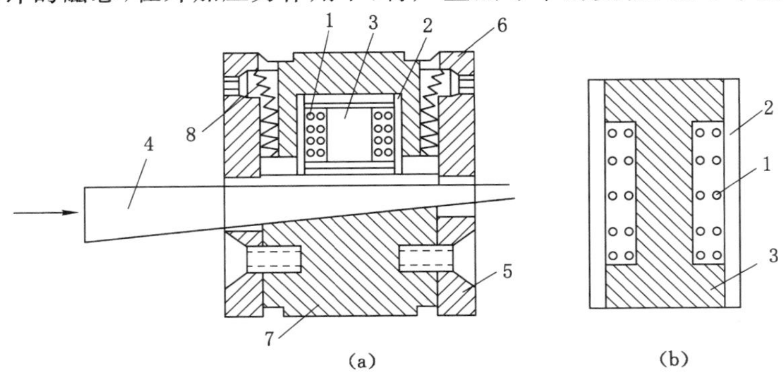

图 1-37 压磁式钻孔应力计的构造图

1——线圈；2——屏蔽套；3——合金心轴；4——滑块；5——下盖板；6——上盖板；7——承压板；8——弹簧

电动势，即阻抗(电感)的变化，其变化越大，越能提高测量的灵敏度。电感 L 的大小，取决于磁芯上所绕线圈的匝数、磁芯的磁导率和尺寸。

压磁式传感器可整体密封，因此具有良好的防潮、防油和防尘等性能，适合于在恶劣环境条件下工作。此外，还具有温度影响小、抗干扰能力强、输出功率大、结构简单、价格较低、维护方便、过载能力强等优点。

1.7 其他传感器

随着科学技术的进步，研究并设计出了多种传感器，如超声波传感器、分布式光纤传感器、射线传感器、生物传感器、辐射传感器、非晶体合金传感器、超导体传感器、液晶传感器、薄膜传感器、微传感器、智能传感器、模糊传感器(学习型传感器)等。本节仅列举了几类传感器在土木工程中的应用，并对其进行简要介绍。

1.7.1 MEMS 传感器

Micro-Electro-Mechanical System(MEMS)传感器为采用半导体微加工工艺制作的传感器，又称为微机电传感器。MEMS 传感器因其微型化、智能化、低功耗、易集成的特点而越来越受到青睐。

1962 年，第一个硅微型压力传感器的问世开创了 MEMS 技术的先河，MEMS 技术的进步和发展促进了传感器性能的提升。经过 50 多年的发展，现已成为世界瞩目的重大科技领域之一。截止到 2010 年，全世界有 600 余家单位从事 MEMS 的研制和生产工作，已研制出包括微型压力传感器、加速度传感器、微喷墨打印头、数字微镜显示器在内的几百种产品，其中 MEMS 传感器占相当大的比例。MEMS 传感器是采用微电子和微机械加工技术制造出来的新型传感器。它涉及电子、机械、材料、物理学、化学、生物学、医学等多种学科与技术，具有广阔的应用前景。

与传统的传感器相比，它具有体积小、重量轻、成本低、功耗低、可靠性高、适于批量化生产、易于集成和实现智能化的特点。同时，微米量级的特征尺寸使得它具备某些传统机械传感器所不能实现的功能。

其主要技术特点如下：

① 微型化——体积微小是 MEMS 器件最为明显的特征，其芯片的尺度基本上为纳米或微米级别；

② 多样化——MEMS 的多样化主要表现在其工艺、应用领域及材料方面；

③ 集成化——通过 MEMS 工艺，可以实现对工程、敏感方向不同的多个传感器的集成，形成微传感器列阵或者微系统；

④ 尺度相应现象——因 MEMS 芯片尺度的缩小，对原有理论基础带来较大的影响都需要更深入的研究；

⑤ 批量化——MEMS 器件与微电子芯片相似可进行大批量生产且生产成本不高，有利于 MEMS 产品工业化规模经济的实现。

MEMS 传感器目前已获得了大量的实际应用，其应用领域主要为航空航天、消费类电子、汽车及医疗等。这些领域使用的 MEMS 传感器主要集中在压力、加速度、陀螺仪等产品。

典型的MEMS传感器主要有：

(1) MEMS压力传感器

MEMS压力传感器是最早开始研制的MEMS产品，也是MEMS技术中最成熟和最早产业化的产品。MEMS压力传感器的敏感元件是硅膜片，根据敏感机理的不同，可将MEMS压力传感器分为三种：压阻式压力传感器、电容式压力传感器与谐振式压力传感器。

MEMS压力传感器可用于汽车工业、生物医学及工业控制等领域。汽车工业采用各种压力传感器测量气囊压力、燃油压力、发动机机油压力、进气管道压力及轮胎压力。在生物和医学领域，压力传感器可用于诊断和检测系统以及颅内压力检测系统等。在航天领域，MEMS压力传感器可用于宇宙飞船和航天飞行器的姿态控制、高速飞行器、喷气发动机、火箭、卫星等耐热腔体和表面各部分压力的测量。

(2) MEMS加速度传感器

MEMS加速度计用于测量载体的加速度，并提供相关的速度和位移信息。MEMS加速度传感器根据原理可分为压阻式、压电式、电容式、热电耦式、光波导式等多种类型的加速度传感器，其中应用最广泛的是电容式加速度传感器。

MEMS加速度传感器可用于多个领域。在消费电子产品领域，如笔记本电脑通常使用该类型传感器检测硬盘的振动，防止硬盘过振引起存储信息失效；在汽车领域其主要用于汽车的导航系统、安全气囊系统、ABS系统等；在医疗器械方面，可以利用该类型传感器对身体及各方面的生命体征进行监测；同时在航空航天领域也有多方面应用。

(3) MEMS陀螺仪

MEMS陀螺仪基本都是谐振式陀螺仪，目前常用的MEMS陀螺仪主要有双平衡环结构、悬臂梁结构、音叉结构、振动环结构等。

MEMS陀螺仪主要应用于汽车的导航和航空航天器的控制。低精度的MEMS陀螺仪主要用于对精度要求较低的方面，如机器人方向方位的控制系统以及汽车上的行车导航系统等；中精度MEMS陀螺仪主要用来检测和控制飞行器的姿态和航向；高精度MEMS陀螺仪主要用于航天器的空间定位等。

目前，MEMS传感器技术研发主要包括以下几个方向：① 微型化的同时降低功耗；② 提高精度；③ 实现MEMS传感器的集成化及智慧化；④ 开发与光学、生物学等技术领域交叉融合的新型传感器，如MOMES传感器（与微光学结合）、生物化学传感器（与生物技术、电化学结合）以及纳米传感器（与纳米技术结合）。

MEMS传感器拥有传统传感器不具有的优势和特点——极小的质量和体积，便于安装和调试，并且方便与现有监测系统进行很好的集成；MEMS传感器功耗极低，并具有良好的抗震和抗冲击能力，可以提高传感器在土木工程测试中的稳定性和生存期。

煤矿井下顶板坍塌和透水等事故造成越来越多的人员及财产损失，使用传统压力传感器对这些事故易发点进行压力检测往往因为传感器体积大导致安装困难，灵敏度低及分辨率差导致经常出现误报、漏报等现象。目前，使用基于MEMS压力传感器在煤矿顶板压力监测和透水事故易发点的压力检测都得到了不错的试验应用效果，也是煤矿井下压力传感器技术改造的必然趋势。

1.7.2 化学传感器

化学传感器（chemical sensor）对各种化学物质敏感并将其浓度转换为电信号进行检测

的仪器。对比于人的感觉器官，化学传感器大体对应于人的嗅觉和味觉器官，但并不是单纯对人体器官的模拟，还能感受人的器官不能感受的某些物质，如 H_2、CO 等。

美国研究人员研发出了一种可应用于手机上的微型化学传感器，借助手机或其他无线通信设备，这种被称为"硅鼻"的传感器可在第一时间检测出空气中的有害气体，并自动发出气体的种类和传播范围等信息，其原理是在具有纳米孔的硅芯片上集成数百个独立的微型传感器，这些传感器可辨别出特定的有毒气体分子并做出反应，该过程类似于鼻子对气味的感知。现在人人都拥有手机，如果该技术能够应用于大多数手机中，一旦发生有毒气体泄漏或化学污染事故，人们将能利用嵌入手机中的传感器第一时间知道事故地点以及危害程度等信息。研究人员称，目前该芯片已可分辨水杨酸甲酯和甲苯，未来该传感器还将识别出数百种有害化合物。下一步，他们将首先考虑在传感器中加入对一氧化碳和甲烷的检测。在浓烟弥漫的火灾现场，一氧化碳气体会对消防员的安全造成极大伤害，而安装在防毒面罩上的传感器可让消防员们判断出何时能够安全地摘掉面罩，采用自主呼吸。类似的传感器也可应用到煤矿当中，当瓦斯等爆炸气体积聚到一定浓度时，传感器就会提醒矿工及时撤离到安全地带。

1.7.3 微波和超声波传感器

(1) 微波传感器

微波传感器是利用微波特性来检测一些物理量的器件。发射天线发出的微波，遇到被测物体时将被吸收或反射，使功率发生变化。若利用接收天线接收通过被测物体或由被测物反射回来的微波，并将它转换成电信号，再由测量电路处理，就实现了微波检测。微波传感器主要是由微波振荡器和微波天线组成。微波振荡器是产生微波的装置。构成微波振荡器的器件有速调管、磁控管或某些固体元件。由微波振荡器产生的振荡信号需用波导管传输，并通过天线发射出去。为了使发射的微波具有一致的方向性，天线应具有特殊的构造和形状。利用微波传感器可感应物体的存在、运动速度、距离、角度信息等，可制成微波测厚仪、微波液位计、微波物位计等。

(2) 超声波传感器

超声波传感器是利用超声波的特性研制而成的传感器。超声波是一种振动频率高于声波的机械波，由换能晶片在电压的激励下发生振动产生的，它具有频率高、波长短、绕射现象小，特别是方向性好，能够成为射线而定向传播等特点。超声波对液体、固体的穿透本领很大，尤其是在阳光不透明的固体中，它可穿透几十米的深度。超声波碰到杂质或分界面会产生显著反射，反射成回波，碰到活动物体能产生多普勒效应。基于超声波特性研制的传感器称为超声波传感器，广泛应用于工业、国防、生物医学等方面。

超声波探头主要由压电晶片组成，既可以发射超声波，也可以接收超声波。当超声波在人体组织中传播遇到两层声阻抗不同的介质界面时，在该界面就产生反射回声。每遇到一个反射面时，回声在示波器的屏幕上显示出来，而两个界面的阻抗差值也决定了回声的振幅的高低。超声波传感器是固定安装在不同的装置上，"悄无声息"地探测人们所需要的信号。在未来的应用中，超声波将与信息技术、新材料技术结合起来，将出现更多的智能化、高灵敏度的超声波传感器。

1.7.4 无线传感器

无线传感器的组成模块封装在一个外壳内，工作时由电池或振动发电机提供电源，构成无线传感器网络节点，由随机分布的集成有传感器、数据处理单元和通信模块的微型节点，通过自组织方式构成网络。它可以采集设备的数字信号通过无线传感器网络传输到监控中心的无线网关，直接送入计算机进行分析处理。如若需要，无线传感器也可以实时传输采集的整个时间历程信号。监控中心也可以通过网关把控制、参数设置等信息无线传输给节点。数据调理采集处理模块把传感器输出的微弱信号经过放大和滤波等调理电路后，送到模数转换器，转变为数字信号，送到主处理器进行数字信号处理，计算出传感器的有效值和位移值等。无线传感器还可以进行无线充电，实现长期记录。目前无线传感器在一年时间内都可以保持稳定的信号传输。可根据测量物理量的不同制成振动传感器、应变传感器、扭矩传感器等。

随着科技的发展，无线传感网络技术应用加快。无线传感网络技术的关键是克服节点资源限制（能源供应、计算及通信能力、存储空间等），并满足传感器网络扩展性、容错性等要求。该技术被美国麻省理工学院（MIT）的《技术评论》杂志评为对人类未来生活产生深远影响的十大新兴技术之首。目前研发重点主要在路由协议的设计、定位技术、时间同步技术、数据融合技术、嵌入式操作系统技术、网络安全技术、能量采集技术等方面。

1.7.5 智能传感器

智能传感器系统是一门现代综合技术，是当今世界正在迅速发展的高新技术，至今还没有形成规范化的定义。智能传感器是具有信息处理功能的传感器，智能传感器带有微处理机，具有采集、处理、交换信息的能力，是传感器集成化与微处理机相结合的产物。一般智能机器人的感觉系统由多个传感器集合而成，采集的信息需要计算机进行处理，使用智能传感器就可将信息分散处理，从而降低成本。与一般传感器相比，智能传感器具有以下三个优点：① 通过软件技术可实现高精度的信息采集，而且成本低；② 具有一定的编程自动化能力；③ 功能多样化。

概括而言，智能传感器的主要功能是：

① 具有自校零、自标定、自校正功能；

② 具有自动补偿功能；

③ 能够自动采集数据，并对数据进行预处理；

④ 能够自动进行检验、自选量程、自寻故障；

⑤ 具有数据存储、记忆与信息处理功能；

⑥ 具有双向通讯、标准化数字输出或者符号输出功能；

⑦ 具有判断、决策处理功能。

智能式传感器是一个以微处理器为内核扩展了外围部件的计算机检测系统。相比一般传感器，智能式传感器提高了传感器的精度、可靠性、性能价格比，使得传感器多功能化。

智能传感器已广泛应用于航天、航空、国防、科技和工农业生产等各个领域中。例如，它在机器人领域中有着广阔应用前景，智能传感器使机器人具有类人的五官和大脑功能，可感知各种现象，完成各种动作。

在工业生产中，利用传统的传感器无法对某些产品质量指标（如黏度、硬度、表面光洁度、成分、颜色及味道等）进行快速直接测量并在线控制。而利用智能传感器可直接测量与产品质量指标有函数关系的生产过程中的某些量（如温度、压力、流量等），利用神经网络或专家系统技术建立的数学模型进行计算，可推断出产品的质量。智能传感器具有多种传感功能与数据处理、存储、双向通信等的集成,可全部或部分实现信号探测、变换处理、逻辑判断、功能计算、双向通讯,以及内部自检、自校、自补偿、自诊断等功能,具有低成本、高精度的信息采集、数据存储和通信、编程自动化和功能多样化等特点。

1.7.6 模糊传感器

模糊传感器是在20世纪80年代末出现的术语。随着模糊理论技术的发展,模糊传感器得到了国内外学者们的广泛关注。模糊传感器是在经典传感器数值测量的基础上,经过模糊推理与知识集成,以自然语言符号描述的形式输出测量结果的智能传感器。一般认为,模糊传感器是以数值量为基础,能产生和处理与其相关测量的符号信息的传感器件。

模糊传感器主要由传统的数值测量单元和数值—符号转换单元组成。其核心部分就是数值—符号转换单元。但在数值—符号转换单元中进行的数值模糊化转换为符号的工作必须在专家的指导下进行。

目前,模糊传感器已被广泛应用,而且已进入平常百姓家,如模糊控制洗衣机中布量检测、水位检测、水的浑浊度检测,电饭煲中的水、饭量检测,模糊手机充电器等。另外,模糊距离传感器、模糊温度传感器、模糊色彩传感器等也是国外专家们研制的成果。

材料技术的突破加快了多种新型传感器的涌现。新型敏感材料是传感器的技术基础,材料技术研发是提升性能、降低成本和技术升级的重要手段。除了传统的半导体材料和光导纤维等,有机敏感材料、陶瓷材料、超导、纳米和生物材料等成为研发热点,生物传感器、光纤传感器、气敏传感器、数字传感器等新型传感器加快涌现。传感器的研究方兴未艾,各种新材料、新方法、新应用层出不穷。全球传感器市场在不断变化的创新之中呈现快速增长的趋势。传感器领域的主要技术将在现有基础上予以延伸和提高,各国将竞相加速新一代传感器的开发和产业化,竞争也将日益激烈。

1.8 测试系统的组成及其主要性能指标

1.8.1 测试系统的组成

测试系统通常包括传感器、测量电路和显示记录装置等,其基本组成如图1-38所示。

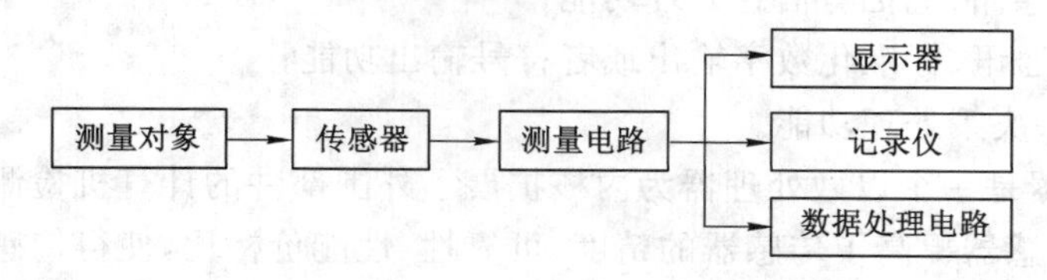

图1-38 测试系统的基本组成

(1) 传感器

传感器的作用是将测量对象的被测物理量(信息)按一定的规律转换为另一种物理量(一般为电量),并传送给测量电路。传感器也被称为变送器或变量器。

(2) 测量电路

在普通的测试系统中,测量电路的作用是对传感器输入的电信号进行处理(转换、放大、衰减、滤波、调制与解调等)，变成显示器能够显示、记录仪可以记录、数据处理电路能分析处理的信息。在计算机测试系统中，测量电路对传感器输入的电信号进行处理后，经数据采集卡输送到计算机，由计算机进行信号的分析与处理。

(3) 显示器与记录仪

显示器用于显示经测量电路或数据处理电路处理后的测量信号，显示方式有指针偏摆、数字、曲线、图表等不同的形式；带有记录仪的测试系统，可由记录仪将测试系统的测量结果以数字、代码、曲线、图表等方式记录下来。

(4) 数据处理

数据处理电路用于对测量电路所输出的信号作进一步的处理，以得到更为明确的信号。计算机测试系统中，由计算机承担数据处理的任务。

1.8.2 测试系统的主要性能指标

1.8.2.1 测量系统的静态特性

在线性系统中，若输入信号的幅值不随着时间变化或其随着时间变化的周期远远大于测试时间，则输入和输出的各阶导数均等于零，于是有

$$y = \frac{b_0}{a_0}x = S_x$$

在这一关系基础上确定的测量系统的特性称为静态特性。但实际测量系统并非理想的线性时不变系统，输入、输出曲线不是理想的直线，测量系统的静态特性就是在静态测量情况下，描述实际测量装置与理想线性时不变系统的接近程度。表示静态特性的参数主要有非线性度、灵敏度、分辨力、滞后和重复性等。

(1) 线性度

线性度指测量系统的输入、输出保持线性关系的程度。在静态测量中，通常用实验的方法测定系统的输入—输出关系曲线，称为标定曲线。标定曲线偏离其拟合直线的程度，即为线性度，常用百分数表示。

$$\delta_l = \frac{\Delta l_{\max}}{Y_{FS}} \times 100\%$$

式中 $\Delta l_{\max}$——标定曲线与拟合直线之间的最大偏差；

Y_{FS}——信号的满量程输出值。

推荐使用最小二乘法确定拟合直线，拟合原理是使标定曲线上的所有点与拟合直线的偏差的平方和最小。

(2) 灵敏度和分辨力

若系统的输入有增量 Δx，引起输出产生相应增量 Δy，则定义灵敏度为

$$S = \lim_{\Delta x \to 0} \frac{\Delta y}{\Delta x} = \frac{dy}{dx}$$

灵敏度的几何意义是输入—输出曲线上指定点的斜率。若标定曲线为一直线，则灵敏度为常数，实际的测量系统存在非线性，所以输入—输出曲线各点的斜率可能有所不同。灵敏度的量纲取决于输入和输出的量纲。当输入与输出的量纲相同时，灵敏度是一个无量纲的数，常称为“放大倍数”。

如果测量系统由多个环节组成，那么总的灵敏度等于各个环节灵敏度的乘积。应该指

出，灵敏度越高，测量范围越窄，系统稳定性越差。因此，应该合理选择灵敏度，并不是越高越好。

分辨力是指测试系统能测量到最小输入量变化的能力，即能引起输出量发生变化的最小输入变化量，用 Δx 表示。分辨力与灵敏度有密切的关系，是灵敏度的倒数。一个测试系统的分辨力越高，表示它所能检测出的输入量最小变化量值越小。对于数字测量系统，用其输出显示的最后一位所代表的输入量表示系统的分辨力；对于模拟测量系统，用其输出指示标尺最小分度值的一半所代表的输入量表示其分辨力。分辨力也称为灵敏阈或灵敏限。

(3) 滞后和重复性误差

滞后也称为回程误差，表征测试系统在全量程范围内，输入量递增变化(由小变大)中的定度曲线和递减变化(由大变小)中的定度曲线二者静态特性不一致的程度。它是判别实际测试系统与理想系统特性差别的一项指标参数。如图 1-39 所示，理想的测试系统对于某一个输入量应当只有单值的输出，然而对于实际的测试系统，当输入信号由小变大，然后又由大变小时，对应于同一个输入量有时会出现数值不同的输出量。在测试系统的全量程范围内，这种不同输出量中差值最大者 $h_{\max}=y_{2i}-y_{1i}$，定义为系统的回程误差，即

$$\text{回程误差}=\frac{h_{\max}}{A}\times 100\% \tag{1-59}$$

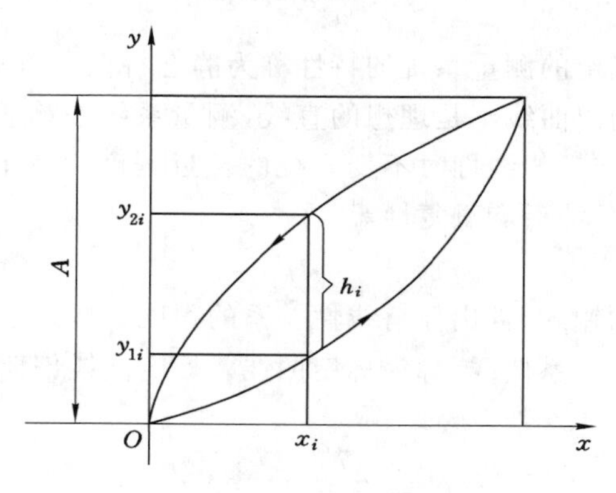

图 1-39　回程误差

回程误差可以由摩擦、间隙、材料的受力变形或磁滞等因素引起，也可能反映仪器的不工作区(又称死区)的存在。不工作区是指输入变化对输出无影响的范围。

重复性误差是指在规定的同一标定条件下测量系统按照同一方向变化时，在全程连续进行重复测量所得各标定曲线的重复程度，用正、反行程最大偏差 x 与满量程理想输出值之比的百分率。

(4) 其他特性

① 精度——一般指针式仪表的精度等级分为 7 级：0.1，0.2，0.5，1.0，1.5，2.5 和 5.0。例如 0.5 级表示该仪表的引用误差不大于 0.5%。由于引用误差以测量上限为基准，所以测量时应该使读数尽量在量程的 $\frac{1}{3}$ 以上。若使用不当，则会使测量值的相对误差大于表的级别。如表的量程为 10 A，级别为 1.0 级，当测量 1.0 A 电流时，则测量值的相对误差可以达到

$$r=\frac{1.0\%\times 10}{1}\times 100\%=10\%$$

② 测量范围——测量范围指仪器的输入、输出保持线性关系的最大范围，也叫量程。超范围使用时，仪器的灵敏度下降，性能变坏。

③ 负载阻抗——对于电流输出的仪表，负载阻抗指满足最大功率输出条件时的负载阻抗值，即与电路内阻抗匹配的负载阻抗值。阻抗匹配时，不仅输出功率大，而且系统特性好。

④ 漂移——漂移指测量系统在输入不变的条件下，输出随着时间变化的现象。在规定的条件下，当输入不变时，在规定时间内输出的变化，称为漂移。在测量范围最低值处的漂移称为零点漂移，简称零漂。

产生漂移的原因有两个方面：一是仪器自身结构参数的变化；另一个是周围环境的变化（如温度、湿度等）对输出的影响。最常见的漂移是温漂，即由于周围的温度变化而引起输出的变化，进一步引起测试系统的灵敏度和零位发生漂移，即灵敏度漂移和零点漂移。

1.8.2.2　测试系统的动态特性

当被测量随时间快速变化或具有瞬态现象时，测试系统的品质是以系统的动态特性来评价的，如响应频率、相位滞后、振幅响应等。该部分内容在第3章展开介绍。

1.8.3　测试系统选择的原则

选择测试系统的根本原则是测试的目的和要求。但是，若要达到技术上合理和经济上节约，则必须考虑一系列因素的影响。下面针对系统的各个特性参数，就如何正确选用测试系统予以概述。

(1) 灵敏度

原则上说，测试系统的灵敏度应尽可能高，这意味着它能检测到被测物理量极微小的变化，换句话说，被测量稍有变化，测量系统就有较大的输出，并能显示出来。因此，在要求高灵敏度的同时，应特别注意与被测信号无关的外界噪声的侵入，因为高灵敏度的测量系统同时也是敏感的噪声接收系统，其噪声也可能被放大系统所放大。为达到既能检测微小的被测量，又能使噪声被抑制到尽量低的目的，测试系统的信噪比越大越好。但灵敏度越高，往往测量范围越窄，稳定性也越差。

(2) 准确度

准确度表示测试系统所获得的测量结果与真值的一致程度，并反映了测量中各类误差的综合。准确度越高，测量结果中所包含的系统误差和随机误差就越小；测试仪器的准确度越高，价格就越昂贵。因此，应从被测对象的实际情况和测试要求出发，选用准确度合适的仪器，以获得最佳的技术经济效益。误差理论分析表明，由若干台不同准确度组成的测试系统，其测试结果的最终准确度取决于准确度最低的那一台仪器。所以，从经济性来看，应当选择同等准确度的仪器来组成所需的测量系统。如果条件有限，不可能做到同等准确度，则前面环节的准确度应高于后面环节，而不希望与此相反的配置。一般地，如果是属于相对比较性的试验研究，只需获得相对比较值，则只要求测试系统的精密度足够高就行了，无须要求它的准确度；若属于定量分析，要获得精确的量值，就必须要求它具有相应的精确度。

(3) 响应特性

测试系统的响应特性必须在所测频率范围内努力保持不失真条件。此外，响应总有一定的延迟，但要求延迟时间越短越好。换而言之，若测试系统的输出信号能够紧跟急速变化的输入信号，则这一测试系统的响应特性就好。因此，选用时要充分考虑到被测量变化的特点。

(4) 线性范围

任何测试系统都有一定的线性范围。在线性范围内，输出与输入成比例关系，线性范围越宽，表明测试系统的有效量程越大。测试系统在线性范围内工作是保证测量准确度的基本条件。然而，测试系统是不容易保证其绝对线性的，在一些情况下，只要能满足测量的准确度，也可以在近似线性的区间内工作，必要时可以进行非线性补偿或修正。

(5) 稳定性

稳定性表示在规定条件下测试系统的输出特性随时间的推移而保持不变的能力。影响稳定性的因素是时间、环境和测试仪器的器件状况。为了保持测试系统工作的稳定性，在选定测试仪器之前，应对工作环境进行调查，以选用较为合适的仪器。

漂移和零漂多半是由于系统本身对温度变化的敏感以及元件不稳定(时变)等因素所引起的，它对测试系统的准确度将产生影响。

(6) 测量方式

测试系统在实际工作条件下的测量方式的不同，也是选择测试系统时应考虑的因素之一。诸如接触式测量和非接触性测量、机械量测和电测、在线测量和非在线测量等不同的测量方式，对测试系统的要求也不同。

在机械系统中，运动部件的被测参量(例如回转运动误差、振动和扭力矩等)，往往需要非接触式测量。因为接触式测量不仅对被测对象造成影响，而且存在许多难以解决的技术问题，如接触状态的变动、测量头的磨损、信号的采集等，都不容易妥善处理，势必造成测量误差。这时选用涡电流式、电容式等非接触式传感器就能解决上述问题。若用电阻应变片检测应力、应变，则必须选用遥测应变仪。

在线测量是与实际情况更趋于一致的测试方法。特别是在实现自动化过程和地下工程施工信息化监控中，其检测和控制系统往往要求真实性和可靠性，这就必须在现场实时条件下进行工作。因此，对测试系统有一定的特殊要求。

(7) 各特性参数之间的配合

由若干环节组成的一个测试系统中，应注意各特性参数之间的恰当配合，使测试系统处于良好的工作状态。一个多环节组成的系统，其总灵敏度取决于各环节的灵敏度以及各环节之间的连接形式(串联、并联)，该系统的灵敏度与量程范围是密切相关的。当总灵敏度确定之后，过大或过小的量程范围，都会给正常的测试工作带来影响。对于连续刻度的显示仪表，通常要求输出量落在接近满量程的1/3区间内，否则即使仪器本身非常精确，测量结果的相对误差也会增大，从而影响测试的准确度。若量程小于输出量，很可能使仪器损坏。由此看来，在组成测试系统时，要注意总灵敏度与量程范围匹配。又如，当放大器的输出用来推动负载时，它应该以尽可能大的功率传给负载。只有当负载的阻抗和放大器的输出阻抗互为共轭复数时，负载才能获得最大的功率。这就是通常所说的阻抗匹配。

总之，在组成测试系统时，应充分考虑各特性参数之间的关系。除上述必须考虑的因素外，还应尽量兼顾体积小、重量轻、结构简单、易于维修、价格便宜、便于携带、通用化和标准化等一系列因素。

1.8.4 测试系统的新进展

测试是由用单个仪器测出单个物理量值发展成对被测物特征与属性的全面测定，使测试成为分析，测试系统成为分析系统。要求测试仪器与系统中的信号获取、信号调理、数据采集、分析处理、计算控制、结果评定和输出表述融为一体。要求测试实现现场化、远地化、网络化。要求测试诊断、维护修理、分析处理、控制管理一体化。

随着计算机技术、大规模集成电路技术和通信技术的飞速发展，传感器技术、通信技术和计算机技术这三大技术的结合，使测试技术领域发生了巨大的变化。现代测试系统日趋小型化、自动化、高精度、高稳定性、高可靠性。另外，测试系统的研制投入也越来越大，研制周期越来越短。

人类的测试能力是测试硬件的效率与测试软件效率的乘积。这表明测试硬件和测试软件对于测试能力的同等重要性，纠正了提高测试能力由测试硬件决定的片面观念。

由于测试是为了获得有用信息，而现今被人们认识的信息有三种：

① 确定性信息，指的是人们可以据此总结出确定型因果关系的信息。这种确定型因果关系，也就是一一对应关系。

② 随机信息，指的是人们据此可以总结出统计规律的信息。

③ 模糊信息，指的是给人们提供一种模糊依据，使人们根据这些信息对其进行相应的必然性或统计性规律进行模糊识别。

模糊信息又可说成与模糊事物有关的信息。模糊事物是人们阶段认识能力不足，还不能确切认知的客观事物。实际上在自然界中，模糊信息是人们能够得到的一种最多的信息。确定性信息和随机信息都是相应的模糊信息在一定水平上可以忽略模糊性或进行精确化处理提炼出来的。模糊信息不能用某一量值绝对地和它等同起来，所以从信息的分类来看，人们要对大量的模糊信息进行提取、划分、判断、推理、决策和控制使之成为有用信息，这需要将测试观念进行拓展。

1.8.4.1 现代测试系统的基本概念

人们习惯把具有自动化、智能化、可编程化等功能的测试系统称为现代测试系统。现代测试系统主要有三大类：智能仪器、自动测试系统和虚拟仪器。智能仪器和自动测试系统的区别在于它们所用的微机是否与仪器测量部分融合在一起，即采用专门设计的微处理器、存储器、接口芯片组成的系统（智能仪器），还是用现成的PC配以一定的硬件及仪器测量部分组合而成的系统（自动测试系统）。而虚拟仪器与前二者的最大区别在于它将测试仪器软件化和模块化，这些软件化和模块化的仪器具有特定的功能（如滤波器、频谱仪）与计算机结合构成了虚拟仪器。

（1）智能仪器

所谓智能仪器，是指新一代的测量仪器。这类仪器仪表中含有微处理器、单片计算机（单片机）或体积很小的微型机，有时也称为内含微处理器的仪器或基于微型计算机的仪器。因为功能丰富又很灵巧，国外书刊中常简称为智能仪器。

智能仪器的特点：① 具有自动校准的功能；② 具有强大的数据处理能力；③ 具有量程自动切换的功能；④ 具有操作面板和显示器；⑤ 具有修正误差的能力；⑥ 有简单的报警功能。

智能仪器的一般结构：

① 在物理结构上，测量仪器、微处理器及其支持部件是整个测试电路的一个组成部分，但是，从计算机的观点来看，测试电路与键盘、GPIB接口、显示器等部件一样，仅是计算机的一种外围设备。

② 软件是智能仪器的灵魂。智能仪器的管理程序也称监控程序，其功能分析、接受、执行来自键盘或接口的命令，完成测试和数据处理等任务。软件存于ROM或EPROM。

(2) 自动测试系统

自动测试技术源于20世纪70年代，发展至今大致可分为三代，其系统组成结构也有较大的不同。

① 第一代自动测试系统——第一代自动测试系统多为专用系统，通常是针对某项具体任务而设计的。其结构特点是采用比较简单的定时器或扫描器作为控制器，其接口也是专用的。因此，第一代测试系统通用性比较差。

② 第二代自动测试系统——第二代自动测试系统与第一代自动测试系统的主要不同在于：采用了标准化的通用可程控测量仪器接口总线(IEEE 488)、可程序控制的仪器和测控计算机(控制器)，从而使得自动测试系统的设计、使用和组装都比较容易。

③ 第三代自动测试系统——第三代自动测试系统比人工测试显示出前所未有的优越性。但是在这些系统中，电子计算机并没有充分发挥作用，系统中仍是使用传统的测试设备(只不过是配备了新的标准接口)，整个系统的工作过程基本上还是对传统人工测试的模拟。自动测试系统一般由四部分组成：第一部分是微机或微处理器，它是整个系统的核心；第二部分是被控制的测量仪器或设备，称为可程控仪器；第三部分是接口；第四部分是软件。

(3) 虚拟仪器

虚拟仪器(VI，Virtual Instrument)是计算机技术同仪器技术深层次结合产生的全新概念的仪器，是对传统仪器概念的重大突破，是仪器领域内的一次革命。虚拟仪器是继第一代仪器——模拟式仪表、第二代仪器——分立元件式仪表、第三代仪器——数字式仪表、第四代仪器——智能化仪器之后的新一代仪器。VI系统是由计算机、应用软件和仪器硬件三大要素构成的。计算机与仪器硬件又称为VI的通用仪器硬件平台。

1.8.4.2 现代测试系统的特点

现代化测试系统是由多种测试仪器、设备或系统综合而成的有机整体，并能够在最少依赖操作人员干预的情况下，通过计算机的控制自动完成对被测对象的功能行为或特征参数的分析、评估其性能状态，并对引起其工作异常的故障进行隔离等综合性的诊断测试过程。由于自动检测设备在技术上的不断发展，目前正在形成模块化、系列化、通用化、自动化和智能化、标准化的发展方向。

现代测试系统与传统测试系统相比，具有以下特点：

① 经济性。网络中的虚拟设备无磨损、无破坏，可反复使用，尤其是一些价格昂贵，损耗大的仪器设备。更重要的是还可以利用Internet实现远程虚拟测控，对那些没有相应实验条件的学生进行开放式的远程专业实验创造了条件，实现有限资源的大量应用。

② 网络化。网上实验具有全新的实验模式，实验者不受时间、空间上的制约，可随时随地进入虚拟实验室网站，选择相应的实验，进行虚拟实验操作。

③ 针对性。在网上进行实验，可以将实验现象、实验结果重点突出。利用计算机的模

拟功能、动画效果能够实现缓慢过程的快速化或快速过程的缓慢化。

④ 智能化。由于微电子技术、计算机技术和传感器技术的飞速发展，给自动检测技术的发展提供了十分有利的条件，应运而生的自动检测设备也广泛地应用于武器装备系统的研制、生产、储供和维修的各环节之中。

练 习 题

一、填空题

1. 传感器由________、________、________三部分组成。

2. 根据测试的物理量划分，可将电阻式传感器制成________、________、________等多种传感器。

3. 光纤的结构包括________、________、涂敷层和护套，是一种多层介质对称圆柱体。

4. 压磁式传感器的工作原理是：某些铁磁物质在外界机械力作用下，其内部产生机械压力，从而引起________，这种现象称为________。相反，某些铁磁物质在外界磁场的作用下会产生________，这种现象称为________。

5. 变气隙式自感传感器，当衔铁移动靠近铁心时，铁心上的线圈电感量________（① 增加；② 减小；③ 不变）。

6. 传感检测系统目前正迅速地由模拟式、数字式向________方向发展。

二、基本概念

1. 压电效应；
2. 热电效应；
3. 热电偶的第三导体定律；
4. 灵敏度；
5. 滞后。

三、简答题

1. 简述光纤式应变传感器的工作原理。
2. 简述振弦式传感器的原理和主要特点。
3. 简要介绍压电式传感器的工作原理和主要特点。
4. 简述衡量传感器的静态特性的主要指标。

第2章　电阻应变测试技术

电阻应变测试方法，在土木工程（如钢结构、混凝土梁柱等）室内模型试验和现场实测中有着广泛的应用。这种方法将应变敏感元件——电阻应变片（简称“应变片”）粘贴在构件表面上，当构件受力变形时，电阻应变片的长度、截面等将随着构件变化，因而其电阻也发生变化，利用测量电阻的仪器——应变仪测量出电阻应变片电阻的变化，进而得到构件变形的大小并对构件进行应变分析。同时，应变片也是制作电阻应变式传感器的核心部件。

应变片具有很多优点：其结构简单，尺寸小，质量小，使用方便，性能稳定可靠；分辨率高，能测出极微小的应变；灵敏度高，测量范围大，测量速度快，适合静、动态测量；易于实现测试过程自动化和多点同步测量、远距测量和遥测；价格便宜，品种多样，工艺较成熟，便于选择和使用，可以测量多种物理量。缺点包括：具有非线性，输出信号微弱，抗干扰能力较差，因此信号线需要采取屏蔽措施；只能测量一点或应变栅范围内的平均应变，不能显示应力场中应力梯度的变化；潮湿工作环境下可靠性较差。

本章首先介绍应变片的基本知识，包括应变片结构、工作原理、分类、工作特性和粘贴工艺；然后重点讲述如何借助电桥将应变片的电阻变化转换成电压（或电流）变化，即应变测量电路；随后简单介绍常用应变测量仪器——应变仪的工作特性和使用方法，并列举以应变片为核心部件的常见电阻应变式传感器；最后介绍现场应变—应力测量，内容包括应变片布置和电桥接桥方法、温度补偿方法、应变—应力换算关系（如何将应变换算成应力）。

2.1　电阻应变片

2.1.1　应变片结构

根据不同用途，电阻应变片的构造不完全相同，但其基本结构一般由敏感栅、基底、黏结剂、盖层、引线构成（图 2-1）。电阻应变测试中，被测构件的变形通过黏结剂、基底传递给敏感栅。

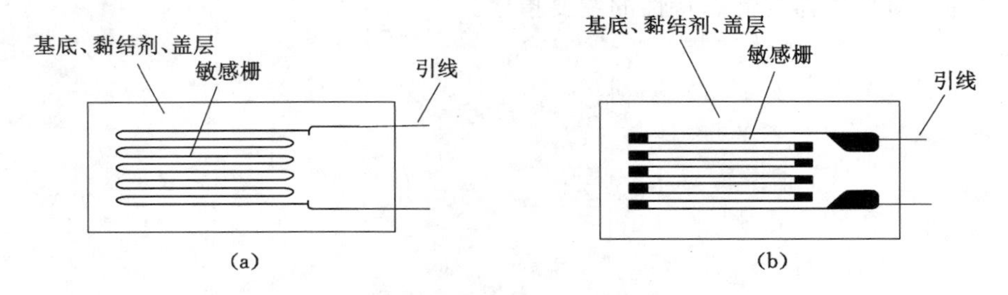

图 2-1　电阻应变片的基本构造

(a) 丝式；(b) 箔式

敏感栅是应变片中将应变量转换成电量的敏感部分，其常用的线材为康铜（铜镍合金）、镍铬合金等，敏感栅的形状与尺寸直接影响应变片的工作特性。为了使应变片具有足够大的电阻（一般不小于100 Ω）以便于测量电路配合，并在有限的应变片长度范围内将线材弯折绕成栅状。将线材绕成栅状后，虽然总长度不变，但线材直线段和弯折段的应变状态不同，其灵敏系数较整长电阻丝的灵敏系数小，该现象称为敏感栅的横向效应。

从应变片基本结构来看，敏感栅是由 n 条直线段和 $n-1$ 个半径为 r 的半圆组成，若该应变片承受轴向应力而产生轴向拉应变 $+\varepsilon_x$ 时，则各直线段的电阻将增加，但在半圆弧段则受到从轴向拉应变 $+\varepsilon_x$ 过渡到横向压应变 $-\varepsilon_y$ 之间变化的应变，会使应变片电阻减小。应变片这种既受轴向应变影响，又受横向应变影响而引起电阻变化的现象称为横向效应。

丝式应变片的敏感栅为圆形线材，直径在0.012～0.05 mm之间，并以0.025 mm最为常用，见图2-1(a)。箔式应变片的线材由很薄的金属箔片制成，箔片厚度为0.003～0.006 mm，栅形由光刻制成，图形复杂且精细，栅长最小至0.2 mm，箔式应变片可制成多种应变花和图形，见图2-1(b)。目前，箔式应变片最为常用，其优点如下：

① 由于采用成熟的印刷电路技术，其电阻离散度小，能制成任意形状以适应不同的测量要求。

② 金属箔片表面积相对较大，散热性好，比丝式应变片的允许电流大。

③ 横向效应小。

④ 疲劳寿命长，蠕变小。

⑤ 柔性好，可粘贴在形状复杂的构件上。

⑥ 工业化大量生产时，价格较丝式应变片低廉。

基底用以保持敏感栅、引线的几何形状和相对位置的部分，并保证敏感栅和被测构件之间的电绝缘，基底尺寸通常代表应变片的外形尺寸。基底材料有纸和有机聚合物两类，分别称为纸基应变片和胶基应变片，对基底的基本要求是：机械强度高、粘贴容易、电绝缘性好、热稳定性好、抗潮湿、挠性好（使应变片能粘贴在曲面上）、变形传递无滞后、无蠕变。

黏结剂用以将敏感栅固定在基底上，或者将应变片黏结在被测构件上，硬化后需具有一定的电绝缘性能，用于各种电阻应变片的黏结剂有环氧树脂、酚醛树脂、聚乙烯醇缩醛等。

盖层为用来保护敏感栅而覆盖在敏感栅上的绝缘层。

引线用以从敏感栅引出电信号的镀银线状或镀银带状导线，一般直径为0.15～0.3 mm。

2.1.2　应变片工作原理

应变片的工作原理是电阻应变效应，即应变片线材（金属丝或箔片）电阻值随着构件受力变形（伸长或缩短）而发生改变的物理现象。

以丝式应变片为例，金属丝电阻值 $R(\Omega)$ 和其电阻率 $\rho(\Omega\cdot\text{mm}^2/\text{m})$、栅长 $L(\text{m})$、横截面面积 $A(\text{mm}^2)$ 之间的关系为

$$R=\rho\frac{L}{A} \tag{2-1}$$

一般当一根金属丝承受轴向拉力产生机械变形时，其长度增加，横截面面积 A 减少，电阻率 ρ 也将发生变化。对式(2-1)全微分后，得到

$$\frac{\mathrm{d}R}{R}=\frac{\mathrm{d}\rho}{\rho}+\frac{\mathrm{d}L}{L}-\frac{\mathrm{d}A}{A}=\frac{\mathrm{d}\rho}{\rho}+\varepsilon+2\mu\frac{\mathrm{d}L}{L}=\frac{\mathrm{d}\rho}{\rho}+(1+2\mu)\varepsilon \tag{2-2}$$

式中　ε——金属丝的纵向应变；

　　　μ——金属丝材料的泊松比。

电阻丝电阻率变化与体积变化率存在线性关系，即

$$\frac{\mathrm{d}\rho}{\rho}=m\frac{\mathrm{d}V}{V} \tag{2-3}$$

式中　m——常数，对于给定的材料和加工方法，m 为定值。

在单向受力状态下，体积变化率可表示为

$$\frac{\mathrm{d}V}{V}=(1-2\mu)\varepsilon \tag{2-4}$$

式(2-3)、式(2-4)代入式(2-2)中得

$$\frac{\mathrm{d}R}{R}=[1+2\mu+m(1-2\mu)]\varepsilon=k_0\varepsilon \tag{2-5}$$

式中　k_0——金属丝对应变的灵敏系数，$k_0=1+2\mu+m(1-2\mu)$。可见，当材料确定时，k_0 仅为金属材料泊松比 μ 的函数。

各种材料金属丝的灵敏系数由实验测定，某些金属（如康铜、镍合金等）的应变与电阻值变化率之间存在线性关系。比如，康铜 $m=1$，对应的 $k_0=2$，即康铜电阻丝的灵敏系数为常数。鉴于康铜电阻丝热稳定性、加工焊接性能好等优点，因此是制作敏感栅的主要材料。

2.1.3　应变片分类

(1) 按敏感栅制造方法分类

电阻应变片按敏感栅制造方法可以分为丝式、箔式、薄膜式应变片。

① 丝式应变片——其敏感栅用直径 0.012～0.05 mm 合金丝在专用的制栅机上制成，常见的有丝绕式和短接式，各种温度下工作的应变片都可制成丝式应变片，尤其是高温应变片。受绕丝设备限制，丝式应变片栅长不能小于 2 mm。短接式应变片的横向效应系数较小，可用不同丝材组合成栅，实现温度自补偿，但焊点多，不适用于动态应变测量。

② 箔式应变片——其敏感栅用 0.003～0.006 mm 厚的合金箔光刻制成，栅长最小可做成 0.2 mm，由于散热面积大，允许工作电流较大。箔式应变片敏感栅端部形状和尺寸可根据横向效应、蠕变性能等要求设计，横向效应可远小于丝式应变片，蠕变可减到最小，应变极限一般为 20 000 μm/m。疲劳寿命可达 10^6～10^7 循环次数，箔式应变片质量易控制，应用范围更广泛，是使用最普遍的电阻应变片。

③ 薄膜式应变片——其敏感栅是用真空蒸发或溅射等方法做在基底材料上，形成薄膜，再经光刻制成。薄膜厚度约为箔厚的 1/10 以下。敏感栅与基底附着力强，蠕变和滞后很小，采用镍铬合金薄膜和氧化铝基底的薄膜应变片可使用至 540 ℃，还可制成高达 800 ℃使用的应变片。

(2) 按敏感栅结构分类

电阻应变片按敏感栅结构可以分为单轴应变片、多轴应变片和复式应变片。

① 单轴应变片用于测量敏感栅轴线方向应变（图 2-2）。

② 多轴应变片又称应变花，在同一基底上有两个或两个以上敏感栅排列成不同方向，用于测定测点主应力和主应力方向。另有排列在同一方向的多个敏感栅的应变片称为应变链，用于确定应力集中区内应力分布（图 2-3）。

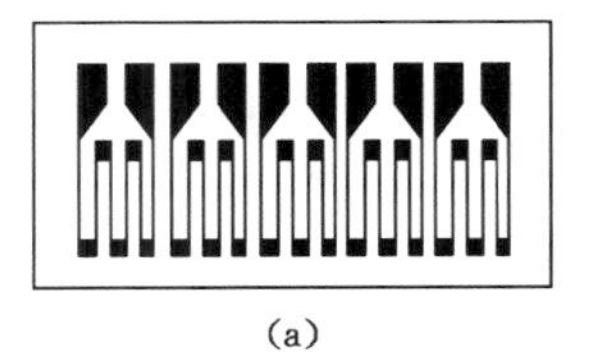

(a)

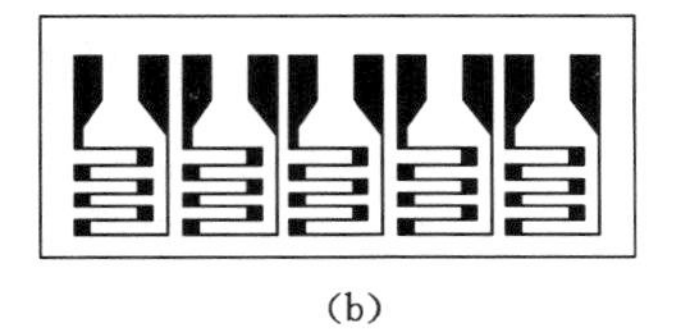

(b)

图 2-2　单轴多栅应变片

(a) 平行轴多栅应变片；(b) 同轴多栅应变片

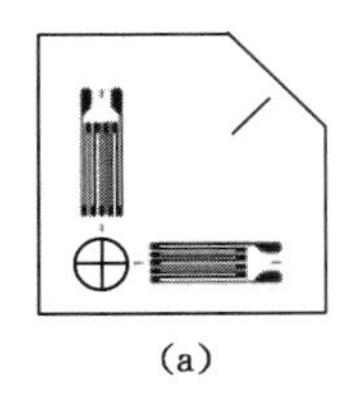

(a)

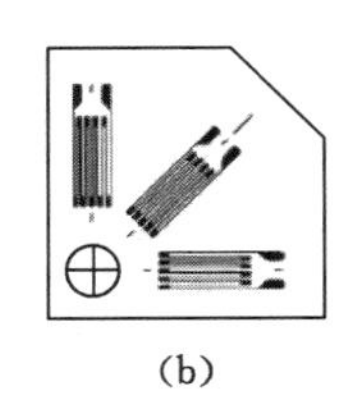

(b)

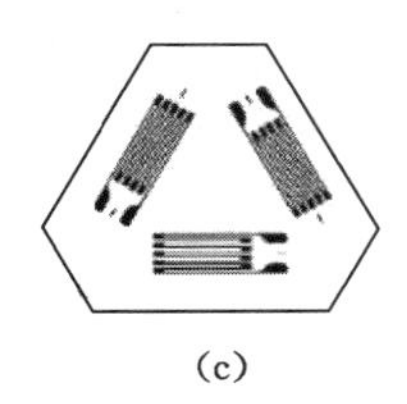

(c)

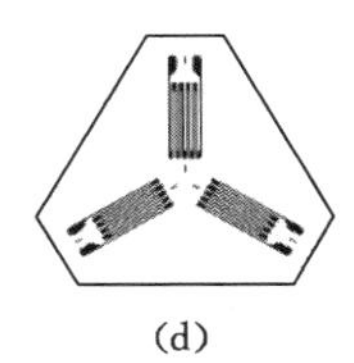

(d)

图 2-3　多轴应变片

(a) 二轴 90°；(b) 三轴 45°；(c) 三轴 60°；(d) 三轴 120°

③ 复式应变片是在同一基底上将多个敏感栅排列成所需形状，且连接成电路回路，主要用于传感器。

(3) 按工作温度范围分类

电阻应变片按工作温度范围可以分为低温、常温、中温、高温应变片。

① 低温应变片——工作温度低于 −30 ℃时，均为低温应变片。

② 常温应变片——工作温度范围为 −30～60 ℃。一般的常温应变片使用时温度基本保持不变，否则会有热输出，若使用时温度变化大，则可使用常温温度自补偿应变片。

③ 中温应变片——工作温度高于 60 ℃，低于 350 ℃。

④ 高温应变片——工作温度高于 350 ℃时，均为高温应变片。

2.1.4　应变片工作特性

用来表达应变片的性能及特点的数据或曲线，称为应变片的工作特性。应变片实际工作时，与其电阻变化输出相对应的按标定的灵敏系数折算得到的被测试样的应变值，称为应变片的指示应变。应变片使用范围非常广泛，使用条件对应变片的性能要求各不相同。因此，在不同条件下使用的应变片，需检测的应变片工作特性（或性能指标）也不相同。

(1) 应变片尺寸

顺着应变片轴向敏感栅两端转弯处内侧之间的距离称为栅长 L（或标距），敏感栅的横向尺寸称为栅宽 B（图 2-4），LB 称为应变片的使用面积。应变片的栅长 L 和栅宽 B 比敏感栅大一些。在可能的情况下，应尽量选用栅长大一些、栅宽小一些的应变片。

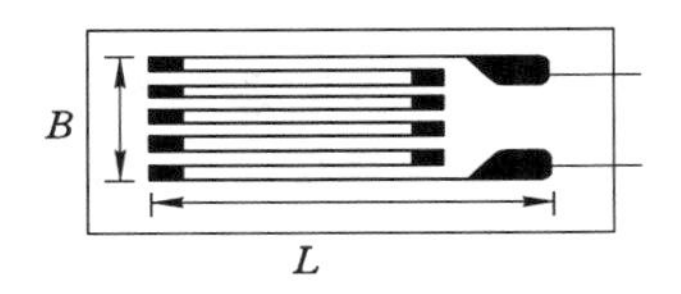

图 2-4　应变片的尺寸

(2) 应变片电阻（R）

应变片电阻是指应变片在未经安装也不受力的情况下室温时测定的电阻值。应根据测量对象和测量仪器的要求选择应变片的电阻值。在允许通过同样工作电流的情况下，选用较大电阻值的应变片，可提高应变片的工作电压，使输出信号加大，提高测量灵敏度。

用于测量构件应变的应变片阻值一般为120 Ω，这与检测仪器（电阻应变仪）的设计有关；用于制作应变式传感器的应变片阻值一般为350 Ω、500 Ω和1 000 Ω。

（3）应变片灵敏系数（K）

应变片灵敏系数指在应变片轴线方向的单向应力作用下，应变片电阻的相对变化与安装应变片的试样表面上轴向应变的比值，K不同于金属丝的灵敏系数k_0。

应变片的灵敏系数主要取决于敏感栅灵敏系数，但还与敏感栅的结构形式和几何尺寸有关。此外，试样表面的变形是通过基底和黏结剂传递给敏感栅的，所以应变片的灵敏系数还与基底和黏结剂的特性及厚度有关。因此，应变片的灵敏系数受到多种因素的影响，无法由理论计算得到。

应变片灵敏系数是由制造厂按应变片检定标准，抽样在专用设备上进行标定的，金属电阻应变片的灵敏系数一般为1.80～2.50。

（4）应变片的横向效应

应变片既受轴向应变影响，又受横向应变影响而引起电阻变化的现象称为横向效应。应变片对垂直于自身主轴线的应变的响应程度称为应变片的横向灵敏度。如果应变片的横向灵敏度为零，即对垂直于主轴线的应变（横向应变）不产生电阻变化，则应变片不存在横向效应，不会因此产生误差。应变片均或多或少存在横向效应，其横向灵敏度较小，一般为纵向灵敏度的百分之几。

圆角敏感栅丝式应变片的横向效应几乎全部是由敏感栅的圆角部分对横向应变的感应而引起的，横向应变对敏感栅纵向直线部分的作用是极小的。这种应变片的横向灵敏度符号为正，即正的横向应变（拉伸）使电阻增加。

箔式应变片的横向效应受很多因素影响，除了敏感栅的横向部分以外，敏感栅纵向部分因为宽度与厚度比较大，所以横向应变对其电阻变化也有影响。此外，横向效应的大小还受敏感栅材料、基底厚度等因素影响。箔式应变片的横向灵敏度符号可能为正，也有可能为负。箔式应变片的横向效应远小于丝式应变片。

减小应变片横向效应的措施：加长敏感栅栅长L，缩短栅宽B，加宽圆弧处栅线，采用短接式或直角式横栅。采用箔式应变片时，其横向效应可忽略。

（5）应变片的温度误差

由于测量现场环境温度的改变而给测量带来的附加误差，称为应变片的温度误差，温度误差需要通过电桥温度补偿的方法加以消除。产生应变片温度误差的主要因素有：

① 电阻温度系数的影响。

② 试件材料和金属丝材料的线膨胀系数的影响。

当试件与金属丝材料的线膨胀系数相同时，不论环境温度如何变化，金属丝不会产生附加变形。当试件和金属丝线膨胀系数不同时，由于环境温度的变化，电阻丝会产生附加变形，从而产生附加电阻。

【习题2-1】 康铜丝$\alpha_s=20\times10^{-6}\ ℃^{-1}$，$\beta_s=15\times10^{-6}\ ℃^{-1}$，碳素钢试件的$\beta_{sh}=11\times10^{-6}\ ℃^{-1}$。试件弹性模量$E=206$ GPa，$K=2.0$，当$\Delta T=\pm1$ ℃时，求应变片的温度应变ε_t。

（6）机械滞后（Z_j）

机械滞后是指在恒定温度下，对安装有应变片的试样加载和卸载，以试样的机械应变为横坐标、应变片的指示应变为纵坐标绘成曲线，在增加或减少机械应变过程中，对于同一个机械应变量，应变片的指示应变有一个差值，此差值即为机械滞后，即 $Z_j = \Delta\varepsilon$（图 2-5）。

机械滞后的产生主要是由敏感栅、基底和黏结剂在承受机械应变之后留下的残余变形所致。制造或安装应变片时，若敏感栅受到不适当的变形或黏结剂固化不充分，都会产生机械滞后。为了减小机械滞后，可在正式测量前预先加载和卸载若干次。

（7）零点漂移（P）和蠕变（θ）

对于已安装在试样上的应变片，当温度恒定时，即使试样不受外力作用，不产生机械应变，应变片的指示应变仍会随着时间的增加而逐渐变化，这一变化量称为应变片的零点漂移，简称零漂。若温度恒定，试样产生恒定的机械应变，这时应变片的指示应变也会随着时间而变化，该变化量称为应变片的蠕变（图 2-6）。

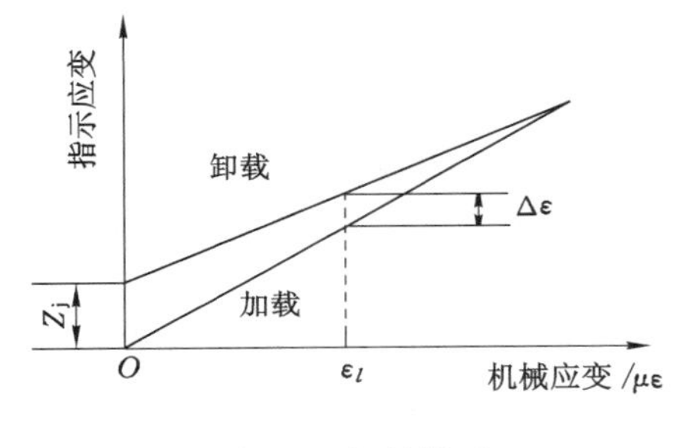

图 2-5　机械滞后

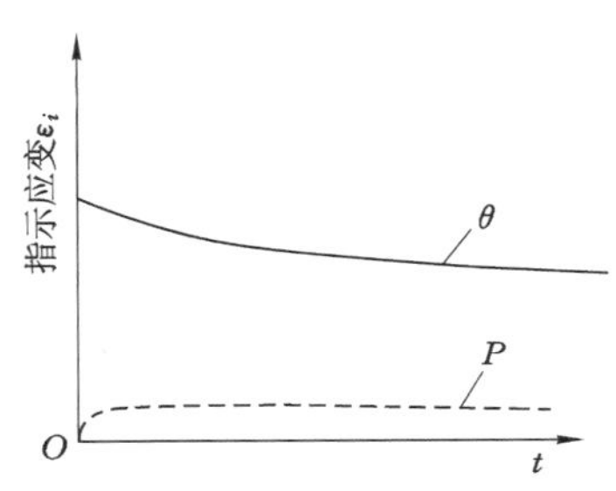

图 2-6　零点漂移和蠕变

零漂和蠕变反映了应变片的性能随时间的变化规律，只有当应变片用于较长时间的测量时才起作用。

零漂和蠕变是同时存在的，在蠕变值中包含着同一时间内的零漂值。零漂主要由敏感栅通上工作电流后的温度效应、应变片制造和安装过程中的内应力以及黏结剂固化不充分等引起；蠕变则主要由黏结剂和基底在传递应变时出现滑移所致。

（8）应变极限（ε_{lim}）

在温度恒定时，对安装有应变片的试样逐渐加载，直至应变片的指示应变与试样产生的应变（机械应变）的相对误差达到 10%时，该机械应变即为应变片的应变极限（图 2-7）。

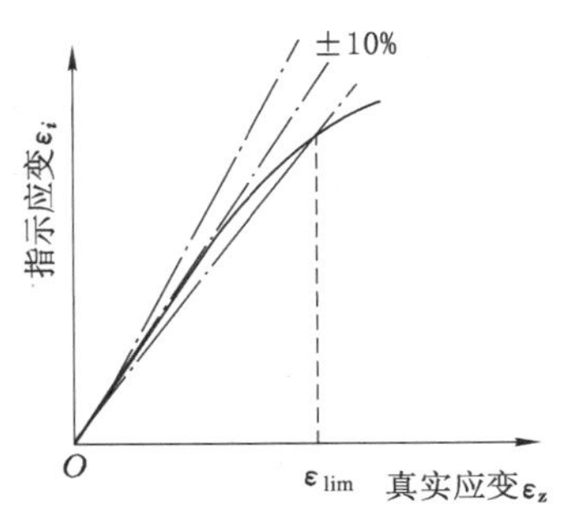

图 2-7　应变极限

（9）绝缘电阻（R_m）

应变片的绝缘电阻是指应变片的引线与被测试样之间的电阻值。过小的绝缘电阻会引起应变片的零点漂移，影响测得应变的读数的稳定性。提高绝缘电阻的方法主要是选用绝缘性能好的黏结剂和基底材料。

在静态测量中，一般要求绝缘电阻大于 30 MΩ；动态测量时应大于 50 MΩ。

（10）疲劳寿命（N）

疲劳寿命指贴有应变片的试件在恒定幅值的交变应力作用下，应变片连续工作，直至产生疲劳损坏时的循环次数，通常可达 $10^6 \sim 10^7$ 次。

(11) 最大工作电流

最大工作电流是允许通过应变片而不影响其工作特性的最大电流，通常为几十毫安。长期静态测量时，为提高测量精度，通过应变片的电流应小一些；短期动态测量时，为增大输出功率，电流可大一些。

2.1.5 应变片选择

应变片的种类繁多，应根据试件的应力状态、环境条件、材质特点以及测量仪器等进行选择最合适的应变片。

(1) 根据应力状态进行选择

应变性质：在一般静态和动态测量时，对应变片没有特殊要求；但对于长期动荷载作用下的应变测量，应选用疲劳寿命长的应变片，如箔式应变片。对冲击荷载或高频动荷载作用下的应变测量，还要考虑应变片的频率响应。在动态测量中，还要求选用栅长 L 较小的应变片，以保证构件应变沿栅长方向传播时应变计的动态响应，一般要求 $L\leqslant(1/20)\lambda$，λ 为应力波波长。当要测量塑性范围的应变时，则应选用机械应变极限值较高的应变片。

① 应力状态——若是一维应力，选用单轴应变片。纯扭转的测轴或高压容器筒壁虽然是二维应力问题，可是主应力方向为已知，所以可使用直角应变花。如果主应力方向未知，就必须使用三栅或四栅的应变花。

② 应力分布——对于应力梯度较大、材质均匀的试体，应选用基长小的应变片。若材质不均匀而强度不等的材料(如混凝土)，或应力分布变化缓慢的构件，为了提高测量精度，应选用基长大的应变片。

(2) 根据环境条件进行选择

环境温度对应变片影响很大，故应按使用温度正确选用敏感栅、黏结剂和基底的材料。潮湿对应变片性能的影响也很大。如应变片受潮会出现零点漂移和灵敏度降低等现象，严重时则无法测量。因此，若在潮湿条件下工作，要选用胶基底的应变片，并且应采取有效的防潮措施。

(3) 根据试件的材质特点进行选择

材质均匀的试件采用基长小的应变片。材质不均匀的试件，如木材、混凝土等，就要选用基长大的应变片。

(4) 根据测量仪器进行选择

要按电阻应变仪规定的应变片阻值范围选用应变片，使电路阻抗匹配。要按测量仪器的供桥电流大小选片，防止超过允许电流将应变片烧坏，或测量时发热量过大，影响测量稳定性和精度。

2.2 应变测量电路

测量电路的作用是将应变片的电阻变化转换为电压(或电流)变化。通常应变片的电阻变化较小，测量电路中的输出信号(电压或电流)也极为微弱。为了便于测量，需将应变片的电阻变化转换成电压(或电流)信号，再通过放大器将信号放大，然后由指示仪或记录仪器指示或记录应变数值，这一过程是由电阻应变仪完成，而测量电路则是电阻应变仪的重要组成部分。

应变片电测一般采用两种测量电路，一种是电位计式电桥(图 2-8)，一种是惠斯登电桥(简称电桥，图 2-9)，其中以惠斯登电桥应用最为广泛。

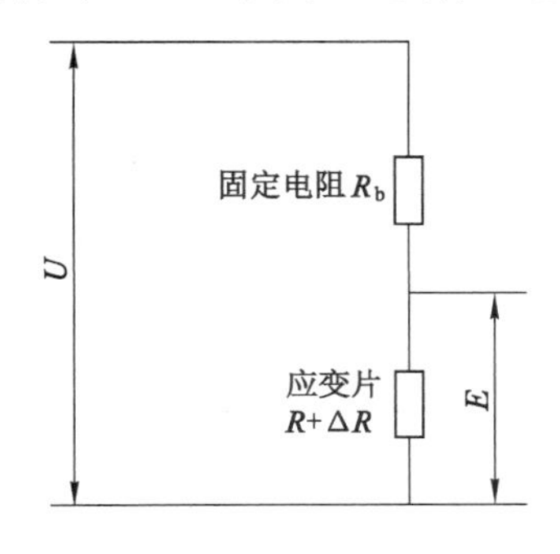

图 2-8　电位计式电桥

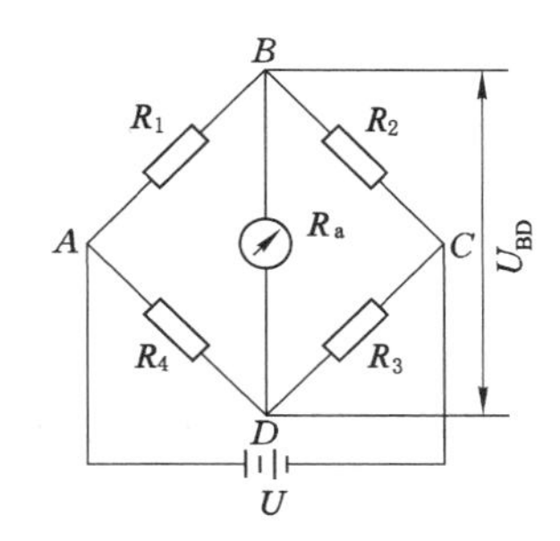

图 2-9　惠斯登直流电桥

本节重点介绍惠斯登电桥的基本特性及其应用。

2.2.1　电位计式电桥

一般电位计式电路如图 2-8 所示，应变片电阻 R 串联一个固定电阻 R_b。在未产生应变时，输出电压 E 为

$$E = \frac{R}{R_b + R}U \tag{2-6}$$

式中，U 为电源电压。

当有应变产生时，应变片电阻变为 $R+\Delta R$，这时输出电压增加 ΔE。

$$E + \Delta E = \frac{R + \Delta R}{R_b + R + \Delta R}U \tag{2-7}$$

由式(2-6)和式(2-7)可得

$$\Delta E = \frac{R_b \Delta R}{(R_b + R)(R_b + R + \Delta R)}U = \frac{a}{1 + a + \dfrac{(1+a)^2}{\Delta R/R}}U \tag{2-8}$$

式中，$a=R_b/R$。

由式(2-8)可以看出，ΔE 和 $\Delta R/R$ 之间不是线性关系。一般 $a=1\sim3$ 时，非线性误差不会过大。

电位计式电路比较简单，电路中的电阻元件数量很少，而且可以没有调整的元件。这种电路通常用于测量动态分量(如冲击和振动)。如果用变压器耦合或用隔直电容输出时，已将直流分量去掉。在采用半导体应变片时，往往采用这种电路。

2.2.2　惠斯登电桥

应变电测早期，由于受电子技术的限制，电阻应变仪在比较长的一段时间内都选用交流电桥。20 世纪 80 年代以后，电子技术迅猛发展，直流放大器性能越来越好，高精度直流放大器的各项性能指标均已远远优于交流放大器，而且使用方便、价格便宜，目前交流电桥的电阻应变仪已经很少使用。因此，本节仅介绍直流电桥的基本特性。

图 2-9 所示为惠斯登直流电桥，由 4 个电阻 R_1、R_2、R_3、R_4 组成 4 个桥臂；在 A、C 对角端接电压为 E 的直流电源，B、D 为输出端，BD 端电桥的输出电压为

$$U_{BD} = \frac{R_1R_3 - R_2R_4}{(R_1 + R_2)(R_3 + R_4)}E \tag{2-9}$$

根据式(2-9)，为了使得输出端电压 $U_{BD}=0$，即电桥处于平衡状态，应使得

$$R_1R_3 - R_2R_4 = 0 \quad 或 \quad R_1/R_4 = R_2/R_3 \tag{2-10}$$

式(2-10)称为电桥的平衡条件。

如图 2-9 所示，根据桥臂的配置情况，可将测量电桥分为全等臂电桥、输出对称电桥、电源对称电桥。

① 全等臂电桥：桥臂电阻 $R_1=R_2=R_3=R_4=R$。

② 输出对称电桥：桥臂电阻 $R_1=R_2$，$R_3=R_4$，即对于电源 U，桥路电阻左右对称。

③ 电源对称电桥：桥臂电阻 $R_1=R_4$，$R_2=R_3$。

设电桥四臂均为工作应变片，其电阻为 R_1、R_2、R_3、R_4，当应变片未受力时，电桥处于平衡状态，电桥输出电压 U_{BD} 为零。受力后，电桥四臂都产生电阻变化分别为 ΔR_1、ΔR_2、ΔR_3、ΔR_4，电桥电压输出为

$$U_{BD} = \frac{\Delta R_1R_3 - \Delta R_2R_4 + \Delta R_3R_1 - \Delta R_4R_2}{(R_1 + R_2)(R_3 + R_4)}E \tag{2-11}$$

下面根据桥臂配置情况对式(2-11)进行分析。

① 全等臂电桥，即 $R_1=R_2=R_3=R_4=R$，其电压输出为

$$U_{BD} = \frac{E}{4}\left(\frac{\Delta R_1}{R_1} - \frac{\Delta R_2}{R_2} + \frac{\Delta R_3}{R_3} - \frac{\Delta R_4}{R_4}\right) = \frac{kE}{4}(\varepsilon_1 - \varepsilon_2 + \varepsilon_3 - \varepsilon_4) \tag{2-12}$$

② 输出对称电桥，即 $R_1=R_2$，$R_3=R_4$，其电压输出与全等臂电桥式(2-12)相同。

③ 电源对称电桥，即 $R_1=R_4$，$R_2=R_3$，并令 $R_2/R_1=R_3/R_4=a$，则其电压输出为

$$U_{BD} = \frac{aE}{(1+a)^2}\left(\frac{\Delta R_1}{R_1} - \frac{\Delta R_2}{R_2} + \frac{\Delta R_3}{R_3} - \frac{\Delta R_4}{R_4}\right) = \frac{akE}{(1+a)^2}(\varepsilon_1 - \varepsilon_2 + \varepsilon_3 - \varepsilon_4) \tag{2-13}$$

由式(2-11)至式(2-13)，可总结测量电桥(包括全等臂电桥、输出对称电桥、电源对称电桥)具有以下基本特性：

① 两相邻桥臂电阻应变片所感受的应变，代数值相减，比如 ε_1 和 ε_2、ε_2 和 ε_3、ε_3 和 ε_4、ε_1 和 ε_4 之间。

② 两相对桥臂电阻应变片所感受的应变，代数值相加，比如 ε_1 和 ε_3、ε_2 和 ε_4 之间。

综上所述，两相邻桥臂电阻所感受的应变数值相减，两相对桥臂电阻所感受的应变数值相加，这种性质称为电桥的加减特性(或和差特性)，该特性对于交流电桥也适用。

在应变电测中，合理地利用电桥的加减特性，可实现如下功能：

① 消除测量时环境温度变化引起的误差。

② 增加读数应变，提高测量灵敏度。

③ 在复杂应力作用下，测出某一应力分量引起的应变。

应变测量电路的应用将在 2.5 节重点介绍。

2.3 应变测试仪器

电阻应变仪是根据应变检测要求设计的一种专用仪器。它的作用是将电阻应变片组成测量电桥，并对电桥输出电压进行放大、转换，最终以应变量值显示或根据后续处理需要传

输信号。

根据应变仪的工作频率，电阻应变仪分为静态电阻应变仪和动态电阻应变仪。静态电阻应变仪测量静态或缓慢变化的应变信号，动态电阻应变仪测量连续快速变化的应变信号。

2.3.1　静态电阻应变仪

静态电阻应变仪用来测量不随时间变化、一次变化后能相对稳定或变化十分缓慢的应变。

以YJ—33A型静态电阻应变仪为例(图2-10)。

2.3.1.1　概述

YJ—33A型静态电阻应变仪采用成型机箱，采用LCD大屏幕液晶显示，全中文菜单操作，使用方便。它具有测量热电势自动补偿的功能，具有单片桥路非线性修正及自动调零功能，预热时间短、测量精度高、稳定性好。可通过通用并行打印接口外接打印机，还可通过RS232接口与PC机相连，完成复杂的测量与数据处理任务。

图2-10　YJ—33A型静态电阻应变仪

2.3.1.2　技术参数

① 量程：0～±30 000 με；

② 分辨率：1 με；

③ 基本误差限：不大于±0.1%±2 με；

④ 测量速度：每秒12次；

⑤ 电桥电压：±1.2 VDC；

⑥ 初始零点范围：±30 000 με；

⑦ 适用电阻应变计阻值：60～1 000 Ω；

⑧ 测量点数：主机单独工作，最多100点(配5台YZ—22型转换箱)，连接计算机工作，最多1 000点(配50台YZ—22型转换箱)；

⑨ 显示方式：LCD液晶大屏幕显示，全中文菜单操作；

⑩ 灵敏系数：应变仪的灵敏系数按 $K=2.000$ 设计；

⑪ 稳定性：零点漂移不大于±5 με/4 h，读数漂移不大于：±0.1%±2 με/4 h；

⑫ 温度变化影响：温度对零点和对读数值的变化不大于±0.01%F·S/℃；

⑬ 输出方式：可以由通用并行打印接口外接打印机；

⑭ RS232串行接口：数据输出，双向信息通讯；

⑮ 供电电源：220 V，50 Hz；

⑯ 工作环境条件；温度：0～40 ℃，相对湿度：30%～80%；

⑰ 外形尺寸：350 mm×150 mm×360 mm；

⑱ 重量：约7 kg。

2.3.1.3　操作步骤

(1) 开机

开启 YJ—33A 型静态电阻应变仪的电源开关，若需用外接打印机，则应先接通打印机电源，再接通 YJ—33A 静态电阻应变仪电源。仪器显示“欢迎使用 YJ—33A 型静态电阻应变仪”等字样，此时按下“菜单”键，则进入主菜单操作界面。

(2) 主菜单操作

主菜单中有 10 个功能菜单条，依次为：设定、凋零、手动测量、自动测量、联机测量、标定、打印、数据输出、显示初值、显示读数。各功能条前均有提示框“□”，当“□”中有“ * ”时按“确认”键，则进入该功能的进程，完成该功能后自动退回主菜单(联机测量、打印、数据输出、显示初值、显示读数)，或按“菜单”键退回主菜单；各功能条之间可以通过“向上”、“向下”键来移动提示框“□”中“ * ”的位置，从而可以完成各种操作。

仪器在主菜单操作界面时，可分别按快捷键“联机”、“打印”、“测量”，从而可以同上述操作一样分别完成“联机测量”、“打印”、“自动测量”的功能。

(3) 设定菜单的操作

设定菜单包括灵敏系数、通道选择、监测通道、通讯方式 4 个参数，灵敏系数为 1.000～9.999 之间的任意值，默认值为 2.000；通道选择指的是需要自动测量的通道范围，默认值为 000～099 通道；监测通道是指需要特别注意的通道，默认值为 000 通道；通讯方式是指仪器与上位机之间通讯的波特率，可以是 2 400 和 9 600 两种，默认值为 9 600。第一次开机显示的各参数的值就是默认值，即开机不设定任何参数，机器也能按该参数值进行工作。设定菜单的提示方式与主菜单相同，各菜单条之间的移动方法与主菜单一样。

当参数前的“□”内有“ * ”时，按“确认”键就能对该参数进行改写；此时该参数中的某一位会闪烁，则该位的值可以通过“向上”、“向下”键来减小或增大到所需的值，并且可以用“向左”、“向右”来改变闪烁的位置，直到每一位的值都达到要求后，按“确认”键确认该参数的值并退出该参数的设定。若所有的参数都设定好后，按“菜单”键返回到主菜单。

(4) 调零

当调零菜单条前的提示“□”中有“ * ”时，按“确认”键，YJ—33A 型静态电阻应变仪则把从起始点到终止点的初始不平衡值测量出来，并把结果存于内存，作为测量时的初始零点可以按“向上”、“向下”键翻页查看，每页显示 20 点。显示到任何一页都能按“菜单”键返回主菜单。

(5) 手动测量

当手动测量菜单条前的提示“□”中有“ * ”时，按“确认”键，Y—33 型静态电阻应变仪则测量起始点的应变量，并显示通道号及应变量。可以按“向下”键测量第二点的应变量，依次类推，可以测量到终止点的应变量。同样，也可以按“向上”键测量终止点的应变量直到起始点，这样循环转换，可以测量到起始点与终止点中的每一点的应变量。测量结束后，按“菜单”键返回主菜单。

(6) 自动测量

当自动测量菜单条前提示“□”中有“ * ”时，按“确认”键，则 YJ—33A 型静态电阻应变仪对从起始点到终止点以每秒 12 次的速度测量每一点的应变量，并存于内存中，结束后显示监测点的实时测量值，可以按“向上”或“向下”键循环翻页，显示每一点的测量值，每一页显示 20 点，显示任一页时都能按“菜单”键返回主菜单。

(7) 联机测量

当联机测量菜单条前的提示“□”中有“ * ”时，按“确认”则把一切控制权交给上位机，仪器本身不能作任何操作。

(8) 标定

当标定菜单条前的提示“□”中有“ * ”时，按“确认”键，则 YJ—33A 型静态电阻应变仪(图 2-10)进入标定子菜单。为了防止误操作，所以一定要密码相符时才能进行标定，即标定值、系数的设定，调零、实际值的测量。密码、标定值、系数的设定方法与参数设定方法相同。

(9) 打印

当打印菜单条前的提示“□”中有“ * ”时，按“确认”键，则 YJ—33A 型静态电阻应变仪外接的打印机会打印出最后一次自动测量(起始点一终止点)的值，结束后自动返回主菜单。

(10) 数据输出

当数据输出菜单条前的提示“□”中有“ * ”，仪器上 RS232 接口与上位机连接好，且上位机处于数据接收状态时，按“确认”键，YJ—33A 型静态电阻应变仪会把最后一次自动测量结果传输给上位机，结束后自动返回主菜单。

数据输出每一位的格式为：数据位 8 位，无校验位，停止位 1 位。数据输出 ASCⅡ码的格式为：空格(起始位)2 位，通道号 3 位，符号位 1 位，数据位 5 位。

(11) 显示初值

当显示初值菜单条前的提示“□”中有“ * ”时，按“确认”键，YJ—33A 型静态电阻应变仪显示最后一次调零测得的初始不平衡值，按“向上”、“向下”键翻页，按“菜单”键返回主菜单。

(12) 显示读数

当显示读数菜单条前的提示“□”中有“ * ”时，按“确认”键，YJ—33A 型静态电阻应变仪显示最后一次自动测量得到的值，按“上”、“下”键翻页，按“菜单”键返回主菜单。

2.3.2　动态电阻应变仪

动态电阻应变仪可与各种记录器配合测量动态应变，测量的工作频率可达 0～2 000 Hz，可测量周期或非周期的动态应变。

以 YD—28A 型动态电阻应变仪(图 2-11)为例进行阐述。

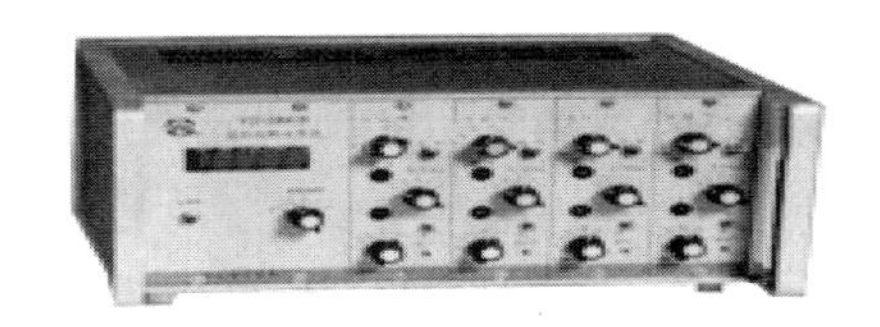

图 2-11　YD—28A 型动态电阻应变仪

2.3.2.1　概述

YD—28A 型动态电阻应变仪是一种具有自动平衡功能的动态电阻应变分析仪，主要用于实验应力分析及动力强度研究中测量结构及材料任意部位变形的动态应变测量仪器，也可作静态应变测量。

2.3.2.2　技术参数

① 通道数：4 通道或 8 通道组合式。

② 输入特性范围：最大输入信号为±100 mV、应变为±100 000 $\mu\varepsilon$，阻抗高于 100 MΩ。

③ 使用电阻应变计的范围：60～1 000 Ω。

④ 供电电源：～220 V。

⑤ 线性误差：不大于±0.1%F·S。

⑥ 标定误差：不大于标定值±0.5%。

⑦ 衰减误差：不大于±0.5%F·S。

⑧ 频率响应范围：DC-2kHz(误差不大于±0.5 dB)。

⑨ 稳定性：温度变化对零点的影响不大于±0.1%F·S/℃，对灵敏度的影响不大于±0.05%F·S/℃；2 h内，零点漂移不大于±0.5%F·S，对灵敏度影响不大于±0.5%F·S。

⑩ 电桥平衡方式和范围：采用自动抵消平衡方式，平衡范围不小于±1%(约±5 000 με)自动平衡精度，折合到输入端为±10 με。

2.3.2.3 操作步骤

① 在断开电源情况下，接好测试系统所有连线。

② 打开电源开关，操纵仪器进入测试程序。

③ 进行“通道”、“衰减”、“标定”、“频率”、“灵敏系数”等必要设置，经确认正确无误后，即可开始采集测试并自动存盘。

④ 测试结束后，进入数据读取，显示波形，确认全部测试无误后即可结束测试。

⑤ 测试结束后，断开电源，整理、清洁和包装好仪器。

2.4 电阻应变式传感器

电阻应变式传感器的工作原理是基于电阻应变效应，其结构通常由应变片、弹性元件和其他附件组成。在被测拉压力的作用下，弹性元件产生变形，贴在弹性元件上的应变片产生一定的应变，由应变仪量测，再根据事先标定的应变—应力对应关系，推算得到被测力的数值。

弹性元件是电阻应变式传感器必不可少的组成环节，其性能是保证传感器质量的关键。弹性元件的结构形式是根据所测物理量的类型、大小、性质和安放传感器的空间等因素来确定的。

2.4.1 测力传感器

测力传感器常用的弹性元件形式有柱(杆)式、环式和梁式等。

(1) 柱(杆)式弹性元件

其特点是结构简单、紧凑，承载力大，主要用于中等荷载和大荷载的测力传感器。其受力状态比较简单，在轴力作用下，同一截面上所产生的轴向应变和横向应变符号相反，各截面上的应变分布比较均匀。应变片一般贴于弹性元件中部。图2-12所示为拉压力传感器结构示意图，图2-13所示为荷重传感器结构示意图。

(2) 环式弹性元件

其特点是结构简单、自振频率高、坚固、稳定性好，主要用于中小载荷的测力传感器。其受力状态比较复杂，在弹性元件的同一截面上将同时产生轴向力、弯矩和剪力，并且应力分布变化大。应变片应贴于应变最大的截面上。

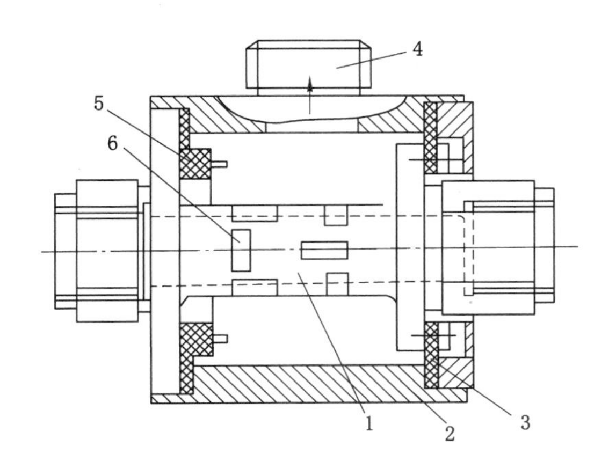

图 2-12　拉压力传感器结构

1——弹性元件；2——外壳；3——膜片；
4——插座；5——线板；6——应变片

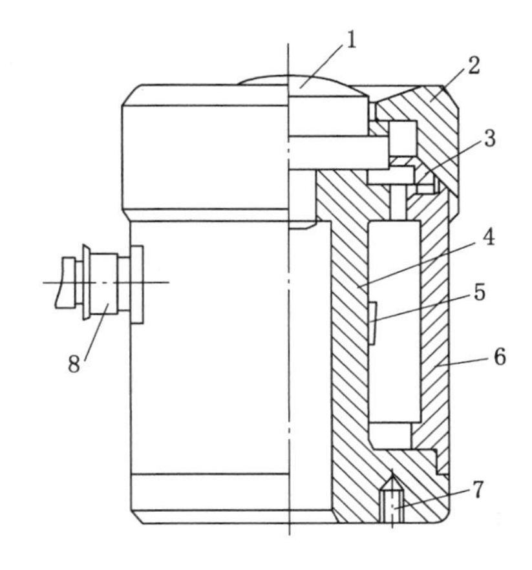

图 2-13　荷重传感器结构

1——球面加载头；2——上盖；3——压环；4——弹性元件；
5——应变片；6——外壳；7——安装螺孔；8——导线插头

(3) 梁式弹性元件

其特点是结构简单，加工方便，应变片粘贴容易且灵敏度高，主要用于小载荷、高精度的拉压力传感器。梁式弹性元件可做成悬臂梁、铰支梁和两端固定式等不同的结构形式，或者是其组合。其共同特点是在相同力的作用下，同一截面上与该截面中性轴对称位置点上所产生的应变大小相等而符号相反。应变片应贴于应变值最大的截面处，并在该截面中性轴的对称表面上。

2.4.2　位移传感器

用适当形式的弹性元件，贴上应变片，也可以测量位移。弹性元件有梁式、弓式和弹簧组合式等。位移传感器的弹性元件要求刚度小，以免对被测构件形成较大反力，影响被测位移。图 2-14 所示为双悬臂式位移传感器或夹式引伸计及其弹性元件，根据弹性元件上某点的应变读数，即可测定自由端的位移 f 为

$$f = \frac{2l^3}{3hx^e} \tag{2-14}$$

弹簧组合式传感器多数用于大位移测量，如图 2-15 所示，当测点位移传递给导杆后，使弹簧伸长，并使悬臂梁变形，这样，从应变片读数可测得测点位移 f，经分析，两者之间的关系为

$$f = \frac{(k_1 + k_2)l^3}{6k_2\ (l - l_0)^e} \tag{2-15}$$

式中，k_1，k_2 分别为悬臂梁与弹簧的刚度系数。

在测量大位移时，k_2 应选得较小，以保持悬臂梁端点位移为小位移。

2.4.3　液压传感器

液压传感器有膜式、筒式和组合式等。膜式传感器是在周边固定的金属膜片上贴上应变片，当膜片承受流体压力产生变形时，通过应变片测出流体的压力。周边固定、受有均布压力的膜片，其切向应变及径向应变的分布如图 2-16 所示，图中 ε_t 为切向应变，ε_r 为径向应变，在圆心处 $\varepsilon_t = \varepsilon_r$ 并达到最大值。

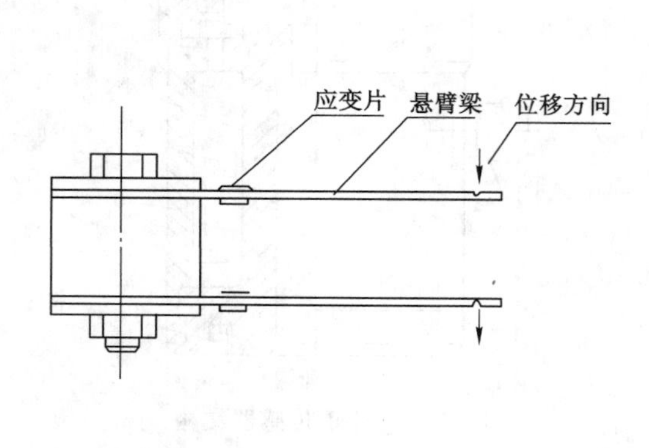

图 2-14　双臂式位移传感器

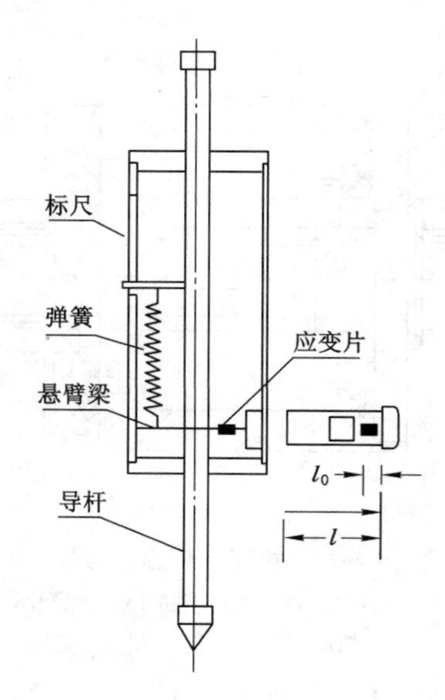

图 2-15　弹簧组合式传感器

$$e_{\mathrm{tmax}} = e_{\mathrm{rmax}} = \frac{3(1-m^2)}{8E}\frac{pR^2}{h} \tag{2-16}$$

在边缘处，切向应变 ε_t 为零，径向应变 ε_r 达到最小值

$$e_{\mathrm{rmin}} = -\frac{3(1-m^2)}{4E}\frac{pR^2}{h} \tag{2-17}$$

根据膜片上的应变分布情况，可按图 2-16 所示的位置贴片，R_1 贴于正应变区，R_2 贴于负应变区。

如图 2-17 所示，筒式液压传感器的圆筒内腔与被测压力连通，当筒体内受压力作用时，筒体产生变形，应变片贴在筒的外壁，作用片沿圆周贴在空心部分，补偿片贴在实心部分。圆筒外壁的切向应变为

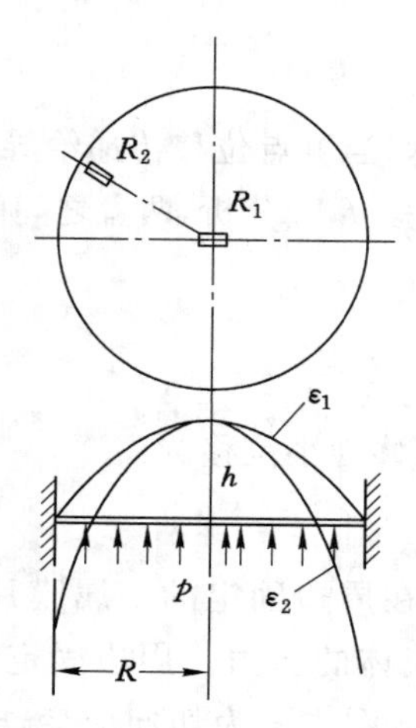

图 2-16　模式液压传感器膜片上的应变分布

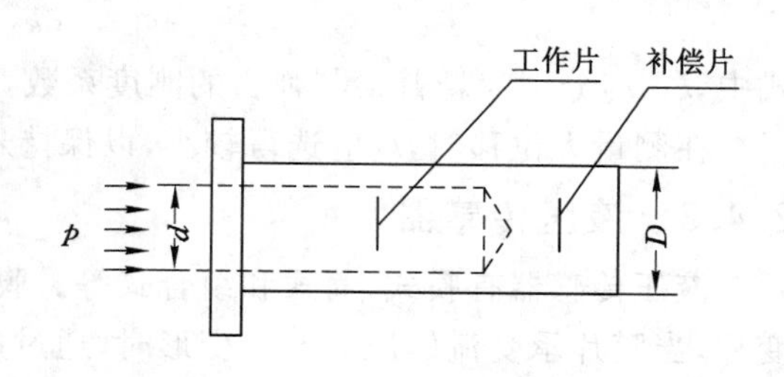

图 2-17　筒式液压传感器

$$\varepsilon_t = \frac{p(2-\mu)}{E(n^2-1)} \tag{2-18}$$

式中，n 为筒的外径与内径之比，$n=D/d$。

对应薄壁筒，可按下式计算

$$\varepsilon_t = \frac{pd}{SE}(1-0.5\mu) \tag{2-19}$$

式中，S 为筒的外径与内径之差。

这种形式的传感器可用于较高的液压。

2.4.4　压力盒

电阻应变片式压力盒也采用膜片结构，它是将转换元件（应变片）贴在弹性金属膜片式传力元件上，当膜片感受外力变形时，将应变传给应变片，通过应变片输出的电信号测出应变值，再根据标定关系算出外力值。图 2-18 所示为应变片式压力盒的构造。

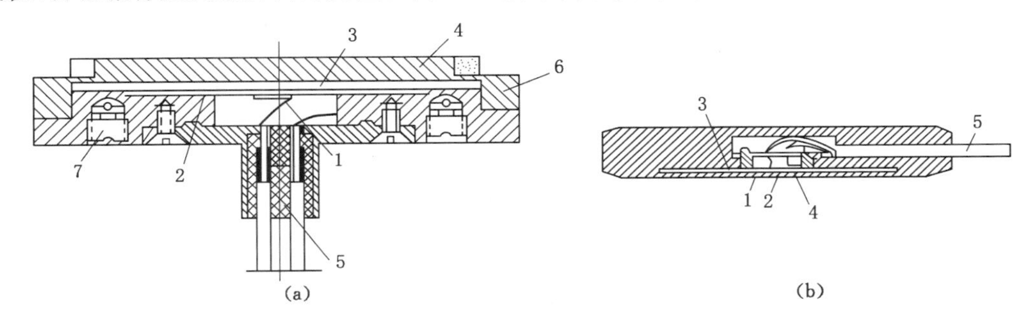

图 2-18　应变片式压力盒的构造

(a) 接触式压力盒；(b) 埋入式压力盒

1——应变片；2——膜片；3——充油；4——承压板；5——电缆；6——刚性外壳；7——注油孔

2.5　现场应变—应力测量

2.5.1　布片和接桥原则

根据被测对象的应力状态，选择测点布置应变片和合理接桥是现场应变—应力测量中需首先解决的问题。应变片布片和接桥的一般原则如下：

① 首先考虑应力集中区和边界上的危险点，选择主应变最大、最能反映构件力学规律的点贴片。

② 利用结构的对称性布点，利用应变电桥的加减特性，合理选择贴片位置、方位和组桥方式，可以达到稳定补偿、提高灵敏度、降低非线性误差和消除其他影响因素的目的。

③ 当测量荷载时，布片位置应尽量避开应力—应变的非线性区。

④ 在应力已知部位安排适当的测点，以便测量时进行监测和检验试验结果的可靠性。

2.5.2　布片和接桥方法

组成测量电桥的方法有半桥接法和全桥接法两种。

半桥接法：用两个电阻应变片作为电桥的相邻臂，另外两臂为应变仪电桥盒中精密无感电阻所组成的电桥。

全桥接法：电桥的四个臂全部由电阻应变片构成，它可以消除连接导线电阻影响和降低接触电阻的影响，灵敏度也可以提高。

2.5.3 温度补偿方法

当电阻应变片安装在无外力作用、无约束的构件表面上时，在温度变化的情况下，它的电阻会发生变化的现象，称为电阻应变片的温度效应。

温度变化时，应变片敏感栅材料的电阻会发生变化，应变片和构件都会因温度变化而产生变形，从而使应变片的电阻值随温度变化而变化。这种温度效应将影响电阻应变片测量构件表面应变的准确性。电阻应变片的温度效应主要取决于敏感栅和构件材料的性能和温度变化范围。同时，它还与基底和黏结剂材料、应变片制造工艺和使用条件等有关。

现场测量时，必须设法消除温度带来的影响，消除的方法是温度补偿。

目前，常用的温度补偿方法有：

(1) 温度自补偿应变片法

通过对应变片的敏感栅材料和制造工艺采取措施，使其在一定温度范围内 $\Delta R_t=0$，这种方法常用于中、高温下的应变测量。

(2) 桥路补偿法

通过布片和接桥的方法来消除温度影响，桥路补偿法又可分为补偿块补偿法和工作片补偿法。

① 补偿块补偿法——如图 2-19(a)左图所示的构件上的工作片和补偿块上的补偿片，接成图 2-19(a)右图所示半桥图，桥臂 R_1 为工作应变片，桥臂 R_2 为温度补偿应变片，其中 R_1 和 R_2 的电阻值相同，k 也相同，粘贴工艺相同，但补偿块不受力，且放在同一温度场中，故 R_1 与 R_2 因温度变化引起的阻值变化相同，根据电桥相减特性，此时，电桥不会因温度变化而引起输出，消除了温度的影响。

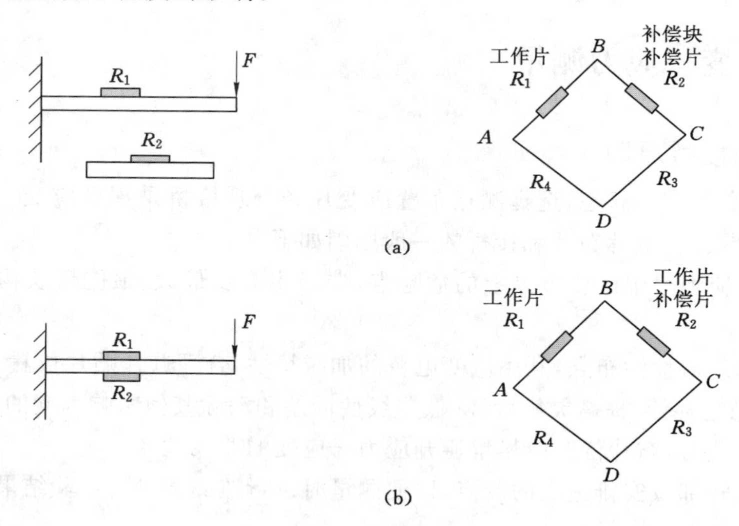

图 2-19 桥路补偿法

(a) 补偿块补偿法；(b) 工作片补偿法

② 工作片补偿法——如图 2-19(b)所示，与上述不同的是，R_2 与粘贴在 R_1 同一构件上，既参与了工作，又起到了温度补偿的作用；既消除了温度影响，又能提高电桥的灵敏度。在图 2-19(b)所示的悬臂梁中，因 $\varepsilon_1=-\varepsilon_2$，$R_1$ 和 R_2 为接成半桥的相连两臂，根据电桥相加特性，电桥的灵敏度提高 1 倍，提高了测试精度。

下面以拉弯受力状态为例，介绍如何利用惠斯登直流电桥桥路消除环境温度变化引起的误差和提高测量灵敏度。

在拉压应变测量时，可采用半桥补偿块补偿法，见图 2-20(a)。即沿轴向粘贴一个工作片，补偿块上贴一个补偿片，接成半桥测量，但此法不能消除偏心弯矩引起的附加应变。

为了同时消除偏心弯矩的影响，可采用四片全桥测拉压，见图 2-20(b)。4 个工作片分布于 4 个桥臂，温度互补。可见，四臂全桥测量拉压应变的灵敏度是单臂半桥的 4 倍。

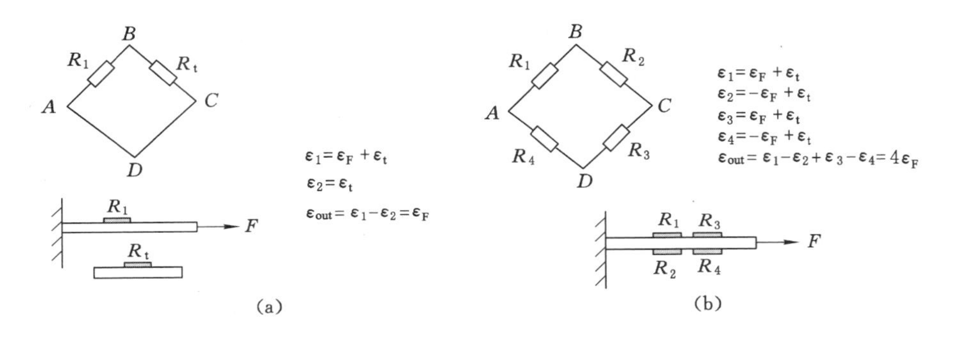

图 2-20　拉压应变测定

(a) 半桥补偿块补偿法；(b) 四片全桥法

【习题 2-2】　对给定的杆件，受轴心拉力 F 和弯矩 M 作用(图 2-21)，试设计半桥、全桥布片方法，分别求轴力 F 和弯矩 M 单独作用下的应变，并消除温度影响。

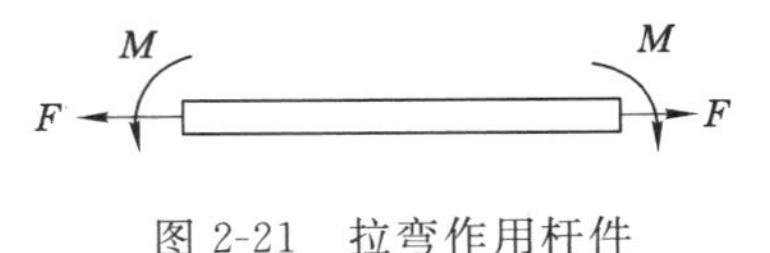

图 2-21　拉弯作用杆件

(1) 半桥接法

① 求弯矩 M 单独作用下的应变：杆件在弯矩和轴力作用下，该杆各点的应变由轴力 F、弯矩 M 和温度 t 共同产生。在杆件上表面粘贴一个应变片 R_1，下表面粘贴一个应变片 R_2，接入惠斯登电桥相邻桥臂 AB、BC，根据电桥相加特性，杆件在弯矩 M 单独作用下的应变 ε_M，其电桥输出值灵敏度提高到 2 倍，并消除了温度影响，如图 2-22 所示。

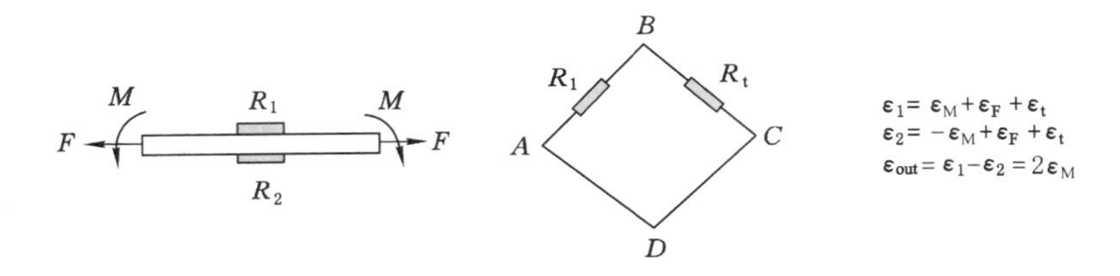

图 2-22　拉弯作用下的弯曲应变测定(半桥接法)

② 求轴力 F 单独作用下的应变：在杆件上表面粘贴一个应变片 R_1，下表面粘贴一个应变片 R_2，串联接入惠斯登电桥同一桥臂 AB；外部补偿块上贴 1 个补偿片 R_t，接入惠斯登电

桥相邻桥臂 BC。根据电桥相加特性,可求得杆件在轴力 F 单独作用下的应变 ε_F,并消除了温度影响,如图 2-23 所示。

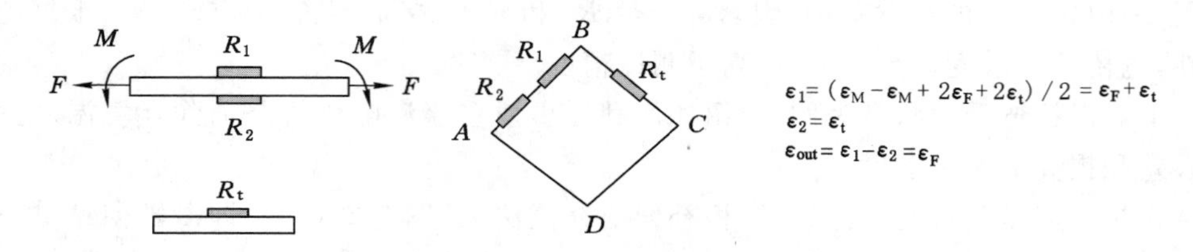

图 2-23　拉弯作用下的轴拉应变测定(半桥接法)

(2) 全桥接法

① 求弯矩 M 单独作用下的应变:在杆件上表面粘贴两个应变片 R_1、R_3,下表面粘贴两个应变片 R_2、R_4,R_1、R_2、R_3、R_4 顺序接入惠斯登电桥 4 个桥臂 AB、BC、CD、DA。根据电桥相加特性,可求得杆件在弯矩 M 单独作用下的应变 ε_M,其电桥输出值灵敏度提高到 4 倍,并消除了温度影响,如图 2-24 所示。

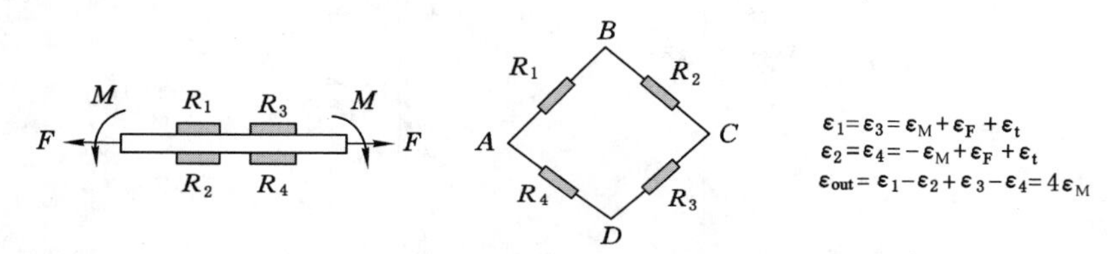

图 2-24　拉弯作用下的弯曲应变测定(全桥接法)

② 求轴力 F 单独作用下的应变:在杆件上表面粘贴一个应变片 R_1、R_3,下表面粘贴一个应变片 R_2、R_4,R_1、R_2 串联接入惠斯登电桥桥臂 AB,R_3、R_4 串联接入惠斯登电桥相对桥臂 CD;外部补偿块上贴 2 个补偿片 R_t,分别接入惠斯登电桥桥臂 BC、DA。根据电桥相加特性,可求得杆件在轴力 F 单独作用下的应变 ε_F,其电桥输出值灵敏度提高到 2 倍,并消除了温度影响。如图 2-25 所示。

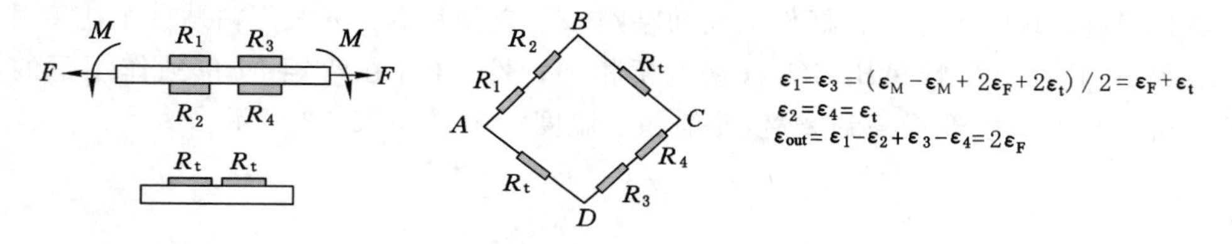

图 2-25　拉弯作用下的轴拉应变测定(全桥接法)

【习题 2-3】　对给定的等强度梁,悬臂梁弹性模量为 E、几何参数为 b、h、x(图 2-26)。

① 分别设计一例半桥、全桥布片方法(绘图说明),测量梁表面的应变 ε,并借助力学公式 $\varepsilon = 6Fx/(bh^2E)$ 求梁端集中力 F。

② 简述测量梁表面的应变 ε 时如何消除温度带来的影响。

【习题 2-4】　对偏心受压圆柱,弹性模量与几何参数已知(图 2-27),设计布片方案和接桥方法,求偏心集中力 F 与作用点位置。

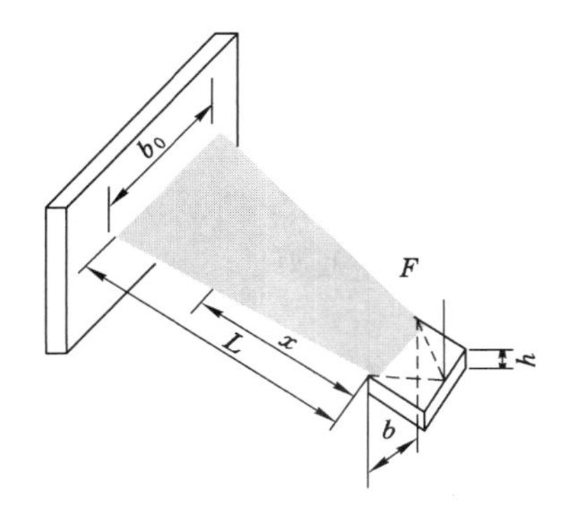

图 2-26　等强度梁(习题 2-3)

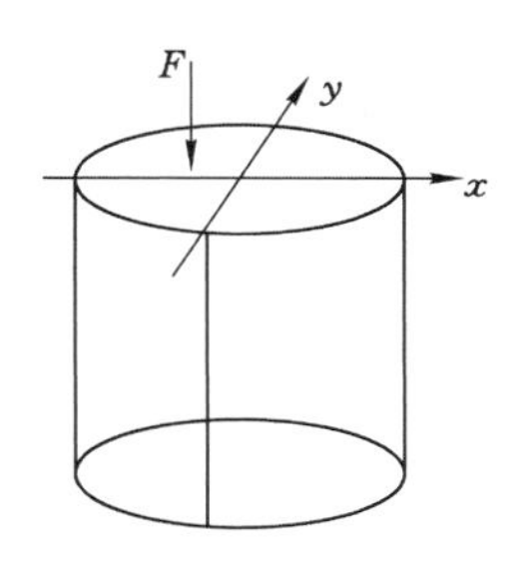

图 2-27　偏心受压圆柱(习题 2-4)

2.5.4　应变片粘贴工艺

黏结剂的选用十分重要，在试件受力时，黏结剂应及时、全部地将试件变形传递给敏感栅，黏结剂应满足如下要求：

① 最好与基底材料一样或类似。这对在高低温条件下测量尤为重要，以避免由于线膨胀系数不同而引起附加应变量。

② 应变片和试件都应具有较高的黏结强度。为了保证及时且真实地传递变形，要求黏结剂有较高的剪切强度，一般达到 100～140 N/cm^2 以上。在使用聚酰亚胺基底时，要特别注意这个问题。

③ 在进行冲击或动荷载测量时，要求有足够的韧性。

④ 粘贴固化工艺最好简单易行。干燥后，要求有较高的绝缘度。对长期测量，则要求有较高的化学稳定性和物理稳定性。

目前常用的黏结剂可分为天然类和合成类，天然黏结剂(糨糊、虫胶等)在应变片粘贴上极少应用，无机合成黏结剂主要用于高温应变片的粘贴，有机合成黏结剂应用最为广泛。按有机合成黏结剂的性质，可分为热塑性树脂黏结剂、热固性树脂黏结剂、合成橡胶黏结剂和混合型黏结剂。

选好了应变片和黏结剂，还要有正确、严格的贴片工艺。往往由于某个细节质量不高或操作不当，会使整个试验无法进行；或者测量误差很大，数据无法采用。选好足够数量的应变片，准备好粘贴用的黏结剂之后，应按下述步骤进行操作。

应变片的粘贴工艺包括应变片的表面处理、被测物表面的处理、底胶的处理、应变片粘贴、导线焊接、固化等环节。

(1) 应变片的表面处理

在使用应变片前，应使用丝、绸纺织品浸无水乙醇擦洗，用微热烘干装置烘干(灯泡、红外线、电吹风)。

(2) 被测物表面处理

要使应变片粘贴牢固，需要对被测结构的表面进行处理(机械与化学方法)，处理的范围为应变片面积的 3～5 倍。

首先清除表面的油污、锈斑、涂料、氧化膜镀层等，打磨材料可选用 200$^\#$ ～400$^\#$ 的砂纸，并打出与贴片方向成 45°角的交叉条纹，用丙酮粗擦后用无水乙醇精擦，擦洗时要顺向单一方向进行，待烘、吹干后贴片。

(3) 底胶的处理

精度要求较高的结构物(如传感器制造)在粘贴前要打底胶，底胶一般采用与贴片胶相同的黏结剂，在黏结效果好并且绝缘阻值足够的前提下，底胶越薄越好。

(4) 应变片粘贴

① 胶黏剂——可选择环氧、聚氨酯、硫化硅橡胶、502 等，应根据粘贴环境、条件选用不同粘贴剂，要了解粘贴剂自身的物理、化学特性及固化条件。

② 粘贴——粘贴前用划针划出贴片位置，线不应划到应变片下方，划线后再做清洗。贴片时要摆正应变片位置，刷胶均匀，用胶量合理，贴片后盖上聚四氟乙烯薄膜，用手指沿应变片轴线方向均匀滚压应变片，以排除多余胶液和气泡，一般以 3～4 个来回为宜，并注意应变片位置。

③ 清洗——对被贴结构物、应变片、粘贴工具的清洗是为了保证粘贴效果和绝缘电阻，从而保证测试精度。

(5) 导线焊接

为了防止导线摆动而将应变片拉坏，可在应变片旁粘一块接线块(或称接线端子)，分别将引线与导线焊在接线块上。

连接导线一端使用聚氯乙烯塑料绝缘包皮多股铜导线，规格为 ϕ0.12 mm×7 或 ϕ0.18 mm×12，在高低温测量时，最好选用聚四氟乙烯绝缘包皮的银导线或镀银导线。

焊锡应选用松香芯焊锡丝，焊锡溶点约 180 ℃，松香芯是为了防止产生高温氧化物，禁用酸性焊药。焊点必须焊透，不能有虚焊或有夹杂物，焊点要求小而圆滑，否则在测量时会出现漂移或不稳定情况。

(6) 固化

大部分黏结剂都需要固化(502 快速胶是特例)，固化条件是：温度、压力、时间。压力处理除指压法外，还要用夹具压板加压。加温是因为大部分粘贴剂需要高温固化。固化方法举例：如环氧胶粘剂，加压 0.1～0.3 MPa，升温至 135 ℃，保温 2 h，然后降温到室温卸压，再升温至 165 ℃，保温 2 h 后降温至常温。

应变片粘贴工艺示意见图 2-28 和图 2-29。

应变片在加温干燥固化和焊接防潮处理完毕后以及测试前，都必须对应变片的粘贴质量和工作性能进行检查，检查的重点内容为应变片电阻值和绝缘电阻，检查方法如下：

① 用惠斯登电桥测量应变片的电阻值。应变片粘贴后的电阻值应接近应变片未粘贴前的初始电阻，如果相差很多，甚至断路或短路，即表明应变片在装置中损坏，应铲除重新粘贴。

② 可使用兆欧表测量应变片引出线与被测结构之间的绝缘电阻(图 2-30)。在静态测量时应大于 30 MΩ；在动态测量时应大于 50 MΩ。

③ 将应变片接到电阻应变仪上调平衡，继续开机一段时间，如果漂移比较严重，或指示表针左右摆动，表示应变片工作性能不稳定。如果用手指压应变片时，应变仪表针摆动，松开手指后仍不回到原来的位置时，表示应变片下有气泡或胶层固化不完全。

应变片质量检查后，应视其使用场合和要求的精确度判定粘贴质量是否合格。如不合格则应重新粘贴。

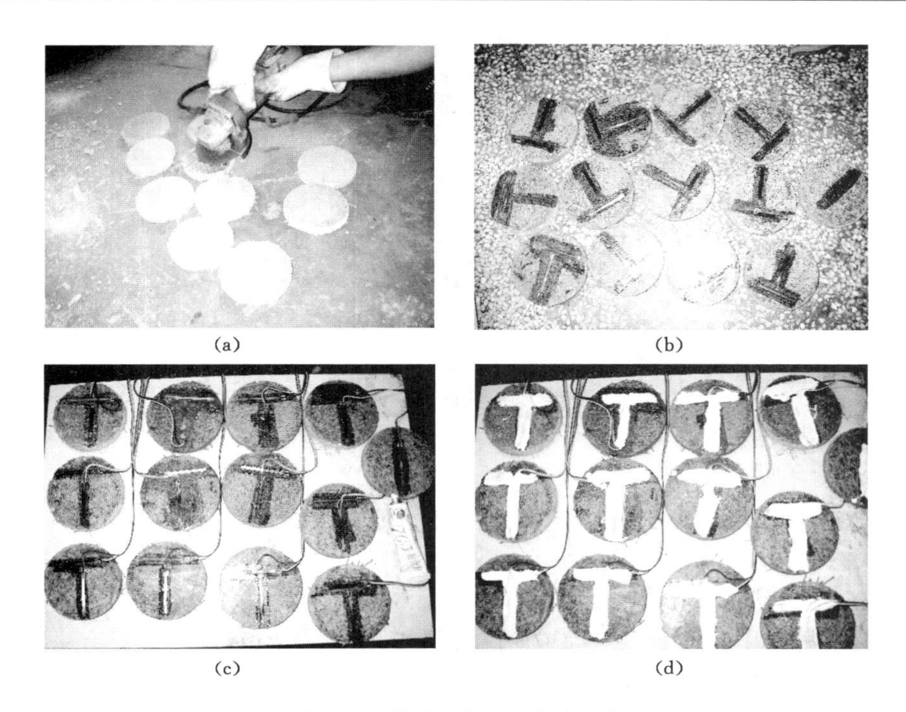

图 2-28　混凝土应变片粘贴工艺

(a) 混凝土表面处理；(b) 应变片粘贴；(c) 导线焊接；(d) 固化

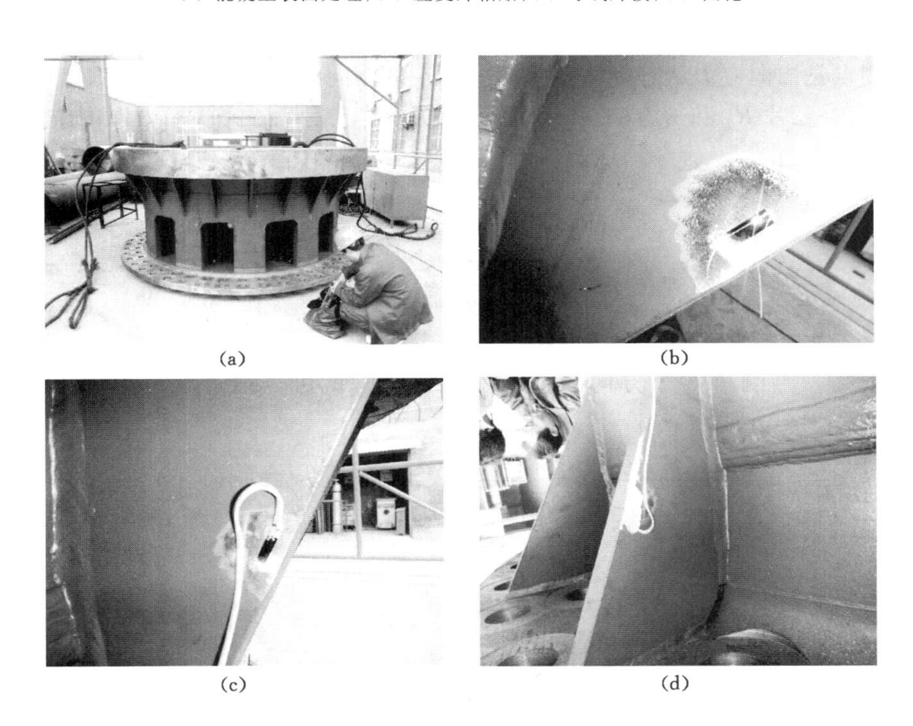

图 2-29　钢结构应变片粘贴工艺

(a) 钢结构表面处理；(b) 应变片粘贴；(c) 导线焊接；(d) 固化

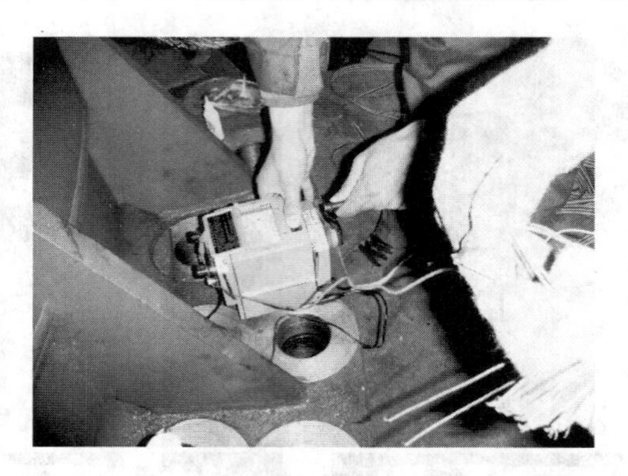

图 2-30　钢结构应变测试中的绝缘电阻检查

2.5.5　应变—应力换算关系

现场应变—应力测量中，需要将应变输出值按照一定的关系换算成应力，下面按构件的不同应力状态分别讲解。

(1) 单向应力状态

构件在外力作用下，若被测点为单向应力状态，则主应力方向已知，只有主应力 σ 是未知量，可沿主应力 σ 的方向粘贴一个应变片，测得主应变 ε 后，已知被测构件材料的弹性模量 E，由胡克定律可得主应力值。

$$\sigma = E\varepsilon \tag{2-20}$$

(2) 主应力方向已知的二向应力状态

若被测点是二向应力状态，且其主应力 σ_1，σ_2 的方向已知，工作应变片 R_1 和 R_2 贴在主应力方向，而补偿片 R_3 和 R_4 贴在不受力的补偿块上，分别测出 σ_1，σ_2 方向的应变 ε_1，ε_2，则用下式计算主应力

$$\begin{cases} \sigma_1 = \dfrac{E}{1-\mu^2}(\varepsilon_1 + \mu\varepsilon_2) \\ \sigma = \dfrac{E}{1-\mu^2}(\varepsilon_2 + \mu\varepsilon_1) \end{cases} \tag{2-21}$$

(3) 主应力方向未知的平面应力状态

只要围绕一点测得 3 个方向的线应变 ε_α，ε_β，ε_φ，就可以通过解下列方程组求出 σ_x，σ_y，τ_{xy}。

$$\varepsilon_i = \frac{1}{E}\left[\frac{(1-\mu)(\sigma_x+\sigma_y)}{2} + \frac{(1+\mu)(\sigma_x-\sigma_y)}{2}\cos 2i - (1+\mu)\tau_{xy}\sin 2i\right] \tag{2-22}$$

其中 $i=\alpha,\beta,\varphi$。从而可根据下列两式求其主应力及其方向。

$$\sigma_{1,2} = \frac{\sigma_x+\sigma_y}{2} \pm \sqrt{\left(\frac{\sigma_x-\sigma_y}{2}\right)^2 + \tau_{xy}^2} \tag{2-23}$$

$$\tan 2\alpha_0 = -\frac{2\tau_{xy}}{\sigma_x-\sigma_y} \tag{2-24}$$

在土木工程测试中，主应力的方向往往是未知的，因此常采用应变花，它是在一点处沿几个方向贴电阻应变片制成，几种常用的应变花应变—应力换算公式见表 2-1。

表 2-1　几种常用应变花的应变—应力换算公式

应变花形式 / 换算公式 / 项目	90° 应变花	45° 应变花	四片45° 应变花	60° 应变花	四片60° 应变花
最大主应力	$\frac{E}{1-\mu^2}(\varepsilon_a+\mu\varepsilon_b)$	$\frac{E}{2(1-\mu)}(\varepsilon_a+\varepsilon_c)+\frac{E}{\sqrt{2}(1+\mu)}\sqrt{(\varepsilon_a-\varepsilon_b)^2+(\varepsilon_b-\varepsilon_c)^2}$	$\frac{E}{2}\left[\frac{(\varepsilon_a+\varepsilon_c)}{1-\mu}+\frac{1}{1+\mu}\sqrt{(\varepsilon_a-\varepsilon_c)^2+(\varepsilon_b-\varepsilon_d)^2}\right]$	$\frac{E}{3(1-\mu)}(\varepsilon_a+\varepsilon_b+\varepsilon_c)+\frac{\sqrt{2}E}{3(1+\mu)}\sqrt{(\varepsilon_a-\varepsilon_b)^2+(\varepsilon_b-\varepsilon_c)^2+(\varepsilon_c-\varepsilon_a)^2}$	$\frac{E}{2}\left[\frac{(\varepsilon_a+\varepsilon_d)}{1-\mu}+\frac{1}{1+\mu}\sqrt{(\varepsilon_a-\varepsilon_d)^2+\frac{4}{3}(\varepsilon_b-\varepsilon_c)^2}\right]$
最小主应力	$\frac{E}{1-\mu^2}(\varepsilon_b+\mu\varepsilon_a)$	$\frac{E}{2(1-\mu)}(\varepsilon_a+\varepsilon_c)-\frac{E}{\sqrt{2}(1+\mu)}\sqrt{(\varepsilon_a-\varepsilon_b)^2+(\varepsilon_b-\varepsilon_c)^2}$	$\frac{E}{2}\left[\frac{(\varepsilon_a+\varepsilon_c)}{1-\mu}-\frac{1}{1+\mu}\sqrt{(\varepsilon_a-\varepsilon_c)^2+(\varepsilon_b-\varepsilon_d)^2}\right]$	$\frac{E}{3(1-\mu)}(\varepsilon_a+\varepsilon_b+\varepsilon_c)-\frac{\sqrt{2}E}{3(1+\mu)}\sqrt{(\varepsilon_a-\varepsilon_b)^2+(\varepsilon_b-\varepsilon_c)^2+(\varepsilon_c-\varepsilon_a)^2}$	$\frac{E}{2}\left[\frac{\varepsilon_a+\varepsilon_d}{1-\mu}-\frac{1}{1+\mu}\sqrt{(\varepsilon_a-\varepsilon_d)^2+\frac{4}{3}(\varepsilon_b-\varepsilon_c)^2}\right]$
最大剪应力	$\frac{E}{2(1+\mu)}(\varepsilon_a-\varepsilon_b)$	$\frac{\sqrt{2}E}{2(1+\mu)}\sqrt{(\varepsilon_a-\varepsilon_b)^2+(\varepsilon_b-\varepsilon_c)^2}$	$\frac{E}{2(1+\mu)}\sqrt{(\varepsilon_a-\varepsilon_c)^2+(\varepsilon_b-\varepsilon_d)^2}$	$\frac{\sqrt{2}E}{3(1+\mu)}\sqrt{(\varepsilon_a-\varepsilon_b)^2+(\varepsilon_b-\varepsilon_c)^2+(\varepsilon_c-\varepsilon_a)^2}$	$\frac{E}{2(1+\mu)}\sqrt{(\varepsilon_a-\varepsilon_d)^2+\frac{4}{3}(\varepsilon_b-\varepsilon_c)^2}$
a 片方向与主应力方向夹角	0	$\frac{1}{2}\arctan\frac{(\varepsilon_a-\varepsilon_b)-(\varepsilon_a-\varepsilon_b)}{(\varepsilon_b-\varepsilon_c)+(\varepsilon_a-\varepsilon_b)}$	$\frac{1}{2}\arctan\left(\frac{\varepsilon_b-\varepsilon_d}{\varepsilon_a-\varepsilon_c}\right)$	$\frac{1}{2}\arctan\left[\sqrt{3}\frac{(\varepsilon_a-\varepsilon_c)-(\varepsilon_a-\varepsilon_b)}{(\varepsilon_a-\varepsilon_c)+(\varepsilon_a-\varepsilon_b)}\right]$	$\frac{1}{2}\arctan\left[\frac{2(\varepsilon_b-\varepsilon_c)}{\sqrt{3}(\varepsilon_a-\varepsilon_d)}\right]$

练 习 题

一、填空题

1. 应变片的基本结构包括________、________、________、________、________。

2. 电阻应变片的工作原理是________。

3. 电阻应变片按敏感栅制造方法可以分为________、________、________等。

4. 电阻应变片粘贴质量检查的主要内容包括应变片________、________。

5. 现场测量时,必须设法消除温度带来的影响,消除的方法是________。

二、基本概念

1. 电阻应变效应;

2. 绝缘电阻;

3. 全等臂电桥。

三、简答题

1. 简述电阻应变片的优缺点。

2. 简述电阻应变片的粘贴工艺,以及粘贴质量检查的基本内容。

3. 简述电桥的加减特性(或和差特性)。

4. 根据被测对象的应力状态,选择测点、布置应变片和合理接桥是实测时应首先解决的问题,请简述布片和接桥的一般原则。

5. 现场测量时必须设法消除温度带来的影响,消除的方法是温度补偿,请简述常用的温度补偿方法。

四、计算题

1. 对给定的等强度梁,悬臂梁弹性模量 E、几何参数 h、x、b。设计全桥布片方案和接桥方法(绘图说明),测梁端集中力 F。

解答思路:测量梁表面的应变 ε,借助公式 $\varepsilon=\frac{6Fx}{b_x h^2 E}$求 F。

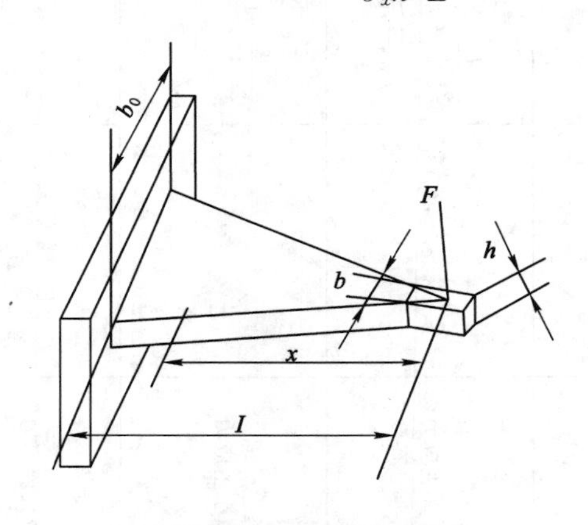

图 2-28　计算题 1 图

第 3 章　动态测试与分析技术

工程结构在使用期间除承受静荷载外，还承受动荷载，如风荷载，车辆、机器产生的振动荷载，吊车产生的移动荷载，地震荷载和爆炸荷载等。"时变"是这类荷载的主要特点，即荷载大小、方向或作用点随时间改变，使受载体内各个质点产生具有不可忽视的加速度。动荷载产生的效应往往大于相应的静力效应，其破坏具有突发性和毁灭性，如美国华盛顿州塔科马海峡大桥在风荷载作用下产生颤振，导致梁体扭曲，吊索拉断，大桥不到 2 h 就坍塌破坏。因此保证动荷载作用下建筑物安全稳定和满足正常使用是进行结构动力设计的基本任务。

土木工程涉及多种动力问题，如建筑物的地震设防和抗震设计；防护工程要研究爆炸荷载对结构的影响；工业厂房考虑振动对结构和构件的影响；桥梁设计要考虑车辆引起的振动危害问题；高层建筑解决风荷载引起的振动；海岸和近海工程考虑海浪冲击的影响，精密仪器对振动要求苛刻，需要采取有效的隔振或减振措施。

结构动力问题的研究内容有动荷载(或振源)特性、结构的动力特性以及动力荷载作用下结构的动力响应。结构动力特性是结构固有的特性，包括结构的自振频率、阻尼系数及振型等参数，称为结构动力特性参数或振动模态参数。它们只与结构的质量、刚度、材料、构造有关，而与外荷载无关。结构的动力响应指动荷载作用下结构产生的内力、应变和位移。对于结构的动力分析，除根据结构动力学理论进行计算外，另一个重要手段是对工程结构进行动载试验，即通过动力加载设备对结构施加动力荷载，了解结构的动力特性，测试结构的动力反应，评估结构在动荷载下的承载力和疲劳寿命等特性，其主要内容见表 3-1。

表 3-1　　结构动力测试内容

名称	测试内容
动荷载特性的测定	机械、吊车等的作用力及其特性进行测试，有时是根据建筑物的振动通过试验方法寻找振源，以便为建筑物的设计、使用提供依据
结构自振特性的测定	采用各种类型的激振手段，对原型结构或模型进行动荷载试验，以测定建筑物的动力特性参数，即固有频率、阻尼系数、振型等，以了解结构的施工水平、工作状态及结构是否损伤等
结构在动荷载作用下反应的测定	测定结构物在实际工作时动载荷与结构相互作用下的振动水平(振幅、频率)及性状
结构的疲劳特性	为确定结构构件及其材料在多次重复荷载作用下的疲劳强度，推算结构的疲劳寿命

3.1　测试系统动态特性与不失真条件

3.1.1　动态测试系统的数学模型

测试系统动态特性指系统对激励的响应特性。对于测试系统动态特性的数学描述一般采用线性时不变系统理论，数学上为一常系数线性微分方程：

$$a_n \frac{\mathrm{d}^n y(t)}{\mathrm{d}t^n} + a_{n-1} \frac{\mathrm{d}^{n-1} y(t)}{\mathrm{d}t^{n-1}} + \cdots + a_1 \frac{\mathrm{d}y(t)}{\mathrm{d}t} + a_0 y(t) = b_m \frac{\mathrm{d}^m x(t)}{\mathrm{d}t^m} + b_{m-1} \frac{\mathrm{d}^{m-1} x(t)}{\mathrm{d}t^{m-1}} + \cdots + b_1 \frac{\mathrm{d}x(t)}{\mathrm{d}t} + b_0 x(t) \tag{3-1}$$

式中，$a_n, a_{n-1}, \cdots, a_1, a_0, b_m, b_{m-1}, \cdots, b_1, b_0$ 均为与系统结构参数有关的常数。

线性时不变系统具有叠加性和保频性。叠加性指当一个系统有多个激励同时作用，各个激励引起的响应互不影响，系统的响应等于各个激励单独作用响应之和。利用该特性可将复杂的激励信号分解为若干简单激励信号。保频性指线性系统输入为某一频率时，系统的稳态响应也为同一频率的信号。

对于复杂的系统或输入信号，采用式(3-1)求解较为困难。为便于工程应用，将线性微分方程进行拉氏变换。对于函数 $y(t)$，当 $t \leqslant 0$ 时，$y(t)=0$，则拉氏变换定义为

$$Y(s) = \int_0^{+\infty} y(t) \mathrm{e}^{-st} \mathrm{d}t$$

式中，s 为复变量，$s=\sigma+j\omega, \sigma>0$。

认为 $t=0$，$x(t)$，$y(t)$ 及它们的各阶时间导数均为 0，对式(3-1)进行拉氏变换，可得

$$H(s) = \frac{Y(s)}{X(s)} = \frac{b_m s^m + b_{m-1} s^{m-1} + \cdots + b_1 s + b_0}{a_n s^n + a_{n-1} s^{n-1} + \cdots + a_1 s + a_0} \tag{3-2}$$

式中，$H(s)$ 称为传递函数，该函数描述了系统本身固有特性，与 $x(t)$ 的表达式无关。

各实际物理测试系统，只要具有相同的微分方程，其传递函数相同；传递函数与微分方程同阶。$H(s)$、$X(s)$、$Y(s)$ 只要知道其中 2 个，便可求第 3 个。

传递函数可用于线性传递元件的串联、并联系统，见图 3-1。两元件传递函数分别为 $H_1(s)$ 和 $H_2(s)$，串联后形成的系统传递函数为

$$H(s) = \frac{Y(s)}{X(s)} = \frac{Y(s)}{Z(s)} \cdot \frac{Z(s)}{X(s)} = H_2(s) H_1(s) \tag{3-3}$$

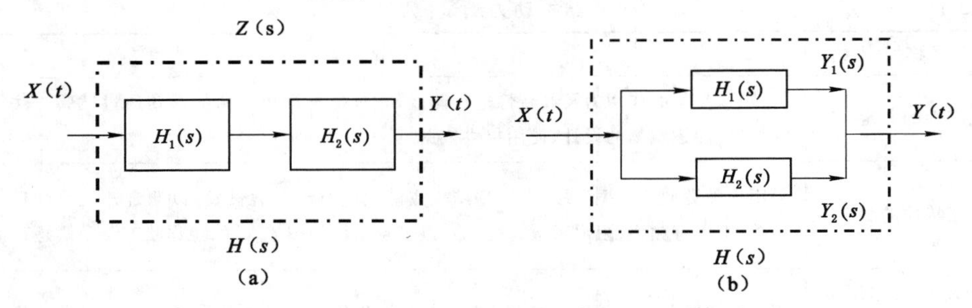

图 3-1　组合系统

(a) 串联；(b) 并联

并联后形成的系统传递函数为

$$H(s) = \frac{Y(s)}{X(s)} = \frac{Y_1(s)}{X(s)} + \frac{Y_2(s)}{X(s)} = H_1(s) + H_2(s) \tag{3-4}$$

对于稳定的常系数线性系统，也可进行傅立叶变换，该变换定义为

$$Y(j\omega) = \int_0^{+\infty} y(t) \mathrm{e}^{-j\omega t} \mathrm{d}t \tag{3-5}$$

则可得

$$H(j\omega)=\frac{Y(j\omega)}{X(j\omega)}=\frac{b_m(j\omega)^m+b_{m-1}(j\omega)^{m-1}+\cdots+b_1(j\omega)+b_0}{a_n(j\omega)^n+a_{n-1}(j\omega)^{n-1}+\cdots+a_1(j\omega)+a_0} \tag{3-6}$$

式中，$H(j\omega)$称为测量系统的频率响应函数，简称频率响应或频率特性。

可见频率响应为传递函数的特例，是“频域”对系统传递特性的描述。

频率响应可用指数形式表示为

$$H(\omega)=Y(\omega)/X(\omega)=A(\omega)\mathrm{e}^{j\varphi(\omega)} \tag{3-7}$$

$$A(\omega)=\mid H(\omega)\mid=\sqrt{[H_R(\omega)]^2+[H_I(\omega)]^2} \tag{3-8}$$

$$\varphi(\omega)=-\arctan\frac{H_I(\omega)}{H_R(\omega)} \tag{3-9}$$

式中，$H_R(\omega)$、$H_I(\omega)$分别为频率响应函数的实部和虚部；$A(\omega)$称为测试系统的幅频特性；$\varphi(\omega)$称为测试系统相频特性。

幅频和相频特性分别反映测试系统对输入信号中各个频率分量幅值的缩放能力和相位角的增减能力。

3.1.2　典型测试系统的频率响应

任何测试系统动态特性都可以用式(3-1)表示，根据传递函数的特性，它们也可以由多个一阶、二阶系统的并联或串联构成。因此了解一阶、二阶系统特性的典型特性，可反映各种测试系统的动态特性。

(1) 一阶系统的频率响应

根据式(3-1)，一阶系统的微分方程式可表示为

$$\frac{a_1}{a_0}\frac{\mathrm{d}y}{\mathrm{d}t}+y=\frac{b_0}{a_0}x \tag{3-10}$$

式中，y 为系统输出；x 为系统输入。

令 $\tau=\frac{a_1}{a_0}$，$k=\frac{b_0}{a_0}$，τ 为时间常数，k 为静态灵敏度。在动态系统中，方便起见，可对灵敏度进行归一化处理，即令 $k=1$，式(3-10)可表示为

$$\tau\frac{\mathrm{d}y}{\mathrm{d}t}+y=x \tag{3-11}$$

一阶系统的传递函数、频率特性、幅频特性和相频特性分别为

$$H(s)=\frac{1}{1+\tau s} \tag{3-12}$$

$$H(j\omega)=\frac{1}{1+\tau(j\omega)} \tag{3-13}$$

$$A(\omega)=\frac{1}{\sqrt{1+(\tau\omega^2)}} \tag{3-14}$$

$$\varphi(\omega)=-\arctan(\tau\omega) \tag{3-15}$$

(2) 二阶系统的频率响应

二阶系统的微分方程式为

$$\frac{a_2}{a_0}\frac{\mathrm{d}^2y(t)}{\mathrm{d}t^2}+\frac{a_1}{a_0}\frac{\mathrm{d}y(t)}{\mathrm{d}t}+y(t)=\frac{b_0}{a_0}x(t) \tag{3-16}$$

令 $k=\dfrac{b_0}{a_0}$，$\omega_0=\sqrt{\dfrac{a_0}{a_2}}$，$\zeta=\dfrac{a_1}{2\sqrt{a_0 a_2}}$，式(3-16)改写为

$$\frac{1}{\omega_0^2}\frac{\mathrm{d}^2 y}{\mathrm{d}t^2}+\frac{2\zeta}{\omega_0}\frac{\mathrm{d}y}{\mathrm{d}t}+y=kx \tag{3-17}$$

式中 ω_0——系统固有频率；

ζ——阻尼比；

k——静态灵敏度。

令 $k=1$，二阶系统的传递函数、频率特性、幅频特性和相频特性分别为

$$H(s)=\frac{1}{\frac{1}{\omega_0^2}s^2+\frac{2\zeta}{\omega_0}s+1} \tag{3-18}$$

$$H(\omega)=\frac{1}{1-\frac{\omega^2}{\omega_0^2}+j2\zeta\frac{\omega}{\omega_0}} \tag{3-19}$$

$$A(\omega)=|H(\omega)|=\frac{1}{\sqrt{\left[1-\left(\frac{\omega}{\omega_0}\right)^2\right]^2+\left(2\zeta\frac{\omega}{\omega_0}\right)^2}} \tag{3-20}$$

$$\varphi=-\arctan\frac{2\zeta\frac{\omega}{\omega_0}}{1-\left(\frac{\omega}{\omega_0}\right)^2} \tag{3-21}$$

3.1.3 测振传感器动态特性分析方法

传感器为测试系统重要组成部分，与静态测试相比，在动态测试中传感器不仅能精确测量动态信号的大小，而且还能测量和记录动态信号的变换过程。一个动态特性好的传感器，其输出随时间变化的规律，将能同时再现输入随时间变化的规律，即具有相同的时间函数。但实际上除了具有理想的比例特性外，输出信号将不会与输入信号具有相同的时间函数，这种输出与输入间的差异就是所谓的动态误差。

研究动态特性可以从时域和频域两个方面采用瞬态响应法和频率响应法来分析。一般而言，在时域内研究传感器的响应特性时，只研究几种特定输入时间函数如阶跃函数、脉冲函数和斜坡函数等的响应特性，在频域内研究动态特性一般是采用正弦函数得到频率响应特性。

在研究传感器时域动态特性时，为表征传感器的动态特性，常用上升时间 t_{rs}、响应时间 t_{st}、过调量 c 等参数来综合描述，如图 3-2 所示。

上升时间 t_{rs} 是指输出指示值从最终稳定值的 5% 或 10% 变到最终稳定值的 95% 或 90% 所需的时间；响应时间 t_{st} 是指从输入量开始起作用到输出指示值进入稳定值所规定的范围内的所需时间。最终稳定值的允许范围常取所允许的测量误差值，过调量 c 是指输出第一次达到稳定值后又超出稳定值而出现的最大偏差。

采用正弦输入研究传感器频域动态特性时，常用幅频特性和相频特性来描述其动态特性，其重要指标是频带宽度，简称带宽。带宽是指增益变化不超过某一规定分贝值的频率范围。

3.1.4　不失真测试条件

为了获得被测对象的原始信息，要求测试系统具有良好的响应特性，使测试系统的输出信号能够真实、准确地反映被测对象的信息。

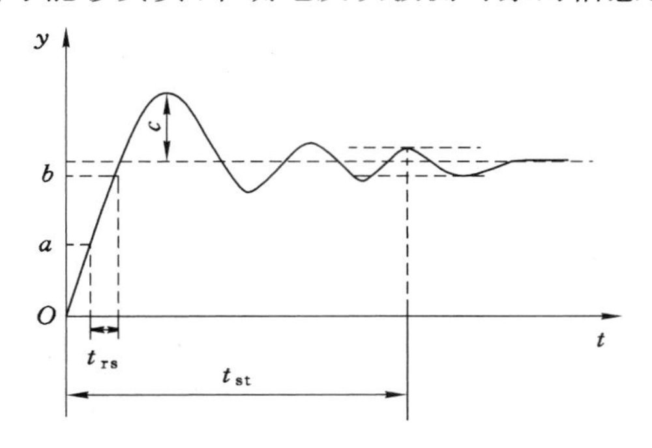

图 3-2　传感器时域动态特性

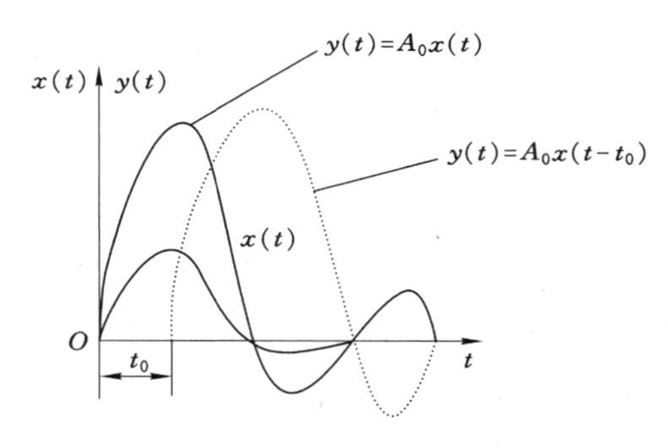

图 3-3　不失真测试的时域波形

如图 3-3 所示，装置的输出 $y(t)$ 与其对应的输入 $x(t)$ 相比，在时间轴上所占的宽度相等，对应的高度成比例，只是滞后了一个位置 t_0，这样就认为输出信号的波形没有失真，即不失真测试。其数学表达式为

$$y(t) = A_0 x(t - t_0) \tag{3-22}$$

式中，A_0，t_0 均为常数。

式(3-22)表明装置的输出波形和输入波形精确一致，只是幅值放大了 A_0 倍和时间上延迟了 t_0 而已。

下面根据式(3-22)在频域上讨论系统实现不失真测试所应具有的频率特性。运用时移性质对式(3-22)作傅立叶变换得

$$Y(\omega) = A_0 \mathrm{e}^{-jt_0\omega} X(\omega)$$

若考虑当 $t<0$ 时，$x(t)=0$、$y(t)=0$，于是有

$$H(\omega) - A(\omega)\mathrm{e}^{-jt_0\omega} = \frac{Y(\omega)}{X(\omega)} A_0 \mathrm{e}^{-jt_0\omega} \tag{3-23}$$

式(3-23)是装置实现不失真测试的频率响应。

可见，若要求装置的输出波形不失真，则其幅频和相频特性应分别满足

$$A(\omega) = A_0 = \text{常数} \tag{3-24}$$

$$\varphi(\omega) = - t_0 \omega \tag{3-25}$$

由式(3-24)和式(3-25)可见，不失真测试条件是幅频特性为常数，相频特性应为线性关系。如图 3-4 所示，不失真条件的幅频特性曲线是平行于横轴的直线，相频特性曲线为一通过原点并具有负斜率的斜线。

任何一个测试系统不可能在较宽的频带内满足不失真测试条件，将 $A(\omega)$ 不等于常数时所引起的失真称为幅值失真，$\varphi(\omega)$ 与 ω 之间不成线性关系所引起的失真称为相位失真。在实际测试中，测试系统既有幅值失真，又有相位失真，为了减小失真而带来的测试误差，除了要根据被测信号的频带，选择合适的测试系统之外，还要对输入信号采取前置处理措施，以减少或消除干扰信号，尽量提高信噪比。

对于一阶系统来说，时间常数 τ 越小，频率响应特性越好，可以在较宽的频带内有较小

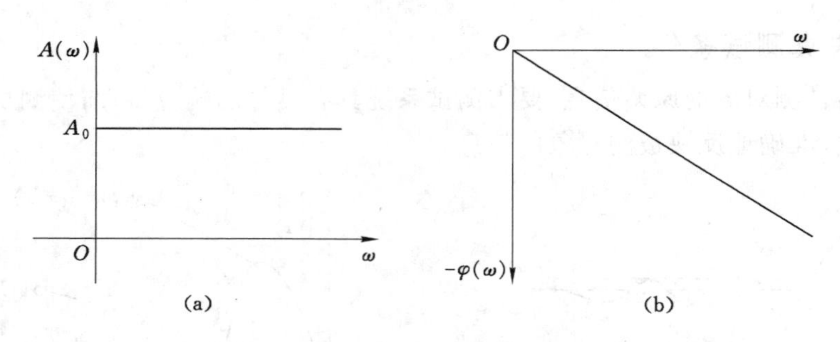

图 3-4　不失真测试的频率响应

的波形失真误差。对于二阶系统，当 $\omega<0.3\omega_n$ 或 $\omega>(2.5\sim3)\omega_n$ 时，频率特性受阻尼比的影响较小。当 $\omega<0.3\omega_n$ 时，$\varphi(\omega)$数值较小，$\varphi(\omega)$—ω 特性曲线接近直线，$A(\omega)$变化不超过10%，输出信号失真较小；当 $\omega>(2.5\sim3)\omega_n$ 时，$\varphi(\omega)$约为 180°，可以通过减去固定相位或反相 180°的数据处理方法，使其相频特性基本上满足不失真的测试条件，但 $A(\omega)$值较小，必要时需提高增益；当 $0.3\omega_n<\omega<2.5\omega_n$ 时，其频率特性受阻尼比的影响较大，需作具体分析；当阻尼比 ζ 在 0.6～0.8 范围内，二阶系统具有较好的综合特性。

另外需注意的是，测试系统通常是由若干个测试装置组成，只有保证所使用的每一个测试装置满足不失真的测试条件才能使最终的输出波形不失真。

3.2　动载试验的量测仪器、加载方法与设备

3.2.1　动载试验的量测仪器

动载测试系统的基本组成可分为接收、放大和显示记录三部分。振动量测中的接收部分常称为拾振器，能够接收振动信号。放大器不仅将信号放大，还可将信号进行积分、微分和滤波等处理，分别量测出振动参量中的位移、速度及加速度。显示记录部分可存储振动参数随时间历程变化的数据资料。

目前在土木工程振动试验中应用较广泛的拾振器有磁电式和压电式传感器。

(1) 磁电式速度传感器

磁电式速度传感器是根据电磁感应的原理制成。如图 3-5 所示，当有一线圈在穿过其磁通发生变化时，会产生感应电动势，电动势的输出大小与线圈的运动速度成正比。它具有

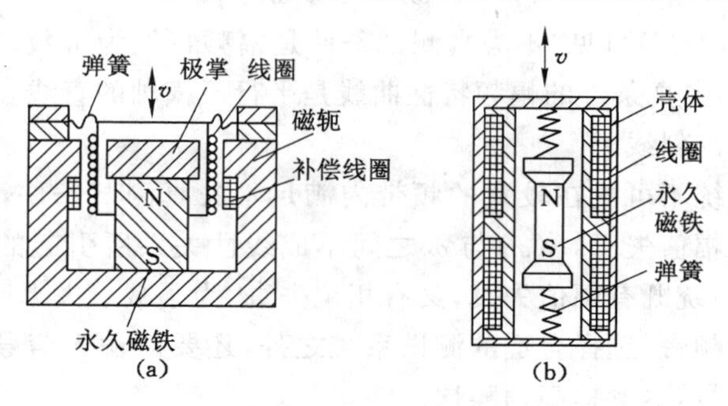

图 3-5　磁电式速度传感器示意图

灵敏度高、内阻低等优点。经放大、微积分等运算后可测量振动速度、位移和加速度等。其特点是灵敏度高、性能稳定、输出阻抗低、频率响应范围具有一定宽度。通过对弹簧系统参数的不同设计试验,可以使传感器既能测量非常微弱的振动,又能测比较强的振动。

(2) 压电式加速度传感器

压电式加速度传感器又称为压电加速度计,为有源传感器。它是利用压电材料的压电效应,即压电晶体受力后在其表面产生电荷,外力去掉后,晶体又重新回到不带电的状态,且电荷与外力成正比。通过测量压电晶体的电荷量来得到所测振动的加速度。

压电式加速度传感器的结构如图 3-6 所示,主要由质量块、压电晶体、基座组成。硬弹簧将质量块和压电晶体夹紧在基座上,实际测量时,基座与待测物刚性地固定在一起。当待测物运动时,支座与待测物以同一加速度运动,压电元件受到质量块与加速度相反方向的惯性力的作用,在晶体的两个表面上产生交变电荷(电压)。当振动频率远低于传感器的固有频率时,传感器的输出电荷(电压)与作用力成正比。电信号经前置放大器放大,即可由一般测量仪器测试出电荷(电压)大小,从而得出物体的加速度。该类传感器的特点是稳定性高、频率范围宽,耐冲击,能在很宽的温度范围内使用,但灵敏度较低。

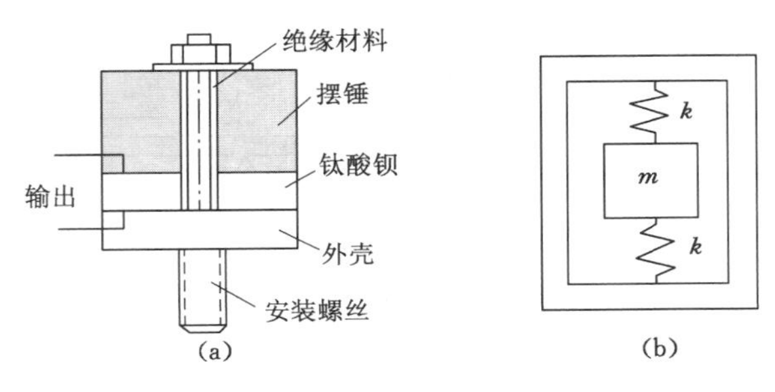

图 3-6　压电式拾振器的基本构造

为使传感器具有较高的固有频率,质量块的质量较小,阻尼系数也较小,而刚度很大。常用的压电材料有石英晶体和压电陶瓷,石英晶体多采用人造石英晶体,机械强度高,机械性能稳定,温度稳定性好,成本低,但介电常数小,灵敏度低。压电陶瓷有较高的压电系数和介电常数,灵敏度高,但机械强度不如石英晶体好。

3.2.2　动载试验的加载方法与设备

动载加载根据使用的情况和特性分为惯性力加载、电磁加载、液压加载等方法。

(1) 惯性力加载

惯性力加载方法包括冲击力加载和离心力加载等。其中冲击力加载分为初位移加载和初速度加载。

初位移加载:适用于刚度较大的结构,较小的荷载能产生较大的振幅,对结构产生影响。试验时应注意根据测试目的布设拉线点,拉线与被测结构的连接部分应具有整体向被测试结构传递力的能力。每次测试时应记录拉力值及拉力与结构轴线之间的夹角。测量振动波时,应记录测量中间数个波形,测试过程中不应出现裂缝。记录数据时,应同时记录夹角和波形。

初速度加载:适用于刚度较小的结构,特别是柔性较小的构件。初速度加载时应注意作用力持续的时间应尽可能短于结构有效振型的自振周期,使结构的振动成为初速度的函数,而不是冲击力的函数。使用摆锤法时应注意防止摆锤与建筑物有相同的自振频率,以防摆

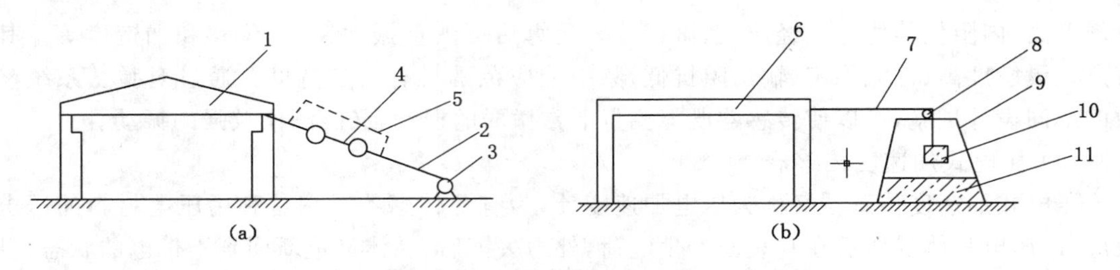

图 3-7 用张拉突然卸载法对结构施加冲击力荷载

1——结构物;2——钢丝绳;3——绞车;4——钢拉杆;5——保护索;

6——模型;7——钢丝;8——滑轮;9——支架;10——重物;11——减振垫层

锤的运动与建筑物发生共振,使用落重法时应注意减轻重物的跳动对结构的影响,适当加垫砂层等。

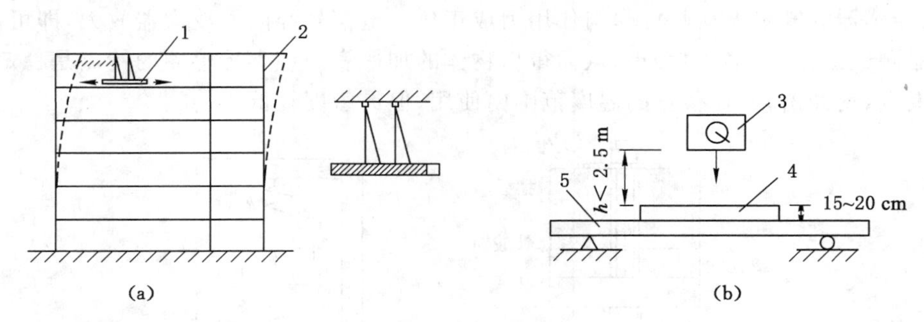

图 3-8 用摆锤或落重法施加冲击力荷载

1——摆锤;2——结构;3——落重;4——砂垫层;5——试件

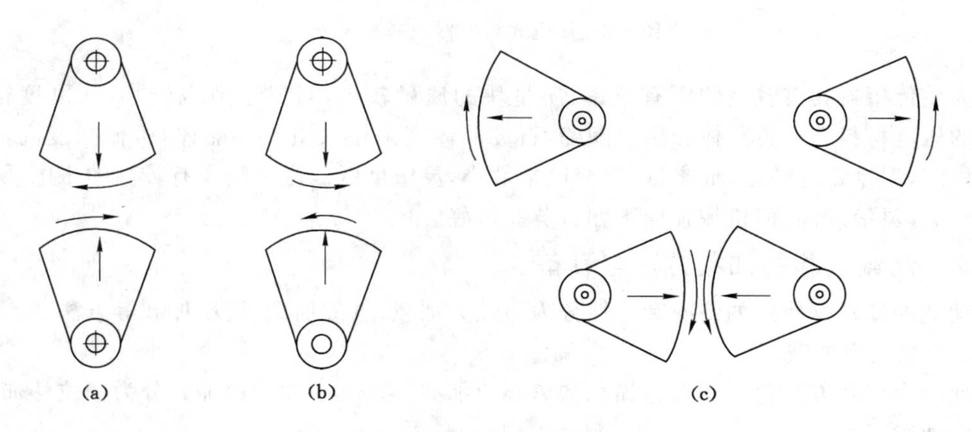

图 3-9 偏心块惯性式离心力加载示意图

(a) 两力合成为正;(b) 两力抵消;(c) 两力合成为负,两力抵消

离心力加载是利用旋转质量产生的离心力对结构施加简谐振动荷载(图 3-9)。其运动具有周期性,作用力的大小和频率按一定规律变化,使结构产生强迫振动。一般采用机械式激振器。激振器由机械和电控两部分组成:机械部分由两个或多个偏心质量组成,原理是偏心质量,使它们按相反的方向运动,通过离心力产生加振力。一般机械式激振器工作频率较窄,大致在 50～60 Hz 以下。由于激振力与转速的平方成正比,所以当工作频率低时,激振

力就小。电气控制部分采用单相可控硅，速度电流双闭环电路系统，对直流电机进行无级调速控制。使用时还应注意将激振器底座固定在被测结构物上面由底座传给结构激振力，一般要求底座有足够的刚度，以保证激振力传递效率。必要时可以多台激振器同时使用，以满足试验要求。

（2）电磁加载

根据电磁感应原理，当线圈中通过稳定的直流电时会产生磁场，与此同时工作线圈在磁场中运动，使顶杆推动试件振动。电磁激振器安装在支座上面，可以作水平激振和垂直激振，如图3-10所示。电磁加载的频率范围较宽，重量轻，控制方便，可产生各种激振力。激振力不大，仅适用于小型结构及模拟试验。

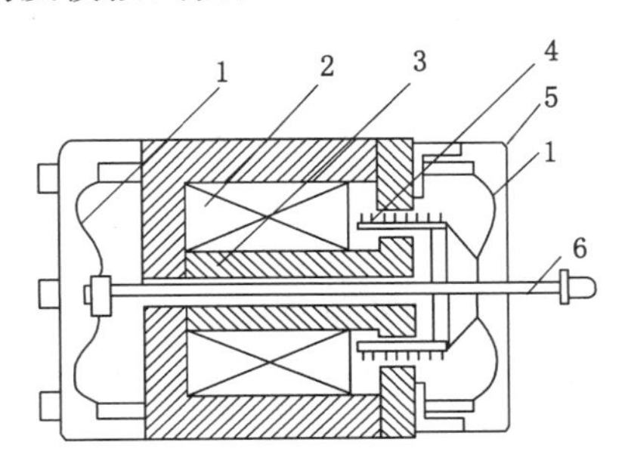

图3-10 电磁式激振器构造示意图

1——外壳；2——支撑弹簧；3——动圈；4——铁芯；5——励磁线圈；6——顶杆

（3）液压加载

液压加载如图3-11所示，电液伺服系统加载系统是一种闭环加载系统，可通过计算机编程产生各种波谱，如正弦波、三角波、随机波等，能精确地模拟结构的实际受力过程，使试验人员能够清晰了解结构的性能。

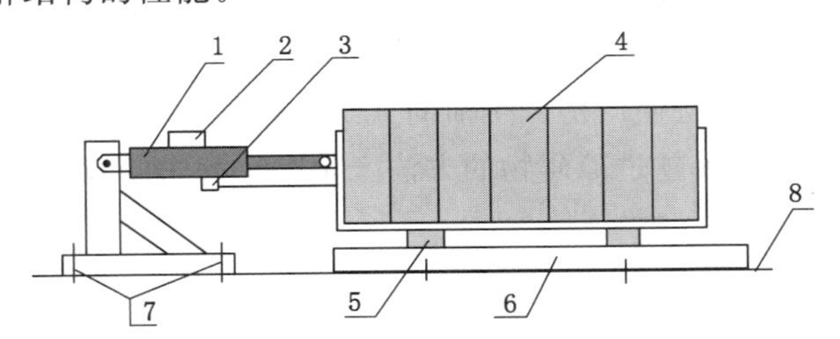

图3-11 液压伺服式起振机示意图

1——液压激振器；2——伺服阀；3——位移计；4——惯性质量；
5——低摩擦力滚轮；6——导轨；7——螺栓；8——地板

液压加载对大吨位、大挠度、大跨度的结构更适用，不受加荷点数的多少、加荷点的距离和高度的限制，并能适应均布和非均布、对称和非对称加荷的需要。

3.3 结构动力试验

动力荷载作用下，结构的响应不仅与动力荷载的大小、位置、作用方式、变化规律有关，还与结构自身的动力特性有关。对于结构动力问题分析，虽然可以根据结构的动力学原理进行理论分析和数值计算，但由于工程结构和荷载作用的复杂性，计算模型无法完全反映所有条件，影响到结构动力特性求解的精度。此外模型中某些计算参数需要通过试验来确定。因此，结构动力试验是确定结构动力特性的重要途径，也是校核各种理论模型和计算方法的重要手段。本节主要介绍结构动力特性试验和结构动力响应试验。

3.3.1 结构动力特性试验

结构动力特性试验主要通过试验手段研究与外荷载无关的结构自身动力学特性，包括结构的自振频率、振型、阻尼特性等动力学参数。振型指结构按其某一自振周期振动时的变形模式，是结构的自振特性，与外荷载无关。结构动力特性因不同结构形式而各异，如梁、板、柱与建筑物整体的动力特性不同，针对不同的结构特性可采用不同的测试方法，常用的动力特性试验方法有自由振动法、共振法、脉动法等。

(1) 自由振动法

自由振动法是利用阻尼振动衰减原理求取自振特性，试验常用方法是借助一定的张拉释放装置或反冲激振器，使结构在一定的初位移或初速度状态下开始自由衰减振动，通过记录振动衰减曲线便可利用动力学理论确定自振周期。常用的自由振动法有突加荷载法和突然卸载法。

突加荷载法是将一重物提升到某一高度，然后使其自由下落冲击结构，使结构产生振动(图 3-12)。突加荷载法能用较小的荷载产生较大的振动，加载简单方便，但缺点是落下的重物附在结构上与结构一起振动，使结构的质量增大及应力分布改变，引起试验误差，为此可以采用锤击法。

突然卸载法是用人工先使结构产生一个初位移，然后突然卸去荷载，使结构物产生弹性恢复而产生振动，如图 3-13 所示。突然卸载法的重物在结构自振时已不存在，因此重物本身不造成附加影响，重物大小需根据所需最大振幅计算确定，当结构物的刚度较大时，所需荷载重量较大。此方法可用于测量厂房等建筑物的动力特性。对于具有吊车梁的厂房，也可以采用吊车突然刹车的方法使厂房产生横向或纵向的自由振动，在测量桥梁的动力特性时，还可以采用载重汽车行驶越过障碍物的方法产生一个冲击荷载，使桥梁产生自由振动。

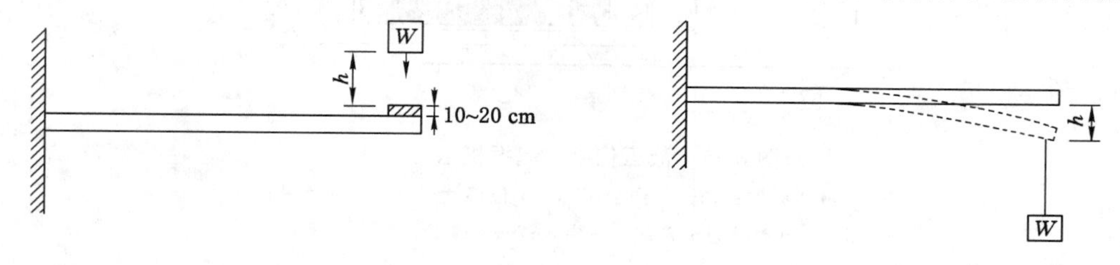

图 3-12 突然加荷法示意图

图 3-13 突然卸载法示意图

自振衰减曲线上的两个相邻波峰之间等于结构自振周期。

结构的阻尼特性用对数衰减率或临界阻尼比表示，由于实测得到的振动记录图一般没有零线，所以在测量阻尼时应如图 3-14 所示采取从峰到峰的量法，这样比较方便而且准确度高。由结构动力学知，有阻尼自由振动的运动方程为

$$x(t) = Ae^{-nt}\sin(\omega t + \alpha) \tag{3-26}$$

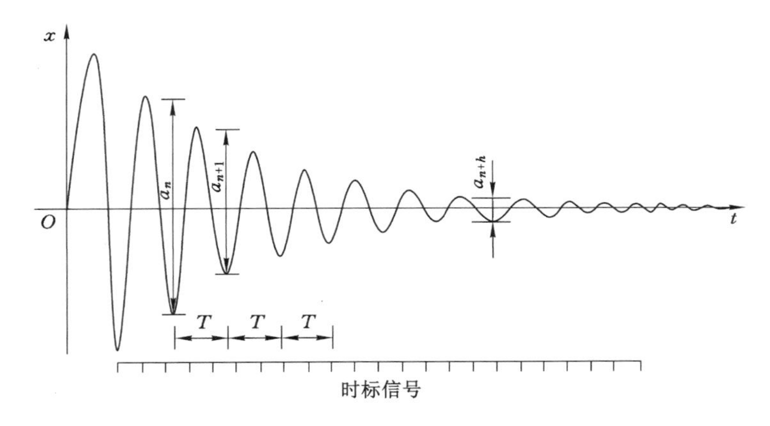

图 3-14　自由振动时间历程曲线

图 3-14 中振幅值 a_n 对应的时间为 t_n；a_{n+1} 对应 t_{n+1}，$t_{n+1}=t_n+T$，$T=2\pi/\omega$；分别代入式(3-26)，并取对数得

$$\ln\frac{a_n}{a_{n+1}}=nT$$

$$n=\frac{\ln\frac{a_n}{a_{n+1}}}{T}$$

$$\zeta=\frac{n}{\omega}=\frac{\ln\frac{a_n}{a_{n+1}}}{2\pi}$$

式中　n——衰减系数；

　　ζ——阻尼比。

用自由振动法得到的周期和阻尼系数均比较准确，但只能测出基本频率。

(2) 共振法

共振法采用能产生稳态简谐振动的起振机或激振器作为振源。

该方法的原理是利用一频率可调的激振器安装在结构上，逐步增大激振器的频率，对结构进行扫频，随着激振器频率的变化，结构振幅也随之变化，当激振器振动频率接近或等于结构的固有频率时结构产生共振现象，这时的振幅最大。通过测量结构振动反应的幅值，可以得到共振曲线和振型曲线。通过分析，可以获得结构的自振频率和振型阻尼比。

图 3-15 为对建筑物进行频率扫描实验时所得到的记录曲线。在共振频率附近逐渐调节激振器的频率，同时记录结构的振幅，就可作出频率—振幅关系曲线或称共振曲线。

(3) 脉冲法

脉动是由于人为活动和自然环境的影响，如大气流动、河水流动、机械运动、汽车行驶和人群移动等，这些激振能量使结构实际上处于不断振动之中，建筑物产生的微幅振动(振动以微米计算)，这种微小振动称为建筑物的脉动。通过测量建筑物的脉动反应波形来确定建筑物的动力特性。脉动信号的功率谱峰值对应结构的固有频率。

实际工程环境下存在很多微弱的激振能量，只是这种振动很微弱，一般情况下不为人们所注意，当采用高灵敏度、高精度的传感器时，经放大器放大就能清楚地观测和记录这种振

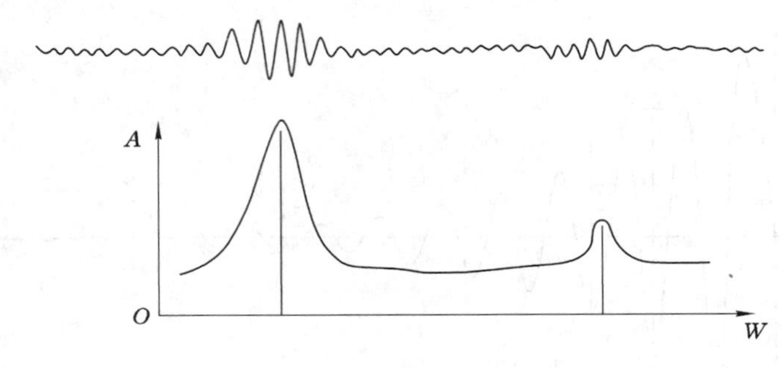

图 3-15　共振时的振动图形和共振曲线

动信号。由于环境引起的振动是随机的，因而又把这种方法称为环境随机激励法。

从分析结构动力特性的目的出发，应用脉动法时应注意下列几点：

① 工程结构的脉动是由于环境随机振动引起的，这就可能带来各种频率分量，为得到正确的记录，要求记录仪器有足够宽的频带，使所需要的频率分量不失真。

② 根据脉动分析原理，脉动记录中不应有规则的干扰或仪器本身带进的杂音，因此观测时应避开机器或其他有规则的振动影响，以保持脉动记录的“纯洁”性。

③ 为使每次记录的脉动均能反映结构物的自振特性，每次观测应持续足够长的时间并且重复几次。

④ 为使高频分量在分析时能满足要求的精度，减小由于时间分段带来的误差，记录仪的纸带应有足够快的速度，而且可变，以适应各种刚度的结构。

⑤ 布置测点时应将结构视为空间体系，沿高度及水平方向同时布置仪器，仪器数量不足时可做多次测量。这时应有一台仪器保持位置不动以作为各次测量比较标准。

⑥ 每次测量最好能记录当时的天气、风向风速以及附近地面的脉动，以便分析这些因素对脉动的影响。

3.3.2　结构动力反应试验

结构动力反应试验主要研究在动力荷载作用下结构的位移、应变、内力、速度及加速度变化规律，是评估结构在动荷载作用下是否安全的重要依据。

(1) 动应变测量

动应变测量是直接测定结构在动荷载作用下产生的应变时程，采用的主要测量仪器为动态应变仪，配置相应的软件可与计算机连接。通过计算机记录和分析数据，一台动态应变仪一般有 10 个通道，可同时测量各通道的信号。每一通道与一个接线桥盒连接，接线桥盒上有应变计接入的端子。其布置形式一般与静态应变仪上的接入端子相同，采用的应变计及其布置一般与静态应变试验的相同，可采用与静态试验相同的接线方式，如 1/4 桥法、半桥法和全桥法。当构件处于纯弯状态时可采用弯曲桥路接线方式，提高试验精度。图 3-16 所示为一桥梁在动荷载作用下动态应变测量布置。

(2) 动挠度测定

挠度测试多针对结构构件、高耸或细长独立结构，如桥梁。结构动挠度的测量有非接触式测量和接触式测量手段。非接触式测量手段有 CCD 光电法，接触式测量手段有 PSD 激光测量法、倾角仪法、加速度二次积分法、位移计法等。

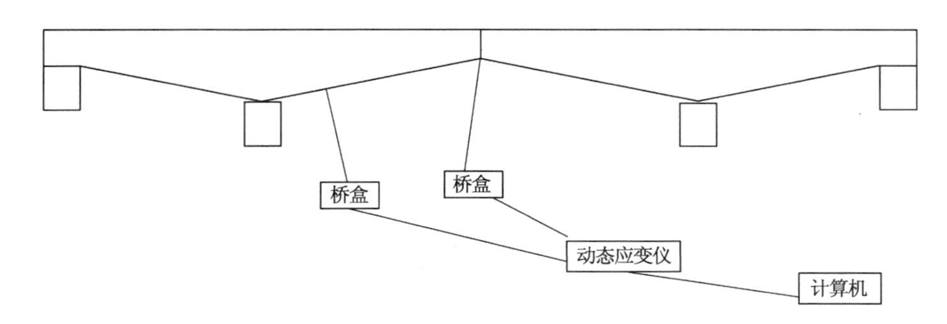

图 3-16　动态应变测量示意图

位移计法测点布置原则与静挠度相同，只是测点数量要少。测量动挠度的位移传感器可选用电阻应变式或光纤光栅式传感器。当选用应变式位移传感器时，其接线方式与动应变的相同，可用同一台动态应变仪同时测量动应变和动挠度。为了以后整理数据方便及免于出错，可通过改变传感器至接线桥盒的导线接法，使相同方向的挠度读数的符号相同。应变式传感器的数据处理与应变变换和动应力测量相同应变算出后，再根据传感器的灵敏度换算出挠度，与静挠度计算一样，需去除支座沉陷的影响。图 3-17 所示为一梁在动荷载作用下动挠度测量布置示意图。

(3) 动力系数测定

承受移动荷载的结构如吊车梁、桥梁等，试验检测时常需要确定其动力系数，以判定结构的工作情况。移动荷载作用于结构上所产生的动挠度或动应变，往往比静荷载时产生的挠度和应变大。动挠度(动应变)和静挠度(静应变)的比值称为动力系数。

结构的动力系数一般用试验方法确定。对于沿固定轨道行驶的动荷载，为了求得动力系数，先使移动荷载以最慢的速度通过结构，测得挠度如图 3-18(a)所示，然后使移动荷载按正常使用时的某种速度通过，这时结构产生最大挠度和应变，如图 3-18(b)所示。从图上量得最大静挠度和最大动挠度，按下式可求得动力系数：

$$1 + u = \frac{y_d}{y_j}$$

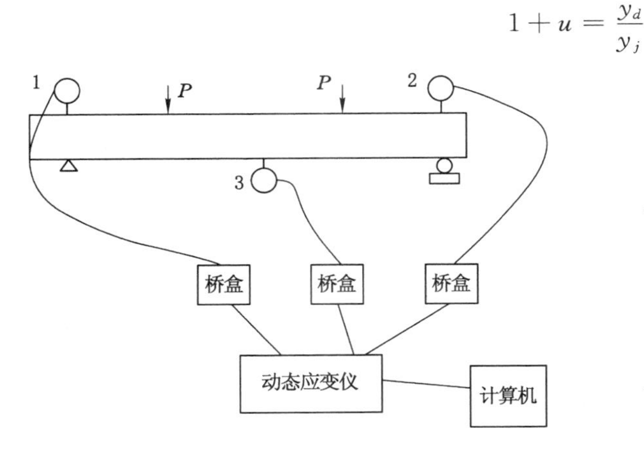

图 3-17　动态挠度测量示意图

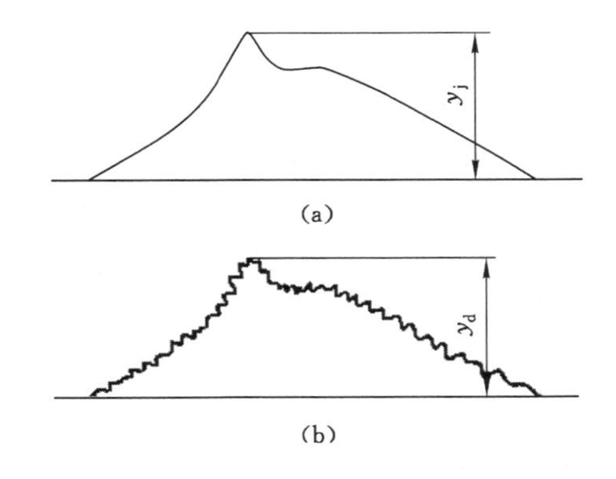

图 3-18　动力系数测定示意图

3.4 结构疲劳试验

振动疲劳是指交变激励频率与结构的某阶固有频率接近或一致时使结构产生的疲劳失效。振动疲劳因其具有突发性，往往造成灾难性后果，结构在动力荷载作用下，达到破坏时的应力比其静力强度要低得多，这种现象叫疲劳。结构疲劳试验按照目的不同可分为研究性试验和检验性试验。按其试验方法有等幅等频疲劳、变幅变频疲劳和随机疲劳。研究型疲劳试验一般研究开裂荷载及开裂情况、裂缝的形态及随荷载重复次数的变化、最大挠度的变化、疲劳极限、疲劳破坏特征。检验性疲劳试验通常在重复荷载条件下，经过规定的反复加载次数后对结构的抗裂性能、开裂荷载、裂缝形态及最大挠度的检验。

结构疲劳试验一般在大型的专门疲劳试验机上进行，随着电液伺服系统的广泛应用，也用于一些大型的疲劳试验。疲劳试验机的性能指标一般包括试验机的最大荷载值、最小荷载值及加载频率。目前大多数的试验机只能产生脉动循环，即同向荷载，只有少数可以产生循环荷载，及最小值可以反向，直至两者相等、方向相反。

(1) 加载设计

荷载取值：影响结构和材料的疲劳极限主要因素之一是应力循环特征 ρ，其计算公式为：

$$\rho = \frac{\sigma_{\min}}{\sigma_{\max}}$$

式中 $\sigma_{\min}$——重复荷载的最小应力；

$\sigma_{\max}$——重复荷载的最大应力。

对于结构的疲劳试验，其最大荷载值是按结构设计规范中疲劳荷载组合选取。

(2) 荷载频率的选择

疲劳试验荷载在单位时间内重复作用的次数称为荷载频率。荷载频率越低，越接近结构的实际工作情况，但试验的时间会越长。频率越高则影响材料的塑形变形，对试验的附属结构也产生影响，目前没有统一的标准，一般根据试验机的性能确定。主要的考虑因素是远离结构的共振区，即疲劳试验机的频率大于试验结构构件的自振频率的80%。

(3) 试验加载顺序

预加载加载值为最大值的20%，以消除支座等连接构件的不良接触，测试仪器是否正常工作。静载试验预加载之后施加重复荷载的过程中要先进行若干次静载试验，观察：重复荷载对抗裂性和裂缝宽度开裂情况的影响，应力、应变的变化，最大挠度的变化。

静载试验的最大荷载按正常使用的最不利组合选取。试验方法按结构静载试验方法进行，观察项目可适当简化。在使用情况下，如果出现裂缝，应该与静载试验一样描述裂缝开裂的情况。

疲劳试验时，首先调整最大荷载、最小荷载，待稳定后开始记数，直到需做静载试验的次数。在运行过程中，需要做动态挠度或动应变测量。测量一般在1万次、2万次、5万次、10万次、20万次、50万次、100万次、200万次、400万次时进行。

在达到要求的疲劳次数后，一般要求做破坏试验。这时加载有两种情况：第一种加载情况是继续做疲劳试验直至破坏，构件出现疲劳极限标志，得出疲劳极限的极限次数，这需要很长时间，甚至不能破坏；第二种是做静载破坏试验，与前面相同，得到疲劳后的承载力极限荷载，其破坏标志与静载试验相同。

练　习　题

一、基本概念

1. 相频特性；
2. 幅频特性；
3. 自由振动法；
4. 共振法；
5. 脉动法；
6. 动力系数。

二、填空题

1. 磁电式速度传感器是根据________的原理制成，其________与线圈的运动速度成正比。

2. 动载加载根据使用的情况和特性分为________、________、________等方法。

3. 结构动力特性是指结构本身所固有的振动方式，其表现为结构的________、振型和________等动力参数。

三、简答

1. 线性时不变系统具有什么性质？该性质对于复杂激励信号分析有何意义？

2. 根据传递函数公式，画出串联和并联系统图示，并推导其运算规则。

3. 频率响应的物理意义是什么？

4. 测试系统实现不失真的测量条件是什么？

5. 一传感器的微分方程为 $30\mathrm{d}y/\mathrm{d}t+3y=0.15x$，其中 y 为输出电压(mV)，x 为输入温度(℃)，试求传感器的时间常量 τ 和静态灵敏度 k。

6. 设一阶系统的时间常数 $\tau=0.1$ s，问：输入信号频率 ω 多大时其输出信号的幅值误差不超过 6%？

7. 某二阶测试系统的固有频率为 1 000 Hz，阻尼比 $\zeta=0.7$，若用它测量频率分别为 600 Hz 的正弦信号时，问输出与输入的幅值比和相位差各为多少？

8. 常用的测振传感器有哪些？其原理和特点是什么？

9. 振动的常见激励方式有哪些？

10. 检测结构动力特性的方法有哪些？

第4章 土木工程无损检测

对于已经建成的工程，工程质量检测及结构健康监测往往需要在无破损或微破损的条件下进行。土木工程无损检测，即非破坏性检测，是指在不破坏(或微破损结构)构件材料及其内部结构、不影响其整体承载性能和不危及结构安全的情况下，根据力、声、电、磁或射线等的物理学原理，利用相应的技术和方法，测定与结构材料性能相关的物理参数，并由此推定结构构件的材料强度和内部缺陷的测试技术的总称。例如，超声波探测结果可提供结构的弹性参数分布情况；探地雷达法能有效识别电磁特性存在差异的区域。

土木工程中的无损检测主要包括施工过程中工程质量检测，如混凝土强度和混凝土结构缺陷的检测等，约占65%；原建筑物上改造，如需要加高接层或者楼面荷载改变等，需鉴定原建筑物的，约占20%；受损结构，如受化学介质侵蚀、火灾、地震等的检测，约占10%；重要工程的验收检测，如核电站的安全壳、大型电站基础、水库闸门和电站大坝等的检测，约占5%；此外，无损检测还应包括预制构件产品质量鉴定。

近年来，随着绿色建筑的兴起与地下空间的拓展，对土工结构的保温性、抗渗性、气密性、耐久性等的检测也成为无损检测的重要研究内容。无损检测不影响结构的正常使用，且是在原位针对原型开展的直接测试，能够反映结构构件的真实工作性能。无损检测具有跨学科的特点，医学、工业、军事领域中得到成功运用的层析成像(CT)、X射线、超声相控阵(B超)、红外热成像等技术，在土木工程领域得到了很好的推广和应用，为探索材料内部的结构和物性变化提供可靠的技术手段，逐渐成为推动土木工程学科发展的重要支点。

本书主要围绕混凝土及其结构构件，介绍常用的混凝土强度检测方法和缺陷检测方法。混凝土强度无损(或微破损)检测方法有回弹法、超声回弹法以及超声波法、钻芯法、拔出法、构件边角咬切法、折返法等；其缺陷的无损检测方法，则包括超声波法、探地雷达法、红外成像法、射线法等。本书主要介绍常用的强度检测的回弹法和超声回弹法，以及常用于缺陷和结构检测的超声波法和探地雷达法。

4.1 回弹法

回弹法是由瑞士的施密特(E. Schmidt)在1948年发明的，是国际公认的混凝土无损检测的基本方法。我国自20世纪50年代开始采用回弹法测定现场混凝土的抗压强度，经长期研究和实践检验，于1985年颁布了《回弹法测定混凝土抗压强度技术规程》(JGJ 23—1985)，经多次修订，现行规程为《回弹法检测混凝土抗压强度技术规程》(JGJ/T 23—2011)(以下简称《回弹规程》)。回弹法现已成为我国应用最为广泛的无损检测方法之一。

4.1.1 基本原理

回弹法，是基于混凝土表面硬度和强度之间存在相关性而建立的一种检测方法，它用一弹簧驱动的重锤(施密特锤)，通过弹击杆(传力杆)，弹击混凝土表面，测出重锤被反弹回来的距离，以回弹值 R（反弹距离与弹簧初始长度之比）作为与强度相关的指标，来推定混凝土强度的一种方法，见图 4-1。由于测量在混凝土表面进行，所以回弹法属于一种表面硬度检测方法。

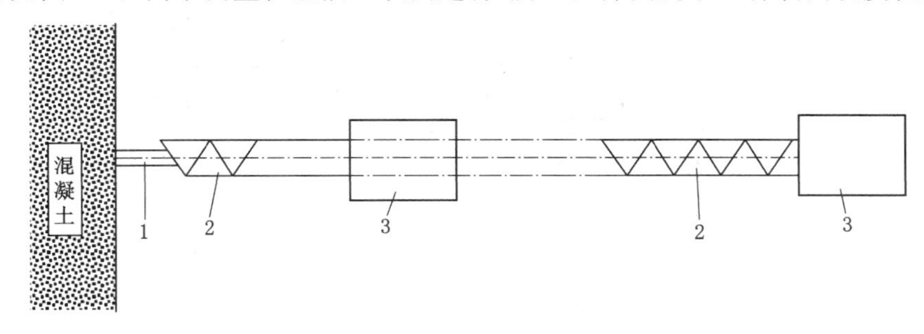

图 4-1　回弹仪工作原理示意图

1——弹击杆；2——弹簧；3——重锤

回弹值 R 代表了混凝土受冲击后所吸收的能量，它表征了表层混凝土的弹性和塑性性能，并进而反映混凝土强度的大小。由于影响因素较为复杂，尚难建立回弹值 R 与强度的理论公式。因此，目前均采用经验归纳法建立混凝土强度与回弹值 R 等参数间的回归公式，常用回归公式如下：

线性公式：
$$f_{cu}^{c} = A + BR_{m} \tag{4-1}$$

幂指数公式：
$$f_{cu}^{u} = AR_{m}^{B} \tag{4-2}$$

抛物线公式：
$$f_{cu}^{c} = A + BR_{m} + CR_{m}^{2} \tag{4-3}$$

二元方程：
$$f_{cu}^{c} = AR_{m}^{B} \cdot 10^{cd_{m}} \tag{4-4}$$

式中　f_{cu}^{c}——测区混凝土的推算强度，MPa；

R_{m}——测区平均回弹值，无量纲；

d_{m}——测区平均碳化深度值，mm；

A,B,C——回归系数。

在《回弹规程》中规定：混凝土强度换算值可采用以下测强曲线计算：① 统一测强曲线——由全国有代表性的材料、成型养护工艺配制混凝土试件，开展试验建立的曲线；② 地区测强曲线——由某地区代表性的材料、成型养护工艺配制混凝土试件，开展试验建立的曲线；③ 专用测强曲线——由与结构或构件相同的材料、成型养护工艺配制混凝土试件，开展试验建立的曲线。

我国回弹法检测的特点在于“碳化深度值”的引入，即采用式(4-4)的形式，建立了“回弹值—碳化深度—强度”的相关关系，能够体现不同龄期、不同损伤条件下混凝土的强度变化。《回弹规程》中提供了不同碳化深度时平均回弹值与混凝土强度换算值的数据表，可通过查表的方式确定混凝土强度。

4.1.2　回弹仪

回弹仪的构造如图 4-2 所示。使用时，先轻压弹击杆 11，使按钮 5 松开，弹击杆随之徐徐伸出，并使挂钩 3 挂上弹击锤 7；再将回弹仪置于混凝土表面测点位置处，以弹击杆 11 对混凝土表面缓慢均匀施压，待弹击锤 7 脱钩，冲击弹击杆 11 后，弹击锤 7 即带动指针块 17 向后移动，指针片 16 在刻度尺 15 上所指示的读数即为测试所得的回弹值。

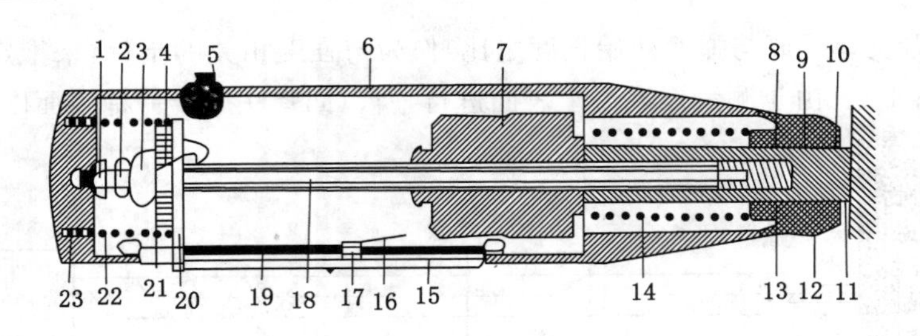

图 4-2　回弹仪构造

1——紧固螺母;2——调零螺钉;3——挂钩;4——挂钩销子;5——按钮;6——机壳;
7——弹击锤;8——拉簧座;9——卡环;10——密封垫圈;11——弹击杆;12——盖帽;
13——缓冲压簧;14——弹击拉簧;15——刻度尺;16——指针片;17——指针块;18——中心导杆;
19——指针轴;20——导向法兰;21——挂钩压簧;22——压簧;23——尾盖

根据冲击能量的不同,回弹仪可分为小型(L 型)、中型(N 型)、大型(M 型)以及摆型(P 型)等。在选用回弹仪时,对中型回弹仪,国家标准《回弹仪》(GB/T 9138—2015)有明确的技术要求:标准状态的仪器水平弹击时的能量应为 2.207±0.100 J,量程为 20～55 分度数的示值误差不应超过 1.5 分度数。使用时,《回弹规程》要求:在弹击锤与弹击杆碰撞的瞬间,弹击拉簧应处于自由状态,且弹击锤起跳点应位于指针指示刻度尺上的“0”处;在洛氏硬度 HRC 为 602 的钢砧上,回弹仪的率定值应为 802。

表 4-1　　回弹仪分类及用途

类　型	冲击能量/J	主要用途
小型(L 型)	0.735	小型构件或刚度稍低的混凝土或胶凝材料
中型(N 型)	2.207	10～80 cm 厚度的普通混凝土构件
大型(M 型)	29.40	大型实心块体、机场跑道或公路路面等的混凝土
摆型(P 型)	0.883	轻质建材、砂浆、饰面等

4.1.3　检测方法

采用回弹法检测混凝土的抗压强度,其关键在于依据相应的规范和规程进行规范化操作。同时,应注意到回弹法是一种表面强度法,其使用的前提是被测混凝土的内外质量基本一致。在混凝土内外部质量有明显差异或内部存在缺陷,或是特种成型工艺制作的混凝土等,均不宜直接采用回弹法检测混凝土的强度。因此,在测试前应首先全面、准确地了解被测结构的情况,如混凝土的涉及参数、混凝土实际所用拌合物材料、结构名称、结构形式等,并据此进行测区和测点的布置。

(1) 回弹值的测量

回弹法检测是按照测区和测点布置的。测区是指检测构件混凝土强度时的一个检测单元。测点则是测区内的一个回弹检测点。

用于抽样推定的结构或构件,长度不小于 3 m 的每一试样的测区数应不小于 10 个,长度小于 3 m 且高度低于 0.5 m 的试件,测区数不应小于 5 个。

其测区测点布置应符合下列要求:

测区选定采用随机抽检的方法，测区宜选在混凝土浇筑的侧面，且在两相对侧面交错对称布置。所选测区应相对平整和光滑，不存在蜂窝和麻面，也没有裂缝、裂纹、剥落、层裂等现象。

每一测区的面积约为 20 cm×20 cm，测点在测区内均匀分布，每个测区布置 16 个测点，可测得 16 个回弹值，且同一测点只允许弹击一次。

相邻两测区的间距不宜大于 2 m，相邻两测点的间距一般不小于 2 cm，测点距结构，或构件边缘，或外漏钢筋、铁件的距离不小于 3 cm。

对于体积小、刚度差或测试部位厚度小于 10 cm 的试件，应设支撑固定，确保无测试颤动后才能实施回弹法检测。

(2) 碳化深度值的测定

作为一种表面硬度法，需要考虑影响混凝土表面硬度的一个重要因素——碳化深度。混凝土表面的氢氧化钙与空气中的二氧化碳或其他酸性物质反应变成碳酸钙，其厚度即为碳化深度值。

《回弹规程》规定：回弹值测量完毕后，应在有代表性的测区上测量碳化深度值。测点数不应少于构件测区数的 30%，应取其平均值作为该构件每个测区的碳化深度值。当碳化深度值极差大于 2.0 mm 时，应在每个测区分别测量碳化深度值。

应采用浓度为 1%～2%的酚酞酒精溶液为指示剂，混凝土碳化后该指示剂不变色，未碳化部位则变为紫红色，采用碳化深度测量仪测量已碳化与未碳化混凝土交界面到混凝土表面的垂直距离，应测量 3 次，每次读数应精确到 0.25 mm。取 3 次测量的平均值作为检测结果，并应精确至 0.5 mm。

(3) 混凝土抗压强度的计算

① 平均回弹值的计算

在水平方向检测混凝土浇筑的侧面时，计算测区平均回弹值应从该测区的 16 个回弹值中剔除 3 个最大值和 3 个最小值，其余 10 个回弹值按下式计算

$$R_m = \sum_{i=1}^{10} R_i / 10 \tag{4-5}$$

式中　R_i——第 i 个测点的回弹值。

在非水平方向浇筑的混凝土侧面，以及水平方向浇筑的混凝土顶面和底面时，应根据《回弹规程》要求进行回弹值的角度修正和浇筑面修正。

② 混凝土强度换算值的计算

构件第 i 个测区混凝土强度换算值，可按《回弹规程》中提供的测区混凝土强度换算表查表或计算得出。当有地区或专用测强曲线时，宜按地区测强曲线或专用测强曲线计算或查表得出。

表 4-2　测区混凝土强度换算表

平均回弹值 R_m	测区混凝土强度换算值 $f_{cv,i}$/MPa												
	平均碳化深度值 d_m/mm												
	0.0	0.5	1.0	1.5	2.0	2.5	3.0	3.5	4.0	4.5	5.0	5.5	≥6
43.2	48.5	46.6	44.6	42.2	39.8	38.3	36.9	35.9	34.9	33.0	31.5	30.1	29.2
43.4	49.0	47.0	45.1	42.6	40.2	38.7	37.2	36.3	35.3	33.3	31.8	30.4	29.4

续表 4-2

平均回弹值 R_m	测区混凝土强度换算值 $f_{cv,i}$/MPa												
	平均碳化深度值 d_m/mm												
	0.0	0.5	1.0	1.5	2.0	2.5	3.0	3.5	4.0	4.5	5.0	5.5	≥6
43.6	49.4	47.4	45.4	43.0	40.5	39.0	37.5	36.6	35.6	33.6	32.1	30.6	29.6
43.8	49.9	47.9	45.9	43.4	40.9	39.4	37.9	36.9	35.9	33.9	32.4	30.0	29.9
44.0	50.4	48.4	46.4	43.8	41.3	39.8	39.8	38.3	37.3	36.3	34.3	31.2	30.2
44.2	50.8	48.8	46.7	44.2	41.7	40.1	38.6	37.6	36.6	34.5	33.0	31.5	30.5
44.4	51.3	49.2	47.2	44.6	42.1	40.5	39.0	38.0	36.9	34.9	33.3	31.8	30.8

构件的测区混凝土强度平均值应根据各测区的混凝土强度换算值计算。当测区数为10个及以上时，还应计算强度标准差。平均值及标准差应按下式计算：

$$m_{f_{cu}^c} = \frac{\sum_{i=1}^{n} f_{cu,i}^c}{n} \tag{4-6}$$

$$S_{f_{cu}^c} = \sqrt{\frac{\sum_{i=1}^{n} (f_{cu,i}^c)^2 - n(mf_{cu,i}^c)^2}{n-1}} \tag{4-7}$$

式中　$m_{f_{cu}^c}$——构件测区混凝土强度换算值的平均值，精确至 0.1 MPa。

n——对于单个检测的构件，取该构件的测区数；对批量检测构件，取所有被抽检构件测区数之和。

$S_{f_{cu}^c}$——结构或构件测区混凝土强度换算值的标准差(MPa)，精确至 0.01 MPa。

③ 混凝土强度推定值的计算

构件的现龄期混凝土强度推定值($f_{cu,e}$)是指相应于强度换算值总体分布中保证率不低于95%的构件中混凝土抗压强度值。其取值应满足下列规定：

当构件测区数小于10个时，应按下式计算：

$$f_{cu,e} = f_{cu,min}^c \tag{4-8}$$

式中　$f_{cu,min}^c$——构件中最小的测区混凝土强度换算值。

当构件测区数不少于10个时，应按下式计算：

$$f_{cu,e} = m_{f_{cu}^c} - kS_{f_{cu}^c} \tag{4-9}$$

式中　k——推定系数，通常取为1.645。当按批量检测时，可按国家现行的有关标准的规定取值。

当构件的测区强度值中出现小于10.0 MPa时，应按下式确定：

$$f_{cu,e} < 10.0 \text{ MPa} \tag{4-10}$$

对按批量检测的构件，当该批构件混凝土的强度标准差出现下列情况之一时，该批构件应全部按单个构件检测：

a. 当该批构件混凝土强度平均值小于25 MPa、$S_{f_{cu}^c}$ 大于4.5 MPa时；

b. 当该批构件凝土强度平均值不小于25 MPa且不大于60 MPa、$S_{f_{cu}^c}$ 大于5.5 MPa时。

4.1.4 回弹法检测的特点和注意事项

回弹法检测混凝土抗压强度具有以下主要特点：设备简单、操作方便、测试迅速、费用低廉，且不破坏混凝土，故在现场检测中使用很多。需要指出的是，回弹法是一种表面强度法，它只能反映结构表面或浅部混凝土强度，无法准确反映结构内部的强度。

影响回弹法准确度的因素有很多，如操作方法、仪器性能、气候条件等，应掌握正确的操作方法，注意回弹仪的保养和校准。在使用过程中，如果出现操作不规范、随意性大、计算方法不当等问题，将造成较大的测试误差。在进行回弹法检测时，首先需要注意其使用条件，《回弹规程》规定：回弹法检测混凝土的龄期为 7～1 000 d，不适用于表层和内部质量有明显差异或内部存在缺陷的混凝土，或遭受化学腐蚀、火灾、冻害的混凝土和特种成型工艺制作的混凝土的检测。此外，钢筋对回弹值的影响较大，研究表明，当保护层厚度大于 20 mm 时或钢筋直径为 4～6 mm 时，可不考虑钢筋影响。应根据图纸或采用钢筋保护层测定仪确定保护层内钢筋的位置，测试时应避开保护层厚度小、直径较大的钢筋。

测强曲线除有全国测强曲线外，一般各地区或大型公司还应有本地区或本工程的专用曲线。测试异常时，应与其他检测方法（如超声回弹和钻芯法等）相结合建立专用的率定曲线，以提高测试结果的精度。

4.2 超声回弹法

超声回弹法是指根据实测声速值和回弹值综合推定混凝土强度的方法。该方法采用带波形显示器的低频超声波检测仪，并配置频率为 50～100 kHz 的换能器，测量混凝土中的超声波声速值，以及采用弹击锤冲击能量为 2.207 J 的混凝土回弹仪，测量回弹值。为此，中国工程建设标准化协会颁布了《超声回弹综合法检测混凝土强度技术规程：CECS 02：2005》（以下简称《超声回弹规程》）。

4.2.1 基本原理

混凝土强度换算值与其声速和回弹仪间存在正相关关系，混凝土强度越高，声速越高，回弹值越大。回弹值反映混凝土表层 2～3 cm 深度的质量情况，声速反映混凝土内部密实度和弹性性质。采用超声回弹综合法能够全面地、由表及里地反映混凝土的整体质量情况。其统计数学关系式为

$$f_{cu}^{c} = a(v)^{b}(R_{a})^{c} \tag{4-11}$$

式中，a，b，c 为试验系数。

对上式取对数，可得

$$\ln f_{cu}^{c} = \ln a + b\ln v + c\ln R_{a}$$

令 $(f_{cu}^{c})'=\ln f_{cu}^{c}$，$v'=\ln v$，$R_{a}'=\ln R_{a}$，$a'=\ln a$，则

$$f'^{c}_{cu} = a' + bv' + cR_{a}' \tag{4-12}$$

根据试验数据建立三元一次方程组，求解式中系数，即可获得超声回弹综合法的率定曲线经验公式，并将其用于混凝土强度的推定。

4.2.2 检测方法

超声测点应布置在回弹测试的同一测区内，宜先进行回弹测试，然后进行超声测试。当

采用钢模或木模施工时，混凝土的表面平整度明显不同，采用木模浇筑的混凝土表面不平整，往往影响探头的耦合，因而使声速偏低，回弹值也偏低。但这一影响与木模的平整程度有关，很难用一个统一的系数来修理，因此一般应对不平整表面进行磨光处理。

在每个测区的相对测试面上，各布置3个测点，见图4-3，且发射和接受换能器的轴线应在同一条轴线上，换能器与混凝土间应耦合良好。测区声速按下列公式计算：

$$v = L/t_m \tag{4-13}$$

$$t_m = (t_1 + t_2 + t_3)/3 \tag{4-14}$$

式中 v——测区声速值，km/s；

L——超声测距，mm；

t_m——测区平均声时值，μs；

t_1、t_2、t_3——分别为测区中3个测点的声时值，μs。

当在混凝土浇筑上表面或在底面进行测试时，由于石子离析下沉及表面泌水、浮浆等因素的影响，其声速和回弹值均与侧面测量时不同。当在混凝土浇筑的顶面或底面测试时，测区声速代表值应按下列公式修正：

$$v_a = \beta v \tag{4-15}$$

式中 v_a——修正后的测区混凝土中声速代表值，km/s；

β——超声测试面的声速修正系数，在混凝土浇筑的顶面和底面间对测或斜测时，$\beta=1.034$。

超声测试宜优先采用对测或角测。超声波对测测点布置见图4-3，角测测点布置见图4-4，在布置超声角测测点时，换能器中心与构件边缘的距离不宜小于200 mm。

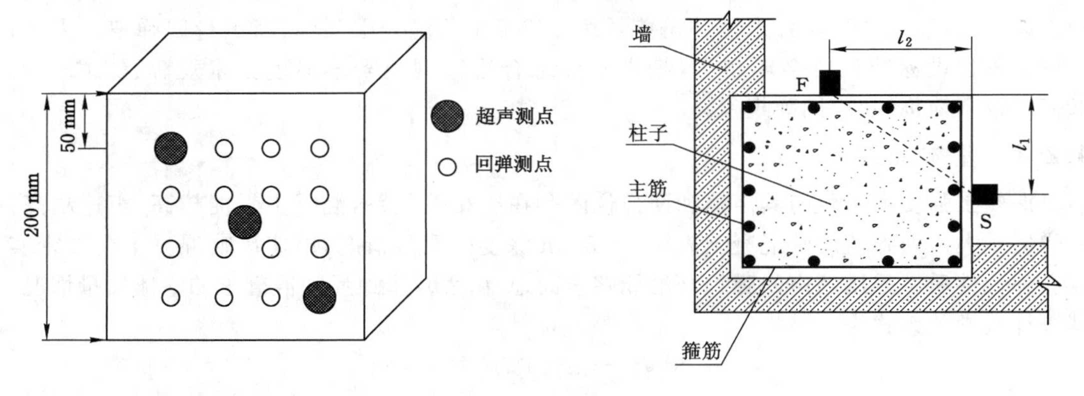

图4-3　超声回弹法测点布置示意图　　　图4-4　超声波角测示意图

当被测构件不具备对测或角测条件时，可采用单面平测。在进行侧面平测和顶、底面平测时，均需按《超声回弹规程》要求进行声速的平测修正。

4.2.3 超声回弹测强曲线

在求得修正后的测区回弹代表值和声速代表值后，优先采用专用测强曲线或地区测强曲线换算；当无专用和地区测强曲线时，根据《超声回弹规程》通过精度验证后，可按全国统一测区混凝土抗压强度换算表换算，也可按全国统一测区混凝土抗压强度换算公式计算。

（1）专用测强曲线和地区测强曲线

选用本工程或本地区常用水泥、粗骨料、细骨料，按常用配合比制作混凝土强度等级为 C10～C60 的边长为 150 mm 的立方体试件，按 7 d、14 d、28 d、60 d、90 d、180 d 和 365 d 龄期，进行回弹、超声及抗压强度测试。

每一龄期每组试块需 3 个（或 6 个），每种强度等级的试块不少于 30 块，并应在同一天内完成。试块的制作和测试按现行国家标准《普通混凝土力学性能试验方法》（GB/T 50081—2002）的规定速度进行。测定声时值时，采用对测法，在试块的对角线上设 3 个测点，取其均值作为试块平均走时。测定回弹值时，应将试块固定在压力机上，用 30～50 kN 压力固定，然后在两相对面上各弹击 8 个点，并按规定计算回弹均值，然后加载至试块破坏，得其抗压强度实测值。

将测得的声速值 v、回弹值和试块抗压强度实测值汇总，进行回归分析，并计算其标准差。《超声回弹规程》建议，宜采用式（4-10）形式的回归方程式计算。

上述回归公式，需经工程质量监督主管部门组织审定和批准实施。对于专用测强曲线，要求其相对误差 $e_r \leqslant 12\%$；地区测强曲线则要求其相对误差 $e_r \leqslant 14\%$。其相对误差 e_r 应按下列公式计算：

$$e_r = \sqrt{\frac{\sum_{i=1}^{n}\left(\frac{f_{cu,i}^{0}}{f_{cu,i}^{c}} - 1\right)^2}{n}} \times 100\% \tag{4-16}$$

式中　e_r——相对误差；

$f_{cu,i}^{0}$——第 i 个立方体试件的抗压强度实测值，MPa；

$f_{cu,i}^{c}$——第 i 个立方体试件按回归公式计算的抗压强度换算值，MPa。

测区混凝土抗压强度换算表只限于在建立测强曲线的立方体试件强度范围内使用，不得外延。

（2）统一测强曲线

当无专用和地区测强曲线时，可按全国统一测区混凝土抗压强度换算表换算（表 4-3），也可按下列全国统一测区混凝土抗压强度换算公式计算。但使用前应进行验证，如所得相对误差 $e_r \leqslant 15\%$，则可使用本规程规定的全国统一测强曲线。否则，应另行建立专用或地区测强曲线。

表 4-3　测区混凝土强度换算表

f_{cu}^{c}/MPa　v_a/(km/s)　R_a	4.84	4.86	4.88	4.90	4.92	4.94	4.96	4.98	5.00	5.02	5.04	5.06	5.08
40.0	37.0	37.2	37.4	37.6	37.8	38.1	38.3	38.5	38.7	38.9	39.2	39.4	39.6
41.0	38.6	38.8	39.1	39.3	39.5	39.8	40.0	40.2	40.5	40.7	40.9	41.2	41.4
42.0	40.3	40.5	40.8	41.0	41.2	41.5	41.7	42.0	42.2	42.5	42.7	42.9	43.2
43.0	42.0	42.2	42.5	42.7	43.0	43.3	43.5	43.8	44.0	44.3	44.5	44.8	45.0
44.0	43.7	44.0	44.3	44.5	44.8	45.0	45.3	45.6	45.8	46.1	46.4	46.6	46.9

续表 4-3

v_a/(km/s) f_{cu}^c/MPa R_a	4.84	4.86	4.88	4.90	4.92	4.94	4.96	4.98	5.00	5.02	5.04	5.06	5.08
45.0	45.5	45.8	46.1	46.3	46.6	46.9	47.1	47.4	47.7	48.0	48.2	48.5	48.8
46.0	47.3	47.6	47.9	48.2	48.4	48.7	49.0	49.3	49.6	49.9	50.2	50.4	50.7
47.0	49.2	49.4	49.7	50.0	50.3	50.6	50.9	51.2	51.5	51.8	52.1	52.4	52.7
48.0	51.0	51.3	51.6	51.9	52.2	52.5	52.8	53.2	53.5	53.8	54.1	54.4	54.7
49.0	52.9	53.2	53.5	53.9	54.2	54.5	54.8	55.1	55.4	55.8	56.1	56.4	56.7
50.0	54.8	55.2	55.5	55.8	56.1	56.5	56.8	57.1	57.5	57.8	58.1	58.5	58.8
51.0	56.8	57.1	57.5	57.8	58.1	58.5	58.8	59.2	59.5	59.9	60.2	60.5	60.9
52.0	58.8	59.1	59.5	59.8	60.2	60.5	60.9	61.2	61.6	61.9	62.3	62.7	63.0
53.0	60.8	61.2	61.5	61.9	62.2	62.6	63.0	63.3	63.7	64.1	64.4	64.8	65.2
54.0	62.8	63.2	63.6	64.0	64.3	64.7	65.1	65.5	65.8	66.2	66.6	67.0	67.4
55.0	64.9	65.3	65.7	66.1	66.5	66.8	67.2	67.6	68.0	68.4	68.8	69.2	69.6

① 当粗骨料为卵石时

$$f_{cu,i}^{c} = 0.0056 v_{ai}^{1.439} R_{ai}^{1.769} \tag{4-17}$$

② 当粗骨料为碎石时

$$f_{cu,i}^{c} = 0.0162 v_{ai}^{1.656} R_{ai}^{1.410} \tag{4-18}$$

式中 $f_{cu,i}^{c}$——第 i 个测区混凝土抗压强度换算值，精确至 0.1 MPa。

(3) 基准曲线的现场修正

现场混凝土的原材料、配合比以及施工条件不可能与上述基准曲线的制作条件完全一致，因此，强度推算值往往偏差较大。为了提高结果的可靠性，可结合现场情况对基准曲线作适当修正。

修正的方法是利用现场预留的同条件试块或从结构或构件上综合法测区处钻取的芯样，一般试块或芯样数不少于 6 个。用标准方法测定这些试样的超声值、回弹值、抗压强度值，并用基准曲线(该现场准备采用的专用曲线、地区曲线或通用曲线)推算出试块的计算强度，然后按下式求出修正系数。

① 预留的同条件试块校正的修正系数为

$$\eta = \frac{\sum_{i=1}^{n} \frac{f_{cu,i}^{0}}{f_{cu,i}^{c}}}{n} \tag{4-19}$$

式中 η——基准曲线的修正系数；

n——预留的修正试件数。

② 测区钻芯试样校正的修正系数为

$$\eta' = \frac{\sum_{i=1}^{n} \frac{f_{cor,i}^{0}}{f_{cu,i}^{c}}}{n} \tag{4-20}$$

式中　η'——基准曲线的修正系数；

$f^{0}_{cor,i}$——各芯样的实测值并换算成立方体试块后的强度，精确至 0.1 MPa。

将修正系数代入相应的基准曲线公式即为修正后基准曲线公式。

4.2.4　结构或构件混凝土特征强度的推定

结构或构件混凝土抗压强度推定值 $f_{cu,e}$，依据《超声回弹规程》确定，其具体条文说明与《回弹规程》基本相同。

① 当结构或构件的测区抗压强度换算值中出现小于 10 MPa 的值时，该构件的混凝土抗压强度推定值 f^{c}_{cu}取小于 10 MPa。

② 当结构或构件中测区数少于 10 个时，取其最小值 $f^{c}_{cu,min}$作为测区的混凝土抗压强度推定值。

$$f_{cu,e} = f^{c}_{cu,min} \tag{4-21}$$

③ 当结构或构件中测区数不少于 10 个或按批量检测时，强度推定值由其换算值的均值 $m_{f^{c}_{cu}}$ 和标准差 $S_{f^{c}_{cu}}$ 确定：

$$f_{cu,e} = m_{f^{c}_{cu}} - 1.645 S_{f^{c}_{cu}} \tag{4-22}$$

式中，均值 $m_{f_{cu}}$ 和标准差 $S_{f_{cu}}$ 计算方法与回弹法相同，可分别采用式(4-6)和式(4-7)计算。

④ 对按批量检测的构件，当一批构件的测区混凝土抗压强度标准差出现下列情况之一时，该批构件应全部重新按单个构件进行检测：

a. 一批构件的混凝土抗压强度平均值 $m_{f^{c}_{cu}} < 25.0$ MPa，标准差 $S_{f^{c}_{cu}} > 4.50$ MPa；

b. 一批构件的混凝土抗压强度平均值 $m_{f^{c}_{cu}} = 25.0 \sim 50.0$ MPa，标准差 $S_{f^{c}_{cu}} > 5.50$ MPa；

c. 一批构件的混凝土抗压强度平均值 $m_{f^{c}_{cu}} > 50.0$ MPa，标准差 $S_{f^{c}_{cu}} > 6.50$ MPa。

一般认为综合法、超声法、回弹法等用物理量间接推算强度的方法所推算的混凝土强度的标准差 S 包含两个部分：一部分来自混凝土本身因质量变异所带来的差异，另一部分则来自用物理量间接推算强度时基准曲线所固有的误差。在进行强度推定时，《超声回弹规程》明确要求取系数为 1.645，由此所获得的强度推定值是偏于安全的。

4.2.5　超声回弹法检测的特点和使用条件

回弹法、超声回弹综合法为国内常用的两种无损检测混凝土强度方法，与钻芯法、后装拔出法、贯入阻力法、剥离法和折断法等半破损检测方法相比，无损检测方法最大的优点是对结构或构件不构成物理破坏，其次还具有成本低、操作简便、工作量小等特点。超声回弹综合法通过这种整合消除或减轻内外部因素的影响，从表面弹性和塑性性能与密实度、孔隙等内部状况两方面综合对构件或结构性能进行评价，提高了单一物理量无损法检测混凝土强度的精度。

全国超声回弹综合法研究协作组曾将来自 22 个省、市用来制定通用曲线的实测数据，进行回归分析和方差分析。中国建筑科学研究院还用同一芯样试件，采用三种方法推算其强度，再与实际抗压强度对比，进一步验证了测量结果的精确度。从大量实测数据的分析结果来看，超声回弹综合法的相对标准误差及相关系数均优于回弹法。

在正常的施工情况下，结构混凝土的强度应按《钢筋混凝土工程施工及验收规范》(GBJ 204—92)所规定预留试块进行验收。只有在下列情况下才能应用超声回弹综合法：

① 对原有预留试块的抗压强度有怀疑，或没有预留试块时；

② 因原材料、配合比以及成型与养护不良而发生质量问题时；

③ 已使用多年的老结构，为了维修作加固处理，需取得混凝土实际强度值，而且有将结构上钻取的芯样进行校核的情况。

对遭受冻伤、化学腐蚀、火灾、高温损伤的混凝土，及环境温度低于－4 ℃或高于 60 ℃的情况下，一般不宜使用，若必须使用时，应作为特殊问题专门研究解决。

4.3 超声波法

土木工程中材料和围岩内部的不确定性，是困扰土木工程工作者的难题。当混凝土和岩土体内部存在孔洞、裂缝、软弱夹层等缺陷时，必然会对工程质量及其安全产生影响。因此，需要寻找一种能够探知介质（混凝土和岩石等）内部缺陷的位置、判断其性质、掌握其分布的无损检测技术。

超声波顾名思义，是指频率高于声波（20～20 000 Hz）的应力波。它是一种弹性波，是在介质内弹性能量的传递过程中出现的。介质中振动的质点，将振动的能量传递给周围的质点，引起周围质点的振动，从而以波动的形式将能量向外传播。超声波法就是以人工的方法，向介质（混凝土和岩石等）内辐射超声波，由超声仪测量接收到的超声波信号的各种声学参数（如波速、振幅、频率和波形），以探查介质内部的力学参数（弹）和缺陷（断裂面、孔洞等）分布的方法。此外，材料或构件在受力过程中会产生变形或裂纹，从而激发出应力波，即声发射，通过声发射监测，可以确定破裂的位置及性质，用于分析评估的结构或岩体的损伤情况。

超声波法是一种典型的无损检测方法，它既可作为分析或测定介质的物理性质和力学性质的依据，也可用于介质内部的缺陷检测。介质内部超声波的传播规律是超声波法检测的理论基础。

4.3.1 超声波的传播规律

根据弹性力学，弹性波在均匀、各向同性、理想弹性介质中的波动方程为

$$\rho\frac{\partial^2 u}{\partial t^2} = (\lambda + G)\mathrm{grad}\theta + G\nabla^2 u + \rho F \tag{4-23}$$

式中 λ、G——拉梅系数，$\lambda=\mu E/(1+\mu)(1-2\mu)$，$G=E/2(1+2\mu)$；

u——位移向量，为介质质点受外力作用后的位移；

F——力向量；

ρ——介质密度；

θ——体应变标量，与向量的关系是 $\theta=\mathrm{div}u$。

$$\nabla^2 = \frac{\partial^2}{\partial x^2} + \frac{\partial^2}{\partial y^2} + \frac{\partial^2}{\partial z^2}$$

式中 ∇^2——拉普拉斯算子；

x,y,z——直角坐标。

(1) 纵波、横波和面波

对式(4-23)两端取散度(div)，可得

$$\rho \frac{\partial^2 \theta}{\partial t^2} = (\lambda + G)\ \nabla^2 \theta + G\ \nabla^2 \theta + \rho \mathrm{div} F = (\lambda + 2G)\ \nabla^2 \theta + \rho \mathrm{div} F$$

整理后得

$$\frac{\partial^2 \theta}{\partial t^2} - \frac{(\lambda + 2G)}{\rho}\ \nabla^2 \theta = \mathrm{div} F \tag{4-24}$$

注意，其中利用了关系 $\mathrm{div} \cdot \mathrm{grad}\theta = \nabla^2 \theta$。

对式(4-23)两端取旋度(rot)，可得

$$\rho \frac{\partial^2}{\partial t^2} \mathrm{rot} u = G\ \nabla^2 \theta + G\ \nabla^2 \mathrm{rot} u + \rho \mathrm{rot} F$$

令 $\omega = \mathrm{rot} u$，整理后得

$$\frac{\partial^2 \omega}{\partial t^2} - \frac{G}{\rho}\ \nabla^2 \omega = \mathrm{rot} F \tag{4-25}$$

注意，其中利用了关系 $\mathrm{rot} \cdot \mathrm{grad}\theta = 0$。

式(4-24)和式(4-25)的右边分别为 $\mathrm{div}F$ 和 $\mathrm{rot}F$，它们分布表示两种不同性质的作用力。$\mathrm{div}F$ 表示涨缩力，而 $\mathrm{rot}F$ 表示旋转力。由涨缩力导致的应力波仅导致介质的涨缩，这种波的质点运动方向和波的传播方向是平行的，故称为涨缩波(press wave)、无旋波、纵波或 P 波。在旋转力作用下，介质所传递的应变与其波的传播方向是垂直的，称为无散波、切变波(shaft Wave)、横波或 S 波。

将式(4-24)和式(4-25)改写为波动方程的形式，并忽略外力作用，只考虑介质特性对应力波传播的影响，可得纵波和横波波动方程。

① 纵波：
$$\frac{\partial^2 \theta}{\partial t^2} = v_{\mathrm{P}}\ \nabla^2 \theta \tag{4-26}$$

② 横波：
$$\frac{\partial^2 \omega}{\partial t^2} = v_{\mathrm{S}}\ \nabla^2 \omega \tag{4-27}$$

由此，可得纵波速度 v_{P} 及横波速度 v_{S}。

$$v_{\mathrm{P}} = \sqrt{\frac{\lambda + 2G}{\rho}} = \sqrt{\frac{\mu E/(1+\mu)(1-2\mu) + E/(1+2\mu)}{\rho}} \tag{4-28}$$

$$v_{\mathrm{S}} = \sqrt{\frac{G}{\rho}} = \sqrt{\frac{E/2(1+2\mu)}{\rho}} \tag{4-29}$$

纵波和横波主要是在介质内部传播的，又称为体波。在纵波和横波的波速公式中，波速与密度成反比。但实际情况下，密度大的材料，波速往往更高，这是由于随密度的增加弹性模量的增长更为显著。因此，与疏松的混凝土和岩石等土工材料相比，在致密的岩石和混凝土中声速更高。

纵波和横波传播到介质界面后，会衍生出次生的面波。

面波是指沿介质表面或交界面传播的波，其振幅随深度(或距交界面距离)的增加而迅速衰减的波。面波主要包括瑞利波和勒夫波，分别以其发现者英国学者瑞利和勒夫的名字来命名。瑞利波出现在自由表面(即地表)，勒夫波出现在介质交界面处。其中，瑞利波的质点运动方向为椭圆形旋进，具有水平和垂直两个方向的能量，其短轴走向与波的前进方向一致，长轴走向则垂直于地面。瑞利波是地震灾害中能量最强、危害最大的波形。在土木工程中，瑞利波常用于地表岩土层的地质调查，其波速可以表示为

$$v_{R}=\frac{0.87+1.12\mu}{1+\mu}\sqrt{\frac{E}{2\rho(1+\mu)}}=\frac{0.87+1.12\mu}{1+\mu}v_{S} \tag{4-30}$$

纵波、横波和瑞利波的波速存在以下关系：$v_P>v_S>v_R$，而其能量则满足：$E_P<E_S<E_R$。在地震灾害中，最先到达的是纵波，其后是横波，最后是面波，而其中危害最大的则是面波。因此，气象局正是利用这一特性，可以提前数秒预报地震。

（2）声波的反射、透射和折射

当在介质中传播的波投射到介质的交界面处时，将出现反射和透射，见图 4-5。根据射线理论，入射波、反射波和透射波之间在传播方向上的关系满足斯奈尔定律

$$\frac{\sin\alpha}{v_1}=\frac{\sin\alpha'}{v_1}=\frac{\sin\beta}{v_2} \tag{4-31}$$

式中，α 为入射角；α' 为反射角；β 为透射角；v_1，v_2 为介质 1 和介质 2 的声速。

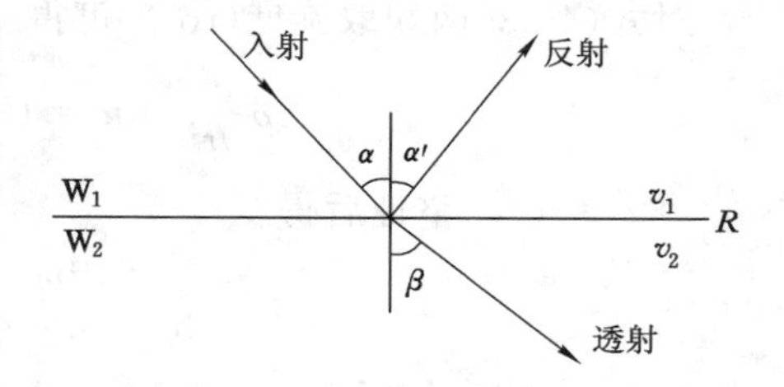

图 4-5　入射线、反射线和透射线的关系

当入射角 $\beta=\pi/2$ 时，将出现沿介质交界面的波，即折射波。此时对应的入射角 α 称为临界角：$\alpha=\arcsin\left(\frac{v_1}{v_2}\right)$。只有当 $v_1<v_2$ 时，入射角 $\alpha<$透射角 β，才会出现折射现象。

反射能量系数和入射角相关，难以获得通用的描述公式。但在垂直入射时，反射波和透射波的能量系数有明确的解析关系，可表示为

$$\begin{cases}R=\dfrac{A_1}{A_0}=\dfrac{Z_2-Z_1}{Z_2+Z_1}=\dfrac{\rho_2v_2-\rho_1v_1}{\rho_2v_2+\rho_1v_1}\\[2ex] T=\dfrac{A_2}{A_0}=\dfrac{2Z_1}{Z_2+Z_1}=\dfrac{2\rho_1v_1}{\rho_2v_2+\rho_1v_1}\end{cases} \tag{4-32}$$

由上式可知，只要上、下介质的波阻抗不等，反射系数总不会为零，就会存在反射波，故常将波阻抗界面称为反射面。需要说明的是，透射系数始终是正值，表明透射波始终与入射波同相；而反射系数则可能为正值或负值。当反射系数为正值时反射波与入射波同相；当反射系数为负值时反射波与入射波反相。因此，根据反射信号的相位特征，可以判断介质的疏密程度。

（3）影响超声波传播的主要因素

超声波的传播速度、信号振幅等声学参数，与介质的力学参数，如弹性模量、密度、泊松比、剪切模量以及内部应力分布状态等密切相关，还与其结构面、风化程度、含水量等有关，具有如下规律：弹性模量降低时，介质声速下降，这与波速理论公式相符。

① 介质越致密，声速越高。对于混凝土而言，其标号越高，声速越快：C20 混凝土，纵波声速为 3 000～3 400 m/s；C60 混凝土，则为 4 200～4 300 m/s。常见的几种完整岩石的纵波声速为：变质岩为 5 500～6 000 m/s，火成岩、石灰岩及胶结好的砂岩为 5 000～5 500 m/s，沉积岩、胶结差的碎屑岩为 1 500～3 000 m/s。

② 结构面的存在，使得声速降低，并使声波在介质中传播时存在各向异性。

③ 垂直结构面的方向，声速低；平行于结构面方向，声速高。

④ 混凝土或岩石的风化程度大，则声速低。

⑤ 压应力方向上，声速高；拉应力方向上，声速低。

⑥ 孔隙率 n 大，则波速低；密度高、单轴抗压强度大的材料声速高。

超声波振幅同样与介质特性有关，当材料较破碎、裂隙或节理发育时，超声波的振幅小；反之，超声波的振幅大。垂直于结构面方向上传播的超声波的振幅较平行方向为小。

4.3.2　声波测试技术

超声波检测的全过程是超声波发射、传播及接收显示，其相应的仪器有发射换能器、接收换能器和超声测试仪。

4.3.2.1　超声换能器

换能器是声电能量的转换器件，俗称探头，如图 4-6 所示。它一般利用压电材料的压电效应原理工作。其中，发射换能器是将超声测试仪输出的电信号转换成超声信号，其原理是逆压电效应；而接收换能器是将接收到的超声信号转换为电信号，输入到超声测试仪的输入系统中，其原理是压电效应。

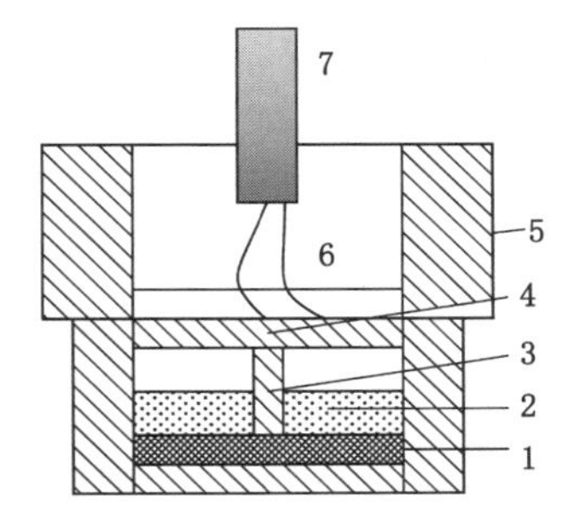

图 4-6　换能器结构示意图

1——压电片；2——吸声材料；
3——导电柱；4——接线板；
5——外壳；6——导线；
7——信号电缆

随着超声应用的不断发展，出现了更大超声功率的磁致伸缩换能器，以及各种不同用途的电动型、电磁力型、静电型换能器等多种超声波换能器。但目前应用最成熟可靠的还是压电换能器。常用的压电材料有石英晶体、钛酸钡和锆钛酸铅。石英晶体的伸缩量太小，3 000 V 电压才产生 0.01 μm 以下的变形。钛酸钡的压电效应比石英晶体大 20～30 倍，但效率和机械强度不如石英晶体。锆钛酸铅具有二者的优点，一般可用作超声探伤和小功率超声波加工的换能器。

由于实测中对换能器的频率频带、工作方式的要求不同，因此出现了不同结构和不同振动方式的换能器。从其结构来看，换能器可以采用喇叭式、弯曲式、圆管式、增压式和圆块轴向式等不同类型，其中喇叭式和弯曲式主要用于工程现场检测，如岩体的弹性模量测试和岩体分类等；圆管式和增压式用于孔中超声检测，如埋管法测量大体积混凝土桩基础完整性以及隧道围岩松动圈超声检测等，见图 4-7。圆块轴向式换能器主要用于室内标本试块的检测。

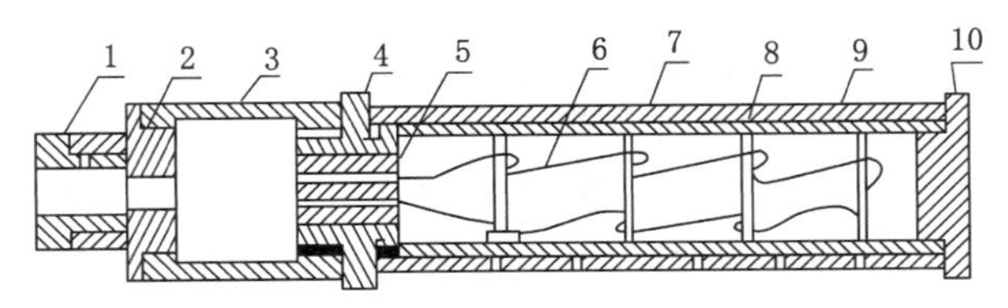

图 4-7　增压式换能器的构造示意图

1——螺栓；2——连接杆；3——连接套筒；4——后法兰盘；5——连接柱；6——电极引线；
7——压电陶瓷片；8——增压管；9——玻璃钢；10——前法兰盘

换能器的性能指标主要有探头的指向性或扩散角 θ、品质因数 Q_m 和中心频率 f_c、频带宽度 Δf。换能器的指向性取决于其扩散角，扩散角 θ 的大小取决于换能器直径 D 与声波在介质中的波长 λ 的比值 D/λ，其比值越大，扩散角越小；比值小（声源尺寸小）时，声波指向

性差,向四周发散。扩散角 θ 公式为

$$\sin\theta = K\lambda / D \tag{4-33}$$

传感器的机械品质因数 Q_m 不仅取决于换能器本身,还与被测介质和耦合固定方式有关。当换能器谐振时,其机械品质因数 Q_m 为

$$Q_m = \frac{\pi}{2} \cdot \frac{Z_c}{Z_l Z_b} \tag{4-34}$$

式中,Z_c,Z_l,Z_b 为压电晶片、被测介质或结构和阻尼块的声阻抗。

Q_m 小,则意味着探头发射出去的能量小,转换效率低,探测深度减小,而分辨率提高。

换能器的频带宽度 Δf 与其机械品质因数成反比,故有

$$\Delta f = \frac{f_c}{Q_m} \tag{4-35}$$

综上所述,换能器的性能指标不仅取决于换能器本身,还与被测介质的声阻抗、耦合条件等密切相关,应根据测试对象、测试条件等选择适用的换能器。在实际检测中,被测介质的声阻抗可以基本确定,但其耦合条件受表面条件和人员操作影响大。为保证耦合的一致性,研发了空气耦合换能器、干孔耦合换能器、应力一致耦合装置等新的耦合方式,通过空气耦合、水耦合和应力一致耦合来保证测试的精度。

4.3.2.2 超声测试仪

超声测试仪是超声检测的主要设备,主要由发射电路、接收电路以及模数转换装置和显示记录系统等组成。最初的超声仪为模拟式,其显示记录仪器是示波器。

随着信息处理技术的发展,出现了智能型数字式的超声测试仪,具备高速采集和传输、大容量存储与处理的功能,并配置了各种采集软件和数据处理软件,如北京市康科瑞工程检测技术有限责任公司(由北京市政研究院控股)研制的 NM 系列非金属超声检测仪,主要用于混凝土超声检测,符合《混凝土超声波检测仪标准》(JG/T 5004—1992);武汉中科智创岩土技术有限公司(其前身为中科院武汉岩土所智能仪器室)开发的 RSM 系列智能声波仪,主要应用于桩基检测,适用于《建筑基桩检测技术规程》(JGJ 106—2014)、《公路工程基桩动测技术规程》(JTG/TF81-01-2004)以及《铁路工程基桩无损检测规范》(TB 10218—99)等。

图 4-8 所示为数字式超声测试仪的工作原理示意图。它由计算机、发射电路、接收电路、AD 转换四大部分组成。发射电路主要受主机同步信号控制,产生受控高压脉冲,激励发射换能器,电声转化为超声脉冲传入被测介质;接收换能器接收到穿过被测介质后的超声信号,将其转换为电信号,经程控放大与衰减网络对信号作自动调幅,将其调节到最佳电平,输送给高速 AD 采集板,经 AD 转换后的数字信号送入 PC,进行各种处理。

智能式超声测试仪具有功能丰富的操作界面,可以实现超声信号的激发、采集与处理,如 NM 系列超声测试仪就提供了测强、测缺、测桩、测裂缝等操控按钮,可直接进入相应的信号采集和分析处理流程。

4.3.2.3 测试方法

根据换能器的布置方式,可将超声波的测试方法分为透射法、反射法和折射法。

① 透射法——将超声波的发射换能器和接收换能器放置在被测物的相对的两个表面上,使超声波直接穿透被测物,根据超声波穿透介质后的波速和能量变化来判断被测物的质

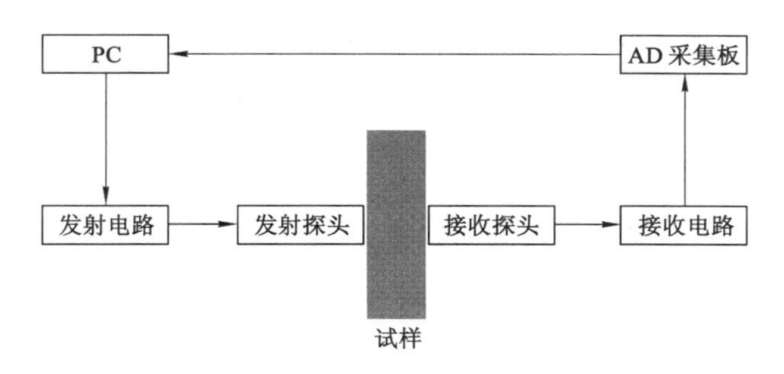

图 4-8　数字式超声检测仪的工作原理示意图

量，见图 4-9(a)。这种方法适用于两个表面都易于安放换能器的情况，在室内试样测试、围岩分类、围岩松动圈测试、岩体物理力学参数测定和大体积混凝土构件质量检测中都有应用。

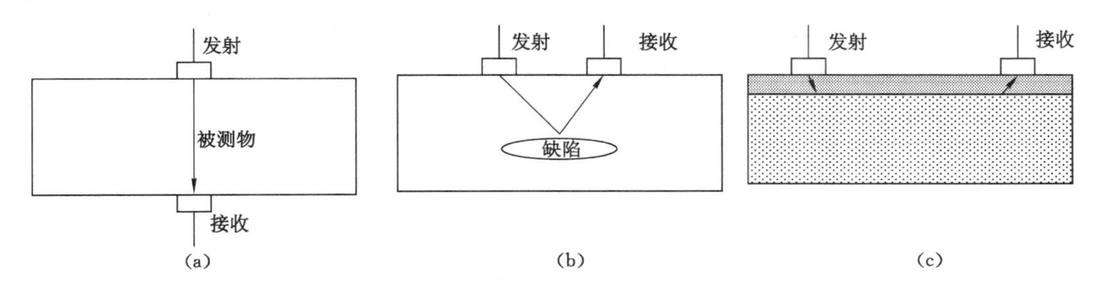

图 4-9　换能器布置方式

(a) 透射法；(b) 反射法；(c) 折射法

以大直径混凝土基桩为例，可在混凝土浇筑时预埋平行的两根测管或钻两个平行钻孔，将发射混凝土和接收换能器分别放入两根管(或钻孔)中，管中充满水或其他耦合剂，通过测量基桩中混凝土的超声波的波速和衰减来反映基桩质量，称为双孔孔间透射法(简称双孔法)。透射法灵敏度高、波形单纯、清晰，干扰较小，各类波形易于识别，是一种应用较为广泛的方法。在应用中，要注意准确安装换能器，避免因换能器在管中的位置变化而对测试结果产生干扰。

② 反射法——发射换能器和接收换能器布置在同一测试面上，由反射换能器向被测物发射超声波，波动信号向介质内部传播，遇介质内部缺陷或介质交界面后出现反射，反射信号被接收换能器所接收，可根据反射波的传播时间和波形来判断被测物内部的缺陷和材料性质，见图 4-9(b)。检测时可以固定发射换能器和接收换能器的距离，将其在被测物表面平行移动，获得不同位置处的反射信号剖面，即为反射剖面法。这种方式适用于介质另一面无法安放换能器的情况，在结构混凝土厚度检测、隧道衬砌质量检测和桩基完整性检测中多采用反射法。

③ 折射法——又称沿面法，这种方法适用于被测物表面为波疏介质，下层为波密介质的情况。检测时需要将发射换能器和接收换能器分开一定距离，这时，沿临界角入射的超声波在介质交界面处将出现折射，超声波信号将在下层波密介质表面传播，在接收换能器下方以临界角向上传播，从而为接收换能器所接收。如将两个换能器置于同一钻孔内，即为单孔

测井。这种方式可用于判断介质表面的缺陷和材料性能，在混凝土腐蚀厚度测试和超声波测井中多有应用。

探测频率的选择在超声测试中是十分重要的。一般情况下，频率越低，传播的距离越远，穿透的深度越大。但如果超声波的频率过低，就会使分辨率降低、指向性变差。为了在测距短、波速较高的情况下保证较高的测试精度，则要求有足够高的探测频率。测试混凝土、岩石等土工材料时，采用的信号频率为10～200 kHz，其中以20～100 kHz最为常用。此外，目前在土木工程测试中多采用单一的纵波或横波信号进行检测，所获得的声学参数相对较少。进行多波（纵波、横波、面波等）、多分量超声检测是未来超声检测技术研究的热点之一。

4.3.2.4 波形图的识别

声波测试中，波形图包含了被测介质的全部信息，但由于介质条件的复杂性，声波仪器及分析手段还没有达到自动将全部信息提取、加工、处理的阶段。所以，识别和分析超声波波形，正确测定各类波的初至、振幅、相位等在超声检测中就显得尤为重要。

波形的识别与分析是在测试工作一开始就应考虑的问题，且贯穿测试工作的始终。在选用换能器和确定换能器的安放位置时，就应考虑突出有效波（即被测波）的振幅和相位，尽可能抑制干扰波。另外，还要了解各类波的特点，以保证有效波的识别精度，从而保证测试结果的准确性。

（1）突出有效波的常用方法

① 详细了解并掌握超声仪的性能，充分利用仪器的固有性能，如改变脉冲宽度、输出电压及调整增益等。

② 利用换能器的指向性，适当选择发、收换能器的类型，合理地安放位置、倾斜角度、组合方式等。如图4-10所示，通过调整换能器的布置方式可突出P波或S波。

③ 适当选择发、收换能器的频率。图4-11为不同发、收换能器频率组合时的波形。由于介质的低通滤波特性，选择相对低频的换能器用于超声信号的接收，可以获得更佳的频率响应。

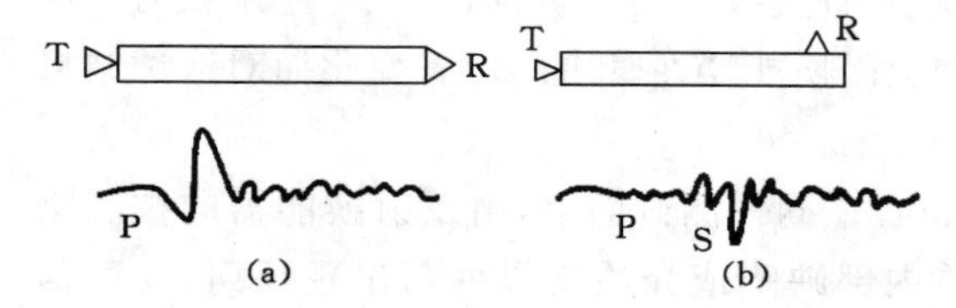

图4-10 不同换能器布置方式的波形图

(a) P波；(b) S波

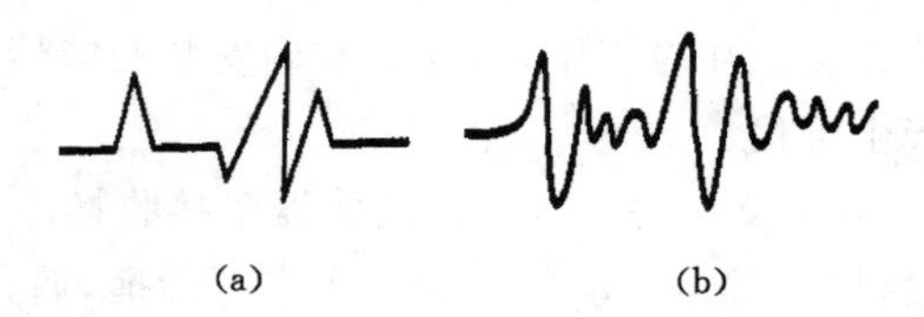

图4-11 不同发、收频率组合时的波形

(a) 高频发，高频收；(b) 高频发，低频收

④ 改善探头与被测物的耦合状况，提高换能器的声—电、电—声转换效率。在进行超声波测试时，应注意被测物的表面处理，测点处表面要清理干净，粗糙不平的地方要打磨平整，如不易打磨，可用环氧胶泥将测点处抹平，硬化后涂上耦合剂。耦合剂通常采用水、黄油、凡士林或机油等。测量时，耦合剂应尽量薄，以减小耦合剂对声波传播时间和振幅的影响。如在孔中测试，则要求孔壁圆滑、顺直、清洁，孔径大小适当，双孔或多孔联合测试时，要求各孔尽量平行。

（2）纵波、横波波形识别及初至时间的确定

① 纵波和横波的区别：

a. 纵波的波速大于横波的波速。在各向同性介质中有 $v_P \approx \sqrt{3} v_S$，因此，波形图上，纵波总是在整个波列的最前，见图 4-12。

b. 纵波的振幅 A_P 小于横波的振幅 A_S，其振幅比约为 $\frac{A_P}{A_S} < \frac{1}{5}$，因而在波形图中横波的振幅通常高于纵波的振幅，见图 4-12。

c. 一般情况下，纵波的频率略高于横波的频率，或者说纵波的周期略小于横波的周期。

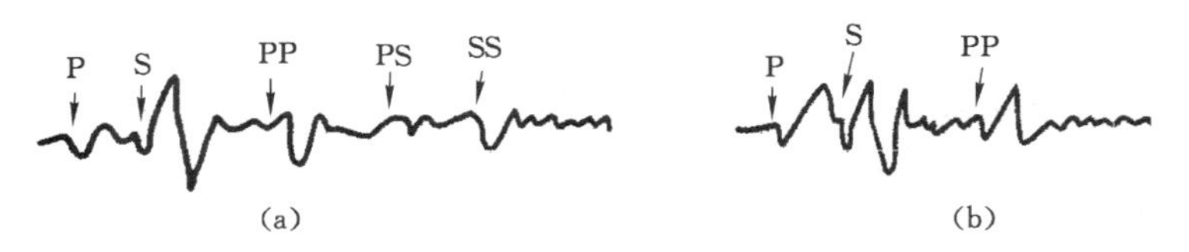

图 4-12　实测反射波形图

（a）空气反射波形；（b）铝板反射波形

② 反射波初至时刻的识别：

在透射法检测时，波形简单、清晰，识别初至波相对简单。但在反射法检测时，波形可能出现多次转换。在反射界面上，P 波可以直接反射 P 波，记为 PP 波，也可以转换为 S 波，记为 PS 波。同样，也有 SP 波和 SS 波。各种波的叠加使得超声信号的识别变得更加困难，因此，在超声检测中常用的是最为简单、易于识别的初至波。

a. 合理选择发、收换能器间的距离，使反射波与其他的干扰波在时间上分开。图 4-12 为在有机玻璃板上发收距离 10 cm 时的实测波形图，在该波形图中，反射波初至信号 PP 波在直达的 S 波衰减后到达，并早于其后达到的 PS 波和 SS 波，这样就易于识别出 PP 波。如果发收距离过近，就可能导致 S 波尚未衰减，PP 波就已到达，将导致 PP 波难以识别；若收发距离过大，在下伏高速层（如基岩、混凝土等）的条件下，则可能出现沿界面的高速折射波干扰。

b. 通过同相轴相位追踪法辨别初至波。在实际的土木工程测试中，由于土工材料及其结构的复杂性和随机性，试图达到图 4-12 的效果是很困难的。这时，可以采用反射剖面法，即固定收发距离，在被测物表面平行移动发收换能器和接收换能器，获得不同位置处反射信号，通过同相轴相位追踪，来反映被测物内部介质参数和缺陷的分布情况。

图 4-13 为在 20 cm 厚的混凝土板上，发收间距 10 cm 时的实测波形图，实测表明在此条件下 10 cm 收发间距是适当的。多通道超声仪所获得的反射信号，也可采用同相轴相位追踪法分析初至波。

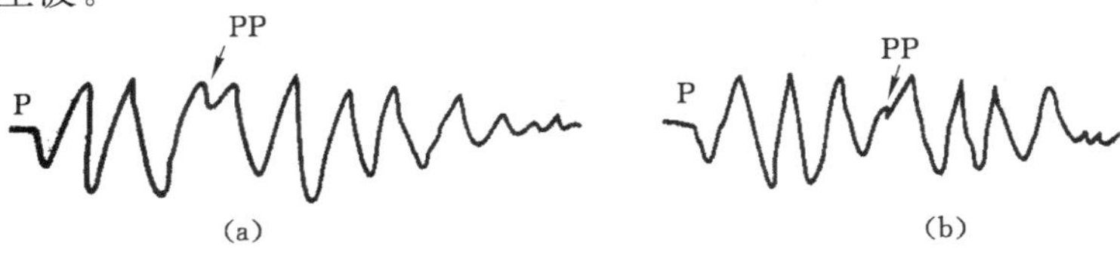

图 4-13　反射波与直达波干涉

4.3.3 超声波测试在混凝土结构中的应用

4.3.3.1 混凝土厚度检测

对于隐伏工程，如隧道的衬砌、基础底板、混凝土桩体等，往往不具备直接测量混凝土厚度（或桩长）的条件，这时可以用超声波反射法来确定混凝土厚度（或桩长），见图 4-14。需要说明的是，在进行桩基长度检测时，因桩长较大，需要的超声信号的频率低、强度高，故多采用小锤激励。

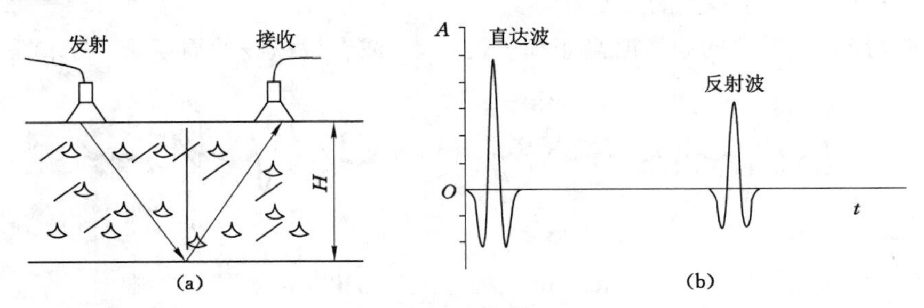

图 4-14 混凝土厚度检测原理

(a) 换能器布置方式示意图；(b) 声波信号示意图

根据反射信号在混凝土中的双程走时 t、超声波波速 v、收发换能器间的偏移距离 L，易得混凝土的厚度计算公式为

$$H = \frac{\sqrt{(vt)^2 - L^2}}{2} \tag{4-36}$$

4.3.3.2 混凝土中不密实区和空洞的检测

检测不密实区和空洞时构件的被测部位应满足下列要求：被测部位应具有一对（或两对）相互平行的测试面；同时，测试范围除应大于有怀疑的区域外，还应有同条件的正常混凝土进行对比，且对比测点数不应少于 20 个。

根据被测构件实际情况选择下列方法之一布置换能器：

① 当构件具有两对相互平行的测试面时，可采用对测法如图 4-15 所示在测试部位两对相互平行的测试面上，分别画出等间距的网格（网格间距：工业与民用建筑为 100～300 mm，其他大型结构物可适当放宽），并编号确定对应的测点位置。

② 当构件只有一对相互平行的测试面时，可采用对测和斜测相结合的方法。如图4-16所示，在测位两个相互平行的测试面上分别画出网格线，可在对测的基础上进行交叉斜测。

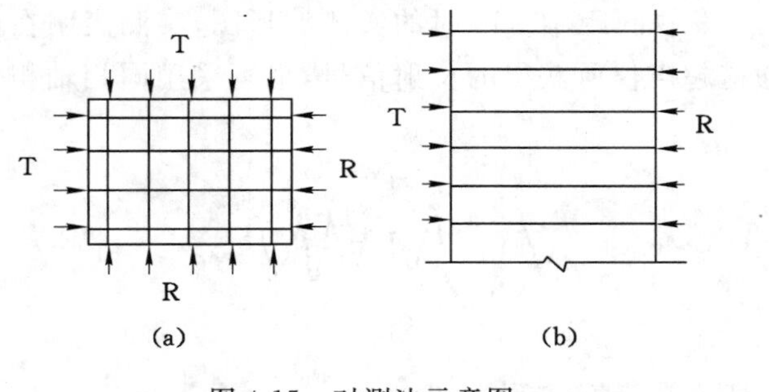

图 4-15 对测法示意图

(a) 平面图；(b) 立面图

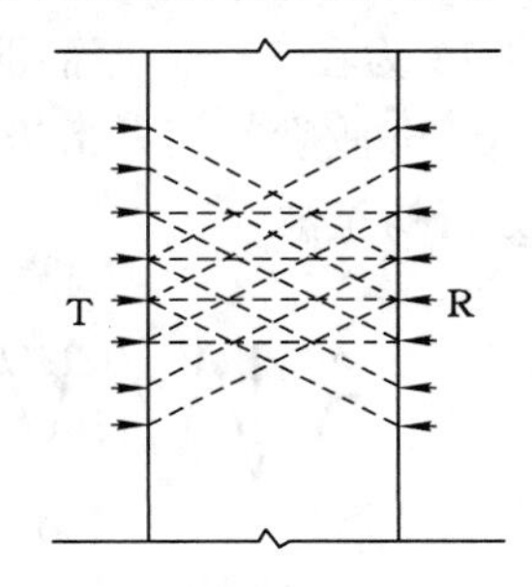

图 4-16 斜测法立面图

③ 当测距较大时，可采用钻孔或预埋管测法。如图 4-17 所示，在测位预埋声测管或钻出竖向测试孔，预埋管内径或钻孔直径宜比换能器直径大 5～10 mm，预埋管或钻孔间距宜为 2～3 m，其深度可根据测试需要确定。检测时可用两个径向振动式换能器分别置于两测孔中进行测试，或用一个径向振动式与一个厚度振动式换能器，分别置于测孔中和平行于测孔的侧面进行测试。

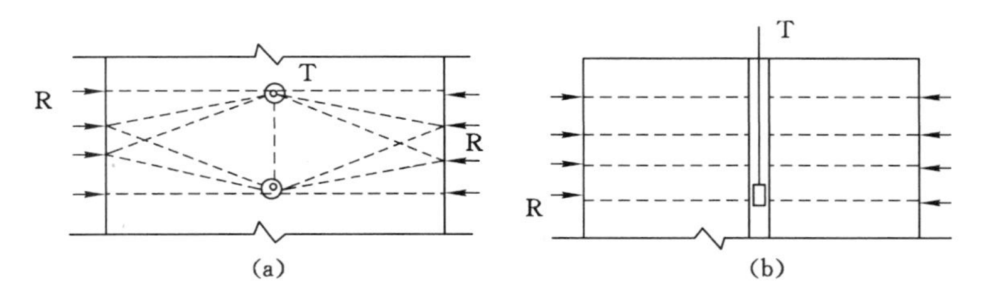

图 4-17　钻孔法示意图

(a) 平面图；(b) 立面图

一旦在混凝土中出现不密实区或空洞等缺陷，就会导致穿过该缺陷的超声信号走时和振幅出现突变，通过发、收换能器间连线交会，即可圈定缺陷的位置和大小。

目前，在土木工程检测中，广泛研究的超声波 CT 技术，采用的也正是透射波信号，所不同的是在检测区范围内 CT 需要更多的超声射线，通过高密度的射线覆盖，建立和求解检测区内声速和衰减的超定方程，以获得区内声速和衰减的空间分布。而不密实区和空洞往往具有低声速、高衰减特征，因此，在要求进行高精度检测时可以考虑采用超声 CT 技术。

4.3.3.3　混凝土裂缝检测

若混凝土中有裂缝存在，超声波在裂缝处将产生反射，并在裂缝顶端出现绕射，从而使接收到的超声信号幅度减小、声时增加。

(1) 垂直裂缝的检测

可采用单面平测、双面斜测和钻孔对测法确定裂隙的深度。其中，双面斜测和钻孔对测法与不密实区和空洞的确定方法相同，参见图 4-16 和图 4-17。此处，重点介绍单面平测法。

当混凝土构件断面很大或只有开裂的那一个表面能够安置换能器时，可采用单面平测。首先在裂缝附近完好表面处选择一定长度作为校准距离，设该段距离为 $2d$。在这段距离的两端放置换能器，测出声波走时 t_0。然后将发射换能器(T)和接收换能器(R)对称置于裂缝的两侧，见图 4-18，使每个换能器到裂缝的距离均为 d，测得声波走时 t_1，如果裂缝与表面垂直，则可得

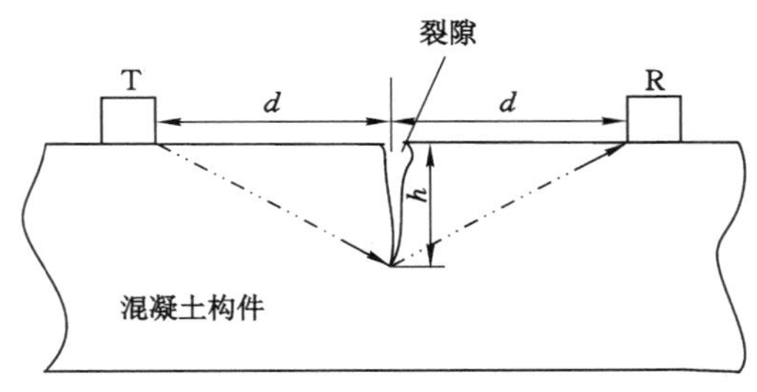

图 4-18　浅层垂直裂隙的超声检测

$$\frac{4(d^2+h^2)}{t_1^2}=\frac{4d^2}{t_0^2}$$

则裂缝深度的计算公式为

$$h=d\sqrt{\frac{t_1^2}{t_0^2}-1} \tag{4-37}$$

假定裂隙面和被测结构表面垂直，这对于大部分受弯构件是合理的。

(2) 斜裂缝的检测

对于斜裂缝，可按图 4-19 所示布置换能器。

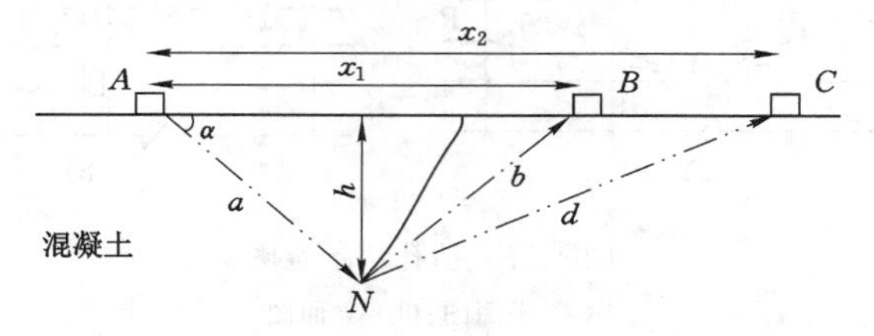

图 4-19 张开裂缝延展深度的确定

在 A、B 点测得超声波经过路径 ANB 的传播时间 t_1，并量取 AB 距离 x_1；然后将接收换能器从 B 点移至 C 点，测得超声波经过路径 ANC 的传播时间 t_2，并量取 AB 距离 x_2。根据测得的 t_1、t_2、x_1、x_2 列出如下 4 个关系式

$$\begin{cases}a+b=t_1v_1\\a+d=t_2v_2\\b^2=a^2+x_1^2-2ax_1\cos\alpha\\d^2=a^2+x_2^2-2ax_2\cos\alpha\end{cases} \tag{4-38}$$

联立求解以上方程组，求出 a、b、d 和角度 α，即可确定该斜裂缝的延展方向和深度。该方法在岩体中裂隙延展深度的确定中同样适用。

4.3.3.4 表层缺陷的超声波检测

混凝土构筑物因火烧、冻害和化学侵蚀，使表层损伤形成疏松层。在这种情况下，因损伤层的波速低于内部混凝土的波速，故满足折射波产生条件，可用表面平测法(折射波法)确定损坏层的厚度，见图 4-20。将发射换能器 A 固定，接收换能器以 10 cm 间距分别置于右侧各点进行连续扫测。

当发射换能器和接收换能器间距较小时，入射角小于产生折射波的临界角，这时超声在损伤层内传播。随着发射换能器和接收换能器间距离的增大，入射角不断增大，在入射角等于临界角时，将产生折射现象，其射线路径为：超声波由发射换能器以临界角入射⟶沿未损伤混凝土的顶面传播⟶再以临界角传回接收换能器。由于未损伤混凝土的波速较损伤层大，所得超声波传播时距曲线上将有一拐点，见图 4-21，其时距曲线方程为

$$t=\frac{2\sqrt{a^2+x^2}}{v_1}+\frac{L_0-2x}{v_2} \tag{4-39}$$

式中 L_0——发射换能器与接收换能器间的直线距离，m；

a——损伤层厚度，m；

x——折线 AC 在水平线上的投影，m；

v_1——超声波在损伤层中的传播速度,m/s;

v_2——超声波在未损伤混凝土中的传播速度,m/s;

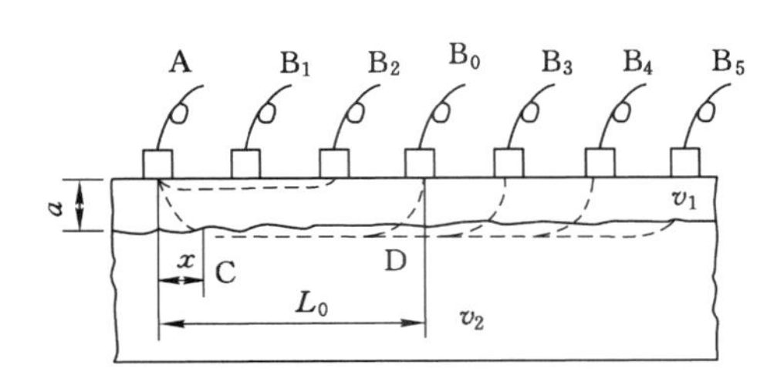

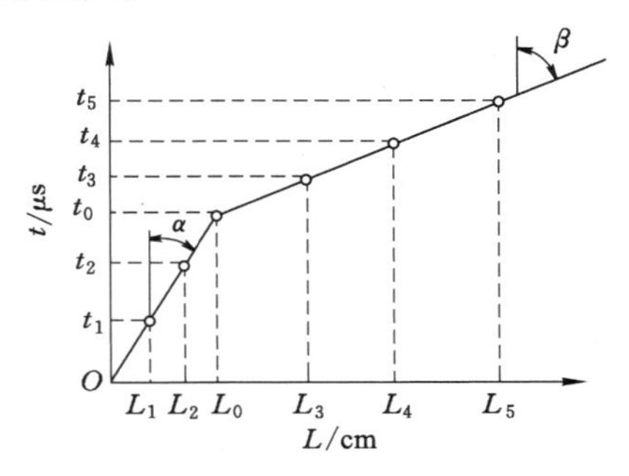

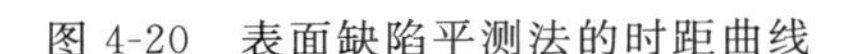

图 4-20　表面缺陷平测法的时距曲线　　　　图 4-21　平测法测点布置

未知数根据超声波传播的最短时间确定:

$$\frac{\mathrm{d}t}{\mathrm{d}x}=\frac{\mathrm{d}}{\mathrm{d}x}\left[\frac{2\sqrt{a^2+x^2}}{v_1}+\frac{L_0-2x}{v_2}\right]=0$$

$$\frac{2x}{v_1\sqrt{a^2+x^2}}-\frac{2}{v_2}=0$$

可得

$$x=\frac{av_1}{\sqrt{v_2^2-v_1^2}} \tag{4-40}$$

将 x 代入式(4-38),可得

$$a=\frac{L_0}{2}\frac{\sqrt{v_2-v_1}}{\sqrt{v_2+v_1}}\quad(v_2>v_1) \tag{4-41}$$

式中,L_0、v_1、v_2 根据图 4-17 确定。图中转折点与 L_0 相对应,超声波由折线传播过渡到折线传播,传播速度 v_1 和 v_2 可由两段曲线斜率确定。

4.3.4　超声波测试在钢结构检测中的应用

钢结构是各种型材、钢板、钢管的组合体,其连接部分通过焊接实现。由于在焊接过程中常受到环境条件、操作水平、焊接工艺的影响,钢结构的内部缺陷难以避免。常见的应力缺陷包括气孔、焊不透、夹渣、裂缝等。在缺陷等级上,气孔、分布式夹渣属于一般缺陷,不会对焊缝强度产生过大削弱。群布式气孔、未熔合属严重缺陷,是钢结构力学性能的重大威胁。实际工程中,需要尽可能早发现严重内部缺陷,并及时加以修补。钢结构无损检测的主要内容是检测内部的缺陷和焊缝质量,主要检测方法为射线探伤和超声波法检测。

其中,射线探伤是利用 X 射线或 γ 射线等在穿透被检物各部分时强度衰减的不同,来检测钢结构中的缺陷,见图 4-22。在钢结构行业,X 射线全息成像应用广泛。因为射线穿过某构件时,构件材料的反射吸收作用会使射线发生衰减,那么穿过工件的射线强度会以均匀的幅度减弱;如果构件某处存在缺陷,如图 4-22 所示,将出现射线反射,则透射射线

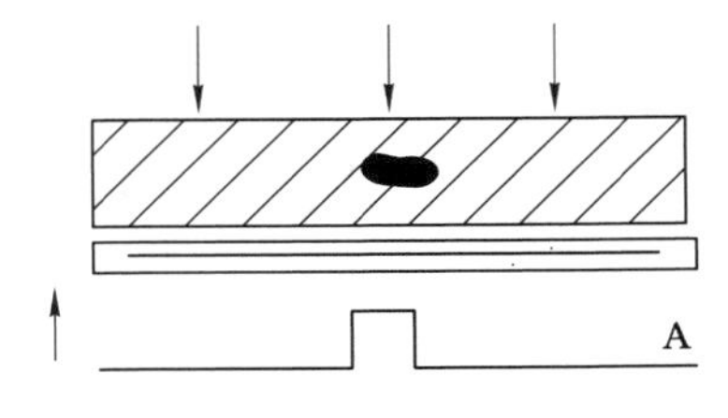

图 4-22　射线照相检测原理示意图

强度要比无缺陷处弱、感光量小；如果局部构件厚度比正常处薄，则透射射线强度要比无缺陷处强、感光量大。经暗室处理后，感光量小的部分会变得更明亮，感光量大的部分会变得更暗淡。因此，可以通过底片上产生影迹的黑度、形态、位置来判断工件缺陷性质。

射线法检测的图像直观清晰，可以正确判断缺陷类型，相比超声波技术，其可靠性更高。但是，X 射线的副作用较大，对生物体会产生很强的辐射作用。另外，其抗干扰能力一般，对工作环境的电磁稳定性要求较高，因此其在钢结构行业的应用还并不广泛，一般只用在密闭性要求很高的产品，例如高压容器、船体架构等。

《钢结构工程施工质量验收规范》(GB 50205—2001)5.2.4 款规定：在钢结构检测中，设计要求全焊透的一、二级焊缝应采用超声波探伤进行内部缺陷的检验，超声波探伤不能对缺陷做出判断时，应采用射线探伤。其内部缺陷分级及探伤方法，应符合现行国家标准《钢焊缝手工超声波探伤方法和探伤结果分级法》(GB 11345—2013)或《钢熔化焊对接接头射线照相和质量分级》(GB 3323—2005)的规定。

声波探伤是钢结构无损检测中应用最广泛的无损检测技术，对于厚度大于 8 mm 的板材或较粗的钢管，一般均采用超声波探伤技术。常用的超声波检测方式有两种，即脉冲反射式纵波探伤和脉冲反射式横波探伤。近年来，超声相控阵检测技术得到了长足的发展，在钢结构检测中展现了强大的潜力。

(1) 脉冲反射式纵波探伤

纵波探伤使用平探头，超声波垂直于探头底面向介质内，遇反射界面如构件的上表面、隐患及下表面时，出现反射脉冲。根据脉冲出现的时间和构件中的纵波声速易求得缺陷位置，见图 4-23。

(2) 脉冲反射式横波探伤

横波探伤采用斜探头，按入射角分为 30°、40°、50°，主要用于纵波探头不易布置处的焊缝探伤。使用时，可采用三角试块比较法，见图 4-24。当采用入射角为 50°的探头时，设在钢中横波折射角为 65°，仿此制作一个有 65°的直角三角形试块。在探伤中发现缺陷时，将探头在构件上的位置标出，记录缺陷脉冲的位置。然后，将探头移到三角形脉冲的斜边，并相对移动，当观察反射脉冲与之前的缺陷脉冲位置重合时，记录探头的中心位置，量出的长度根据下式计算缺陷位置：

$$\begin{cases} l = L\sin^2 65° \\ h = L\sin 65°\cos 65° \end{cases} \tag{4-42}$$

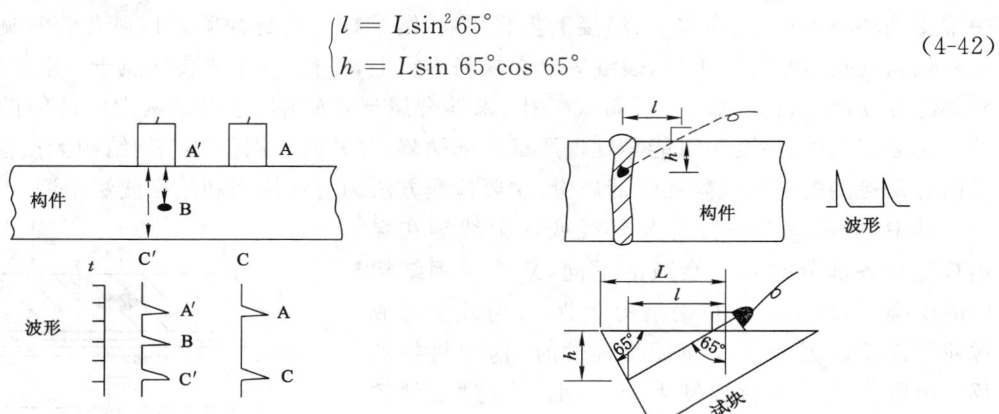

图 4-23　脉冲反射式纵波探伤示意图　　图 4-24　脉冲反射式横波探伤示意图

（3）超声相控阵检测

超声相控阵技术起源于相控阵雷达技术，最早应用于医学领域（即医学中的 B 超）。20 世纪 60 年代才开始被应用到自动探伤领域中，自 90 年代起开始用于机械构件的检测和金属焊缝的检测。

超声相控阵检测系统主要由以下功能模块组成：阵列探头、超声发射接收阵列切换矩阵、动态增益补偿控制、模/数（A/D）转换单元、接收声束相位处理单元、发射接收中央控制单元、发射声束相位控制单元、激励信号驱动放大以及系统数据处理与成像显示。

超声波相控阵检测技术有别于传统的超声波检测技术的一个特点是采用阵列探头。多数传统超声波检测使用单晶片探头，超声场按照单一的角度沿声轴传播，如图 4-25（a）所示。而超声相控阵检测采用的探头是分割成多个独立小单元的单晶片探头，每一个单元长度都要远远大于其宽度，每个小单元都是一个发射柱面波的单一线源，通过电脑控制独立每个单元的发射、接收，形成聚焦波束，如图 4-25（b）所示。

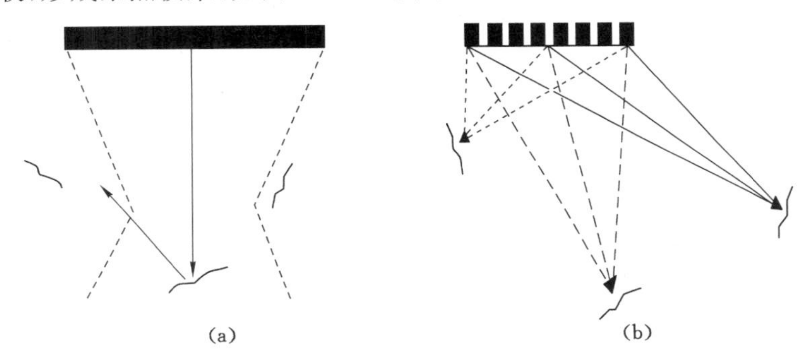

图 4-25　超声相控阵与传统超声探头简图

（a）传统超声检测探头；（b）相控阵超声探头

超声相控阵检测有别于传统方法的另外一个特点是相控，包括发射相控和接收相控两部分。发射相控是指通过电子技术控制每个阵元的发射相位和超声强度，以实现焦点位置和聚焦方向的动态大自由度调节。接收相控是用数字信号处理技术相控逆处理阵元接收到的超声检测信号，以获得位置与特征的缺陷信息，见图 4-25（b）。哈尔滨工业大学的单宝华、欧进萍对海洋平台的结构节点焊接部分进行了缺陷超声检测，比较了传统超声检测方法和相控阵超声检测方法的检测结果，得出相控阵超声检测方法在可靠性和重复性方面都要好于传统的超声反射方法。

超声波的穿透能力很强，灵敏度高，能够检测到其他方法检测不到的微观缺陷，例如钢梁接头位置的微小焊接缺损，这些用射线检测是难以探测到的。但是，超声波探伤对材料表面粗糙度有严格要求，较粗糙的材料用超声波技术效果不佳。另外，超声波检测图像比较复杂，需要检测人员有一定的专业基础，否则难以正确分析图像数据。不过，相比于其他的无损检测方法，超声波还是有其独到之处，已经有一线的工程技术人员根据不同焊缝、坡口形式总结出一整套系统的组合方法，这对于钢结构检验是大有裨益的。

4.3.5　超声波测试在岩土工程中的应用

（1）岩体完整性指数

岩体质量评价与分级一直是勘察、设计、施工及科研人员共同关注的重要课题。岩体质量的优劣取决于构成岩体结构特性的内在因素，而岩体完整性是起控制性作用的因素之一。

建设部颁发的《工程岩体分级标准》(GB 50218—2014)中，定义岩体的完整性指数为岩体弹性纵波速度与岩石弹性纵波速度之比，在分别测定试样和原位岩体中的纵波声速 v_c 和 v_m 后，即可用下式计算岩体的完整性系数(或称龟裂系数)：

$$K_v = \left(\frac{v_m}{v_c}\right)^2 \tag{4-43}$$

K_v 是岩体分类中常用的指标之一，可直接用于评价岩体的完整性程度，见表 4-4。《工程岩体分级标准》(GB 50218—2014)中规定：岩体质量评价由岩石的坚硬程度和岩体的完整程度两个方面的组合来确定。岩体基本质量指标 BQ，应根据分级因素的定量指标的兆帕数值和。

表 4-4　与定性划分的岩体完整程度的对应关系

K_v	>0.75	0.75～0.55	0.55～0.35	0.35～0.15	<0.15
完整程度	完整	较完整	较破碎	破碎	极破碎

(2) 岩石力学参数测定

通过测定岩体中的纵、横波速度，根据波速公式可求得岩体的弹性模量和泊松比。通过测出的现场岩体和室内试块的超声波速和抗压强度 σ_c 和抗拉强度 σ_t，可采用下式估算岩体的抗压强度 σ_{cm} 和抗拉强度 σ_{tm}：

$$\sigma_{cm} = \sigma_c K_v^2 \tag{4-44}$$

$$\sigma_{tm} = \sigma_t K_v^2 \tag{4-45}$$

(3) (超)声波测井

应用(超)声波测井，查明地层层位、构造和破碎带情况、基岩风化程度和风化深度、各地层的物理力学参数等，探测方法采用单孔高差同步法，该方法所采用波为折射波。在充满水或泥浆的钻孔内放置发射换能器和接收换能器，两者保持一固定距离，见图 4-26(a)，沿孔壁移动换能器，测出声波传播速度，据此做出地质剖面，分析岩层的工程地质情况。为使声波能够经过井壁传播，需要使发射换能器和接收换能器间有足够大的距离，以满足折射波的产生条件。发射和接收换能器间的最小净距可根据水和围岩的波速以及孔径等参数，借鉴单面平测法中的折射波射线假设进行推导确定。

实践证明，(超)声波测井对于钻孔剖面的分层精度较高，尤其当岩芯不完整时，更能凸显(超)声波测井的优点，图 4-26(b)即为(超)声波测井实例。

(4) 围岩松动圈(松弛带)的测试

隧(巷)道开挖后，围岩在次生应力作用下所产生的松弛破碎带，即为松动圈。松动圈反映了巷道围岩普遍存在的客观物理力学状态，松动圈支护理论认为支护结构承担的载荷来自于巷道围岩松动圈所施加的碎胀力，并根据松动圈的深度设计锚杆长度等支护参数。需要掌握松动圈的分布范围，对于岩体工程支护设计是至关重要的。

声波法是目前公认的测量围岩松动圈比较成熟的方法，大量的工程实践证明了该方法的可行性。其测试原理：声波在岩石中传播，其波速会因岩体中裂隙的发育、密度的降低、声

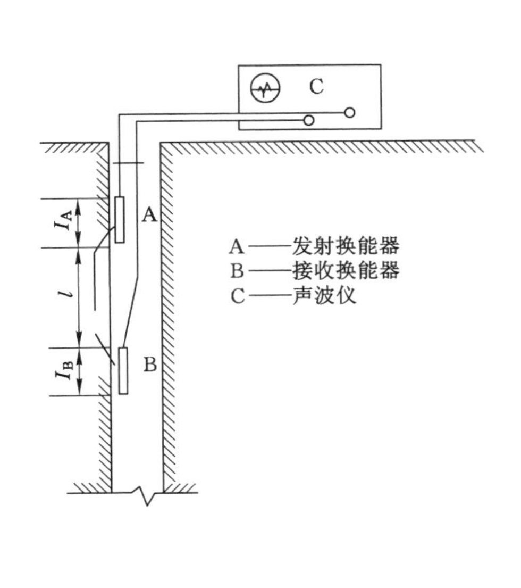

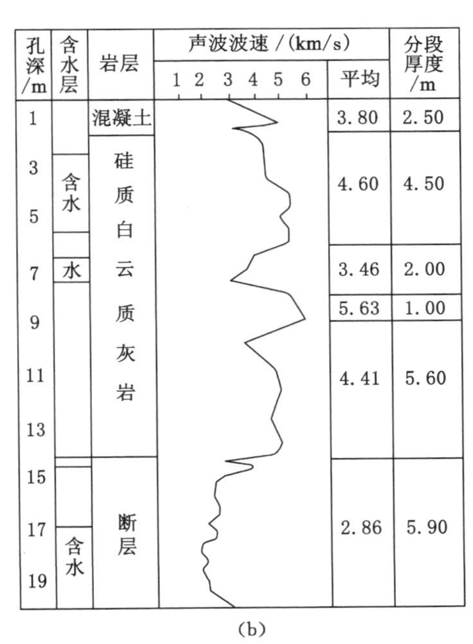

图 4-26　超声波测井及实例

(a) 超声波测井示意图；(b) 测试实例

阻抗的增大而降低；相反，如果岩体完整性较好、受作用力(应力)较大、密度也较大，那么声波的传播速度也应较大。因此，对同一性质围岩岩体来说，测得的声波波速高说明围岩完整性好，波速低则说明围岩存在裂缝，围岩发生了破坏。

应用超声波测试松动圈按测孔布置方式的不同，可以分为单孔测试法和双孔测试法。单孔测试法，是将发射换能器 T 和接收换能器 R(1 个或多个）在同一个测孔中，通过声波测井的方法确定围岩不同深度的声速和振幅，如图 4-27 所示。双孔测试法是将发射换能器和接收换能器分别放置在两个测孔中，通过透射法获得两孔间的声速和振幅变化，参见图 4-17(a)。

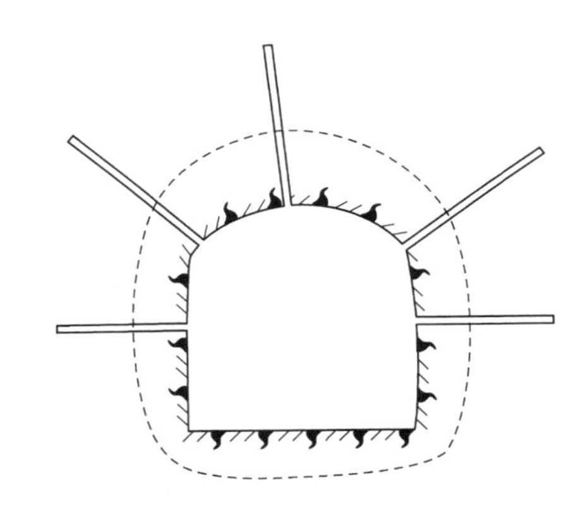

图 4-27　围岩松动圈的超声检测

采用声波测试仪器测出距围岩表面不同深度的岩体波速值，作出波速(振幅 A)和深度的关系曲线，即可根据有关地质资料可推断出被测试巷道的围岩松动圈厚度。根据现场实测和模型试验，可将 $v_p(A)—L$ 关系曲线分为三类，见图 4-28。

① 近开挖面 v_p 和 A 均低，随深度增加，v_p 和 A 逐渐升高，到达某一范围后，v_p 和 A 趋于定值，见图 4-28(a)。这种现象表明，在松动范围内，岩体破碎、应力降低，波速降低、衰减增大；随深度增加，岩体完整性逐渐显现，应力升高，v_p 和 A 均有显著增长；在完整岩体内，v_p 和 A 趋于稳定。这种情况下，可将 $v_p(A)—L$ 两曲线拐点作为松动范围的边界。

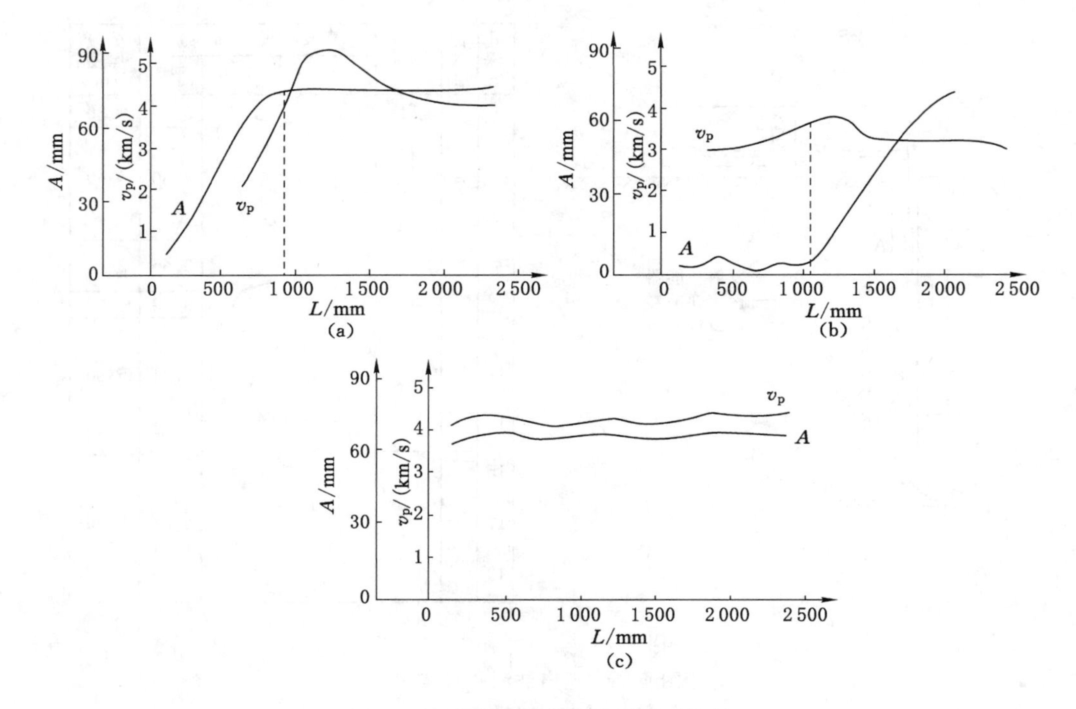

图 4-28 典型的围岩松动圈测试结果

② 临近开挖面处 v_p 变化不明显，振幅 A 衰减强烈。这一类曲线表明，在靠近井壁附近，岩体节理、裂隙发育，但张开度小，因而对声速影响不大，但振幅对节理、裂隙反应灵敏。这种现象已为室内试验证实。可将 A—L 曲线上升的拐点作为松动范围的边界。

③ 波速 v_p 和振幅 A 全段无明显变化。这种情况表明，围岩坚硬，岩体基本未因开挖爆破和应力重分布影响而破碎，可认为围岩无松动破坏。

当出现上述三种情况之外的测试曲线时，需结合测段的具体地质和岩性条件进行分析判断。

超声法检测围岩松动圈精度较高，且能够实现动态检测，应用比较广泛。但是，在软岩和破碎岩体中，成孔困难且易塌孔。此外，孔中声波需在钻孔中注满水，以实现换能器和岩石之间需要水耦合，对顶部测孔或裂隙发育测孔，难实现封水，测试效果不易保证。因此，超声波法宜在围岩完整性较好、裂隙较少发育或开挖时间较短的隧（巷）道中使用。

近年来，多波、多分量的超声波检测技术以及阵列式换能器技术的研发，为推动超声波检测由定性到半定量乃至定量提供了可能。在未来的土木工程无损检测中，超声波检测技术将发挥更大的作用。

4.4 探地雷达法

探地雷达又称为地质雷达或透地雷达，它和对空雷达都是利用电磁波进行目标探测的。用电磁波进行地下目标探测起源于 1904 年，德国人 Hulsmeyer 首先用电磁波发现地表的金属物体。1910年，Leimbach和Lowy在其德国专利中提出了探测埋藏物体的方法，他们将偶极子天线埋设在两孔洞中进行发射与接收，通过比较不同孔洞对之间接收信号的幅度差别对介质中电导率高的部分进行定位。其后，Leimbach等用两个分离的天线在地表进行发射与接收探测地下水和矿层，并通过反射波与直达波间的干涉进行地下目标的深度判别。1926年，Hulsenbeck注意到电磁波会在不同介电常数的介质界面产生反射，首先提出用脉冲技术确定地下目标的位置。J. C. Cook在1960年用脉冲雷达在矿井中做了实验。由于地下介质比空气具有较强的电磁衰减特性，加之地质情况多样性，电磁波在地下的传播要比空气中复杂得多，因此初期探地雷达仅限于波吸收很弱的冰层、岩盐矿等介质。S. Evans在1963年用雷达测量极地冰层的厚度，1970年Harrison在南极冰面上取得穿透800～1 200 m深度的资料，1974年R. R. Unterberger探测盐矿中的薄层，冰川和冰山的厚度，L. T. Procello用雷达研究月球表面结构等。

随着电子技术的发展，高速脉冲形成技术出现，数字磁带记录问世，加之现代数据处理技术的应用、取样接收技术及计算机技术的发展，特别是类反射地震处理的应用使20世纪70年代后期以来探地雷达的实际应用范围迅速扩大，已经由冰层盐矿等弱耗介质扩展到土层、煤层、岩层等有耗介质，现已在考古、工程地质探测、市政工程勘测、矿产资源勘探、岩土工程勘查、无损检测及建筑物结构调查、地基和道路下空洞和裂隙调查、堤坝隧道探查等诸多领域应用技术。

现在的探地雷达设备早已由庞大、笨重的结构改进为现场适用的轻便工具。目前，已推出的商用探地雷达有：美国地球物理探测设备公司（GSSI）的SIR系列、瑞典地质公司（SGAB）的RAMAC钻孔雷达系统、加拿大探头及软件公司（SSI）的PULSE EKKO系列、日本应用地质株式会社（OYO公司）的GeoRadar系列等。这些商用的探地雷达所使用的中心工作频率为5～2 500 MHz，时窗为0～20 000 ns。其探测深度为5～100 m，分辨率可达数厘米，深度符合率可小于5 cm。

由于探地雷达采用了宽频短脉冲极高采样率，使其探测的分辨率高于所有其他地球物理探测手段。可程序高次叠加（多达4 000次）和多波形处理等信号恢复技术，提高了信噪比和图像显示性能。今后的探地雷达研究的趋势是：提高仪器的AD转换位数、进行多天线高速扫描接收、进一步改善天线对各种目的体的回波响应性能。

4.4.1　基本原理

探地雷达利用一个天线T发射高频宽频带电磁波送入地下，经地下岩层或者目的体发射后返回地面，被另一天线R接受，如图4-29(a)所示。它通过记录电磁反射波信号的强弱及到达时间来判定电性异常体的几何形态和岩性特征，介质中的反射波形成雷达剖面，通过异常体反射波的走时、振幅和相位特征来识别目标体，便可推断介质结构判明其位置、岩性及几何形态。

从几何形态来看，地下异常体可概括为点状体和面状体两类，前者如洞穴、巷道、管道、孤石等，后者如裂隙、断层、层面、矿脉等。它们在雷达图像上有各自特征，点状体特征为双曲线反射弧，面状体呈线状反射，异常体的岩性可通过反射波振幅来判断，如位置可通过反射波走时确定，见图4-29(b)。

探地雷达接收反射信号的时间行程 t 与反射界面深度 z、波速 v 之间的关系为

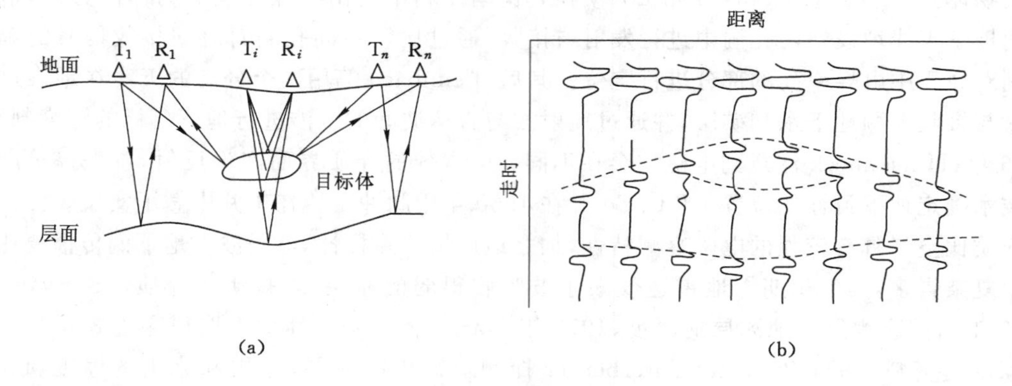

图 4-29　探地雷达原理图

$$\begin{cases} t = \dfrac{2\sqrt{z^2 + x^2}}{v} \\ v = c/\sqrt{\varepsilon_r} \end{cases} \tag{4-46}$$

式中，t 为走时，ns；x 为两天线间距的一半，m；z 为目标体埋深；v 为介质中的电磁波速度，m/ns；c 为真空中的电磁波速度；ε_r 为介质相对介电常数，无量纲。

土木工程中所涉及介质基本上都是非磁性介质，在非磁性介质中，电磁波的传播能量衰减系数为

$$\alpha = \omega\varepsilon_r\sigma = 2\pi f\varepsilon_r\sigma \tag{4-47}$$

式中，σ 为介质的电导率，s/m；ω 为电磁波的圆频率，$\omega = 2\pi f$，MHz。

可见，电磁波的频率越高，介质的相对介电常数和电导率越大，雷达波的能量衰减就越剧烈。通常情况下，除水的相对介电常数为 81 外，其余工程介质的相对介电常数为 4～20，应注意介质的电导率对探测深度的影响，见表 4-5。

表 4-5　常见工程介质的电磁参数

介质	相对介电常数 ε_r	电导率 σ/(ms/m)	波速 v/(m/ns)
空气	1	0	0.3
蒸馏水	80	0.01	0.033
海水	81	30 000	0.01
淡水	81	0.5	0.033
冰	3.2	0.17	0.01
盐(干)	5～6	0.01～1	0.13
砂(干)	3～5	0.01	0.15
粉质黏土	6	6.6	0.12
花岗岩(干)	5	8～10	0.15
花岗岩(湿)	7	3～10	0.1
玄武岩(湿)	8	2～1	0.15
灰岩(干)	7	9～10	0.11

续表 4-5

介质	相对介电常数 ε_r	电导率 σ/(ms/m)	波速 v/(m/ns)
灰岩(湿)	8	0.025	0.1
砂(湿)	20～30	0.1～1	
淤泥	5～30	1～100	
黏土	5～40	2～1 000	
石灰岩	4～8	0.5～2	
页岩	5～15	1～100	
砂岩(湿)	6	0.04	
冻土	4～8	0.002～0.05	
混凝土	6.4	0.12	
沥青	3～5	0.12～0.18	

4.4.2 雷达探测方法可行性评估

开展雷达探测前，首先需要进行雷达探测方法的可行性评估，包括探测深度评估、目标与围岩电性差异的评估、目标体的几何尺寸等，此外还应评估工作环境对雷达探测的影响。

(1) 探测深度评估

探测深度是指对目标体顶界面埋藏深度的探测能力，单位是 m。当目标体埋藏深度超过探测深度的 50%时，雷达探测法不应被采纳。根据理论公式的推导和对工程实例的统计，可采用下式进行估算

$$D = \frac{0.2}{\sqrt{\sigma}} \tag{4-48}$$

式中，D 为探测深度，m。

一般情况下，探地雷达的探测深度可以根据经验进行确定，参见表 4-6。

表 4-6　瑞典 MALÂ 探地雷达不同频率天线应用列表

频率/MHz	用　　途	探测深度/m
10	地质、土工、采矿等	50～60
25	地质、土工、采矿等	40～50
50	地质、土工、河流、湖泊、环境等	30～40
100	地质、土工、河流、湖泊、环境、土壤等	20～25
200～250	浅层地质、土木工程、公用事业、考古、河流、湖泊、土壤、环境等	10～15
350～500	土木工程、公用事业、考古、空洞、管线探测、雪和冰的厚度	可达 7.5
800	混凝土、空洞、路面、桥梁、公用事业、未知物体、管线探测、雪和冰的厚度	可达 2.5
1 200	路面、桥梁	0.5
1 600	路面、桥梁	0.3～0.4
2 300	沥青路面面层	0.2

在探测深度范围内，目标体能否被识别出来，取决于目标体与围岩的电性差异以及目标体的几何尺寸。

(2) 目标体与围岩电性差异的评估

电性差异是指目标体与围岩的相对介电常数和视电阻率值的差异。电性差异越大，界面反射系数越大，探测效果越好；反之，探测效果就不好。同时，要求这种电性差异要有一个突变的而非渐变界面，否则也不会出现清晰的反射波，难以获得比较好的探测效果。电性差异较大时，雷达探测才能够获得良好的探测效果，可用下式估算：

$$P_{m} = \left|\frac{\sqrt{\varepsilon_{w}} - \sqrt{\varepsilon_{m}}}{\sqrt{\varepsilon_{w}} + \sqrt{\varepsilon_{m}}}\right| > 0.01 \tag{4-49}$$

式中，P_m 为目标体功率反射系数；ε_w 为围岩的相对介电常数；ε_m 为目标体的相对介电常数。

此外，围岩的不均一性尺度必须有别于目标体的尺度，否则目标体的响应将湮没在围岩变化特征之中无法识别。

(3) 目标体的几何尺寸

目标体尺寸包括高度、长度和宽度，必须尽可能了解清楚。目标体尺寸决定了雷达系统应具有的分辨率，关系到天线中心频率的选用。雷达探测的分辨率，可从垂直和水平两个方向加以说明。

① 垂直分辨率：

$$b = \lambda/4 \tag{4-50}$$

② 水平分辨率：

$$d_{F} = \sqrt{\lambda H/2} \tag{4-51}$$

式中，λ 为雷达波长，$\lambda = c/(f\sqrt{\varepsilon_r})$，m；$f$ 为频率，MHz；H 为异常体埋深，m。

由式(4-50)和式(4-51)可知，垂直分辨率只与光速、天线频率及介质相对介电常数有关，频率和介电常数越大，垂直分辨率越高。而水平分辨率不仅与光速、天线频率及介质相对介电常数有关，还与异常体的埋深有关。目标体的埋深越大，水平分辨率越低。

如果目标体为非球体，则需要搞清目标体的走向、倾向与倾角，这将关系到测网布置。

(4) 对工作环境的评估

工作环境尽量避开来自空中和地面的干扰，如空中电力线和高大的建筑物以及地下旧金属构件等。如避不开时，要记录干扰体的走向和距离等参数，以便在记录中将其去除。环境温度、湿度的变化不应超过雷达设备允许的工作范围。在地形起伏比较大的地区，应重视地表影响，做好静校正工作。

在实际检测中，总是期望能够获得更大的深度、更高的分辨率和更强的抗干扰能力，往往是难以同时达到的。因此，需要选择适当的探测参数，以获得满足工程要求的检测成果。

4.4.3 探测参数的选择

探测参数是指在进行雷达数据采集时所需要设定的各种参数，主要包括天线和时窗的选择、采样频率、测点间距和天线间距等。

4.4.3.1 天线中心频率的选择

(1) 按分辨率选择

探测的分辨率问题是指对多个目的体的区分或小目的体的识别能力。概括地说，这个问题取决于脉冲的宽度，即与脉冲频带的设计有关。频带越宽，时域脉冲越窄，它在射线方向上的时域空间分辨能力就越强，或可近似地认为深度方向的分辨率高。若从波长的角度来考虑，工作主频率越高(即波长短)，雷达反射波的脉冲波形就越窄，其分辨率应越高。

如果要求垂直分辨率为 x 时，则天线的中心频率可用下式确定

$$f = \frac{150}{x\sqrt{\varepsilon_w}} \tag{4-52}$$

不同天线的垂直分辨率如表 4-7 所示。在满足分辨要求的前提下，工作中尽量选择频率低的天线，以满足探测深度的要求。

表 4-7　　不同频率天线的垂直分辨率

天线中心频率/MHz	80	100	300	500	900
垂直分辨率/m	0.76	0.61	0.204	0.123	0.068

注：按 $\varepsilon_w=6$ 计算。

(2) 按探测深度要求选择天线中心频率

探测深度(D)同介质的视电导率(σ)及天线的中心频率(f)有以下函数关系

$$D = \sqrt{\frac{3}{f\sigma}} \tag{4-53}$$

在满足探测深度要求的条件下，要选用分辨率高和带有屏蔽的天线。

4.4.3.2　时窗的选择

时窗是指用时间毫微秒(ns)数表示的探测深度的范围。时窗的选择可用下式表示

$$T_w = \frac{2.6D_{max}}{v} \tag{4-54}$$

式中，T_w 为时窗范围，ns；D_{max} 为最大探测深度，m；v 为电磁波在介质中的传播速度，m/ns。

4.4.3.3　采样率的选择

采样率是指对目标体回波采集的样品数。采样间隔为采样率的倒数。按采样定理，对于一个周期的模拟信号，至少要采集 2 个样品，模拟信号才能得以恢复。为了不产生假频干扰信号，一般情况下一个周期信号要采 4 个以上的样品。对探地雷达而言，采样率的设置，有的产品要求设置采样间隔(如 EKKO-TV 型雷达)，有的要求设置采样率(如 S1R—10 型雷达、Ramac 雷达)。对要求设置采样间隔的可用下式表示

$$\Delta T = \frac{T}{6} \tag{4-55}$$

式中，ΔT 为采样间隔，ns；T 为天线中心频率的倒数，也称为脉冲宽度。

4.4.3.4　测点间距的选择

在地表面凸凹不平或精细探测时，可选择探地雷达的点测量方式。最大点距的选择原则是以目标体上不少于 20 个探测点为原则，可用下式表示

$$\Delta = \frac{D+d}{10} \tag{4-56}$$

式中，Δ 为点距，m；D 为目标体的埋深，m；d 为目标体的尺寸，m。目标体为洞穴时，d 为洞穴的直径。

4.4.3.5 天线间距的选择

对于双置式发收天线而言，在探测时有最佳天线间距选择问题，对单置式天线体而言就不存在这个问题。天线间距的选择与目标体的埋深有关，两者关系如下

$$S = \frac{2D}{\varepsilon_w} \tag{4-57}$$

式中，S 为天线间距，m；其余参数同前。

在探测深度满足的条件下，天线间距应小一些，压制介质的不均匀性对检测方法的干扰。

4.4.4 介质电磁波速度的测定

探地雷达记录的是目标体的双程反射时(t)，单位为纳秒(ns)。为确定目标体的埋藏深度 D，必须求取电磁波在介质中的传播速度(v)。速度求取准确与否，直接影响目标体埋藏深度计算的精度。

电磁波速度的确定，可以采用参数估算法、已知深度反求速度法、管状体反射求速度法、宽角法、共深度点法等，本书主要介绍参数估算法和已知深度反求速度法。

(1) 参数估算法

在 $\sigma/\omega_\varepsilon \ll 0.01$ 的条件下，当介质的相对介电常数已知时，其电磁波速度可根据式(4-46)确定。由于地质体的复杂性。特别是含水量不同，相对介电常数值不是一个定值，所以计算得到的速度值不能作为精确计算目标体深度使用。

(2) 已知深度反求速度法

在已知埋深的目标上方地表处，获得一雷达时间剖面记录图像，地层介质的电磁波速可由下式求得

$$v = \frac{2D}{t} \tag{4-58}$$

式中，D 为目标埋深，m；t 为双程走时，ns。

如果深度是准确的，则速度也可以准确确定，进而可以精确确定目标体的深度。考虑到地层的复杂性，建议在测区内求取多个速度值，然后取其平均值作为测区介质的电磁波速度值。

4.4.5 数据处理和资料解释

为了对雷达图像进行合理地质解释，首先需要进行大量的数据处理工作，然后是雷达图像判释。

(1) 数据处理

由于地下介质相当于一个复杂的滤波器，介质对波的不同程度的吸收以及介质的不均匀性质，使得脉冲到达接收天线时，波幅被减小，波形变得与原始发射波形有较大的差别。此外，不同程度的各种随机噪声和干扰波，也歪曲了实例数据，因此必须对接收信号进行适当处理，以改善数据资料，为进一步解释提供清晰可辨的图像。

目前，数字处理主要是对所记录的波形作处理，包括增强有效信息、抑制随机噪声、压制非目的体的杂乱回波、提高图像的信噪比和分辨率等。对雷达资料进行数据处理的目的是压制随机的和规则的干扰，以最可能高的分辨率在雷达图像上显示反射波，提取反射波各种有用的参数(包括电磁波速度、振幅和波形等)来帮助解释。常用的雷达数据处理手段有数字滤波、反滤波、偏移绕射处理和增强处理等。

数字滤波利用电磁波的频谱特征来压制各种干扰波，如直达波和多次反射波等；反滤波则是将地下介质理解为一系列的反射界面，由反射波特征求取各个界面的反射系数；偏移绕射处理，即反射波的层析成像技术，是将雷达记录中的每个反射点偏移到其本来位置，从而真实反映地下介质分布的情况；增强处理，有助于增强有效信号，清晰地反映地下介质的分布情况。

例如，提取多次重复测量的平均，以抑制随机噪声，取邻近的不同位置的多次测量平均，以压低非目的体杂乱回波，改善背景；做自动时变增益或控制增益以补偿介质吸收和抑制杂波；做滤波处理或时频变换以除去高额杂波或突出目的体、降低背景噪声和余振影响，或进一步考虑测区的一维、二维空间滤波，设计与脉冲波形有关的反滤波或匹配滤波器，做与目的体有关的三维处理等。探地雷达实测资料的数字处理，主要是从地震资料数据处理中借鉴发展而来的，目前仍处于不断发展之中。

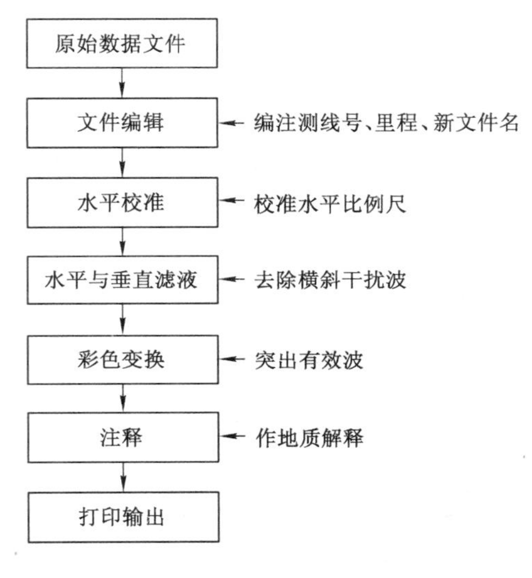

图 4-30　雷达数据处理流程图

(2) 资料解释

资料解释以数据处理为基础，在雷达图像上，处理后的电磁波振幅用不同的颜色加以区别，这样展现在我们面前的雷达图像就可以清晰地反映地下目标体的特征。资料解释主要是依据探地雷达图像的正演成果和已知的地质、钻探资料，分析目标体在雷达图像上引起的异常的大小和几何形态，对实测的雷达图像进行合理地质解释。

资料解释可以分两步：第一步是识别异常，然后进行地质解释。异常的识别在很大程度上依赖于探地雷达图像的正演模拟结果，对一些典型的物理模型的雷达波图像有了认识，将为识别实际探测中各种异常现象及对各种处理的图像进行识别提供理论依据；第二步是对识别的异常结合实际地质资料进行合理地质解释。由已知的地质资料认证，从而根据雷达波剖面特征推断未知的地下介质结构。

4.4.6　应用实例

地面雷达被广泛应用于浅部工程、工程地质、环境地质、水利工程、军工、城建、公路建设、隧道建设、考古以及矿区地质探测。应用探地雷达，可以检测隐蔽工程的施工质量、探测围岩松动圈的范围、检测冻结壁发育状况、判断注浆加固的效果，此外还可以用于划分地层和地质体的界面、确定滑坡体的滑动面位置以及隧道前方的超前探测等。

4.4.6.1　施工质量的雷达检测

施工质量的无损检测对于在建工程来说是至关重要的。在工程的施工和验收过程中，混凝土的厚度与缺陷，钢筋的直径、含量和位置等是施工质量控制的重要内容。

(1) 机理

进行施工质量的雷达检测，首先需要掌握原有的工程设计与变更内容。在此基础上，通过正演模拟、经验分析或对比性检测，获得满足工程设计要求情况下的雷达图像。之后，通过实测分析，判断实际工程的施工质量。

(2) 工程实例

某基坑工程，位于市区繁华商业地段，周围建筑物和地下管线密集。该基坑平均开挖深度约 15.3 m，最大挖深坑底标高为－20.3 m，由三层地下室、七层裙房及五栋塔楼组成。该基坑坑底为奥陶系灰岩，岩溶较发育。基坑设计采用排桩法支护，在开挖过程中出现流沙，导致路面塌陷。故停工回填，局部采用地下连续墙进行止水围护。二次开挖时正值雨季，发现地下连续墙仍有局部少量涌水，为避免再次出现路面塌陷，随即开展雷达检测。探测采用瑞典 Mala Geosicence 的 Ramac 探地雷达系统，选用 100 MHz 分体式雷达天线，收发天线间距 0.5 m，测点间距 0.25 m，获得的实测雷达剖面见图 4-31。

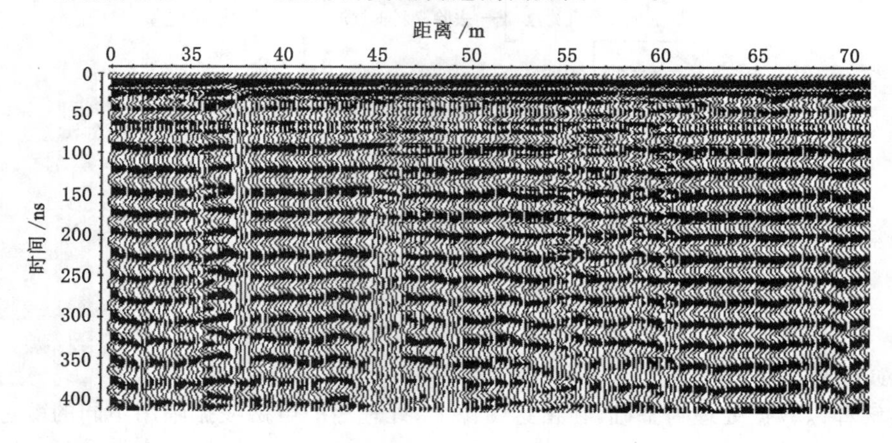

图 4-31　某基坑地下连续墙外侧 0.5 m 实测雷达剖面(局部)

从图 4-31 中可以看到水平距离约 6 m 的规律性很强的竖向错断，刚好对应为地下连续墙接缝的位置。这就表明地下连续墙的接缝处由于接缝部位止水效果较差，这是导致地下连续墙墙体在墙外出现局部涌水的主要原因。后在地下连续墙外侧 2 m、4 m、6 m 处加密测线，查明基坑涌水来自坑外的排水沟。随后对地下连续墙接缝进行注浆加固，对坑外排水沟进行防渗处理，避免了路面塌陷事故的再次发生。

4.4.6.2　松动圈的雷达检测

(1) 机理

围岩松动破坏的探测方法有很多，在诸多探测方法中，探地雷达法以其操作方便、测试精度高、成像准确的优点在巷道围岩松动破坏的检测中获得越来越广泛的应用。在巷道开挖后形成的松动破坏区内，破坏区内岩体与完整岩石有明显的电性差异。在采用探地雷达探测围岩松动范围时，通常是将雷达天线紧贴巷道表面，进行横断面或纵断面的雷达扫描，由雷达发出的电磁脉冲在松动破坏区内传播，当电磁波经过破坏区与非破坏区交界面时，可能发生较强的反射信号，从而可以根据反射波图像特征来确定围岩松动破坏范围。

(2) 工程实例

以某煤矿上车场巷道围岩松动圈检测为例。该巷道为半煤半岩巷，围岩松软，支护方式为U形棚式支护，U形棚之间架设木板及菱形钢丝网。在现场观察到巷道变形较严重，巷道开挖表面岩体破碎。检测方法综合采用钻孔窥视法和探地雷达法。

① 钻孔窥视法——在顶板、右拱和右帮各布置窥视钻孔，其中顶板窥视孔位于顶板正中，孔深8 m；右拱部窥视孔，距底板2.47 m，孔深8 m；右帮部窥视孔距底板1.07 m，孔深7 m。

由于该巷道围岩为半煤半岩巷，钻孔内煤尘较多，窥视图像不清晰，各个钻孔窥镜测试的典型图像如图4-32所示。

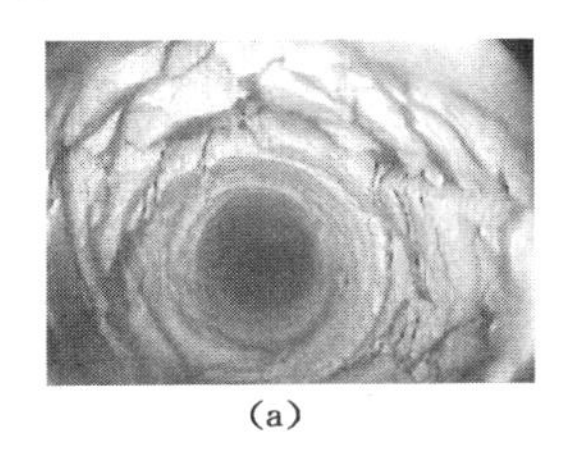
(a)

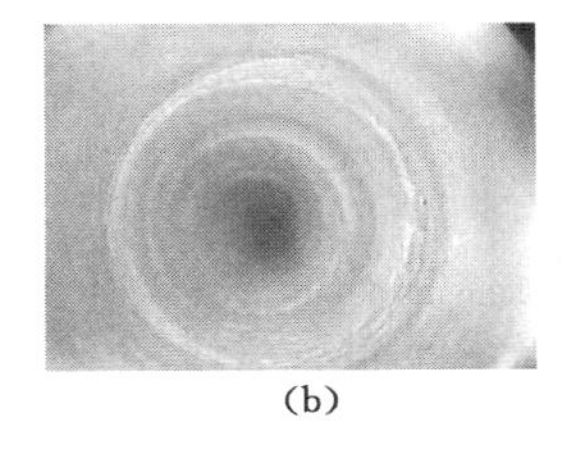
(b)

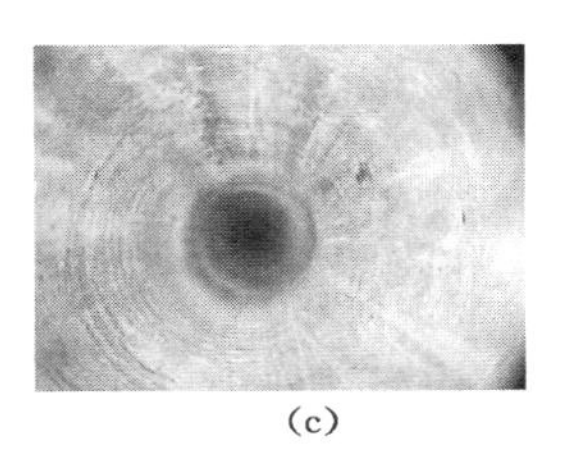
(c)

图4-32　某车场巷道的右帮窥镜测试典型图像

(a) 0.6 m；(b) 3.5 m；(c) 6.5 m

根据钻孔窥视成果，确定顶板、拱部和帮部的围岩破坏范围分别为3.52 m、4.63 m和3.68 m。

② 探地雷达法——雷达测试采用Ramc雷达系统，选用250 MHz屏蔽天线。测点从左拱部开始，顺时针绕巷道一周，得到的雷达数据经处理后如图4-33所示，共计52个测点。该条巷道U形棚之间设有较密的木板和菱形金属网，造成在两帮和拱顶接收到的雷达收到较强干扰，拱底的情况(对应图中横坐标2.3～3.4 m处)则相对较好。

根据钻孔窥视成果，确定电磁波速为0.09 m/ns，据此可圈定巷道断面其他部位的破坏范围，见图4-33。以钻孔窥视的结果为准，结合探地雷达的探测结果，将巷道围岩松动破坏边界标注于巷道断面图中，见图4-34。

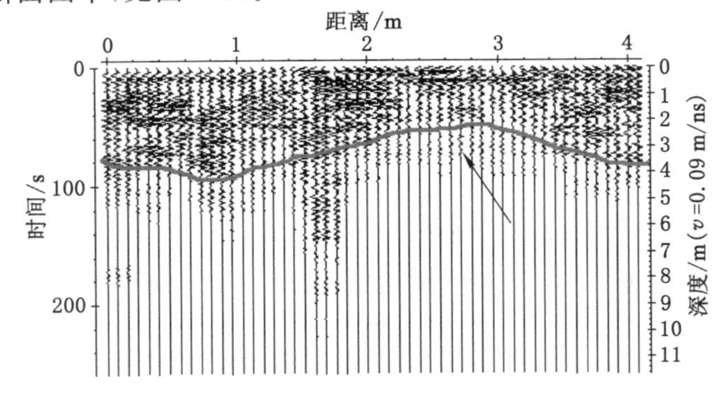

图4-33　某煤矿上车场巷道测试断面的雷达探测图像

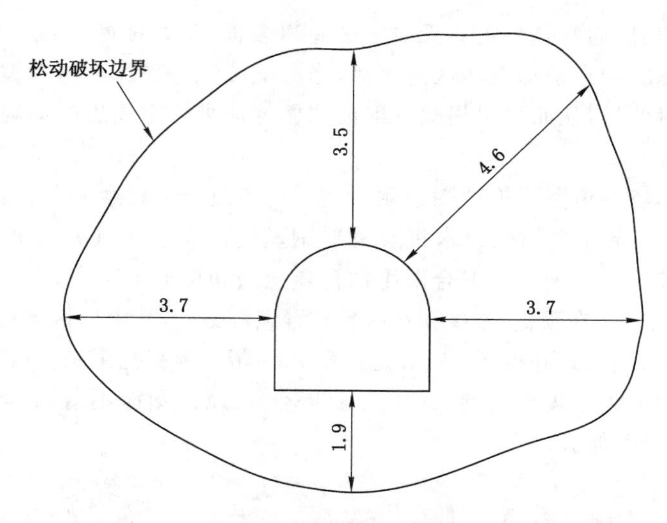

图 4-34 某煤矿上车场巷道围岩松动破坏范围解释图

与声波法相比,探地雷达检测无需钻孔注水,操作更为简便。通过探地雷达的剖面检测,可以将钻孔窥视法所获得的一孔之见推广到隧(巷)道周围岩层中。综合采用钻孔窥视法与探地雷达法,可以准确确定围岩松动范围,是一种值得推广的检测方法。

4.4.6.3 冻结壁发育状况的雷达检测

冻结法施工利用低温盐水循环系统,对冻结管周围的岩土体进行冻结,从而达到止水和支护的目的,是目前国内外广为使用的通过表土带和岩石破碎带的施工方法。在施工中有时会因为冻结壁整体强度不足,发生冻结管断裂和结构物压裂等事故,造成重大经济损失。

研究表明,在盐水温度一定的条件下,冻结壁厚度表征冻结壁的整体强度。目前国内推算冻结壁厚度主要依赖工程人员的施工经验,多采用经验公式法和测温数据推测法,因为实际情况复杂多样,介质的结冰温度、导热系数等热力学参数有很大差异,而且冻结孔的偏斜可能导致冻结壁不交圈,将大大增加达到设计要求的冻结壁厚度与平均温度所需的时间,并使冻结壁的形状变得很不规则,不能形成较为理想的冻土圆筒。有限元数值分析可以计算冻结孔偏斜下冻结壁温度场的形成特征,但受参数选择影响大,有一定的人为性。在实际冻结工程中,探明冻结壁中缺陷的分布范围,进行及时的针对性的处理是必需的。因此,在冻结工程中急需一种高效、高精度的连续无损检测方法以确定冻结壁的发育状况。在通过危险地段时,尤其应该密切关注冻结壁的发展变化,防患于未然。

(1) 机理

在人工冻结法中,松散土层电磁参数在冻结前后有明显的变化。从介电常数来看,水的介电常数为 81,冰的介电常数为 3.2,两者相差 25 倍;从电导率来看,水结冰时电导率突然降低,这种现象已被成功用于测量湿土的结冰温度;从电磁波在其中的传播速度来看,在水中为 0.033 m/ns,冰中为 0.17 m/ns,两者相差 5 倍。因此,冻结壁的冻结峰面同时又是一个电性界面。电磁波传播到此处便会出现反射和折射,可以通过分析电磁波反射信号特征分辨出冻土和未冻土间的电性差异,进而判断冻结峰面的位置,探明冻结壁的分布范围,并可探测出缺陷位置,保证冻结壁的质量,避免灾害性事故发生。

(2) 工程实例

① 砂土冻结壁的雷达探测。图4-35所示为某煤矿立井冻结工程探测实例，该工程立井井筒穿过的表土层厚度为270 m，采用双排管冻结，内圈6根冻结管，外圈13根冻结管，近井帮和外圈各布置1个测温孔，因该矿主井外层井壁在施工过程中曾被压裂十余米高，为确保后期施工的副井冻结工程的安全进行，选定层位为－165 m深度的冻结砂土进行探地雷达探测，探测时内冻结峰面已扩展至井帮。探测采用瑞典RAMAC雷达系统250 MHz屏蔽天线，沿工作面井帮对砂层冻结壁的发育状况进行探测。

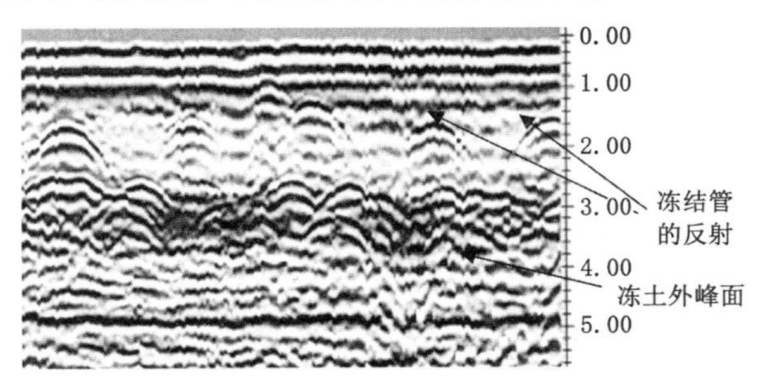

图4-35　砂土冻结壁探测剖面

从雷达剖面中可以看出，在砂土冻结壁的雷达剖面上可以清晰看出内圈的6个辅助冻结孔和1个测温孔所形成的强反射弧，外圈冻结孔(或测温孔)因密度较大在雷达剖面上呈一强反射条带，见图4-35。配合钻孔测斜和雷达探测资料，用加权平均的方法可确定冻结砂土中的电磁波传播速度约为0.12 m/ns。

在冻结孔以外有强反射带分布，距井帮约4.9 m，见图4-35。而在自然状态，测区的松散土层在水平向物性差异并不明显，这一强反射带体现了因冻结而造成的径向电性差异，将这一强反射带作为冻结壁的外缘。由此可得，砂土中冻结壁最大厚度为4.93 m，局部最小厚度为4.78 m，冻结壁交圈基本完好，冻结实际进度与计划进度吻合，冻结壁厚度和整体强度满足安全要求。

② 黏土冻结壁和缺陷探测。图4-36所示为某煤矿立井冻结工程黏土冻结壁探测实例，该工程立井井筒穿过的表土层厚度为480 m，采用双排管冻结，内圈12根冻结管，外圈41根冻结管。该工程在约370 m深度处出现冻结管断管，盐水泄漏并汇集于工作面，大量盐水进入冻结壁将导致出现低温未冻区，影响冻结壁整体强度。为查明冻结壁中可能存在的缺陷和指导下部的井筒施工，事故发生后4 d对该处黏土段冻结壁进行探测。

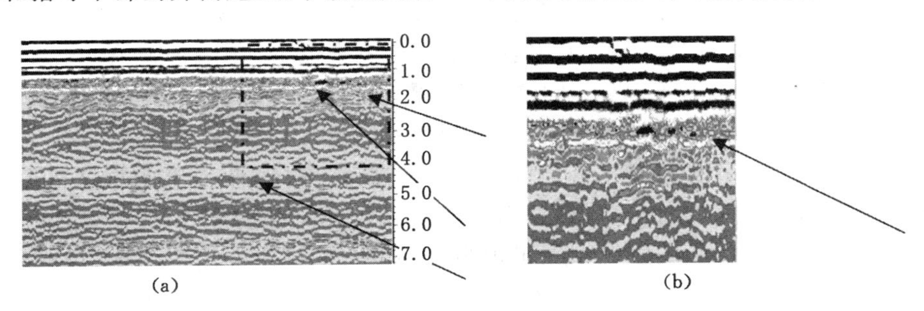

图4-36　黏土冻结壁和缺陷探测剖面

(a) 黏土冻结壁探测剖面；(b) 缺陷部位局部雷达探测剖面

在冻结黏土中，黏土中强结合水含量高且难以结冰，电磁波速度相应较低，由钻孔测斜资料确定该层位黏土中电磁波速度约为 0.11 m/ns。冻结黏土电磁波吸收强烈，单个冻结孔的反射弧在雷达剖面上不清晰，但在内、外圈冻结管对应位置处见一连续的反射条带，距井帮分别为 1.6 m 和 4.5 m，见图 4-36(a)。

距井帮 1.4 m 处出现一处异常反射点，见图 4-36(b)，该反射点局部判断在上一段高出现有冻结管断裂后，由断管处泄漏的低温盐水汇集在掘进断面处，因该处冻结孔开孔间距大，泄漏的盐水率先由此处突破并聚集，由于盐水溶液的影响在该处就形成了低温未冻区，造成此处冻结壁整体强度偏弱。建议加强冻结，及时支护，快速通过此区，因处置得当，后续工程得以顺利进行。

4.4.6.4 注浆加固效果的雷达检测

注浆技术起源于地下工程的特殊需要，地下工程常遇到地下水害和软弱地层。注浆法是治理水害和加固地层的重要技术，包括堵水、截流、帷幕和岩土加固等诸多技术，是一项实用性很强、应用范围很广的工程技术，用液压、气压或电化学的方法，把某些能很好地与岩土体固结的浆液注入岩土体的孔隙、裂隙中去，使岩土体成为强度高、抗渗性好、稳定性高的新结构体，从而达到改善岩土体的物理力学性质的目的。我国注浆技术的研究和应用较晚，20 世纪 50 年代初才开始起步，但经过多年的发展，我国已在注浆技术方面取得了较大进展，特别是在水泥注浆材料的研制方面已处于世界前列，注浆应用的领域也逐渐扩大，已遍及矿业、公路、铁路、建筑和水利等多个领域，并取得了引人注目的成就。然而对注浆理论、监测和检测技术的研究，至今尚未取得突破性进展，致使注浆工程的设计与施工仍停留在经验类比阶段。

在注浆工程的进程中，做好全程监控是保证注浆质量和提高注浆技术水平的关键。在注浆加固前，应预知地下围岩空隙状态，为加固方案提供依据。在注浆过程中，除常规的监测注浆流量和压力的变化外，还应适时检测浆液的扩散范围，确保计划进度；注浆后的效果评价，必须根据浆液充填裂隙的饱满程度、密实性及注浆帐幕的连续性、耐久性等指标来提供可靠的定量标准。而注浆前后岩体物理力学性态的变化，既是注浆工程中各种因素综合作用的结果，又是反映注浆质量和效果的最终、最直接的指标。

(1) 机理

注浆工程属于隐蔽工程，上述目标的实现需要借助地球物理探测手段来实现。目前的研究成果集中于注浆充填效果检测方面，已采用的有效物探方法包括超声波法、高密度电阻率法和瑞利波法等，它们可通过注浆前后声速或地电变化，分析注浆层位和浆液扩散范围。此外，探地雷达法在注浆方案设计和注浆效果检测中也得到了一些应用，但未考虑注浆的整个动态过程的全程监控。从原理上看，探地雷达法作为经济快捷、精度较高的探测手段，可用于注浆工程的方案设计和效果检测，实现注浆工程的全程监控。

注浆过程可视为一个改变地下介质分布的动态过程。注浆前，注浆目标区存在空隙(或裂隙)，电磁波传播空隙或裂隙处，电磁波出现反射，指示空隙(或裂隙)的位置，为注浆设计提供依据；空隙(或裂隙)被水或气充填，可视为一种复合的高度非均匀介质，对电磁波的吸收和散射强烈，与非注浆目标区对比剖面差异明显。注浆后，在浆液已固结的情况下，水的影响减小，浆液中的骨料充填在原有空隙中，改变了介质的结构和电性参数，通过注浆前后雷达测试结果的对比可以检测注浆效果。

(2) 工程实例

某厂房地基长期受到酸液的腐蚀，随着腐蚀程度的不断加剧，其侧面山墙出现了开裂。经现场察看分析，墙体变形开裂具有明显的规律性，其沉降规律为短轴方向墙体发生了较严重的不均匀沉降，越靠近裂缝倾斜方向沉降越大，而且是非线性增大；纵向墙体本身沿长度方向基本没有不均匀沉降，但两侧的边墙相互之间有沉降差。初步判断为由于地基腐蚀程度的不同导致了不均匀沉降，从而致使墙体开裂。为防止由于大孔洞的存在导致地基突沉，需探明腐蚀程度和范围，指导制定注浆方案；在注浆后，配合适当的雷达探测工作，检测注浆质量。

注浆前，在腐蚀的基础区布置测线。为便于对比，在无腐蚀的临近地段布置对比测线。注浆过程中和注浆后，在原测线位置进行探测，以对比测区基础的物性变化。探测中采用瑞典 Ramac 雷达系统 250 MHz 屏蔽天线。

① 未腐蚀地段——在受腐蚀影响相对较小地段，土层分布连续稳定，未见明显的孔洞，见图 4-37。

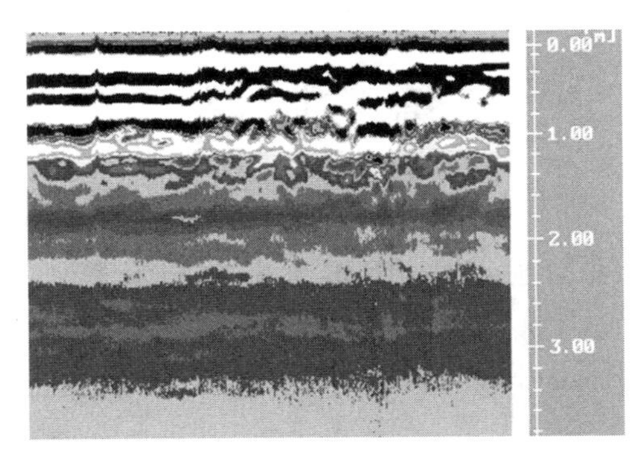

图 4-37　受腐蚀影响相对较小地段的雷达图像

② 注浆前的腐蚀基础——与图 4-37 相比，图 4-38 中雷达剖面 2.5 m 以浅，尤其在 1.5～2.3 m 深度，土层连续性出现了明显的改变，出现了大小不一、形状各异的阴影区，是孔洞的反映，区内孔洞呈蜂窝状，部分孔洞相互连通，分析认为该处地基弱化，腐蚀弱化地基的深度范围在 2.5 m 以浅，集中在 1.5～2.3 m 深度范围，据此确定注浆目标区范围。

地基弱化的范围与排水沟的深度基本一致，表明地基弱化是由于排水沟渗漏引起的，在注浆加固中，应对排水沟做防渗处理。厂房内由于地面铺有条石，造成了腐蚀性溶液渗流的网格状特征，在图 4-38 所示雷达图像中浅部有一系列的垂向错断，应是腐蚀性溶液沿条石间隙下渗形成的。

③ 注浆后的腐蚀基础——图 4-39 为注浆后雷达图像，其位置与图 4-38 相同。地下介质中的原有空隙被浆液骨料充填，由于孔洞内新的充填物与周围土层的物性差异远小于注浆前水或空气和土层的物性差异，介质的非均匀性降低，在充填骨料与原基础骨架间电性界面差异小，不足以产生较强的反射波。

在图 4-39 中仍可见少量孔洞，它们因连通性差未能有效充填，但数量较少，不足以影响基础的整体加固效果。对比图 4-38 和图 4-39，注浆后阴影区多已消失，原有孔洞得到充填，据此可判断注浆加固效果良好。

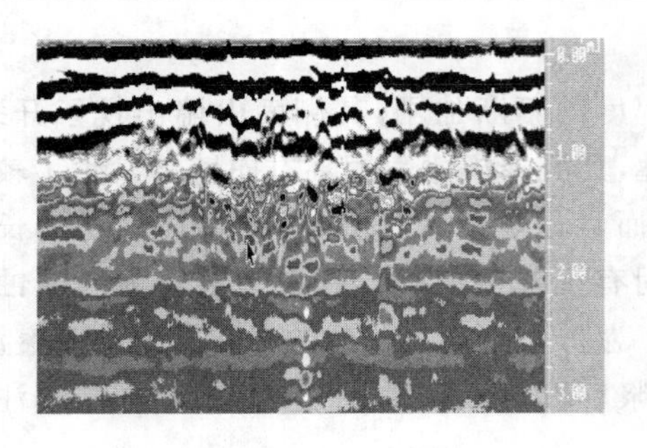

图 4-38　注浆前 3 号测线雷达图像

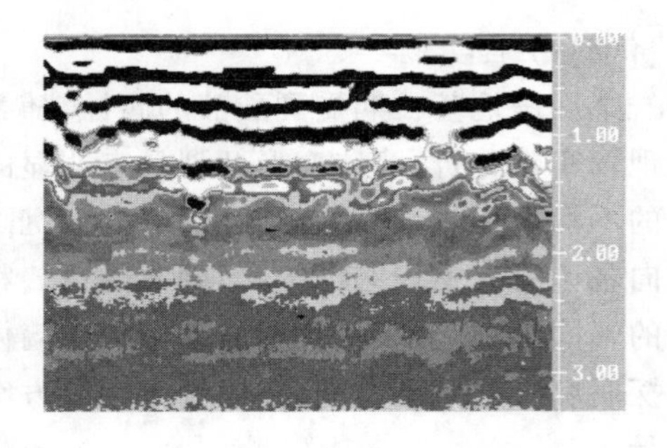

图 4-39　注浆后 3 号测线雷达图像

雷达检测对介质的电性特征变化有良好的敏感性，对注浆前后的电性差异有直观的反映，可用于表征地下介质的连续性，是探测地下介质结构和分布特征的有效手段；但雷达探测结果与介质力学性质的改变并无直接联系，不宜作为评价地基基础是否稳定的唯一手段。在本次工程中，还配合了适当的钻探和地表沉降观测，其结果与雷达探测是吻合的。

练　习　题

一、填空

1. 回弹法作为一种表面硬度法，需要考虑影响混凝土表面硬度的一个重要因素：________。

2. 根据冲击能量的不同，回弹仪可分为________、________、________以及摆型等类型。

3. 回弹法每一测区的面积约为 20 cm×20 cm，测点在测区内均匀分布，每个测区布置________个测点，且同一测点允许弹击________次。

4. 回弹值反映混凝土________的质量情况，声速反映混凝土________、密实度和弹性性质。

5. 超声回弹法的超声测试宜优先采用________或________，当被测构件不具备以上测试条件时，可采用________。

6. 根据适用范围的不同，超声回弹测强曲线可分为________、________和________。

7. 声波是指频率为________的应力波，超声波的频率比声波________。

8. 根据换能器的布置方式，可将超声波的测试方法分为________、________和________。

9. 在物体内部传播的超声波可分为________和________。

二、基本概念

1. 回弹法；

2. 超声回弹法；

3. 超声波法；

4. 纵波、横波和面波。

三、简答题

1. 回弹法和超声回弹法的特点和区别是什么？
2. 简述影响超声波传播的主要因素。
3. 举例说明超声波法在土木无损检测中的应用？（不少于两例）

四、数据处理

依据《超声回弹规程》，实测获得某混凝土结构的回弹值和声速值（表 4-8）。请根据表 4-9 所示的测区混凝土强度换算表计算各测区的换算混凝土强度值和该结构的混凝土强度推定值。

表 4-8　　**测区混凝土回弹值和声速值实测记录表**

测区编号	回弹值 R_m																声速值/(m/s)		
																	测点 1	测点 2	测点 3
1	39	40	41	45	42	47	44	42	41	38	43	44	41	39	41	44	4.88	4.90	4.92
2	45	47	48	49	45	50	44	48	46	44	46	47	42	46	44	46	4.84	4.85	4.86
3	49	48	49	51	50	53	54	50	48	49	50	51	45	49	48	53	5.00	5.02	5.04

表 4-9　　**测区混凝土强度换算表**

f^{c}_{cu}/MPa　v_a/(km/s)　R_a	4.84	4.86	4.88	4.90	4.92	4.94	4.96	4.98	5.00	5.02	5.04	5.06	5.08
40.0	37.0	37.2	37.4	37.6	37.8	38.1	38.3	38.5	38.7	38.9	39.2	39.4	39.6
41.0	38.6	38.8	39.1	39.3	39.5	39.8	40.0	40.2	40.5	40.7	40.9	41.2	41.4
42.0	40.3	40.5	40.8	41.0	41.2	41.5	41.7	42.0	42.2	42.5	42.7	42.9	43.2
43.0	42.0	42.2	42.5	42.7	43.0	43.3	43.5	43.8	44.0	44.3	44.5	44.8	45.0
44.0	43.7	44.0	44.3	44.5	44.8	45.0	45.3	45.6	45.8	46.1	46.4	46.6	46.9
45.0	45.5	45.8	46.1	46.3	46.6	46.9	47.1	47.4	47.7	48.0	48.2	48.5	48.8
46.0	47.3	47.6	47.9	48.2	48.4	48.7	49.0	49.3	49.6	49.9	50.2	50.4	50.7
47.0	49.2	49.4	49.7	50.0	50.3	50.6	50.9	51.2	51.5	51.8	52.1	52.4	52.7
48.0	51.0	51.3	51.6	51.9	52.2	52.5	52.8	53.2	53.5	53.8	54.1	54.4	54.7
49.0	52.9	53.2	53.5	53.9	54.2	54.5	54.8	55.1	55.4	55.8	56.1	56.4	56.7
50.0	54.8	55.2	55.5	55.8	56.1	56.5	56.8	57.1	57.5	57.8	58.1	58.5	58.8
51.0	56.8	57.1	57.5	57.8	58.1	58.5	58.8	59.2	59.5	59.9	60.2	60.5	60.9
52.0	58.8	59.1	59.5	59.8	60.2	60.5	60.9	61.2	61.6	61.9	62.3	62.7	63.0
53.0	60.8	61.2	61.5	61.9	62.2	62.6	63.0	63.3	63.7	64.1	64.4	64.8	65.2
54.0	62.8	63.2	63.6	64.0	64.3	64.7	65.1	65.5	65.8	66.2	66.6	67.0	67.4
55.0	64.9	65.3	65.7	66.1	66.5	66.8	67.2	67.6	68.0	68.4	68.8	69.2	69.6

第5章 典型物理量的测试及其系统组成

5.1 力、压力等参数的测量

5.1.1 力的测量

力是物质之间的一种相互作用。从宏观来看，即一个物体对另一个物体的作用，或另一物体对这个物体的反作用。力可以使物体产生变形，在物体内产生应力，也可以改变物体的机械运动状态，或改变物体所具有的动能和势能。对力的本身是无法进行测量的，因而对力的测量总是通过观测物体受力作用后的形状、运动状态或所具有的能量的变化来实现的。

力值的计量也是从力的动力效应引申出来的。牛顿第二定律揭示了力的大小与物体质量和加速度的关系，依据这一关系，在法定计量单位中规定：使 1 kg 质量的物体产生 1 m/s^2 加速度的力称为 1 牛顿，记作 1 N，作为力的计量单位。

各种机器在原动力的推动下，经过力或力矩的传递才能使机器的各部分产生所需的各种运动并做功。在此过程中，机器的零件和部件都受到一定的载荷(力或力矩)，由此可知，力是与机器运行过程密切相关的重要参数。测定和分析载荷的大小、方向及其特征，研究影响载荷的各种因素及其可能产生的后果，可为机器的设计及改进提供可靠的依据，促进机器质量和使用寿命的提高。又如在生产过程和材料性能测试中，经常需要测量与分析各种切削力、轧制力、冲压力、推力、牵引力、剪切力等。因而力的测量是广泛存在的课题。

力值测量所依据的原理是力的静力效应和动力效应。

力的静力效应是指弹性物体受力作用后产生相应变形的物理现象。胡克定律是该物理现象的理论概括，即弹性物体在力作用下产生变形时，若在弹性范围内(严格地说是在比例极限内)，物体所产生的变形量与所受的力值成正比(即 $\Delta x=kF$)，从而建立变形量与力之间的对应关系，因此，只需通过一定手段测出物体的弹性变形量，就可以间接确定物体所受力的大小。利用静力效应测力的特征是间接测量测力传感器中“弹性元件”的变形量，此变形量可以直接表现为机械变形量，也可以是通过弹性受力元件的物性转换为其他物理量(如使用压电式、压阻式、压磁式传感器测力时)。

力的动力效应是指具有一定质量的物体受到力的作用时其动量将发生变化，从而产生相应加速度的物理现象，此物理现象由牛顿第二定律描述(即 $F=ma$)。当物体质量确定后，该物体所受力与由此产生的加速度间具有确定的对应关系。因此只需测出物体的加速度，就能间接测得力值。利用动力效应测力的特点就是通过测量力传感器中质量块的加速度而间接获得力值。

由于力的度量精度是靠国家计量局所设置的测量基准来保证和实现的，所以力的测量都是采用比较法。各种力值测量方法可以归纳为两类：第一类是直接比较法，是将待测力直接与基准量进行比较，如各种天平。此方法简单易行，在一定条件下可以获得很高的测量精度，但此方法往往是分级加载，其测量精度取决于分级密度和用于加载的基准量的准确度。此方法只适用于静态测量。第二类是间接比较法，是将待测力通过测力传感器，按比例转换为其他物理量，然后再与标定值进行比较，最终求得力值大小。标定值是事先通过一定的标定方法获得的。此方法可用于力值的静态和动态测量，其测量精度主要决定于传感器的质量和标定精确度。

(1) 应变测力传感器

应变式测力传感器是由电阻应变片、弹性元件和其他附加构件组成，是利用静力效应测力的位移型传感器。在利用静力效应测力的传感器中弹性元件是必不可少的组成环节，也是传感器的核心部分，其结构形式和尺寸、力学性能、材料选择和加工质量等，是保证测力传感器使用质量和测量精度的决定性因素。衡量弹性元件性能的主要指标是：非线性、弹性滞后、弹性模量的温度系数、热膨胀系数、刚度、强度和固有频率等。弹性元件的结构形式，可根据被测力的性质和大小以及允许的安放空间等因素，设计成各种不同的形式。可以说弹性元件的结构形式一旦确定，整个测力传感器的结构和应用范围也就基本确定。常用的测力弹性元件有柱式、环式、梁式和剪切式等。

(2) 压电式测力传感器

压电式测力传感器有以下特点：① 静态特性良好，即灵敏度高、静刚度高、线性度好、滞后小。② 动态特性好，即固有频率高、工作频带宽，幅值相对误差和相位误差小、瞬态响应上升时间短。因此特别适用于测量动态力和瞬态冲击力。③ 稳定性好、抗干扰能力强，这是因为制作敏感元件的压电石英稳定性极好，对温度的敏感性很小，其灵敏度基本上是常数，此外抵抗电磁场干扰的能力也很强，但对湿度较敏感。④ 当采用大时间常数的电荷放大器时，可以测量静态力，但长时间的连续测量静态力将产生较大的误差。由于以上特点，压电式测力传感器已发展成为动态力测量中十分重要的手段。选择不同切型的压电晶片按照一定的规律组合，则可构成各种类型的测力传感器。

(3) 压阻式测力传感器

压阻式传感器是在半导体应变片的基础上发展起来的新型半导体传感器。它是在一块硅体的表面，利用光刻、扩散等技术直接刻制出相当于应变片敏感栅的“压阻敏感元件”，其扩散深度仅为几微米，且具有很高的阻值(达数千欧以上)，使用时由硅基体接受被测力，并传给“敏感元件”。由于压阻式传感器的上述特点，使它具有体积小、重量轻、灵敏度高、动态性能好、可靠性高、寿命长、横向效应小以及能在恶劣环境下工作等一系列优点。除测力外，还可用于压力、加速度、温度等参量的测量。

压阻式传感器受温度的影响比较大，应采取相应的补偿措施，上述传感器是采取电桥补偿。它的灵敏系数 K 不是常数，其输出有非线性误差(这是半导体传感器的共性)，可通过提高掺杂浓度和作非线性补偿来克服。

(4) 压磁式测力传感器

某些铁磁材料受机械力作用后，其内部产生机械应力，从而引起其磁导率(或磁阻)发生变化，这种物理现象称为压磁效应。具有压磁效应的磁弹性体叫做压磁元件，是构成压磁式传感器的核心。压磁元件受力作用后，磁弹性体的磁阻(或磁导率)发生与作用力成正比的变化，测出磁阻变化量即间接测定了力值。

压磁式测力传感器具有输出功率大、抗干扰能力强、精度较高、线性好、寿命长、维护方便,能在有灰尘、水和腐蚀性气体的环境中长期运行等优点。适合在冶金、矿山、造纸、印刷、运输等部门应用,有较好的发展前途。

5.1.2 土压力测量

(1) 基本原理

使用土压力盒方法测试土压力时,将土体所受压力变化通过传感元件转化为电量(电阻、电感、电容)变化或频率变化,用相应的信号接收仪收集这些信号,建立这些信号与土体压力的关系,进而推测土压力大小。目前广为使用的土压力盒是钢弦式土压力盒。

(2) 仪器设备

土压力测量的常用设备为钢弦式土压力盒(卧式或竖式)与接收设备(常为频率仪)。应根据测试目的选择适当的测试设备,所选土压力盒量程一般要比预估土压力大 2~4 倍,避免超程测量,测试前应对所选设备性能指标进行检验。图 5-1 为卧式钢弦式压力盒简图。

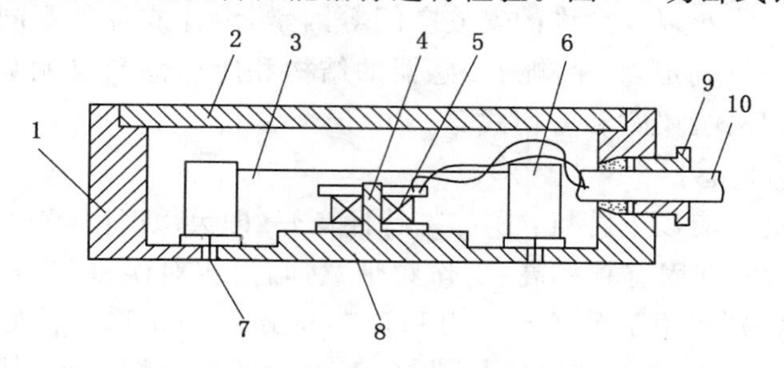

图 5-1 卧式钢弦式压力盒简图

1——外壳;2——盖板;3——钢弦;4——铁芯;5——线圈;6——钢弦柱;7——承压薄膜;8——底盘;9——密封塞;10——电缆

(3) 土压力盒的埋设

埋设土压力盒要确定监测点位置及数量。监测位置应尽量布置在具有代表性的位置,以便能客观、真实地反映测试场地的土压力情况。通常将测点布置在土体受力比较大、环境比较复杂、地下管道或土层断面比较多、能够说明一些预估现象特征或现有理论无法准确解释土压力特征的一些断面上。埋置时,土压力盒承压面应与所测土体紧密接触,其位置在埋置前后不能发生偏移。

量测基底接触压力时,压力盒承压板与基底垫层面应齐平,具体埋设方法有以下几种:

① 直接埋设法。将基础底面土层削平,上铺一层均匀细砂,将土压力盒平放并上铺一层平整塑料薄膜(以防混凝土浇捣过程中的混凝土砂浆渗入)。

② 预留孔法。浇筑基础垫层时预留孔洞、垫层浇完后将土压力盒放入。

③ 混凝土内埋设法。将预置土压力盒的混凝土块体放入测试点,以便较好地使土压力盒定位于监测点。

测量地下连续墙体与土体接触压力时,在传感器上包裹尼龙布以免泥浆或水泥砂浆进入,将尼龙布捆绑在钢筋笼上并一起置入监测位置,混凝土浇筑到传感器位置附近时振捣器不要太靠近传感器;也可采用水压活式埋设法,即把传感器置入一个活塞中,用螺钉将其固定在定位框架上面,用吊车把它们放在测试点并将传感器承压面对准测试土体面,通过水管对活塞施加压力使土压力盒压向土体。

测量自由场土压力时，如土层为回填土，将土回填至土压力盒预置标高以上并夯实，削去并整平高于标高的回填土，用水平尺校准各土压力盒的水平度，将压力盒埋入土并继续逐层夯实填土；也可在钻孔中埋置土压力盒，此时，在测点位置打一孔深比土压力盒预设位置略浅的钻孔，将土压力盒放在一特制铲子中并将铲子和土压力盒一起压至预设位置，压入铲子时应使传感器承压面与土体压应力法线方向垂直。

5.2　位移参数的测量

5.2.1　位移的测量

位移测量是线位移和角位移测量的统称。位移测量在工程中应用很广，这不仅因为在工程中经常需要精确地测量零部件的位移或位置，而且还因为力、压力、扭矩、速度、加速度、温度、流量、物位和尺寸等参数的许多测量方法，也是以位移测量作为基础的。

位移是向量，它表示物体上某一点在一定方向上的位置变动。因而对位移的度量，除了确定其大小之外，还应确定其方向。一般情况下，应使测量方向与位移方向重合，这样才能真实地测量出位移量的大小。如测量方向和位移方向不重合，则测量结果仅是该位移量在测量方向上的分量。

往往将位移及其对时间的一次、二次导数（即速度、加速度）统称为运动量。显然，它们是由长度和时间这两个基本量得出的导出量。长度的单位为米(m)。根据 1983 年第十七届国际计量大会的定义，“米是光在真空中在 1/299 792 458 秒的时间间隔内所行进的路程长度”。时间的单位为秒(s)。1967 年第十三届国际计量大会规定“秒是铯—133 原子基态的两个能级之间跃迁所对应的辐射的 919 631 770 个周期的持续时间”。我国有关的国家基准和工作基准，已在中国计量科学院建立和保存，并作为检定各级标准的依据。

测量位移时，应当根据不同的测量对象，选择适当的测量点、测量方向和测量系统。位移测量系统由位移传感器、相应的测量放大电路和终端显示装置组成。位移传感器的选择恰当与否，对测定精度影响很大，必须特别注意。

5.2.2　常见的位移传感器

5.2.2.1　电阻或位移传感

电阻式位移传感器将位移变换成电阻值的变化。它是一个触头可移动的变阻器。根据结构形式的不同，触头可以是平移的、转动的或者是两者的组合（即螺旋运动），因此，可以对线位移或角位移进行测量。

电阻式位移传感器的动态特性主要受运动部件质量的限制，小型的可以在 50～60 Hz 以下获得平坦的幅频特性。其主要缺点是电噪声比较大。

5.2.2.2　电阻应变式位移传感器

粘贴有电阻应变片的弹性元件，可以构成位移传感器。弹性元件把接收的位移量转换为一定的应变值，而应变片则将应变值变换成电阻变化率，接在应变仪的电桥中就可实现位移测量。位移传感器所用弹性元件的刚度应当小，否则会因弹性恢复力过大而影响被测物体的运动。位移传感器的弹性元件可采用不同的形式，最常用的是梁式元件。

电阻应变式位移传感器的动态特性，除与应变片有关外，主要决定于弹性元件刚度和运动部件的质量。

5.2.2.3 电感式位移传感器

电感式传感器是基于电磁感应原理来实现位移量和电感量之间的转换。按照变换方式的不同可分为自感型(包括可变磁阻式和涡流式)与互感型(差动变压器式)。

(1) 螺管差动型位移传感器

螺管差动型位移传感器是一种自感型可变磁阻式传感器，它的主要构成部分是一个可移动的铁芯及一组感应线圈，当铁芯在线圈中运动时，将改变磁阻，使线圈自感量发生变化。螺管差动型位移传感器具有两个线圈，将它们接于电桥上，构成两个桥臂，线圈的自感 L1、L2 将同时随铁芯位移而变化，电桥的输出为两者之差。双螺管差动型具有较高的灵敏度和线性度。

这类位移传感器的测量范围一般为数毫米，分辨力可达 0.1～0.5 μm，工作可靠。其缺点是动态性能较差，仅用于静态或准静态测量。

(2) 涡电流式位移传感器

位移测量中所采用的涡电流传感器多为高频反射式。

实际上，涡电流式传感器及其后继测量电路的输出不仅与位移有关，而且与被测物体的形状及表面层电导率、磁导率等有关。因而被测物体的形状、材料、表面状况变化时，将引起传感器灵敏度的变化。

如果涡电流传感器侧头下所对应的是被测物体的局部平面，而且面积较测头大得多，则其面积的变化不影响灵敏度。当物体被测表面积比测头面积小时，灵敏度将随被测面积的减小而显著降低。

如物体被测表面为圆柱面，则相对灵敏度 K_r 将视圆柱直径 D 与线圈直径 d 的比值而定。当 $D/d>3.5$ 时，$K_r\approx1$，此时可将圆柱表面视为平面。

实验结果表明，表面光洁度对测量结果无影响。材质对灵敏度有影响，其电导率越高，灵敏度越大。表面镀层也影响灵敏度。此外，表面层如有裂纹等缺陷，则对测量结果影响很大。

电流式位移传感器线性范围较大，灵敏度高，结构简单，抗干扰能力强。它的最大优点是按非接触方式进行测量，对被测物体不施加载荷，因而非常适合用于测量旋转轴的振动和位移。

(3) 差动变压器式位移传感器

差动变压器线圈中段的线性度较好，一般取此段作为差动变压器的工作范围。各种规格的差动变压器所能达到的测量范围是±(0.08～75) mm。非线性度约为 0.5%。差动变压器的灵敏度是以单位激励电压的作用下衔铁每移动单位距离时输出信号的大小来表示的。用 400 Hz 的电源激励时，其电压灵敏度可达 500～2 000 mV/(mm・V)，电流灵敏度可达 1 mA/(mm・V)。用 50 Hz 左右的电源激励时，其电压灵敏度为 100～500 mV/(mm・V)，电流灵敏度为 0.1 mA/(mm・V)。如果后继测量电路具有高输入阻抗时，用电压灵敏度表示，当具有低输入阻抗时，则用电流灵敏度表示。对差动变压器施加的激励电压越高，其灵敏度越高。

差动变压器的动态特性，在电路方面主要受电源激励频率的限制，一般应保证激励频率大于所测信号中最高频率的数倍甚至数十倍。在机械方面，则受到衔铁运动部分的质量——弹簧特性的限制。

5.2.2.4　电容式位移传感器

电容式位移传感器多数采用可变极间距离的平板电容器。这种电容式位移传感器的结构特别简单，能实现非接触式测量，对所测物体不施加负载，且灵敏度高，分辨力好，能检测 0.01 μm 甚至更小的位移，动态响应性能也好。电容式位移传感器是目前高精确度微小位移动态测试的主要手段之一，其应用日益广泛。它的主要缺点是测量范围不大，并有较大的非线性度。为了改善其线性度，可以采用差动式或者改用变面积式的结构，也可在测量电路中作非线性度补偿。

5.2.2.5　光栅式传感器

光栅式传感器是一类重要的位移测试传感器，它是根据莫尔条纹原理制成的一种计量光栅，具有精度高、量程大、分辨率高、抗干扰能力强，以及可实现动态测量等优点，主要用于长度和角度的精密测量以及数控系统的位置检测等，在坐标测量仪和数控机床的伺服系统中广泛应用。

光栅传感器测量位移的原理主要是利用光栅莫尔条纹现象，将被测几何量转换为莫尔条纹的变化，再将莫尔条纹的变化经过光电转换系统转换成电信号，从而实现对几何量的精密测量。

(1) 光栅传感器的测试原理

形成莫尔条纹必须有两块光栅：主光栅（作标准器）和指示光栅（作为取信号用）。将两块光栅相叠合，并使两者之间保持很小的夹角 θ，这样就可以看到在近似垂直栅线方向上出现明暗相间的条纹，称为莫尔条纹，如图 5-2 所示。

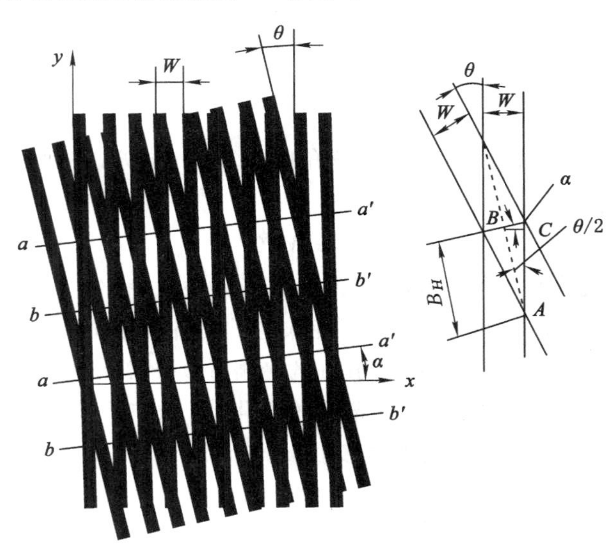

图 5-2　莫尔条纹形成原理

在 aa' 线上两光栅的栅线彼此重合，光线从缝隙中通过，形成亮带；在 bb' 线上两光栅的栅线彼此错开，形成暗带。其方向与 θ 角平分线垂直，故又称为横向莫尔条纹。由图 5-2 可

知，横向莫尔条纹的斜率为

$$\tan \alpha = \tan \frac{\theta}{2} \tag{5-1}$$

式中，α 为亮（暗）带的倾斜角；θ 为两光栅的栅线夹角。

莫尔条纹间距 B_H 为

$$B_H = \frac{W}{2\sin \frac{\theta}{2}} \approx \frac{W}{\theta} = KW \tag{5-2}$$

式中，K 为放大倍数，$K=\frac{1}{\theta}$，通过调节两光栅的夹角可改变莫尔条纹的宽度，但条纹宽度过大会使莫尔条纹的清晰度下降，从而导致检测分辨力降低。

（2）莫尔条纹的特性

① 运动对应关系。莫尔条纹的移动量和移动方向与主光栅相对于指示光栅的位移量及位移方向有着严格的对应关系。从图 5-3 可以看出，当光栅 1 向右运动一个栅距 W 时，莫尔条纹向下移动一个条纹间距 B；若光栅 1 向左运动，莫尔条纹则向上移动。光栅传感器在测量时，可以根据莫尔条纹的移动量和移动方向判定标尺光栅（或指示光栅）的位移量与位移方向。

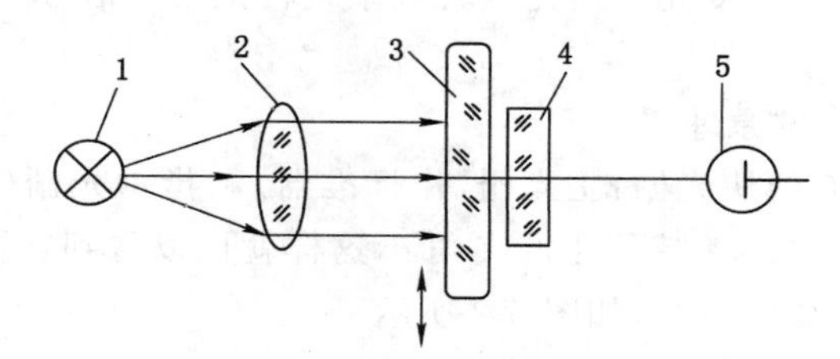

图 5-3　投射光栅光路

1——光源；2——直透镜；3——主光栅；4——指示光栅；5——光电元件

② 位移放大作用。在光栅副中，由于 θ 角很小（$\sin\theta\approx\theta$），若两光栅的光栅常数相等，$W_1=W_2=W$，从上式可以得到近似关系：

$$B \approx W/\theta \tag{5-3}$$

明显看出莫尔条纹具有放大作用，其放大倍数 $K=B/W=1/\theta$。一般 θ 很小，W 可以做到约 0.01 mm，而 B 可以达到 6～8 mm。采用特殊电子线路，可以区分出 $B/4$ 的大小，因此，可以分辨出 $W/4$ 的位移量。例如，$W=0.01$ mm 的光栅可以分辨 0.002 5 mm 的位移量。

若用光电元件接收莫尔条纹移动时光强的变化，则光信号被转换为电信号（电压或电流）输出。输出电压信号的幅值为光栅位移量 x 的函数，即

$$u = u_0 + u_m \sin(2\pi x/W) \tag{5-4}$$

式中　u_0——输出信号中的直流分量；

u_m——输出正弦信号的幅值；

x——两光栅间的瞬时相对位移。

将该电压信号放大、整形，使其变为方波，经微分电路转换成脉冲信号，再经过辨向电路和可逆计数器计数，则可在显示器上以数字形式实时显示位移量大小。位移量为脉冲数与

栅距的乘积。当栅距为单位长度时，所显示的脉冲数则直接表示位移量的大小。

（3）测量光栅的种类

按照工作原理，光栅可分为物理光栅和计量光栅，其中物理光栅刻线细密，工作原理是建立在光的衍射现象上，可作散射元件进行光谱分析及光波长的测定等；而计量光栅刻线较物理光栅粗，主要利用光栅的莫尔条纹现象进行位移的精密测量和控制。

按照光线的走向，光栅又可以分为投射光栅和反射光栅。在透明的玻璃上均匀地刻画间距、宽度相等的条纹而形成的光栅称为透射光栅。投射光栅的主光栅一般用普通工业白玻璃，而指示光栅最好用光学玻璃。投射光栅光路如图 5-3 所示。

光源发射的光线，经准直透镜，形成平行光束垂直投射到光栅副上，由主光栅和指示光栅形成莫尔条纹光电信号，由光电元件接受变成电信号输出。该光路适合于粗栅距的黑白投射光栅，具有结构简单、位置紧凑和调整使用方便的特点。

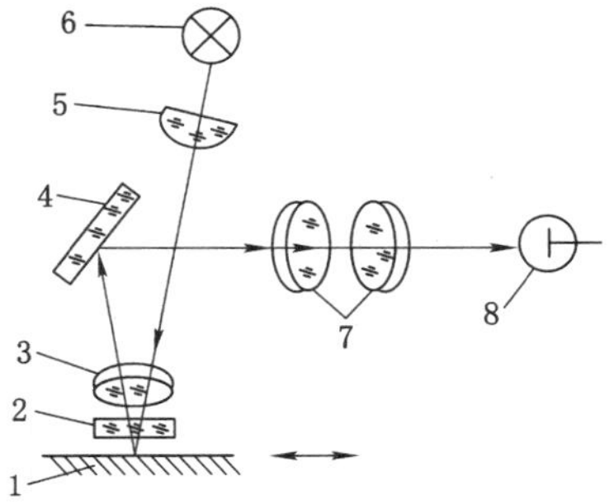

在具有强反射能力的基础上，通常是不锈钢或玻璃镀金属膜上均匀地刻画间距和宽度相等的条纹而形成的光栅称为反射光栅。反射光栅光路如图 5-4 所示。

图 5-4　反射光栅光路

1——反射主光栅；2——指示光栅；3——场镜；4——反射镜；5——聚光镜；6——光源；7——物镜；8——光电池

光源经聚光镜和场镜形成平行光束，以一定角度射向指示光栅，经反射主光栅反射后形成莫尔条纹，再经反射镜和物镜在光电池上成像。该光路适用于黑白反射光栅。

按照光栅的结构，光栅又可分为长光栅和圆光栅两种形式，其中圆光栅又可分为径向光栅、切向光栅及环形光栅，如图 5-5 所示。

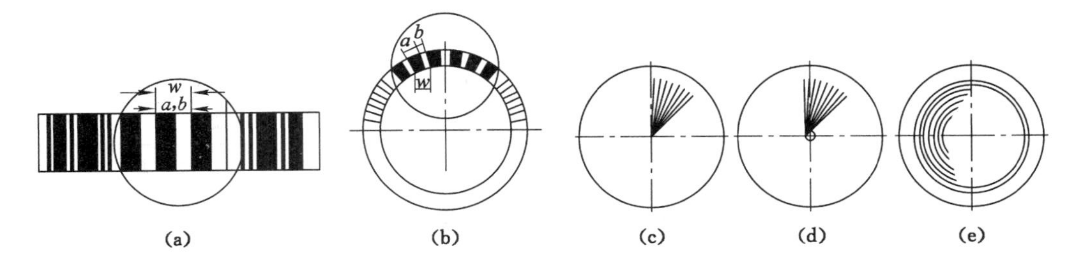

图 5-5　光栅结构

(a) 长光栅；(b) 圆光栅；(c) 径向光栅；(d) 切向光栅；(e) 耳形光栅

5.2.2.6　旋转变压器式角位移传感器

以上所介绍的各种线位移传感器，只要在结构上作适当变动，几乎都能实现角位移的测量。下面再介绍两种较常用的角位移传感器——旋转变压器和微动同步器。

旋转变压器是一种输出电压随转子转角而变化的角位移测量装置，当以一定频率（一般为 400 Hz 或更高）的交流电压加于激磁绕组时，输出绕组的电压幅值与转子转角成正弦、余弦函数关系，或在一定转角范围内与转角成正比关系。前一种旋转变压器称为正余弦旋转变压器，适用于大角位移的绝对测量，后一种称为线性旋转变压器，适用于小角位移的相对测量。

5.2.2.7 微动同步器式角位移传感器

微动同步器有力矩型和信号型两类，前者是一种力矩输出装置，后者才用于角位移测量。信号型的微动同步器实际上是一种高精确度的变磁阻型旋转变压器。对于一定的激磁电压和频率来说，在一定的转子转角范围（一般为±10°或±12°）内。它的输出电压正比于转子转角。

微动同步器的输出电压的频率等同于激磁电源频率，需要配上必要的后继测量电路和终端显示装置。微动同步器与差动变压器一样都会出现零位输出，需要采用适当的措施加以消除和补偿。通常采用的激磁电压为5～50 V。微动同步器的灵敏度为每度0.2～5 V，非线性度0.1%～1.0%。

5.2.3 常见位移传感器的主要性能参数

根据传感器的变换原理，常用的位移测量传感器有电阻式、电感式、差动变压器式、感应同步、磁栅、光栅和激光等位移计以及电动千分表等。针对位移测量的应用场合，可以采用不同用途的位移传感器。表5-1列出了较常见位移传感器的主要特点和使用性能。

表5-1　常见位移传感器及其特点

型式		测量范围	精确度	直线型	特点
电阻式	滑线式线位移	1～300 mm	±0.1%	±0.1%	分辨力较好，可静态或动态测量。机械结构不牢固
	角位移	0～360°	±0.1	±0.1%	
	变阻器线位移	1～1 000 mm	±0.5%	±0.5%	结构牢固。寿命长，但分辨力差，电噪声大
	角位移	0～60 r	±0.5%	±0.5%	
应变式	非粘贴的	±0.15%应变	±0.1%	±1%	不牢固
	粘贴的	±0.3%应变	±2%～3%		使用方便，需温度补偿
	半导体的	±0.25%应变	±2%～3%	满刻度±20%	输出幅值大，温度灵敏性高
电感式	自感式变气隙型	±0.2 mm	±0.1%	±0.3%	只宜用于微小位移测量
	自感式螺管型	1.5～2 mm			测量范围较前者宽，使用方便可靠，动态性能好
	自感式特大型	300～2 000 mm		0.15%～1%	
	差动变压器	±0.08～75 mm*	±0.5%	±0.5%	分辨力好，受到磁场干扰时需屏蔽
	涡电流式	±(2.5～250) mm	±(1%～3%)	<3%	分辨力好，受被测物体材料、形状、加工质量影响
	同步机	360°	±(0.1°～7°)	±0.5%	可在1 200 r/min转速下工作，坚固，对温度和湿度不敏感
	微动同步器	±10°	±1%	±0.5%	非线性误差与变压比和测量范围有关
	旋转变压器	±60°		±0.01%	
电容式	变面积	10^{-3}～1 000 mm	±0.005%	±1%	受介电常数因环境温度、湿度变化的影响
	边间距	10^{-3}～10 mm	0.1%		分辨力好，但测量范围小，在小范围内近似保持线性

续表 5-1

型式		测量范围	精确度	直线型	特点
霍尔元件		±1.5 mm	0.5%		结构简单,动态特性好
感应同步器	直线式	10^{-3}～1 000 mm	2.5 μm/250 mm		模拟和数字混合测量系统,数字显示(直线式感应同步器的分辨力可达 1 μm)
	旋转式	0～360°	±0.5°		
计量光栅	长栅	10^{-3}～1 000 mm	3 μm/1 m±0.5°		模拟和数字混合测量系统,数字显示(长光栅分辨力可达 1 μm)
	圆光栅	0～360°			
磁尺	长磁尺	10^{-3}～1 000 mm	5 μm/1 m±1″		测量时工作速度可达 12 m/min
	圆磁尺	0～360°			
角度编码器	接触式	0～360°	10^{-6}r		分辨力好,可靠性高
	光电式	0～360°	10^{-6}r		

注:* 系指这种传感器形式能够达到的最大可测位移范围,而每一种规格的传感器都有其一定的远小于此范围的工作量程。

5.3　温度的测量

5.3.1　温标的定义

由热力学定律可知,处于同一热平衡状态的所有物体都具有某一共同的宏观性质,表征这个宏观性质的物理量就是温度。温度仅取决于热平衡时物体内部的热运动状态,即温度高的物体,分子平均动能大;温度低的物体,分子平均动能小。因此,温度可表征物体内部大量分子无规则运动的程度。

一切互为热平衡的物体都具有相同的温度,这是用温度计测量温度的基本原理。选择适当的温度计在测量时使温度计与待测物体接触,经过一段时间达到热平衡后,温度计就可以显示出被测物体的温度。

温度是用来定量描述物体冷热程度的物理量。温度的测量无论是对人们的日常生活还是工农业生产和科学研究均具有重要意义。但对温度的测量却提出了一些问题,这些问题来自于如何对温度进行定义。与长度、质量等参量不同,温度不是外延量,而是内涵量。如果把某两个有确定长度的物体连接起来,它们的长度就相加了。同样把一个均质物体分成两半,其质量也就分成了两半。而温度与此不同,它是一个内涵量。温度的定义来自热平衡的经验事实,它表明两个系统若相互处于热平衡,则具有相同的温度。因此把两个相同温度的系统放在一起,其温度(作为内涵量)将保持不变。

与外延量完全不同,用温度的定义还无法解释应如何理解已知温度的几分之几或若干倍。目前测量技术还不能定义一个标准,使温度成为这个标准的若干倍的度量数。温度的理论定义亦即有关卡诺效率、理想气体定律或统计气体动力学定律的定义,在测量技术上是无法评价的。然而,热力学的零阶主定律却使我们能按照一般的含义通过协定来确定一根温度计。按照该主定律,如果两个系统都与第三个系统处于热平衡,那么这两个系统也处于热平衡。这样此定律就按温度的定义直接把不同物体的温度联系起来。

在选择零点(对于外延量这一步骤是不需要的)之后,就可以把物体的任意一个热特性通过协定来解释为温度的度量。这样,具有外延特性的代用温度标准最后就能被确定和接受。因为对温度测量仪器的选择从根本上就是自由的,所以在选择时要考虑其复现性、实际操作性以及对理论温度的要求。

在第 13 届国际计量大会上制定了“国际实用温标”(IPTS-68)。把水的三态点热力学温度的 1/273.16 定义为 1 K(1 开尔文)。

5.3.2 温标的复制

热力学温标很难复制,因而根据实际应用的需要制定了经验的国际实用温标(IPTS-68),该温标是以自然平衡状态温度的六个初级(基本)固定点和多个次级固定点(大多数为凝固点和沸点)以及这些点之间的内插公式作为基础的。固定点在任何时候均能被高精度复现。在基本固定点之间,要用到铂电阻探针、铂铑—铂热电偶以及光学辐射温度计等插补仪器,这些标准仪器在市场上均能买到。

温度计的探头材料由于老化或承受负荷太大等原因会改变最初的特性,因此每只温度计均应定期进行校准以检验其测量精度。仪器校准是通过与温标作比较来进行的。实际中有两种形式:第一种针对一个或多个基本固定点或二次固定点作比较;第二种是在理想的环境条件下与一个标准仪器作比较。

在固定点上作校准能得到最大的精度。其缺点是只能在离散的几个温标点上进行比较,在中间点上只能进行插补。这种标准试验要求有特殊的装置,并用该装置来十分小心地调整固定点。另外,要使所有部件均达到热平衡状态所需的准备时间是很长的。由于这种校准费用较大,因而很少进行。但是有些固定点例外,这些点在任何实验室中采用简单的平均法便能实现,这些固定点是:水的冰点(0.00 ℃)、水的三态点(0.01 ℃)、水的沸点(100.00 ℃)以及硫的沸点(444.60 ℃)。

5.3.2.1 水的冰点

在所有固定点中,水的冰点最容易实现:一个绝热容器(杜瓦瓶)里充满纯净的水和冰屑的混合液,如图 5-6(a)所示,该混合液的温度便体现了水的冰点。冰必须由去盐的水制成,因为如果其中含有不纯物质,则会降低结冰点。温度是在环境压力为 $p_0=1.013$ bar 的条件下测得的。待校准的温度计应浸没至刻度线末端。在读数时应将它在短时间内抽出。可达到的温度重复性在周密的操作条件下好于 0.01 K。这种冰溶法也常在热电偶测量中用作“冷焊点”的参考温度。但它不适合持续测量,因为添加冰块和排出溶化的水需要不断照料和维护。

5.3.2.2 水的三态点

该点是物态(固态、液态、气态)之间达到平衡状态时的固定点(0.010 ℃),它可以很精确地加以实现。三态点还与气压无关。

三态点室[图 5-6(b)]由一个双层壁的玻璃管构成,中间室充以极纯净的无气体水,最上部充以蒸汽。在测量过程开始之前,先将该室置于普通冰浴之中,并装满干冰使之冷却,在内壁形成冰层。紧接着注入热水取代干冰,在玻璃与冰层间形成薄层水膜。最后,将其浸到杜瓦瓶中作冰水浴,并向温度计插孔中注入冰水。这样能在较长的时间内产生三态点温度,并能很好地将热量传递给待校准的接触式温度计。用这种校准装置能达到的重复性优于 0.000 1 K。

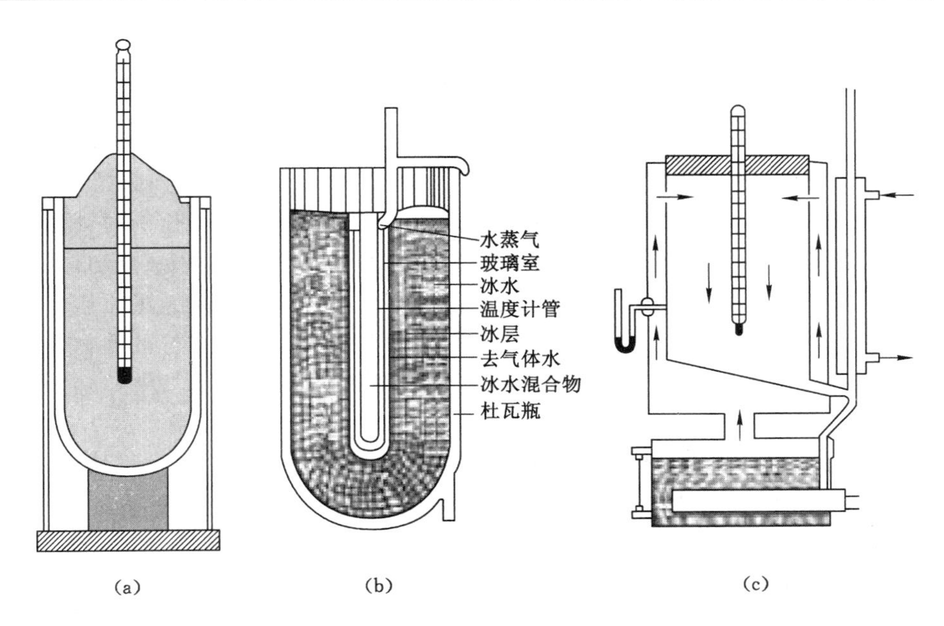

图 5-6　温标固定点的简单实现方法

(a) 水的冰点；(b) 水的三态点；(c) 水的沸点

5.3.2.3　水的沸点

根据定义，水和蒸汽之间的平衡状态温度在普通气压（p_0 = 1.103 bar）下正好为 100 ℃。将要检验的温度计浸入到沸水中是一种简单的方法，在最好的情形下它的精度能达到 0.5～1 K，这对于粗测来说足够了。较高的测量要求可采用沸点仪，这种仪器通常不是把水的沸腾温度作为固定点，而是用蒸汽的凝固温度作为固定点。仪器的最好重复性为 0.001 K。

对温度敏感元件的监控可通过与标准元件（液体玻璃温度计、电阻温度计、热电偶）作比较来进行，这些标准元件随温度变化的误差应是已知的，该比较方法比在固定点上作校准的方法简单得多。在大多数实验室中，只要具有合适的试验装置如标定槽或恒温器等，都可以进行这些比较测量。在这些装置中，温度在一定的工作范围内连续变化。但这种方法也存在一定的问题，因为人们不能肯定温度敏感元件是否同原始温度计和标准温度计具有相同的温度。标准温度计的精度决定了标定的品质，因而在标准仪器上所作的比较测量比在固定点作比较测量精度要低。但大部分工业应用场合，这种测量结果的精度已经足够了。

根据不同温度范围，标定可在液体槽、金属块或管炉中进行，其中液体槽由于具有良好的传热特性和简单的装置而被用得最多。液体槽由绝热容器组成，内部含有加热或冷却装置、旋转泵或螺旋搅拌器以及传热和辐射防护装置。温度计从上方浸入液体槽中。实际经常用电加热棒或外罩式加热元件进行加热。冷却是通过蛇形冷却管与外部冷却设备相连，或通过直接装在仪器内部的珀尔贴元件来进行。温度调节可用接触式温度计，对不同的设备条件可达到的精度为 0.01～0.1 K。新近采用的还有半导体阻抗敏感元件，用它加上可控硅元件可以直接控制加热功率。温度的稳定度在这些场合可达 10～100 ℃。工作范围是由液体所确定的。对甲醇来说工作范围为：−100～0 ℃；水：0～100 ℃；硅树脂油和矿物油:50～250 ℃;盐水浴 150～600 ℃。对于油类要注意:考虑到必要的循环流动条件,低温下的黏滞度不能太大,油的发火点应尽量高于最高的工作温度。

5.3.3 温度测量方法

根据温度传感器的使用方式,测温法通常分为接触法与非接触法两类。

① 接触法——由热平衡原理可知,两个物体接触后,经过足够长的时间达到热平衡,则它们的温度必然相等。如果其中之一为温度计,就可以用它对另一个物体实现温度测量,这种测温方式称为接触法。其特点是温度计要与被测物体有良好的热接触,使两者达到热平衡。因此,测温精确度较高。用接触法测温时,感温元件与被测物体接触,往往要破坏被测物体的热平衡状态,并对被测物体有腐蚀作用。因此,对感温元件的结构和性能要求苛刻。

② 非接触法——利用物体的热辐射能随温度变化的原理测定物体温度的测温方式称为非接触法。其特点是不与被测物体接触,也不改变被测物体的温度分布,热惯性小。用这种方法测温无上限。通常用来测定 1 000 ℃以上的移动、旋转或反应迅速的高温物体的温度。两种测温方法的特点列于表 5-2 中。

表 5-2　接触法与非接触法测温特性

	接触法	非接触法
特点	不适合测量热容量小的物体和移动物体,可测量任何部位的温度,便于多点集中测量和自动控制	不改变被测物体的温度场,可测量移动物体的温度,通常测量物体的表面温度
测量条件	测量元件要与被测对象很好地接触,接触测温元件不要使被测对象温度发生变化	有被测物体发出的辐射能充分照射到测温元件,要准确知道被测物体的辐射率
测量范围	适合测量 1 000 ℃以下的温度	适合测量 1 000 ℃以上的温度,测低温时误差较大
精确度	通常为 0.5%～1%,最高达 0.01%	通常为 20 ℃左右,最小 5～10 ℃
响应时间	1～2 min	通常较小为 2～3 s,最多 10 s

5.3.4 温度计的分类

(1) 按测温原理分类

常用温度计按测温原理分类,见表 5-3。

表 5-3　常用温度计的种类及特性

原理	种类	使用温度范围/℃	量值传递的温度范围/℃	精确度/℃	响应时间
膨胀	水银温度计	−50～650	−50～550	0.1～2	中
	有机液体温度计	−200～200	−100～200	1～4	中
	多金属温度计	−50～500	−50～500	0.5～5	慢
压力	液体压力温度计	−30～600	−30～600	0.5～5	中
	蒸汽压力温度计	−20～650	−20～350	0.5～5	
电阻	铂电阻温度计	−260～1 000	−260～630	0.01～5	中
	热敏电阻温度计	−50～350	−50～350	0.3～5	快

续表 5-3

原理	种类		使用温度范围/℃	量值传递的温度范围/℃	精确度/℃	响应时间
热电动势	热电温度计	B	0～1 800	0～1 600	48	快
		S·R	0～1 600	0～1 300	1.5～5	
		N	0～1 300	0～1 200	2～10	快
		K	−200～1 200	−180～1 000	2～10	
		E	−200～800	−180～700	3～5	
		J	−200～800	−180～600	3～10	
		T	−200～350	−180～300	2～5	
热辐射	光学高温计		700～3 000	900～2 000	3～10	—
	光电高温计		200～3 000	—	1～10	快
	辐射温度计		100～3 000	—	5～20	中
	比色温度计		180～3 500	—	5～20	快

(2) 按精度等级分类

按精度等级分类，温度计可分为 K 温度基准、工作基准、一级基准、二级基准及工业用基准等各种温度计。国际上精确度最高的标准计量仪器由国际计量局保存，我国的国家基准放在中国计量科学研究院。各省、市技术监督局温度标准都要定期与国家基准比对，以保证全国及各地区的温度量值统一。

5.4 振动的测试

5.4.1 基本概念

物体随时间反复进行相同的或特定状态的运动，就称为振动。典型的振动是周期运动，一个振动过程可以用振动的位移、速度和加速度随时间变化的过程来描述。测量振动的目的是测出振动的位移、速度和加速度的时间历程。

研究振动的测试包括两方面的内容：一方面研究怎样测量振动的各项参数；另一方面研究振动试验怎样实现。振动试验是指评定产品在预期的使用环境中抗振能力而对受振的实物或模型进行的试验。振动试验有以下几类：

① 材料、结构等的抗振特性试验。

② 材料的激振疲劳试验。

③ 振动和声学有关的试验——振动方法、机械阻抗、机械转移等参数的测量。

④ 机器、产品的可靠性、安全性试验。

5.4.2 测振系统组成

测试振动的系统通常由传感器、测振仪和记录仪等组成，如图 5-7 所示。

图 5-7　振动测试系统

随着测试技术的发展，振动测试系统也在不断更新。传感器最初多用磁电式传感器，但是由于它体积大、频带较窄，在使用上受到限制。目前多采用压电晶体加速度计，它具有频带宽、动态范围大、体积小、重量轻等优点。测振仪过去多采用电压前置放大器，但是这种仪器由于其灵敏度受到测量电缆长度的限制，使得测量结果中含有较大的误差。目前更倾向于采用电荷放大器，由于它的灵敏度不受电缆长度的影响，这样就给使用带来了极大的方便。记录仪早期使用光学示波器，现在出现了磁带记录仪、数字记录仪、遥测记录系统等。这些技术的进步和仪器的发展都为振动参数的数据处理、远距离传输、提高准确度等方面带来了令人鼓舞的进步。下面分别讨论测振传感器、测振仪以及振动的记录方法。

5.4.2.1 测振传感器

根据被测振动参数来分类，测振传感器可分为位移式传感器(其传感器的输出量与振动位移量成正比)、速度式传感器(其输出量与振动速度成正比)、加速度式传感器(其输出量与振动加速度成正比)。

根据坐标系来分类，测振传感器有相对式和绝对式两类。相对式是用空间某一固定点作为参考点来测量物体相对于参考点的振动，相对式传感器又可分为接触式和非接触式。绝对式是以大地坐标系作为参考点，测量时传感器需固定在振动物体上，因此这种传感器又称为地震仪式传感器。

根据振动传感器所用敏感元件的不同，又可将其分为电位计式、应变式、电阻式、张丝式、电容式、电感式、涡电流式、差动变压式和光电式等。

(1) 粘贴式电阻应变计

粘贴式电阻应变计是将应变片粘贴在弹性梁上，应变片是此传感器的敏感元件。其原理是应变片电阻的变化与应变片的纵向伸长或压缩量成正比，即

$$\frac{\Delta l}{l} = \frac{\Delta R}{R} \tag{5-5}$$

式中，l 为应变片纵向长度，mm；Δl 为纵向伸缩量，mm；R 为总电阻，Ω；ΔR 为电阻变化量，Ω。

在粘贴式电阻应变计中，质量块与悬臂梁组成一个质量—弹簧系统。使用时应变片应贴在悬臂梁的应变方向。当质量块运动时，悬臂梁将产生弯曲应变，这一应变由悬臂梁的特点及其材料性质决定。在一定的变形范围内，该质量块的位移 x 与悬臂梁的应变($\Delta l/l$)成正比，即

$$x \propto \frac{\Delta l}{l} = \frac{\Delta R}{R} \tag{5-6}$$

$$\frac{\Delta R}{R} = Kx = K\beta_a \ddot{u} \tag{5-7}$$

式中，K 为机电转换系数；x 为质量块的位移；l，Δl 为悬臂梁的长度和悬臂梁的应变长度；β_a 为幅频特性动力放大系数；$\ddot{u}$为基座上加速度计的输入值。

当应变计随基座振动时，由于加速度的作用，质量块上的惯性力使敏感元件变形，从而使应变片电阻发生变化而输出电信号。

实际使用中一般应变片需要贴四片或八片。由于应变片的温度效应较为严重，为了补偿温度效应，在测量线路中一般要加补偿应变片，其数量和型号通常与测量应变片相同。补偿片贴在与测量片垂直的方向，并组合在同一个桥路里，使其由于温度变化而引起的电阻变

化互相抵消，从而达到温度补偿的目的。

此传感器的优点是可从零频率附近开始测量，适用于低频测量，结构简单，使用可靠，横向效应小；缺点是灵敏度低。

（2）张丝式传感器

在张丝式传感器中，电阻丝不直接粘贴在弹性元件上，而是直接连在活动质量块和基座之间，以感受质量块在振动过程中的位移变化。当质量块相对于基座振动时，一组电阻丝受力拉伸，另一组电阻丝受力压缩，电阻丝的相对变化通过电桥进行变换和测量。由于电阻丝的电阻变化率直接反映了质量块在振动过程中的位移，因此，张丝式传感器的灵敏度较高。此外，其低频特性也较好，但其稳定性较差，易受温度、湿度等因素的影响。

（3）压阻式加速度计

压阻式加速度计的敏感元件是单晶硅片，其工作原理是利用单晶硅片的压敏电阻效应。振动时，压阻元件变形，其电阻变化与变形成正比，再通过所配的电桥线路转变为电量输出。它的结构和应变式加速度计基本相同，仅敏感元件不同。但是它的低频特性好，具有零频响应，输出阻抗低，可直接和示波器、数字电压表、磁带记录仪相连。压阻式加速度计特别适用于低频测量和需要有直流响应能力的冲击测量等领域。

这种加速度计的缺点是易受温度影响，零漂较大，需要温度补偿和外接电源。

（4）磁电式速度传感器

磁电式速度传感器有两种结构，一种是动圈式，另一种是动磁式。动圈式速度传感器的活动系统由活动线圈和电磁阻尼器组成。活动线圈放在由永久磁铁和壳体所形成的间隙中，线圈和阻尼器由芯杆相连，并通过弹簧片支承在壳体上。传感器壳体固定在振动物体上，当物体振动时，壳体也随之振动，则线圈相对于磁铁运动。线圈切割磁力线运动产生的感应电动势为

$$e = BNlv \tag{5-8}$$

式中，B 为磁感应强度；N 为线圈匝数；l 为每匝线圈的长度；v 为线圈相对于磁铁的运动速度，即被测的振动速度。

传感器的结构一旦确定，则上式中的参数 B、N、l 均为常数，因而感应电动势 e 和被测的振动速度 v 成正比。

动磁式速度传感器和动圈式速度传感器的区别主要是动磁式速度传感器的活动部分是磁钢，而不是线圈。磁钢由两个圆柱形的弹簧支承，线圈绕在非导磁性的金属骨架上，并与壳体相连。传感器固定在振动物体上，当物体振动时，磁钢在线圈中产生运动，从而产生感应电动势。磁钢的运动速度就是被测的振动速度。

磁电式速度传感器的优点是内阻小，不需要高输入阻抗的放大器，对测量仪器要求简单。由于使用空气阻尼或电阻尼，受温度影响较小，故其稳定性较高。由于输出信号和振动速度成正比，故低频测量时输出较大，有利于提高系统的信噪比。其缺点是其振动频率响应范围窄，只适用于低、中频测量。

（5）电容式传感器

电容式传感器的敏感元件是可变电容，它主要用来测量位移，一般要与外接电源或参量变换器配合才能使用。

在两个平行极板所组成的电容式传感器中，电容量 C 与极板面积 S、介电系数 μ、极板

间距 d 有关，故可通过改变这三个量来改变电容量。其中改变极板间距 d 时灵敏度最高，但电容量的变化和极板间距 d 的变化不是线性关系，而且当测量小振幅时，为了得到足够大的电容量变化，传感器和振动物体间的静态距离必须很小，所以使用起来很不方便。此外，电容式传感器只能用在介电性能较好的介质中（如空气），但该传感器测量位移的准确度较高，可达 2%。

（6）力—加速度传感器

力—加速度传感器又称机械阻抗头，是测量机械阻抗试验不可少的传感器，由测力的传感器和测加速度的传感器组成。测力的传感器由两片压电晶片组成，通过压块和激振器相连，力信号由接头输出。测加速度的传感器则由两片压电晶片和质量块组成，加速度信号由接头输出。

力—加速度传感器通过壳体与被测结构相连。当激振器激振时，激振力就通过力传感器和壳体传给被测结构，在激振力的作用下，测力晶片输出电信号；当该结构振动时，由于质量块的惯性作用，压电晶片中产生的加速度信号由接头输出。从而测出力和由此而产生的加速度，再通过相应的测量电路可得到阻抗的大小。

（7）压电式加速度计

压电式加速度计是用压电材料作为敏感元件，利用压电材料的"压电效应"设计而成的。它的输出信号和振动加速度成正比，具有结构简单、体积小、重量轻、频响范围宽（0.3～10 000 Hz）、振动加速度可测范围大（10^{-5} g～10^{5} gm/s^{2}）、适用范围广（可在常温或高温下使用）、抗外界磁场干扰能力强等优点。由于它是自发电式，不需外加电源或辅助电路，因此在振动和冲击测量的领域中得到越来越广泛的应用，目前大多数测量加速度的器件都采用这种传感器。

压电式传感器的工作原理：在压电元件上装有一个质量块 m，由弹簧压紧，当它受到振动时质量块 m 所产生的惯性力 F 为

$$F = ma \tag{5-9}$$

惯性力 F 作用在压电元件上，便产生压电效应，其表面所产生的电荷为

$$Q = kF \tag{5-10}$$

式中，k 为压电元件的压电常数。

当传感器的结构固定时，压电常数 k 和质量块的质量 m 都是定值，故电荷量便与加速度成正比，即

$$Q = kma \tag{5-11}$$

压电式加速度计按晶体的工作方式分为压缩型、弯曲型和剪切型。

（8）压缩型加速度计

压缩型加速度计是由一个个压电感测元件逐层堆叠一片或两片压电片，在压电片上放置一个质量块，再用一个刚度较大的弹簧压在质量块上组成的。它的制造工艺简单，且在给定的频率范围内灵敏度较高，对基座应变和环境因素的敏感性较小。

常用的压缩型加速度计有以下几种：

① 外圆配合压缩式。其结构如图 5-8(a)所示，敏感元件和加速度计基座机械隔离，其机械强度高，可以耐受大的加速度冲击，但质量块的惯性力有一部分被隔离弹簧所平衡，所以灵敏度降低。此外，早期还曾采用周边压缩式加速度计，将弹簧围成一圈和加速度计外壳

相连，预压在质量块上。它虽有灵敏度高、固有频率高、频率范围宽、机械强度高等优点，但受声、基座应变和温度瞬变等影响较大，因而逐渐被淘汰。

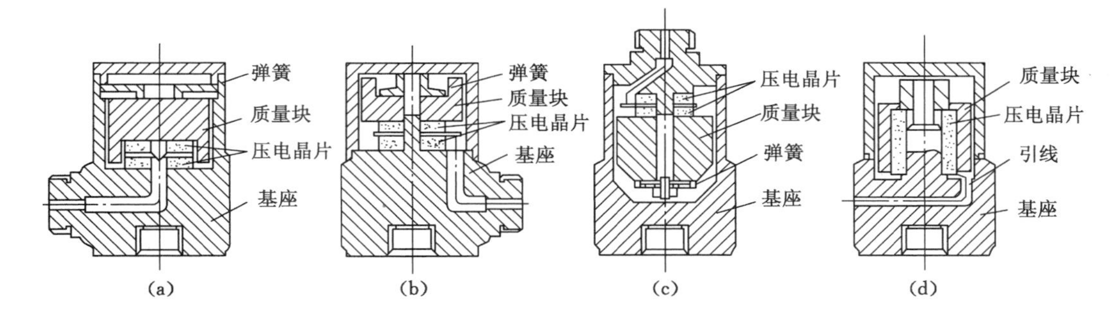

图 5-8　几种压缩式加速度计结构图

(a) 外圆配合压缩式；(b) 中心配合压缩式；(c) 倒装中心配合压缩式；(d) 剪切式

② 中心配合压缩式。其结构如图 5-8(b)所示，弹簧固定压在基座中心杆上，质量块受到预紧力。它具有较高的固有频率和较宽的加速度范围，是目前使用较广泛的一种形式。

③ 倒装中心配合压缩式。其结构如图 5-8(c)所示，敏感元件固定在外壳顶部，离基座较远，受基座变形的影响较小，因此，具有较小的基座应变灵敏度和声灵敏度。

④ 剪切式。其结构如图 5-8(d)所示，所用压电元件为空心圆柱形。它是利用压电元件只受到质量块作用，该作用产生剪切应变压电效应而使其工作的。它具有良好的环境隔离效果，且频响范围宽，但造价较高。

5.4.2.2　测振仪电路原理

图 5-9 所示为测振仪的原理框图。通常压电式振动传感器的内阻很大，所以将它与放大器连接之前需要先经过阻抗变换器，使两边阻抗匹配。测振仪可直接读取振动的加速度值。

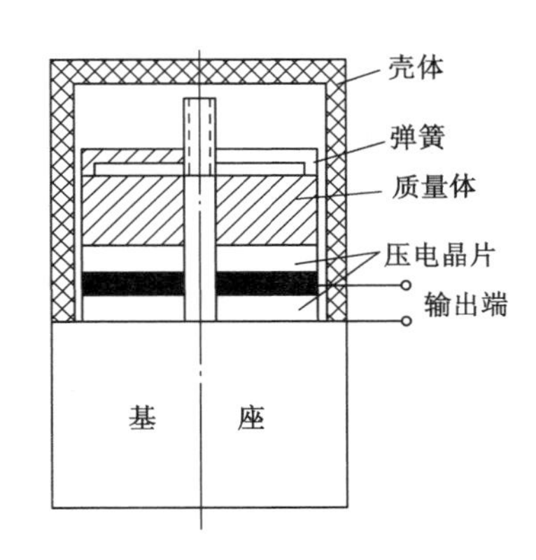

图 5-9　测振仪的原理框图

对于不同类型的传感器，测振仪的前置电路是不同的，速度型传感器可通过一次积分电路获得位移；加速度型传感器从理论上看可以采用二次积分电路获得位移，但实际上很少这样使用，因为它需要将传感器的灵敏度调得很高，这样就不能正常测出加速度。从理论上说，用速度传感器经过微分电路也可获得加速度，但是微分电路会使噪声的高频分量加强，从而使信噪比降低，因此也不常用。

压电式振动传感器测得的电荷量由电荷放大器变换成相应的输出电压。电荷放大器由一个高增益运算放大器和一个电阻与电容并联的反馈网络构成。反馈电容上的电压决定了输出电压与输入电荷之间的关系，电荷放大器的输出电压仅由反馈网络决定，即

$$U_0 = \frac{-Q}{C_f + \frac{1}{jw}g_f} \tag{5-12}$$

式中，C_f为反馈电容；Q 为压电传感器产生的电荷；g_f为反馈电导。

若反馈电阻很大，即 $g_f \leqslant 1$，式(5-12)可简化为

$$U_0 = \frac{-Q}{C_f} \tag{5-13}$$

可见，电荷放大器的输出电压仅由输入电压和反馈电容决定，而与压电式测振传感器和放大器之间的电缆长度无关。

5.4.2.3 振动的记录方法

波形记录是振动记录经常使用的一种方法。对于简单的周期信号，可以从图形上读出它的幅值、频率等参数，对于复杂的波形信号(如随机信号)，就不能简单地从波形上读到它的特征参数。

有效值记录也是振动记录的一种方法，它常用于记录周期性振动信号。常用的记录仪中大多数采用全波整流，然后求出有效值的变换。

另外，当振动的频率较大时，也可以采用对数记录方法。

目前随着信号处理技术的发展，一些先进的分析仪器采用快速傅立叶变换(FFT)方式来记录振动波形。它的最大特点是能将模拟数据在不连续的时间间隔内取样，并使其数字化。

5.4.3 振动试验设备

振动试验也是测试内容的一部分。振动试验包括的内容有振动模型的理论分析和设计计算、振动环境试验设计、振动试验设备等。下面介绍振动试验设备。

振动试验设备主要是指试验室进行振动试验的激振仪器。一般可将其分为机械式、电液式和电磁式。机械式工作频率范围较窄，为 5～80 Hz。电液式的频率范围为 0.05～800 Hz。电磁式是最常用的，它的最高频率可达 3 000～4 000 Hz，甚至更高，最低频率一般为 5～10 Hz。

(1) 机械式振动台

机械式振动台基于旋转体不平衡块的离心力而引起振动。其振动频率由直流电动机来控制，幅度由不平衡块的偏角大小及试件的质量决定。对称的两块不平衡块作相对旋转，水平分力相互抵消，垂直分力相互叠加合成上下振动的推力。

为了使前后左右都对称，常用四块不平衡块组成激振器连接在振动台面连杆上。四块不平衡块的调整可以是手动或电动机械式，也可以是液压传动式，这就是调幅时需要停车调整和不需要停车调整的区别。

(2) 电液式振动台

电液式振动台主要由激振器、电液伺服阀、电控装置、油源等部分组成。它是将液压能转换成机械能的装置，在伺服阀的控制下，阀的流量和油的流动方向决定台体推力的大小和运动方向。

电液式振动台的工作原理：信号源产生的振动信号经测量控制部分与阀位移、台位移反馈信号相加产生误差信号，该误差信号经功率放大器放大后送到伺服阀中的力矩电机控制线圈，控制线圈直接拖动伺服阀的一级阀，使其阀芯产生与输入信号成正比的运动，并驱动二级阀作正弦运动，二级阀将油源的高压油按电控信号变化规律供给台体，使台体产生振动。由于阀位移和台位移反馈信号的存在，保证当输入信号为零时，活塞轴在激振器的中心位置。

电液伺服阀是电液式振动台的关键元件之一。它既是功率放大装置，又是电能、机械能的转换器。它接收来自电控装置的控制信号，将该控制信号转换成驱动激振器的液压驱动力。伺服阀可以是力矩电机式的二级滑阀式伺服阀。

电控装置包括扫频信号发生器，振动测量和控制部分，阀位移、台位移、压差检测器以及电荷放大器，功率放大器，扫频定振控制器。电控装置提供振动台在进行振动试验时所需的各种控制信号，并对激振器响应进行处理；对振动台实现闭环控制，使之达到一定的准确度和稳定度。

(3) 电磁式振动台

电磁式振动台主要由功率放大器和振动台体组成。电磁式振动台是根据载流导体在磁场中受到电磁力作用的原理像电动喇叭一样激振工作。

电磁式振动台的台体结构由磁路系统、活动组件、弹性支承以及导向机构等组成。磁路系统的结构分为单磁路和双磁路两种，它们是由直流电流经静止线圈产生的恒定磁场所形成的。单磁路系统结构简单，台面漏磁较大；双磁路系统可以减少漏磁，但结构复杂。对于小功率的振动台可采用永磁磁场。

活动组件是产生交变电磁力的部件。由功率放大装置提供的交流电流经运动线圈，在恒定磁场下产生突变电磁力，使工作台面上下垂直振动。振动频率由动圈内的交流电流的频率决定，幅度由其电压电流决定。由于活动线圈和静止线圈内有较大的电流流过，因此产生的热量需要冷却，冷却方式有水冷式和风冷式两种类型。

由于活动组件依靠弹性支承置于静止线圈的磁路工作间隙中，因此，弹性支承应具有足够的刚度来支承活动组件和台面及试件的全部重量。弹性支承和活动组件构成振动系统，其共振频率决定了电磁振动台的低频特性。若使用空气弹簧，则其最低频率可达 5 Hz 以下。导向机构实际上是一个水平振动滑台，是为了使试件能在正常状态下作水平方向振动而设置的，它常与振动台外壳做成一个整体。将振动台振动轴旋转 90°成水平方向，由垂直方向的振动改为水平方向的振动。试件的重量必须由水平振动滑台来承担，它使振动滑台免受弯矩，因此滑台台面一般采用液压平面轴承，并且有单向运动的引导轴承装置。

5.5　流量的测量

5.5.1　流量、流量计

流量是指单位时间内流过管道某一截面的流体介质的体积或质量数。前者称为体积流量，后者称为质量流量。它们之间的换算关系为

$$q_{\mathrm{m}} = \rho q_{\mathrm{v}} \tag{5-14}$$

式中，q_{m}为质量流量；q_{v}为体积流量；ρ 为流体介质的密度。

用来测量流量的仪表统称为流量计。测量某一段时间内流过的流体量，即瞬时流量对时间的积分，称为流体总量。测量流体总量的仪表称为流体计量表或总量计。在工程中，重力流量 Q_{G}和体积流量 q_{v}之间的换算关系为

$$Q_{\mathrm{G}} = \rho_{\mathrm{g}} q_{\mathrm{v}} = g q_{\mathrm{m}} \tag{5-15}$$

式中，g 为重力加速度。

5.5.2 流量计的选用

在选用流量计时，一般需要考虑被测流体的种类和状态(如液体、气体、蒸汽、浆液、温度、压力、黏度、密度、导电性、腐蚀性等)、流量的大小、工作压力、价格、工况条件等因素。

5.5.2.1 差压式流量计

(1) 基本工作原理

差压式流量计的基本工作原理如图 5-10 所示。在管道中安装一个直径比管径小的节流件，当充满管道的单向流体流经节流件时，由于流道截面突然缩小，流束将在节流件处形成局部收缩，使流速加快。根据能量守恒定律，动压能和静压能在一定条件下可以互相转换。流速加快必然导致静压力 p 降低，于是在节流件前后产生静压差 Δp，而静压差的大小和流过的流体流量 Q 有关，所以可通过静压差来求得流量。静压差通过导压管与压差计连接，测得静压差 $\Delta p = p_1 - p_2$，经理论推导后可求得流过管道流体的流量。

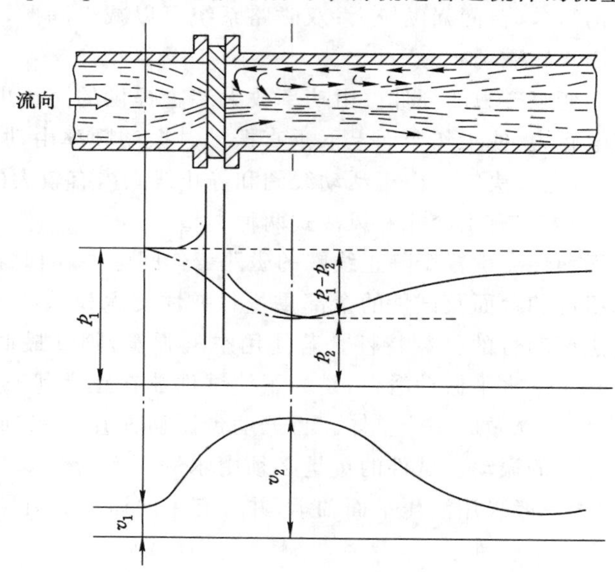

图 5-10 差压式流量计基本工作原理图

v_1——流体流经节流件前的流速；v_2——流体流经节流件后的流速；

p_1——流体流经节流件前的静压；p_2——流体流经节流件后的静压

体积流量和重力流量公式分别为

$$q_v = \alpha\varepsilon \frac{\pi}{4} d^2 \sqrt{\frac{2\Delta p}{\rho}} \quad (m^2/s) \tag{5-16}$$

$$q_G = \alpha\varepsilon \frac{\pi}{4} d^2 \sqrt{2g^2 \Delta p \rho} \quad (kg/s) \tag{5-17}$$

(2) 节流件型式和取压方式

目前，我国工业上应用最广泛的标准节流装置是孔板、喷嘴和文丘利管，如图 5-11 所示。节流装置的取压方式，以孔板为例，有五种取压方式，各种取压方式的取压孔位置如图 5-12 所示。下面分别对这五种取压方式进行介绍。

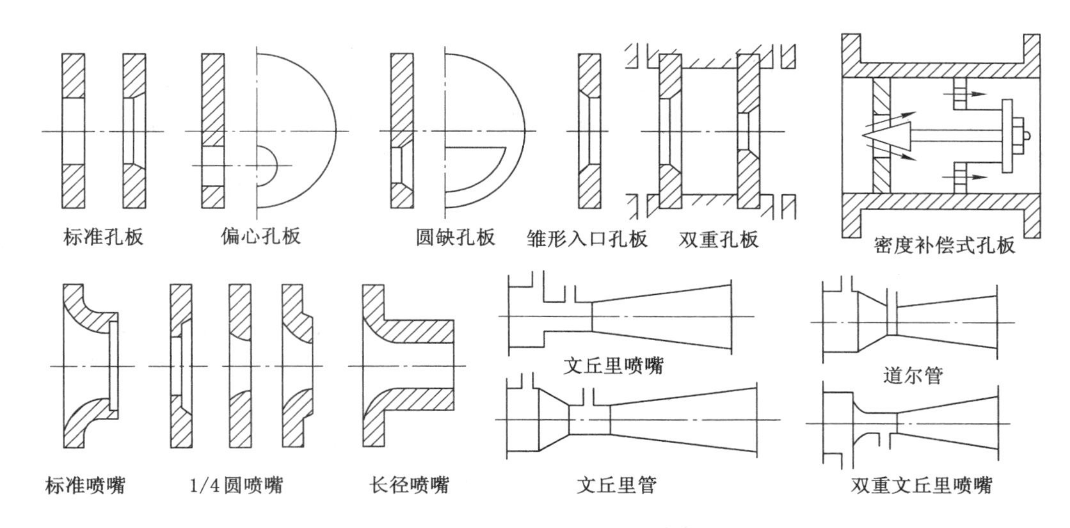

图5-11　工业上广泛应用的节流装置

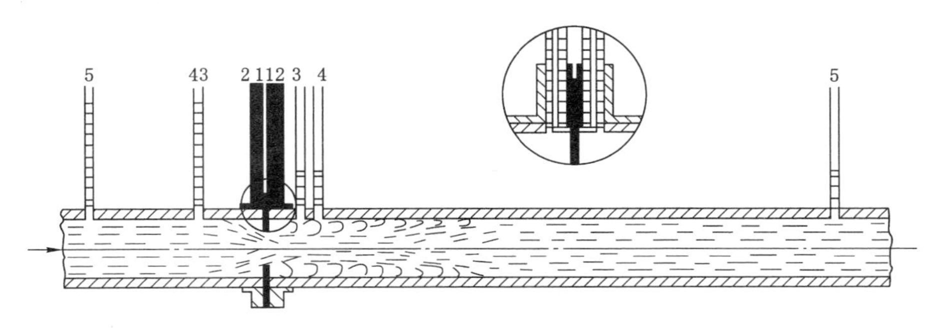

图5-12　孔板的各种取压方式

1——角接取压；2——法兰取压；3——理论取压；4——径距取压；5——管接取压

① 角接取压——在这种方式中，上下游取压孔中心至孔板(喷嘴)前后端的间距各等于取压孔直径的一半或等于取压环隙宽度的一半，因而取压孔穿透处与孔板端正好相平。

② 法兰取压——在这种方式中，上下游取压孔中心至孔板前后端面的间距均为25.4±0.8 mm。

③ 理论取压——在这种方式中，上游取压孔中心至孔板前端面的间距为 $1D\pm0.1D$，下游取压孔中心至孔板前端面的间距见表5-4。

表5-4　　下游取压孔位置

d/D	下游取压孔位置	d/D	下游取压孔位置
0.10	$0.84D(1\pm0.30)$	0.50	$0.63D(1\pm0.25)$
0.20	$0.80D(1\pm0.30)$	0.60	$0.55D(1\pm0.25)$
0.30	$0.76D(1\pm0.30)$	0.70	$0.45D(1\pm0.10)$
0.40	$0.70D(1\pm0.25)$	0.80	$0.34D(1\pm0.10)$

注：d 是节流装置的直径；D 为管道内直径。

④ 径距取压——在这种方式中，上游取压孔中心至孔板（喷嘴）前端面的间距为 D，下游取压孔中心至孔板（喷嘴）前端面的间距为 $D/2$。

⑤ 管接取压——在这种方式中，上游取压孔中心至孔板前端面为 $2.5D$，下游取压孔中心至孔板后端面为 $8D$。

以上五种取压方式各有不同。经分析，角接取压容易实现环室取压，可提高测量精度，而法兰取压安装方便。

(3) 差压计

差压计常与节流装置配套使用，可测量液体、气体和蒸汽的流量，也可测量压差、压力、负压和液位。差压计种类很多，常见的有膜片差压变送器、双波纹管差压计、力平衡式差压计等。

① 膜片差压变送器——膜片差压变送器原理图如图 5-13 所示。当高压室的压力 p_1 和低压室的压力 p_2 相等时，膜片处于平衡位置，差动线圈次级中的两个对称又反接的线圈，因铁芯处于中间位置，其输出电压为零。当高压室的压力和低压室的压力不等时，膜片向低压室方向位移，导致铁芯也随之向上移，从而使得输出电压不为零。注意该输出电压包含压力信息，高、低压室的压力差越大，输出的电压幅度也越大。该输出电压经过整流滤波和变换处理后，即可由仪表显示出来。

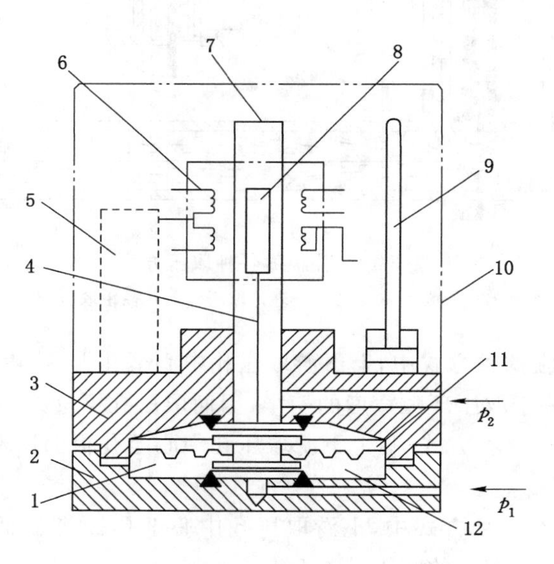

图 5-13　膜片差压变送器原理图

1——膜片；2——高压室座；3——低压室座；4——位移杆；5——电源变压器；6——差动线圈；7——导管；8——铁芯；9——电子线路板；10——罩壳；11——低压室；12——高压室

② 双波纹管差压计——双波纹管差压计原理示意图如图 5-14 所示。由两个波纹管 B_1、B_2 和中心基座把差压计的高、低压室分隔开来，波纹管 B_1、B_2 之间填满工作液体，并被密封。通过导管引入流体经节流件后产生的压差送至高、低压室，使得 B_1 被压缩，连接轴 1 从左往右移，量程弹簧组 10 被拉长，并带动固定在连接轴上的挡板 4、摆杆 7 动作，从而使扭力管 5 动作，其心轴 6 产生角位移，传递到显示单元。

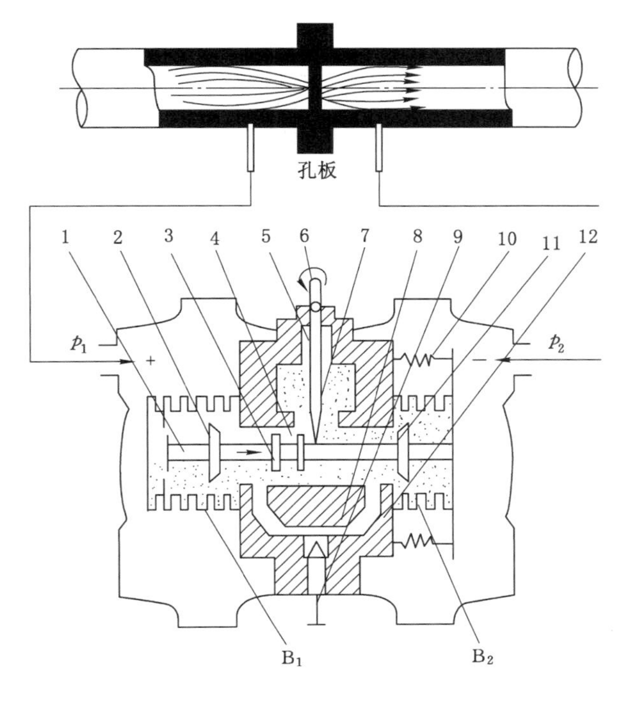

图 5-14　双波纹管差压计原理示意图

1——连接轴；2，11——单向保护阀；3——阻尼环；4——挡板；5——扭力管；6——扭力管心轴；7——摆杆；8——阻尼旁路；9——阻尼阀；10——量程弹簧组；11——中心基座；B_1、B_2——波纹管

③ 差压计的特点——差压节流装置在国内外的流量测量中应用很广泛，由于结构简单、适应性强，因此几乎运用到各种工况下的单向流体和高温高压下流体流量的测量中。特别是标准孔板、标准喷嘴和文丘利管等结构都已经大量生产，有众多标准化的产品可供选择。该类器件的另一个优点是其使用寿命长，测试的数据可靠，精度较高(可达±0.5%)。它的缺点是安装要求严格，压力损失较大，刻度为非线性。

5.5.2.2　转子流量计

(1) 基本结构和原理

转子流量计的基本结构如图 5-15 所示。在一根自下而上扩大的垂直锥管(玻璃管或金属管)中放一只转子(即浮子)，当流体从下往上流过时，转子被托起，使得锥管壁和转子之间的环隙逐渐增大。如果被测流体对转子产生的作用力和转子在被测流体中的重力相等，转子即浮在一定的平衡位置上，平衡位置的高度代表相应的流量值。

转子流量计的基本公式为

$$q_v = \alpha f_K \sqrt{\frac{2gv(\rho_f - \rho)}{\rho F}} \quad (m^3/s) \tag{5-18}$$

式中，q_v 为体积流量；α 为流量系数；f_K 为转子最大横截面和锥管间的环隙面积，m^2；g 为重力加速度；v 为转子(浮子)体积，m^3；ρ_f 为转子材料密度，kg/m^3；ρ 为流体介质密度，kg/m^3；F 为转子最大横截面面积，m^2。

转子流量计可分为直读玻璃管式和远传金属管式两类。如图 5-15(a)所示为直读玻璃

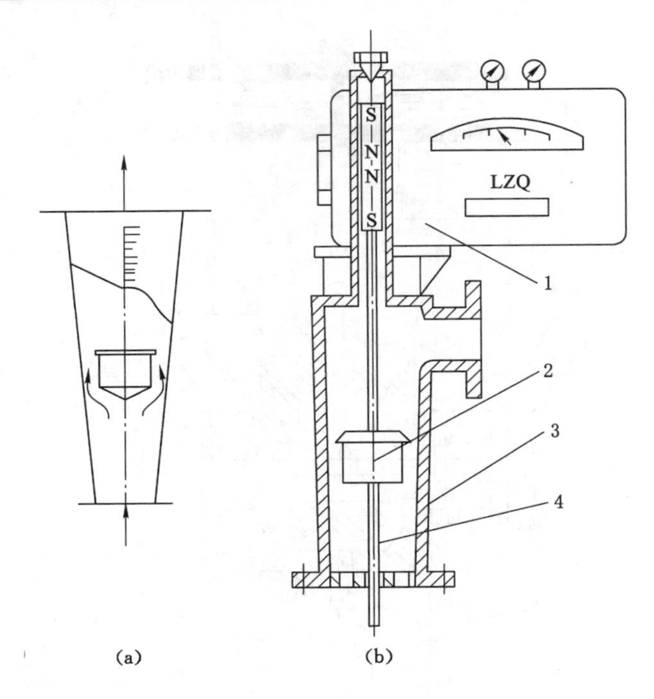

图 5-15　转子流量计的基本结构

(a) 直读玻璃管式；(b) 远传金属管式

1——转换器；2——转子；3——金属锥管；4——导向杆

管式，其主要测量元件有锥管和转子，转子用金属或非金属材料制成，可在锥管内上下自由浮动，也可在转子中间串装导向杆。如图 5-15(b)所示为远传金属管式，它又分为气远传和电远传两种。图中，转子连杆上部装有磁钢，它与管外磁钢产生磁性耦合，通过杠杆系统把转子的位移利用气动转换器（喷嘴挡板系统）或电动转换器（差动线圈）转换成 0.01～0.1 MPa 的气压信号或 0～10 mA 的直流电信号进行远传。

(2) 转子流量计的特点

转子流量计可测多种介质的流量，特别适合于测量中小管径，以及较低雷诺数的中小流量。其优点是测量量程较宽，刻度为线性，压力损耗较小且恒定，维护简便，工作可靠。其缺点是仪表精度受介质的比重、黏度、温度、压力、纯净度及安装位置等因素的影响。

5.5.2.3　电磁流量计

(1) 基本工作原理

电磁流量计是以电磁感应定律作为依据而工作的，如图 5-16 所示。当由非磁性材料制成的管道内流过导电液体（若流动方向为×）时，相当于长度为直径 D 的导体在切割磁力线，于是在两个电极间产生的感应电动势 E 为

$$E = BDv \times 10^{8} \quad (\mathrm{hV/cm}) \tag{5-19}$$

式中，B 为磁通密度，T；D 为管道内径，cm；v 为液体的平均流速，cm/s。

由平均流速与管道流通截面面积的乘积可得体积流量为

$$q_{\mathrm{v}} = \frac{\pi}{4}\frac{B}{E}D \times 10^{8} \quad (\mathrm{cm^3/s}) \tag{5-20}$$

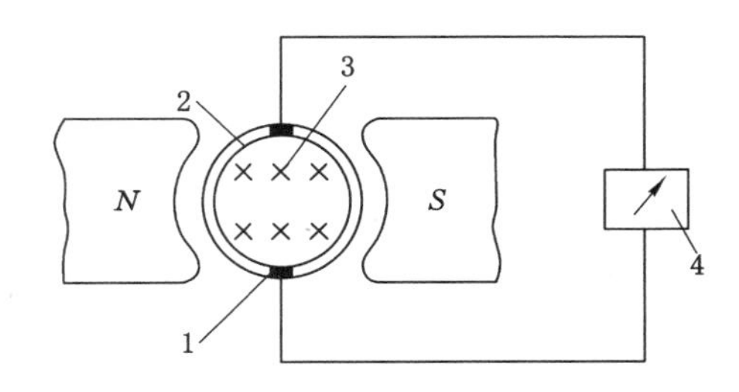

图 5-16　电磁流量计的基本结构

1——电极；2——管道；3——导电液体流动方向；4——指示仪表

(2) 检测器与转换器

检测器由磁路系统、测量导管、电极、外壳和正交干扰调整装置等组成。磁路系统有直流磁场和交变磁场两种。直流磁场的缺点是电极容易产生极化现象，使检测器内阻增加，信号降低甚至断路，所以直流磁场一般仅用于测量不易发生极化现象的非电解性液体，如液态金属介质等。工业用检测器一般采用交流励磁的交变磁场，相应地在电极上产生变流信号，送至转换器转换为直流信号，以供显示、记录和调节、控制，但交变磁场的缺点是干扰较大。转换器把检测器输出的微弱信号进行阻抗匹配、放大、整流及滤波，同时抑制干扰信号，输出为 0～10 mA 的直流信号。

(3) 电磁流量计的特点

电磁流量计用于测量导电液体的流量，如水，污水，纸浆，矿浆，酸、碱及盐溶液等。其优点是压力损失小，可以测量脉动流量和双向流量，且测量中流量计读数不受介质密度、黏度、温度、压力等因素的影响，抗干扰能力强。

5.5.2.4　超声波流量计

(1) 时间差法、相位差法和频率差法原理

超声波流量计的基本结构如图 5-17 所示。从上、下游两个作为发射器的超声换能器 T_1、T_2发出两束超声波（$f>2\times10^4$ Hz），各自到达下、上游两个作为接收器的换能器 R_1、R_2。若当流体静止时，声速为 c，则当流体流速为 v 时，顺流的声速为 $c+v$，传播时间 $t_1=L/(c+v)$；逆流的声速为 $c-v$，传播时间 $t_2=L/(c-v)$。当 $c\gg v$ 时，可认为时间差 $\Delta t=t_2-t_1\approx 2Lv/c_2$。因此，只要测出 Δt，就能知道流速 v，这就是时间差法。

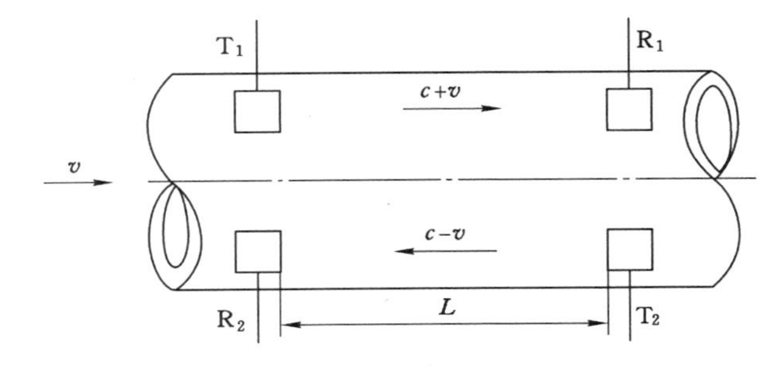

图 5-17　超声波流量计的基本结构

T_1，T_2——发射器；R_1，R_2——接收器

由于 Δt 的数量级很小($10^{-8} \sim 10^{-9}$ s),欲测 Δt 需要复杂的电子线路,故一般都不采用时间差法,而是测量两个连续波之间的相位差 $\Delta\varphi = \omega\Delta t = 2\omega Lv/c_2$($\omega$ 是连续波的角频率),这就是相位差法。

上述两种方法中,若流体温度发生改变,则 c 值将发生变化而产生测量误差,故需采用温度补偿装置。但是采用频率差法可消除 c 的影响,这是由于频率和时间互为倒数,$f_1 = (c+v)/L$,$f_2 = (c-v)/L$,频率差 $\Delta f = 2v/L$,因此可知 Δf 与 c 无关,这是频率差法的最大优点。作为发射器和接收器的换能器是贴在管壁斜面或安置在管外的。

(2) 声环法流量计的基本原理和结构

声环法流量计是以频率差法为基础的。图 5-18 为声环法流量计的结构图,其换能器置于管壁外,声波透过管壁后经过折射到达接收器,这样不需要打开管道,无压力损失,安装简单方便。

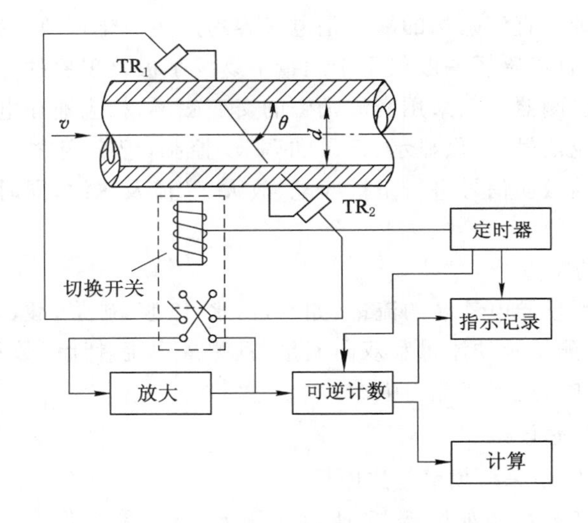

图 5-18　声环法流量计的结构图

从探头 TR_1 发射的超声波经过一定时间后到达 TR_2,并被其接收,信号经放大电路后,把电脉冲再次加到 TR_1 上,形成超声波或电脉冲,经 TR_1→流体→TR_2→放大电路→TR_1;间隔一段时间后换向,经 TR_2→流体→TR_1→放大电路→TR_2,如此来回循环。脉冲在声环系统中循环一个来回所需的时间的倒数称为声环频率,这个周期由流体中传播声脉冲所需的时间来决定。所以,从 TR_1 到 TR_2 就得到顺流声环频率 f_1,经过一定时间后,换向从 TR_2 到 TR_1 就得到逆流声环频率 f_2,这两个频率差 Δf 与流体的流速有关。考虑到管壁和声楔的影响,频率差 Δf 为

$$\Delta f = \frac{\sin 2\theta}{d} \frac{v}{(1 + \frac{\tau c}{d}\sin\theta)} k \tag{5-21}$$

式中,v 为被测流体的流速;θ 为流体流动方向与超声波发射方向的夹角;d 为管道内径;c 为声速;τ 为固定延迟时间,是声波在声楔和管壁中的传播时间与电路延迟时间的总和;k 为与流速分布有关的校正系数。

对外壁透射型的超声波流量计来说,声速 c 的值对仪表示值有影响,但在大口径管路水

流量测量的实际应用中，c 值的影响可以忽略不计。

(3) 其他测量方法

声速偏移法是当超声波垂直于流动方向传播时根据超声波在流体流动影响下被偏移的程度来确定流速。该方法一般用于测量高速气流。

多普勒效应法是对液体中心浮游物连续发射超声波，根据多普勒效应原理，测量与流速有关的反射波频率的移动来确定流量。该方法可以用于研究血液流量的测量或工业流量的测量。

(4) 超声波流量计的特点

超声波流量计可用于测量任何液体的流量，特别是腐蚀性、高黏度、非导电液体的流量，也可测量大口径管路水流量、血液流量、海水流速等。从原理来讲，同样可测量气体流量和含有固体微粒的液体流量，但是，若流体中含有的粒子过大、过多，将会使超声波大大衰减，从而影响测量精度。若超声波换能器安装在管外，则压力损失小，检测系统结构简单、安装方便。

5.6　传感器的选择与标定

5.6.1　应力计和应变计原理

应力计和应变计是地下工程测试中常用的两类传感器，其主要区别是测试敏感元件与被测物体的相对刚度的差异性，具体说明如图 5-19 所示系统，系统由两根相同的弹簧将一块无重量的平板与地面相连接所组成，弹簧常数均为 k，长度为 l，设有力 P 作用在板上，将弹簧压缩至如图 5-19(b)所示，则

$$\Delta u_1 = \frac{P}{2k} \tag{5-22}$$

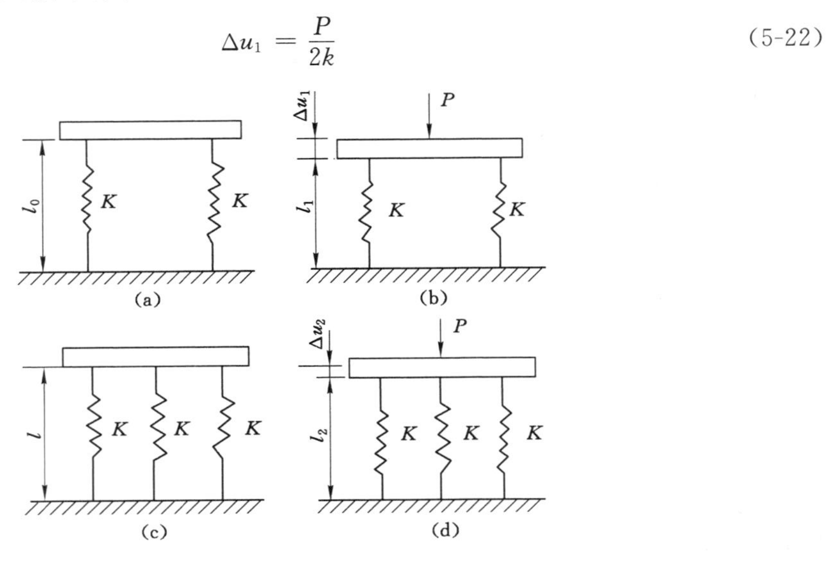

图 5-19　应力计与应变计原理

如果想用一个测量元件来测量未知力 P 和压缩变形 Δu_1，在两根弹簧之间放入弹簧常数为 K 的元件弹簧，则其变形和压力为

$$\Delta u_2 = \frac{P}{2k + K} \tag{5-23}$$

$$P_2 = K\Delta u_2 \tag{5-24}$$

将式(5-22)代入式(5-23),有

$$\Delta u_2 = \frac{P}{2k + K} = \frac{2k\Delta u_1}{2k + K} = \Delta u_1 \frac{1}{1 + \frac{K}{2k}} \tag{5-25}$$

由式(5-25)可知,当 $K \ll k$ 时,则 $\Delta u_1 = \Delta u_2$。该式说明当测试传感器的刚度远小于被测材料的刚度时,传感器的埋入对整个系统的变形影响可以忽略,这时,该传感器所测得的变形与未埋入传感器时的结构变形非常接近。因此,对于测试结构变形的应变计或位移计等传感器来说,要求其自身的刚度远小于被测结构体的刚度。

若将式(5-23)代入式(5-24),则有

$$P_2 = K\Delta u_2 = K\frac{P}{2k + K} = P\frac{K}{2k + K} = P\frac{1}{2k/K + 1} \tag{5-26}$$

由式(5-26)可知,若 $K \gg k$,有 $P_2 = P_1$。该式说明当传感器的刚度远大于被测物时,传感器的埋入对被测物的受力状态影响可以忽略不计。因此,测力计的刚度应远大于被测物的刚度,这时传感器的埋入对结构的受力状态影响微小。

在式(5-25)和式(5-26)中,若 $K \approx 2k$,即弹簧元件与原系统的刚度相近,加入弹簧元件后,系统的受力和变形都有很大的变化,则既不能做应力计,也不能做应变计。

5.6.2 传感器的选择与埋设要求

(1) 传感器的选择

理论上,在选择传感器时使其各项指标都达到最佳是最好的,但这样就不经济,因此,在选择传感器时,首先需要了解和掌握测试过程中对传感器的性能要求。一般来说,测试目的和工作条件千变万化,但对使用传感器的基本要求是相同的,一般要求如下:

① 输出与输入之间成比例关系,直线性好,灵敏度高;

② 滞后、漂移误差小;

③ 动态特性良好;

④ 功耗小;

⑤ 不因其接入而使测试对象受到影响;

⑥ 抗干扰能量强,即受被测量之外的量的影响小;

⑦ 重复性好,有互换性;

⑧ 抗腐蚀性好,能长期使用;

⑨ 容易维修和校准。

当然,传感器不可能满足上述全部性能要求,但应当根据测量的目的、环境、对象、精度、信号处理等要求综合考虑,选择不同类型、种类和构造形式的传感器,以便尽可能更多地满足上述性能要求。

(2) 压力盒的选择和埋设要求

在固体介质(如岩体)中测量时,由于传感器与介质的变形特性不同,且介质变形特性往往为非线性,因此,不可避免地破坏了介质的原始应力场,引起应力重分布,这样作用在传感器上的应力与未放入传感器时该点的应力是不相同的,这种情况称为不匹配,由此引起的测

量误差称为匹配误差。故在选择和使用固体介质中的传感器时，其关键问题就是要使传感器与介质相匹配。

为寻求合理的设计方法和埋设方法，以减小匹配误差和埋设条件的影响，需要解决如下两个问题：

① 传感器应满足什么条件才能与介质完全匹配？

② 在传感器与介质不匹配的情况下，传感器上受到的应力与原应力场中该点的实际应力的关系如何？以及在不匹配情况下，传感器需满足什么条件才适合测量岩土介质中的力学参数，使测量误差为最小？

由弹性力学可知，均匀弹性体变形时，其应力状态可由弹性力学基本方程和边界条件决定。当传感器放入线性的均匀弹性岩土体中，假定其边界与岩土介质结合得很好，只有当弹性力学基本方程组有相同的解，传感器放入前后的应力场才完全相同。当边界条件相同时，对于各向同性弹性材料，决定弹性力学基本方程组的解的因素只有弹性常数。因此，静力完全匹配的条件是传感器与介质的弹性模量 E 和泊松比 μ 相等，如静力问题要考虑体积力时，则还须密度 ρ 相等。而动力完全匹配的条件是传感器与介质的弹性模量 E、泊松比 μ 和密度 ρ 相等。这样也满足波动力学中，只有当传感器的动力刚度 $\rho_g c_g$，与介质的动力刚度 $\rho_s c_s$ 相等时（c 为波速，对各向同性均匀弹性材料，只与 ρ、η 有关，ρ 为密度），才不会产生波的反射，也就是达到动力匹配。

显然，要实现完全匹配是很困难的，因此，选择传感器时只能是在不完全匹配的条件下使传感器的测量特性按一定规律变化，所产生的误差为已知。压力盒是最典型的埋入式传感器，根据国内外的研究，对压力盒的各结构参数选择有如下建议：

① 压力盒的外形尺寸应满足厚度与直径之比（H/D）＝0.1～0.2，压力盒直径 D 要大于介质最大颗粒直径的 50 倍；量测碎石中的应力时，要大于碎石粒径的 12 倍；当介质很密实且具有较好的连续性时，敏感膜直径可以小于上述值。此外，还应考虑压力盒直径 D 与结构特性尺寸的关系和与介质中应力变化梯度的关系，如在模型试验中，一般要求传感器小巧，而在量测大型结构表面压力时，传感器外径要适当增大。目前国内外岩土应力传感器直径在 20～900 mm 之间。

② 对感压而部分敏感的传感器（如膜式传感器），敏感面直径与外径之比（d/D）不是主要控制因素，但减小 d/D 有利于提高传感器敏感部分的等效弹模和减小结构表面压力传感器埋置误差，目前一般在 $0.32<d/D<1.0$ 范围内选取。

③ 带油腔的压力盒，传感器的感受面积 A_g 与全面积 A_0 之比（A_g/A_0）应在 0.64～1.0 之间，当传感器直径小于 10 cm 时，A_g/A_0 宜为 0.25～0.45。

④ 在传感器与介质变形特性间的刚度匹配方面，传感器的等效变形模量 E_g 与介质的变形模量 E_s 之比应满足 $E_g/E_s>10$。压力盒与被测岩体泊松比之间的不匹配引起的测量误差较小，可忽略不计。

⑤ 动匹配问题：由动态完全匹配条件得知，条件过于苛刻，故在实际选择时一般使传感器在介质中的最低自振频率为被测应力波最高谐波频率的 3～5 倍；传感器在空气中的自振频率 f_0 与被测应力波的上升时间 t_e 应满足 $f_0=(5\sim10)/t_e$，并且使传感器的直径必须远远小于应力波的波长，同时，应使传感器的质量与它所取代的介质的质量相等而达到质量匹配。

选择时应选取刚度尽可能大、外形尽可能扁、尺寸适中、性能可靠、量程合适并满足高、低频特性的传感器，不必盲目追求高精度，要注意传感器的稳定性和经济性。

压力盒的埋设应注意如下问题：

① 埋设时，要求压力盒感压面向被测压力方向且误差应小于10°，埋设位置也不允许有较大的偏差。对结构表面压力测量的压力盒，感压面要与结构表面齐平，若做不到齐平，则宜凸不宜凹，并且压力盒与结构要求刚性接触，紧密固定，以确保实测应力更符合实际。

② 压力盒埋设后回填时，填埋被测介质要密，以减小因周围介质与更远处原状介质的性质差异产生的二次匹配误差。

③ 对于自由场应力测量，压力盒水平和垂直净距一般取为3倍的压力盒直径，若有特殊情况（如室内模拟试验），也不能小于1倍的压力盒直径；对刚性结构表面压力测量，压力盒侧面应紧靠埋设位置，一般不会互相影响。

④ 对自由场应力测量的压力盒，埋置深度一般取大于2.5倍压力盒的直径；对刚性结构表面压力测量，覆盖介质厚度一般取大于压力盒敏感面直径即可。

5.6.3 传感器的标定

传感器的标定（又称为率定），就是通过试验建立传感器输入量与输出量之间的关系，即求取传感器的输出特性曲线（又称为标定曲线）。由于传感器在制造上的误差，即使仪器相同，其标定曲线也不尽相同。因此，传感器必须在使用前或定期进行标定。标定的基本方法是利用标准设备产生已知的非电量标准值（如一已知的标准力、压力、位移等）作为输入量，输入到待标定的传感器中，得到传感器的输出量。然后，将传感器的输出量与输入的标准量作比较，从而得到一系列的标定曲线。另外，也可以用一个标准测试系统去测未知的非电量，再用待标定的传感器测量同一个非电量，然后把两个结果作比较，得出传感器的一系列性能指标。

标定造成的误差是一种固定的系统误差，对测试结果影响较大，故标定时应尽量设法降低标定结果的系统误差和减小偶然误差，以提高标定精度。为此，应当做到以下几点：

① 传感器的标定应该在其使用条件相似的状态下进行。

② 当被测对象的变化频率小于30 Hz时，静标定造成的误差可以忽略，故可只作静标定。但工作在高频或冲击荷载下的传感器，静标定的误差大，应设法模拟实际荷载进行动标定。

③ 为了减小标定中的偶然误差，应增加重复标定的次数和提高测试精度。对于自制或不经常使用的传感器，建议在使用前后均作标定，两者的误差在允许的范围内时才确认为有效。

④ 对于自由场应力测量的压力盒，要作双向或三向流体标定。对于用作刚性结构表面压力测量的压力盒，只需作单向流体标定。对于测动态压力的压力盒，则最后必须作动态标定。在介质中标定时，力争做到使标定与使用时在介质密度、含水量和介质变形特性等方面一致。

按传感器的种类和使用情况不同，其标定方法也不同，对于荷重、应力、应变传感器和压力传感器等的静标定方法是利用压力试验机进行标定。更精确的标定则是在压力试验机上用专门的荷载标定器标定。位移传感器的标定则是采用标准量块或位移标定器。

传感器的动标定要根据被测量动态过程的频率范围，考虑选用不同的标定设备。在对高频(几千赫兹至几万赫兹)压力传感器作动标定时,常采用函数发生器标定法。其基本原理是由函数发生器产生一阶跃压力波去激励被测传感器,通过一定的测量线路,将这一阶跃信号作用下传感器所产生的动态响应的过渡过程曲线记录下来,根据过渡过程,利用近似计算方法求得被标定传感器的传递函数,从而获得其幅频特性和相频特性。

练　习　题

一、填空题

1. 对力的测量总是通过观测物体受力作用后的________、________或________变化来实现。

2. 力值测量所依据的原理是力的________和________。

3. 土压力盒是将土体所受到的________通过传感器元件转化为________、________或________变化的一种传感器。

4. 土压力盒的埋设方法包括________、________和________。

5. 位移测量是________和________测量的统称。

6. 常见的四种温标是________、________、________和________。

二、基本概念

1. 力的静力效应;
2. 力的动力效应;
3. 温标;
4. 流量;
5. 标定。

三、简答题

1. 简述土压力盒的埋设方法。
2. 简述土压力测量中的常见问题。
3. 接触式测温的特点。
4. 非接触式测温的特点。
5. 应力计和应变计原理。
6. 简要介绍传感器选择的性能要求。

第6章　土木工程测试数据的处理方法

测试得到的原始数据是探求研究对象的客观规律和机理，预测其发展趋势的基础。但仅有原始数据不足以对研究对象有清晰和深刻的认识，还需要对原始数据去粗取精，去伪存真，由表及里，才能获得有效的信息和可靠的结论。

数据处理是由原始数据到得出结论的加工过程，包括对数据的整理换算，误差分析，统计分析，归纳演绎，并通过表格、图形、数学公式、特征值等呈现研究对象的规律。在数据处理过程中，要重视和尊重原始资料与原始记录，珍惜有用的点滴资料，保持原始记录的完整性与准确性。选择恰当的实验数据处理方法，最大限度地减小误差，使实验结果能真实反映客观规律。

6.1　数据的整理与表达

6.1.1　数值修约

在土木工程试验中由于采用的测试手段或仪器设备不同，得到的原始数据位数不一样。必须注意的是，并非小数点后面的位数越多数据越精确，数字的有效位数受测量仪表限制，如果记录数字的位数高于这种限制，数字所表现出来的精度则是虚假精度，保留这些数字会给后续数据计算和分析带来麻烦。

因此数据处理时要根据试验要求和测量精度，按照《数值修约规则》(GBT 8170—2008)，把原始数据修约成规定的有效位数。数据修约主要规则如下：

(1) 若被舍弃的第一位数字小于5，则其前一位保持不变。如26.1345只取3位有效数字时，其被舍弃的第一位数字为3，小于5，则有效数字应为26.1。

(2) 若被舍弃的第一位数字大于5，则其前一位数字加1。如28.5695只取3位有效数字时，其被舍弃的第一位数字是6，大于5，则有效数字应为28.6。

(3) 若被舍弃的第一位数字等于5，而其后数字全部为零或无数字，则视被保留的末位数字为奇数还是偶数而定进或舍。奇数时进一，偶数时舍。如18.350及18.250，只取3位有效数字时，则分别为18.4及18.2。

(4) 若被舍弃的第一位数字等于5，而其后面的数字并非全部为零，则进一。如28.3501，只取3位有效数字时，则进一，应为28.4。

(5) 手段负数修约时，先将它的绝对值按数字修约规定进行修约，然后在修约值前面加上负号。

(6) 若被舍弃的数字包括几位数字时，不得对该数字进行连续进位或舍弃，而应根据以上各条作一次处理。如2.154 544 6，只取3位有效数字时，应为2.15，如果从最后一位对该数字进行连续处理，则可得到2.16，后者是不容许的。

(7) 整数的修约也应遵照上述法则。如23 438,只取3位有效数字时,则应为2.34×10^4。

上述规则可简要地概括为“四舍六入五考虑,五后非零则进一,五后皆零视奇偶,五前为偶应舍去,五前为奇则进一,不论数字多少位,都要一次修约成”。

6.1.2 数据的表达方法

为获得研究对象的变化规律,以及不同物理量之间的关系,实验数据的表达要简明、形象、准确,以便于进行分析和应用。常见的数据表达方法有列表法、作图法和经验公式法。

(1) 列表法

表格法是对被测量数据进行精选、定值,按一定规律归纳整理后列于表格中。表格按内容和格式可分为汇总表格和关系表格。汇总表格把试验结果中的主要内容或重要数据汇集表中,表中的行与行、列与列之间一般没有必然的关系。关系表格是把相互有关的数据按一定的格式列于表中,表中列与列、行与行之间都有一定的关系,它的作用是使有一定关系的代表两个或若干个变量的数据更加清楚地表示出变量之间的关系和规律。列表法的优点是简洁明了,形式紧凑,数据具体,便于对比。

表格的格式要求如下:

① 表格要有一个简明准确的名字,并将这个表名置于表的上面。同时将表格的顺序号放在表名的前面。

② 根据需要合理选择表中所列项目。项目过少,表的信息量不足。但是如果把不必要的项目都列进去,项目过多,表格制作和使用都不方便。表中的项目要包括名称和单位,并尽量采用符号表示。

③ 表中的主项代表自变量,副项代表因变量。

④ 数字的写法要整齐规范,同一竖行的数值、小数点应上下对齐。数字为零时,要保证有效数字的位数。比如,有效位数为小数点后两位,则零应计为0.00。

⑤ 表达力求统一简明。当数值过大或过小时,应以10^n表示,n为正、负整数;实验数据空缺时应记为“—”。

⑥ 根据测量精度的要求,表中所有数据有效数字的位数应取舍适当,将试验数据按一定的规律和方式来表达,以对数据进行分析。

⑦ 必要的时候可在表下加附注说明数据来源和表中无法反映的需要说明的其他问题。

(2) 作图法

作图法是把互相关联的实验数据按照自变量和因变量的关系在适当的坐标中绘制成几何图形,用以表示被测量的变化规律和相关变量之间的关系。图形的表达形式有曲线图、直方图、饼图等,按坐标可分为直角坐标法、单对数坐标法、双对数坐标法、三角坐标法、极坐标法及立体坐标法。该方法的最大优点是直观性强,在未知变量之间解析关系的情况下,易于看出数据的变化规律和数据中的极值点、转折点、周期性和变化率等。

作图法主要要求如下:

① 合理布图。常采用直角坐标系,一般从零开始,但也可用稍低于最小值的某一整数为起点,用稍高于最大值的某一整数作终点,使所作图形能占满直角坐标系的大部分为宜。

② 标明坐标轴。对于直角坐标系,要以自变量为横轴,以因变量为纵轴。坐标轴标明其所代表的物理量(或符号)及单位。正确选择坐标分度。坐标分度粗细与实验数据的精度相适应,即坐标的最小分度以不超过数据的实测精度为宜,过细或过粗都是不恰当的。分度

过粗，将影响图形的读数精度；分度过细，则图形不能明显表现甚至会严重歪曲测试过程的规律性。

③ 灵活采用特殊坐标形式。有时根据自变量和因变量的关系，为了使图形尽量成为一直线或要求更清楚地显示曲线某一区段的特性时，可采用非均匀分度或将变量加以变换。如描述幅频特性的伯德(Bode)图，横坐标可用对数坐标，纵坐标应采取分贝数。

④ 根据测量数据，实验点要用“＋”“×”“⊙”“Δ”等符号标出。

⑤ 正确绘制图形。绘制图形的方法有两种：当数据的数量过少且不是确定变量间的对应关系时，则可将各点用直线连接成折线图形或离散谱线；当实验数据足够密且变化规律明显时，可用光滑曲线(包括直线)表示。曲线不应当有不连续点，应当光滑匀整，并尽可能多地与实验点接近，但不必强求通过所有的点，尤其是实验范围两端的那些点。曲线两侧的实验点分布应尽量相等，以便使其分布尽可能符合最小二乘法原则。

⑥ 作完图后，在图的明显位置上标明图名和图例，有时还要附上简单的说明，如实验条件等，使读者能一目了然。

(3) 经验公式法

通过试验获得一系列数据，可用与图形相对应的数学公式来描述数据的变化，从而进一步用数学分析的方法来研究变量之间的相关关系。该数学表达式称为经验公式，又称为回归方程。在试验数据之间建立经验公式，首先需要确定函数的形式，其次是求函数表达式中的系数。试验数据之间的关系是复杂的，很难找到一个真正反映这种关系的函数，但可以找到一个最佳近似函数。常用来建立函数的方法有回归分析、系统识别等方法，在后面章节会详细介绍回归分析方法。经验公式法的优点是表达方式比较精确、完善，还可以依据公式方便地获得实验以外的数据。

6.2 数据的统计分析

工程测试中获得的大量数据并不是整齐稳定的，往往表现出一定波动性，但其内在确有一定的规律性。因此进行数据处理时，需要采用数理统计方法对数据进行量化分析数据的分布规律和数字特征，提取出有用的信息。

6.2.1 数据统计的基本概念

(1) 总体与个体

在数理统计中，人们所研究对象的全体称为总体，而组成总体的每个单元称为个体。任何总体的某项指标，是按一定的规律分布的，因而是一个随机变量，常用大写字母 X、Y、Z 等表示。总体的类型随研究的类型而定。它所包含的个体数可以是有限的，也可以是无限的。

(2) 样本

设 X 为服从分布函数 $F(x)$ 的随机变量，若 $X_1, X_2, \cdots, X_n$ 为具有相同分布函数 $F(x)$ 的相互独立的随机变量，则称 $(X_1, X_2, \cdots, X_n)$ 为来自总体 X 的容量为 n 的简单随机样本，简称样本。它们的观察值 $x_1, x_2, \cdots, x_n$ 又称为 X 的 n 个独立的观察值。

(3) 事件与随机变量

通常人们把在一定条件下发生的现象、状态及测试结果称为事件。其中，在一定条件下必然发生时间称为必然事件，在一定条件下不可能发生的事件称为不可能事件。必然事件和不可能事件统称为确定性事件。

在一定条件下，一次实验中可能发生也可能不发生，而在大量重复试验中具有某种规律性的事件称为随机事件。采用特征量 X 来描述随机事件的数量规律性，X 称为随机变量。有的随机变量 X 的取值是不连续的，称为离散型随机变量，有的随机变量 X 的取值可能是数轴上某个区间或是整个数轴，称为连续性随机变量。通常用概率分布和概率密度描述随机变量。

(4) 样本分布函数

实际应用中，总体的分布函数 $F(x)$ 往往是未知的，数理统计的任务之一就是由样本的特性来推断总体的分布。由概率论可知，若 $(X_1, X_2, \cdots, X_n)$ 为来自总体 X 的一个样本，则 $X_1, X_2, \cdots, X_n$ 的联合分布函数为

$$F(x_1, x_2, \cdots, x_n) = \prod_{i=1}^{n} F(x_i) \tag{6-1}$$

又若 X 具有概率密度 $f(x)$，则 $X_1, X_2, \cdots, X_n$ 具有联合概率密度

$$f(x_1, x_2, \cdots, x_n) = \prod_{i=1}^{n} f(x_i) \tag{6-2}$$

当 n 很大时，样本分析函数 $F_n(x)$ 则近似等于总体分布函数。

(5) 统计量

对于给定一个样本 $x_1, x_2, \cdots, x_n$，可以计算出它的数字特征，并冠以样本两字，以示其与总体数字特征的区别。

在数理统计中，除了用样本矩阵外，还需要使用另外一些样本数字特征。为此引入如下定义：

设 $(X_1, X_2, \cdots, X_n)$ 为总体 X 的一个样本，$g(x_1, x_2, \cdots, x_n)$ 为一个连续函数。如果 g 中不包含任何未知参数，则称 $g(x_1, x_2, \cdots, x_n)$ 为一个统计量。

如果 $x_1, x_2, \cdots, x_n$ 是样本 $(X_1, X_2, \cdots, X_n)$ 的观察值，则 $g(x_1, x_2, \cdots, x_n)$ 是统计量 $g(X_1, X_2, \cdots, X_n)$ 的一个观察值。

统计量都是随机变量，如果总体的分布函数为已知，则统计量的分布是可以求得的。

(6) 顺序统计量

设总体 X 具有连续的分布函数 $F(x)$，$(X_1, X_2, \cdots, X_n)$ 为总体 X 的一个样本，若将样本观察值 $x_1, x_2, \cdots, x_n$ 按从小到大的次序排列

$$X_{(1)} \leqslant X_{(2)} \leqslant \cdots \leqslant X_{(k)} \leqslant \cdots \leqslant X_{(n)}$$

规定统计量 $X_{(k)}$ 为取上述排列的第 k 个值的随机变量，则称 $X_{(1)}, X_{(2)}, \cdots, X_{(n)}$ 为顺序统计量。其中最小项 $X_{(1)} = \min(X_1, X_2, \cdots, X_n)$，最大项 $X_{(n)} = \max(X_1, X_2, \cdots, X_n)$。而统计量 $X_{(n)} - X_{(1)} = \max(X_1, X_2, \cdots, X_n) - \min(X_1, X_2, \cdots, X_n)$，称为极差。

6.2.2 抽样分布

统计量是对总体特性进行估计与推断的最重要的基本概念。求出统计量 $g(x_1, x_2, \cdots, x_n)$ 的分布函数是统计学的基本问题之一。统计数的分布称为抽样分布。

一般地说，要确定一个统计量的精确分布并不是一件容易的事。只有对一些特殊情况，如总体 X 服从正态分布时，已求出了 χ^2 统计量，t 统计量及 F 统计量的精确分布。它们在

参数的估计及检验中起着十分重要的作用。

(1) 正态分布

设连续型随机变量 X 的概率密度为

$$f(x)=\frac{1}{\sqrt{2\pi}\sigma}e^{-\frac{(x-\mu)^2}{2\sigma^2}}\quad(-\infty<x<\infty)\tag{6-3}$$

则称 X 服从参数 μ,σ 的正态分布，记为 $X\sim N(\mu,\sigma^2)$。参数 $\sigma>0$ 为 X 的均方差，而 σ^2 为方差。X 的分布函数为

$$F(x)=\frac{1}{\sigma\sqrt{2\pi}}\int_{-\infty}^{x}e^{-\frac{(t-\mu)^2}{2\sigma^2}}dt\quad(-\infty<x<\infty)\tag{6-4}$$

当 $\mu=0,\sigma=1$ 时，称 X 服从标准正态分布，其概率密度和分布函数分别用 $\varphi(x)$ 和 $\Phi(x)$ 表示，即

$$\varphi(x)=\frac{1}{\sqrt{2\pi}}e^{-\frac{x^2}{2}}\quad(-\infty<x<\infty)\tag{6-5}$$

$$\Phi(x)=\frac{1}{\sqrt{2\pi}}\int_{-\infty}^{x}e^{-\frac{t^2}{2}}dt\tag{6-6}$$

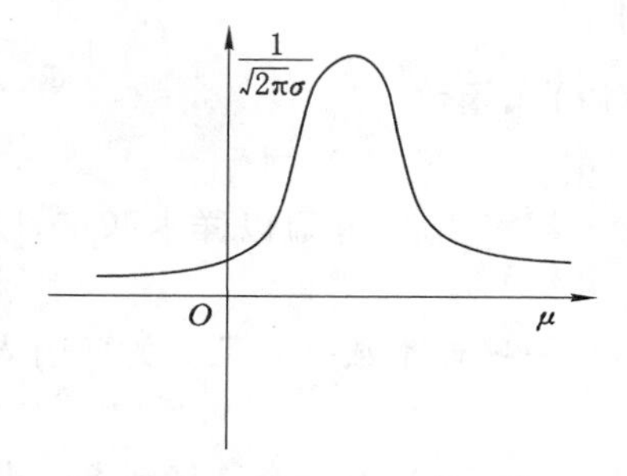

图 6-1　正态分布概率密度函数图

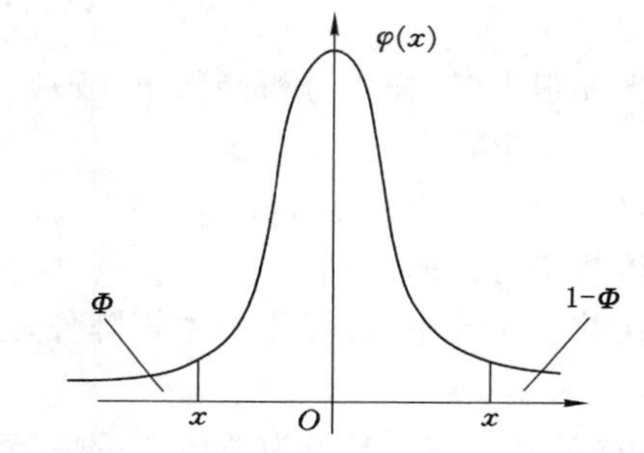

图 6-2　标准正态分布概率密度函数图

一般情况下，若 $X\sim N(\mu,\sigma^2)$，则令 $z=\frac{t-\mu}{\sigma}$ 带入式(6-4)可得

$$F(x)=\frac{1}{\sigma\sqrt{2\pi}}\int_{-\infty}^{\frac{x-\mu}{\sigma}}e^{-\frac{z^2}{2}}dz=\Phi\left(\frac{x-\mu}{\sigma}\right)\tag{6-7}$$

即可化为标准形式。

$\Phi(x)$ 的函数值表可由数学手册查出。

(2) χ^2 分布

设 $X\sim N(0,1)$，$(X_1,X_2,\cdots,X_n)$ 为 X 的一个样本，它们的平方和记作 χ^2，即

$$\chi^2=X_1^2+X_2^2+\cdots+X_n^2\tag{6-8}$$

则称 χ^2 服从自由度为 n 的 χ^2 分布，记为 $\chi^2\sim\chi^2(n)$。

χ^2 分布的概率密度函数为

$$f(y)=\begin{cases}\dfrac{1}{2^{n/2}\Gamma\left(\dfrac{n}{2}\right)}y^{\frac{n}{2}-1}e^{-\frac{y}{2}} & (y>0)\\[2ex] 0 & (y\leqslant 0)\end{cases}\tag{6-9}$$

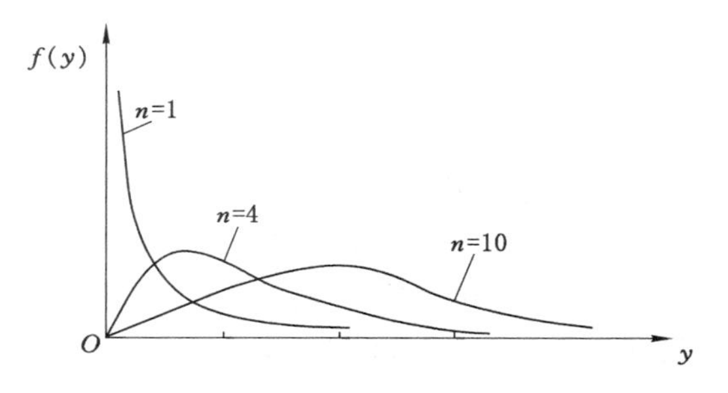

图 6-3　分布概率密度函数图

(3) t 分布

设 $X \sim N(0,1)$，$Y \sim \chi^2(n)$，并且 X 和 Y 相互独立，则随机变量

$$t = \frac{X}{\sqrt{Y/n}} \tag{6-10}$$

服从自由度为 n 的 t 分布，记作 $t \sim t(n)$。

t 分布的概率密度函数为

$$f(t) = \frac{\Gamma\left(\frac{n+1}{2}\right)}{\sqrt{n\pi}\,\Gamma\left(\frac{n}{2}\right)}\left(1 + \frac{t^2}{n}\right)^{-\frac{n+1}{2}} \quad (-\infty < t < \infty) \tag{6-11}$$

(4) F 分布

设 $U \sim \chi^2(n_1)$，$V \sim \chi^2(n_2)$，并且 U 和 V 相互独立，则随机变量

$$F = \frac{U/n_1}{V/n_2} \tag{6-12}$$

服从自由度为 (n_1, n_2) 的 F 分布，记作 $F \sim F(n_1, n_2)$。

F 分布的概率密度函数为

$$f(y) = \begin{cases} \dfrac{\Gamma(n_1 + n_2)/2}{\Gamma(n_1/2)\Gamma(n_2/2)}\left(\dfrac{n_1}{n_2}\right)\left(\dfrac{n_1}{n_2}y\right)^{\frac{n_2}{2}-1}\left(1 + \dfrac{n_1}{n_2}y\right)^{-\frac{n_1+n_2}{2}} & (y > 0) \\ 0 & (y \leqslant 0) \end{cases} \tag{6-13}$$

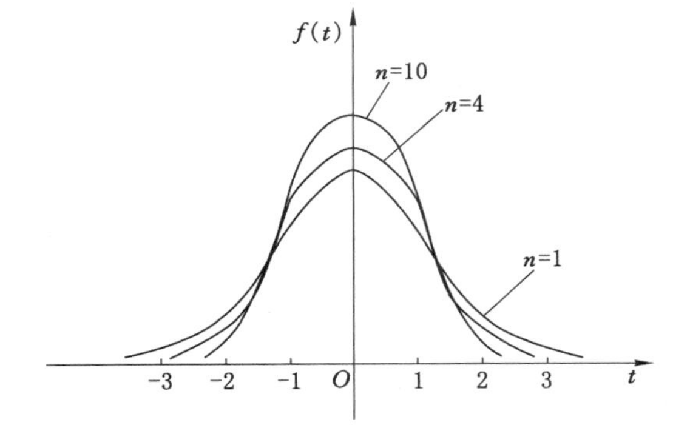

图 6-4　t 分布概率密度函数图

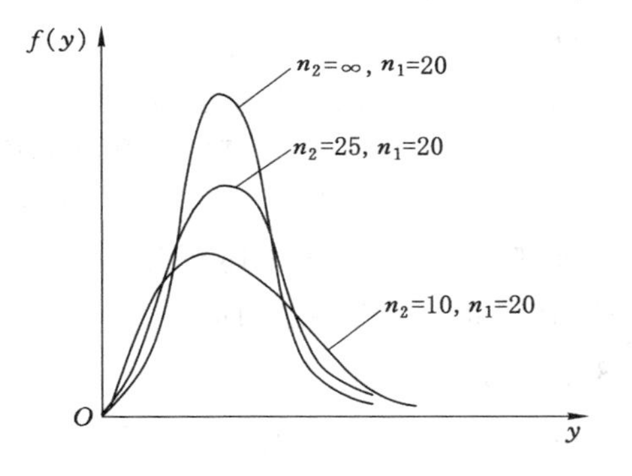

图 6-5　F 分布概率密度函数图

6.3 误差分析

在工程测试或科学实验中，由于试验方法、仪器设备、测试环境及人的感官等客观条件的限制，得到的数据往往与真实数据存在一定的偏差，即所谓的误差。误差始终存在于科学实验中，没有误差是相对的。通过对原始数据的误差分析，它不仅可以使我们了解实验结果的可靠程度，同时可以帮助我们科学地选择和改进实验方法和测试手段，提高精度，并用科学的方法处理实验数据，以达到更接近真值的最佳效果。

6.3.1 误差分类

测量对象某一参数的客观值称为真值，误差是测得的数值与真值的偏差。根据误差的性质和产生的原因可分为：

(1) 随机误差

随机误差的发生是随机的，其数值变化符合一定统计规律，通常为正态分布规律。因此随机误差的度量是用标准偏差，随着对同一量的测量次数的增加，标准偏差的值变得更小，从而该物理量的值更加可靠。随机误差通常是由于环境条件的波动以及观察者的精神状态等测量条件引起的。

(2) 系统误差

系统误差是在一组测量中常保持同一数值和同一符号的误差，因而系统误差有一定的大小和方向，它是由于测量原理及方法本身的缺陷、测试系统的性能、外界环境(如温度、压力等)的改变、个人习惯偏向等因素所引起的误差。有些系统误差是可以消除的，其方法是改进仪器性能、标定仪器常数、改善观测条件和操作方法，以及对测定值进行合理修正等。

(3) 粗大误差

粗大误差又称为过失误差，它是由于设计错误或接线错误，或者操作者粗心大意看错、读错、记错等原因造成的误差，在测量过程中应尽量避免。

6.3.2 精密度、准确度和精度

精密度表征在相同条件下多次重复测量中测量结果的互相接近，互相密集的程度反映随机误差的大小。准确度表征测量结果与被测量真值的接近程度，反映系统误差的大小。而精度则反映测量的总误差。

图 6-6 表达了这三个概念的关系。图中圆的中心代表真值的位置，各小黑点表示测量值的位置。图 6-6(a)表示精密度和准确度都好，因而精度也好的情况；图 6-6(b)表示精密度好，但准确度差的情况；图 6-6(c)表示精密度差、准确度好的情况；图 6-6(d)表示精密度和准确度都差的情况。图中还示出了概率分布密度函数的形状，及其与真值的相对位置。很显然，在消除了系统误差的情况下，精度和精密度才是一致的。

6.3.3 误差估计

由于在测量过程中有误差存在，因此得到的测量结果与被测量的实际量之间始终存在一个差值，即测量误差。若以 Q 表示被测量的真值，x 为测量值，那么，测量误差 δ' 将等于测量值与真值之差，即

$$\delta' = x - Q \tag{6-14}$$

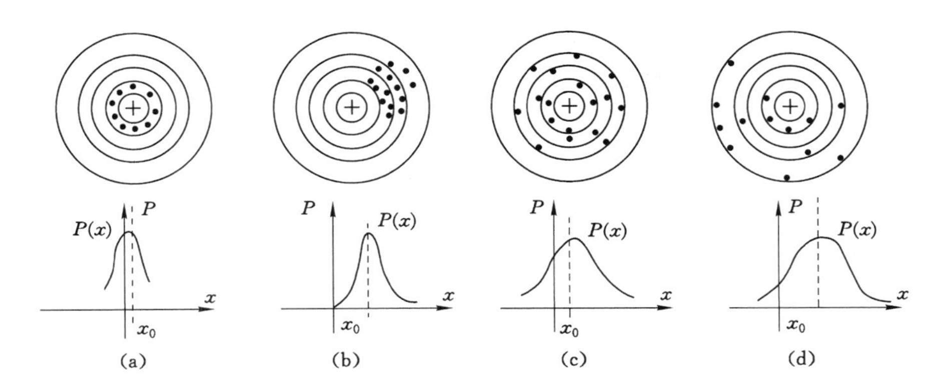

图 6-6　精密度、准确度和精度

$P(x)$——概率密度函数；x_0——真值

测量误差 δ' 可正可负，其大小完全取决于 x 的大小，若不论其正负，而以绝对值表示其大小，即绝对误差：

$$\delta' = |x - Q| \tag{6-15}$$

则

$$Q = x \pm \delta \tag{6-16}$$

绝对误差只能用以判断对同一测量的测量精确度，如果对不同的测量，它就较难比较它们的精确程度了，这需要借助相对误差来判断。相对误差 ε 是绝对误差与测量值的比值：

$$\varepsilon = \frac{\delta}{x} \approx \frac{\delta}{Q} \tag{6-17}$$

相对误差是一个没有单位的数值，常以百分数表示。测量值的相对误差相等，则其测量精确度也相等。

在实际测量中，测量误差是随机变量，因而测量值也是随机变量。由于真值无法测得，因而用大量的观测数据的平均值近似表示，并对误差的特性和范围作出估计。

(1) 算术平均值

当未知量 x_0 被测量 n 次，并被记录为 $x_1, x_2, \cdots, x_n$，那么，$x_r = x_0 + e_r$，式中 e_r 是观测中的不确定度，其值或正或负。n 次测量的算术平均值 $\bar{x}$ 为

$$\bar{x} = \frac{x_1 + x_2 + \cdots + x_n}{n} = x_0 + \frac{e_1 + e_2 + \cdots + e_n}{n} \tag{6-18}$$

假如各测量值的误差只是偶然误差，而偶然误差有正有负，相加时可抵消一些，所以 n 值越大，算术平均值越接近真值。因此可以用算术平均值作为被测量真值的最佳估计值。又当测量值的误差中包含有已知的系统误差，则相加时它们不能抵消，这时应当用算术平均值加上修正值为被测量真值的最佳估计值(修正值与系统误差绝对值相同，符号相反)。

(2) 标准误差

平均值是一组数据的重要标志，反映了测试量的平均状况。但仅用此值不能反映数据的分散情况。表示数据波动情况或分散程度的方法有多种，最常用的是标准误差

$$\sigma = \sqrt{\frac{\sum_{i=1}^{n} (X_i - \overline{X})^2}{n-1}} \tag{6-19}$$

式中，σ 为标准差（或称样本均方差、标准离差、标准差），是方差的正平方根值。

显然，标准误差 σ 反映了测量值在算术平均值附近的分散和偏离程度。它对一组数据中的较大误差或较小误差反映比较灵敏。σ 越大，波动越大；σ 越小，波动越小，用它来表示测量误差（或测量精度）是一个较好的指标。

（3）变异系数 C_V

如果两组同性质的数据标准误差相同，则可知两组数据各自围绕其平均数的偏差程度是相同的，它与两个平均数大小是否相同完全无关，而实际上考虑相对偏差是很重要的，因此，把样本的变异系数 C_V 定义为

$$C_V = \frac{\sigma}{x} \tag{6-20}$$

6.3.4 误差的分布规律

测量误差服从统计规律，其概率分布服从正态分布形式，随机误差方程式用正态分布曲线表示为

$$y = \frac{1}{\sigma\sqrt{2\pi}} e^{-\frac{(x_i - \bar{x})^2}{2\sigma^2}} \tag{6-21}$$

式中，y 为测量误差（$x_i - \bar{x}$）出现的概率密度。

图 6-7 是按式(6-21)画出来的误差概率密度图，由此可以看出误差值分布的四个特征。

（1）单峰值

绝对值小的误差出现的次数比绝对值大的误差出现的次数多。曲线形状似钟状，所以大误差一般不会出现。

（2）对称性

大小相等、符号相反的误差出现的概率密度相等。

（3）抵偿性

相同条件下对同一量进行测量，其误差的算术平均值随着测量次数无限增大而趋于零，即误差平均值的极限为零。凡具有抵偿性的误差，原则上都可以按随机误差处理。

（4）有界性

在一定测量条件下的有限测量值中，其误差的绝对值不会超过一定的界限。计算误差落在某一区间内的测量值出现的概率，在此区间内将 y 积分即可，计算结果表明：

① 误差在 $-\sigma$ 与 σ 之间的概率为 68%；

② 误差在 -2σ 与 2σ 之间的概率为 95%；

③ 误差在 -3σ 与 3σ 之间的概率为 99.7%。

在一般情况下，99.7%即可认为代表多次测量的全体，所以把 $\pm 3\sigma$ 称为极限误差，因此，若将某多次测量数据记为 $\bar{x} \pm 3\sigma$，则可认为对该物理量所进行的任何一次测量值不会超出该范围。

6.3.5 可疑数据的舍弃

在多次测量试验中，有时会遇到有个别测量值和其他多数测量值相差较大的情况，这些个别数据就是所谓的可疑数据。

对于可疑数据的剔除，可以利用正态分布来决定取舍。因为在多次测量中，误差在 -3σ

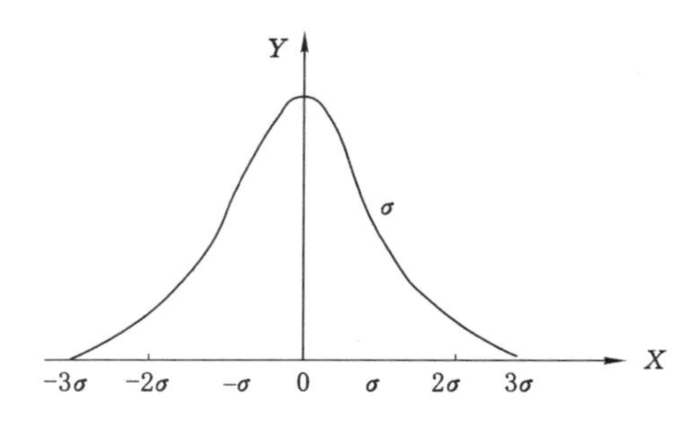

图 6-7　误差概率密度图

与 3σ 之间时，其出现概率为 99.7%，也就是说，在此范围之外的误差出现的概率只有 0.3%，即测量 300 多次才可能遇上一次，于是对于通常只进行 10～20 次的有限测量，就可以认为超出的 $\pm 3\sigma$ 误差，已不属于随机误差，应将其舍去。如果测量了 300 次以上，就有可能遇到超出 $\pm 3\sigma$ 的误差，因此，有的大的误差仍属于随机误差，不应该舍去。由此可见，对数据保留的合理误差范围是同测量次数 n 有关的。

表 6-1 中推荐了一种试验值的舍弃标准，超过范围的可以舍去，其中 n 是测量次数，d_i 是合理的误差限，σ 是根据测量数据算得的标准误差。

表 6-1　　**试验值舍弃标准**

n	5	6	7	8	9	10	12	14	16	18
d_i/σ	1.68	1.73	1.79	1.86	1.92	1.99	2.03	2.1	2.16	2.2
n	20	22	24	26	30	40	50	100	200	500
d_i/σ	2.24	2.28	2.31	2.35	2.39	2.5	2.58	2.8	3.02	3.29

使用时，先计算一组测量数据的均值 $\overline{x}$ 和标准误差 σ，再计算可疑值 x_k 的误差 $d=|x_k-\overline{x}|$ 与标准误差的比值，并将之与表中的 d_i/σ 相比，若大于表中值则应当舍弃，舍弃后再对下一个可疑值进行检验，若小于表中值，则可疑值是合理的。

这种方法只适合误差只是由测试技术原因样本代表性不足的数据的处理，对现场测试和探索性试验中出现的可疑数据的舍弃，必须要有严格的科学依据，而不能简单地用数学方法来舍弃。

例 6-1　取自同一岩体的 10 个岩石试件的抗压强度分别为：15.2 MPa，14.6 MPa，16.1 MPa，15.4 MPa，15.5 MPa，14.9 MPa，16.8 MPa，18.3 MPa，14.6 MPa，15.0 MPa，试对上述数据进行误差分析。

解：

(1) 计算平均值 $\overline{x}$

$$\overline{x}=\frac{\sum_{i=1}^{10}x_i}{10}=\frac{156.4}{10}=15.64\approx 15.6\ (\text{MPa})$$

(2) 计算标准误差 σ

$$\sigma = \sqrt{\frac{\sum_{i=1}^{n} (X_i - \overline{X})^2}{n-1}} = \sqrt{\frac{12.024}{9}} = 1.16\ (\text{MPa})$$

(3) 剔除可疑值

第 8 个数据 18.3 与平均值偏差最大，疑为可疑值。

$$\frac{d}{\sigma} = \frac{18.3 - 15.6}{1.16} = 2.20 > \frac{d_{10}}{\sigma} = 1.99$$

故 18.3 应当予以剔除。

(4) 再次计算其余 9 个值的算术平均值和标准误差

$$\overline{x} = \frac{\sum_{i=1}^{9} x_i}{9} = 1.53\ (\text{MPa})$$

$$\sigma = \sqrt{\frac{\sum_{i=1}^{n} (X_i - \overline{X})^2}{n-1}} = \sqrt{\frac{4.9484}{8}} = 0.768\ (\text{MPa})$$

在余下的数据中再次检查可疑数据，取与平均值偏差最大的第 7 个数据 16.8。

$$\frac{d}{\sigma} = \frac{16.8 - 15.3}{0.786} = 1.908 < \frac{d_9}{\sigma} = 1.92$$

故 16.8 这个数据是合理的。

(5) 处理结果用算术平均值和极限误差表示

$$x = \overline{x} \pm 3\sigma = 15.3 \pm 3 \times 0.786 = 15.3 \pm 2.36\ (\text{MPa})$$

(6) 计算变异系数 C_V

$$C_V = \frac{\sigma}{x} = \frac{0.768}{15.3} = 0.05$$

根据误差的分布特征，该种岩石的抗压强度在 12.94～17.66 MPa 的概率为 99.7%，正常情况下的测试结果不会超出该范围。

地基基础规范中对于重要建筑物的地基土指标规定采用保证极限法。这种方法是根据数理统计中的推断理论提出的。如上所述，在 $\overline{x} \pm k\sigma$ 区间内数据出现的概率与所取的 k 有关。例如 $k=2$，相当于保证率为 95%，即在 $\overline{x} \pm 2\sigma$ 区间内数据出现的概率为 95%，依大样推断区间估计的理论，k 值与抽样的子样个数 n 无关。在实用上，保证值不是某一区间来表示，而是以偏于安全为原则来选取最大值或最小值。如承载力等指标采用最小值 $\overline{x} - k\sigma$，含水量等指标采用最大值 $\overline{x} + k\sigma$。对于采用最小值的指标来说，保证值表示大于该值的数据出现的概率等于所选取的保证率 y，对于采用最大值的指标来说，保证值表示小于该值的数据出现的概率等于所选取的保证率。显然，保证率越大，采用值的安全度越大。根据随机误差的分布规律，可计算出 k 与保证率的关系如表 6-2 所列。

表 6-2　　k 值与保证率

k	0.00	0.67	1.00	2.00	2.58	3.00
保证率/%	0.0	50.0	68.0	95.0	99.0	99.7

因此，在上例中，岩石抗压强度采用最小值，则：

$k=1$，$x=\bar{x}-\sigma=15.3-0.786=14.5$（MPa），岩石抗压强度大于 14.5 MPa 的保证率为 50%。

$k=2$，$x=\bar{x}-2\sigma=15.3-2\times0.786=13.7$（MPa），岩石抗压强度大于 13.7 MPa 的保证率为 95%。

$k=3$，$x=\bar{x}-3\sigma=15.3-3\times0.786=12.94$（MPa），岩石抗压强度大于 12.94 MPa 的保证率为 99.7%。

而对于含水量，则采用最大值，如果一组土样的含水量平均值为 $\bar{w}$，标准误差 $\sigma=0.05$，则：

$k=1$，$w=\bar{w}+\sigma=0.40+0.05=0.45$，含水量小于 0.45 的保证率为 50%；

$k=2$，$w=\bar{w}+2\sigma=0.40+2\times0.05=0.50$，含水量小于 0.50 的保证率为 95%；

$k=3$，$w=\bar{w}+3\sigma=0.40+3\times0.05=0.55$，含水量小于 0.55 的保证率为 99.7%。

6.4 数据的回归分析

反映事物规律的某些变量客观上存在一定关系，有些变量间的关系是确定性，可以采用确定性的数学手段进行描述。而对于许多实际问题，由于变量之间的关系比较复杂，或由于试验过程中不可避免存在的误差，而使它们之间的关系具有某种随机性。对于这种随机关系无法得到精确的数学表达式，需要用统计方法找出随机性后面的规律，这类统计关系称为回归关系，有关回归关系的计算方法和理论统称为回归分析。只有一个自变量的回归分析称为一元回归分析，有多个变量的回归分析称为多元回归分析。

6.4.1 一元线性回归

通过测量获得了两个测试量的一组试验数据：(x_1,y_1)，(x_2,y_2)，…，(x_n,y_n)。一元线性回归分析的目的就是找出一条直线方程，它既能反映各散点的总的规律，又能使直线与各散点之间的差值的平方和最小。

设待求的直线方程为

$$y=a+bx \tag{6-22}$$

取任一点(x_i,y_i)，该点与直线方程所代表的直线在 y 方向的残差为

$$\nu_i=y_i-y=y_i-(a+bx_i)$$

残差的平方和为

$$Q=\sum\left[y_i-(a+bx_i)\right]^2 \tag{6-23}$$

欲使散点均接近直线，残差的平方和 Q 必须极小，根据极值定理，当$\frac{\partial Q}{\partial a}=0$，$\frac{\partial Q}{\partial b}=0$时，$Q$ 取极小值，因而有

$$\begin{cases}\dfrac{\partial Q}{\partial a}=0, Na+b\sum x_i=\sum y_i\\ \dfrac{\partial Q}{\partial b}=0, a\sum x_i+b\sum x_i{}^2=\sum x_iy_i\end{cases} \tag{6-24}$$

解得

$$\begin{cases} a = \bar{y} - b\bar{x} \\ b = \dfrac{\sum (x_i - \bar{x})(y_i - \bar{y})}{\sum (x_i - \bar{x})^2} \end{cases} \tag{6-25}$$

求出 a 和 b 之后，直线方程就确定了，这就是用最小二乘法求回归方程的方法。但是，还必须检验两个变量间相关的密切程度，只有两者相关密切时，直线方程才有意义，现在进一步分析残差的平方和 Q。

$$Q = \sum [y_i - (a + bx_i)]^2 = \sum [y_i - (\bar{y} - b\bar{x}) - bx_i]^2$$

上式展开并简化后得

$$Q = \sum (y_i - \bar{y})^2 - b^2 \sum (x_i - \bar{x})^2 \tag{6-26}$$

测定值越接近于直线，Q 值越小，若 $Q=0$，全部散点落在直线上，则

$$\sum (y_i - \bar{y})^2 = b^2 \sum (x_i - \bar{x})^2$$

令 $r^2 = \dfrac{b^2 \sum (x_i - \bar{x})^2}{\sum (y_i - \bar{y})^2}$，$r$ 为相关性系数，$r = \pm 1$，即 $Q = 0$，表示完全线性相关；$r = 0$，表示线性不相关。因而 r 表示 x_i 和 y_i 的相关密切程度。但具有相同 r 的回归方程，其置信度与数据点数有关，数据点越多，置信度越高。

另外，计算回归方程的均方差也可以估计其精度，并判断试验数据点中是否有可疑点需舍去，对于一元线性回归方程，其均方差为

$$\sigma = \pm \sqrt{\frac{Q}{n-2}} \tag{6-27}$$

因此，一元线性回归方程的表达形式为

$$y = a + bx \pm 3\sigma \tag{6-28}$$

式(6-29)表明，若将离散点和回归曲线及上下误差限曲线同时绘于图上，则落在上下误差线外的点必须舍去。

6.4.2 可线性化的非线性回归问题

在实际问题中，自变量与因变量之间未必总是有线性的相关关系，在某些情况下，可以通过对自变量作适当的变换，把一个非线性的相关关系转化成线性的相关关系，然后用线性回归分析来处理。通常是根据专业知识列出函数关系式，再对自变量作相应的变换。如果没有足够的专业知识可以利用，那么就要在散点图上观察。根据图形的变化趋势列出函数式，再对自变量作变换。在实际工作中，真正找到这个适当的变换往往不是一次就能奏效的，需要作多次试算。对自变量 t 变换的常用形式有以下 6 种：

$$x = t^2, x = t^3, x = \sqrt{t}$$

$$x = \frac{1}{t}, x = e^t, x = \ln t$$

既然自变量可以变换，那么能否对因变量 y 也作适当的变换呢？这需要慎重对待，因为 y 是一个随机变量，对 y 作变换会导致 y 的分布改变，有可能导致随机误差项不满足服从零均值正态分布这个基本假定。但是在实际工作中，许多应用统计工作者常常习惯于对回归函数 $y=f(x)$ 中的自变量 x 与因变量 y 同时作变换，以便使它成为一个线性函数。

6.4.3　多元线性回归

多元线性回归方程的数学模型为

$$y=\beta_0+\beta_1 x_1+\beta_2 x_2+\cdots+\beta_m x_m \tag{6-29}$$

通过试验数据求出的回归系数只能是 β_i 的近似值 $b_j(j=1,2,\cdots,m)$。把估计值 b_j 作为方程式系数，就可得到经验公式，把 n 次测量得到的 $x_{ij}(i=1,2,\cdots,n$，为测量系数，$j=1,2,\cdots,m$，为所含自变量的个数)代入经验公式，就可等到 n 个 y 的估计值 $\hat{y}_i$，即

$$\begin{cases}\hat{y}_1=b_0+b_1 x_{11}+b_2 x_{12}+\cdots+b_m x_{1m}\\ \hat{y}_2=b_0+b_1 x_{21}+b_2 x_{22}+\cdots+b_m x_{2m}\\ \qquad\vdots\\ \hat{y}_m=b_0+b_1 x_{n1}+b_2 x_{n2}+\cdots+b_m x_{nm}\end{cases} \tag{6-30}$$

通过相应的测量得到 n 个 y_i 值，根据剩余误差的定义，n 次测量的剩余误差为

$$\nu_i=y_i-\hat{y}_i \quad (i=1,2,\cdots,n) \tag{6-31}$$

等于误差方程式：

$$\begin{cases}y_1=b_0+b_1 x_{11}+b_2 x_{12}+\cdots+b_m x_{1m}+\nu_1\\ y_2=b_0+b_1 x_{21}+b_2 x_{22}+\cdots+b_m x_{2m}+\nu_2\\ \qquad\vdots\\ y_n=b_0+b_1 x_{n1}+b_2 x_{n2}+\cdots+b_m x_{nm}+\nu_n\end{cases} \tag{6-32}$$

若想通过 n 次测量得到的数据 y_i 和 x_{ij} 求出经验公式中 $m+1$ 回归系数。但被求值有 $m+1$ 个而方程式有 n 个，在实验测量中，通常 $n>m+1$，即方程的个数多于未知数个数，这时可利用最小二乘原理，求出剩余误差平方和为最小的解，即使得

$$Q=\sum_{i=1}^{n}\nu_i^2=\sum_{i=1}^{n}(y_i-\hat{y})^2=\sum_{i=1}^{n}(y_i-b_0-b_1 x_{i1}-b_2 x_{i2}-\cdots-b_m x_{im})^2=\min$$

根据微分中极值定理，当 Q 对多个未知量的偏导数为 0 时 Q 才达到其极值，故对 Q 求各未知量 b_j 的偏导数并令其为 0，得

$$\begin{cases}\dfrac{\partial Q}{\partial b_0}=-2\sum_{i=1}^{n}(y_i-\hat{y})=0\\ \dfrac{\partial Q}{\partial b_j}=-2\sum_{i=1}^{n}(y_i-\hat{y})x_{ij}=0\end{cases} \tag{6-33}$$

误差方程式和上式可以用矩阵形式写成

$$\boldsymbol{y}=\boldsymbol{xb}+\boldsymbol{v} \tag{6-34}$$

$$\boldsymbol{x}^{\mathrm{T}}-\boldsymbol{v}=0 \tag{6-35}$$

其中，

$$\boldsymbol{y}=\begin{pmatrix}y_1\\ y_2\\ \vdots\\ y_n\end{pmatrix},\boldsymbol{x}=\begin{pmatrix}1 & x_{11} & x_{12} & \cdots & x_{1m}\\ 1 & x_{21} & x_{22} & \cdots & x_{2m}\\ 1 & \vdots & \vdots & & \vdots\\ 1 & x_{n1} & x_{n2} & \cdots & x_{nm}\end{pmatrix},\boldsymbol{v}=\begin{pmatrix}\nu_1\\ \nu_2\\ \vdots\\ \nu_n\end{pmatrix},\boldsymbol{b}=\begin{pmatrix}b_0\\ b_1\\ \vdots\\ b_m\end{pmatrix} \tag{6-36}$$

将式(6-34)代入式(6-35)得

$$x^{T}(y-xb)=0$$

故
$$x^{T}xb = x^{T}y \tag{6-37}$$

即
$$b=(x^{T}-x)^{-1}x^{T}-y \tag{6-38}$$

求解正规方程式(6-37)或求出矩阵(6-38)，即得多元线性回归方程的系数的估计矩阵$\boldsymbol{b}$，即经验系数$b_0,b_1,b_2,\cdots,b_m$。

为了衡量回归效果，还要计算以下4个量：

(1) 偏差平方和

$$Q=\sum_{i=1}^{n}(y_i-b_0-b_1x_{1i}-b_2x_{2i}-\cdots-b_mx_{mi})^2 \tag{6-39}$$

(2) 平均标准偏差

$$s=\sqrt{g/n} \tag{6-40}$$

(3) 复相关系数

$$r=\sqrt{1-\frac{Q}{d_{yy}}} \tag{6-41}$$

(4) 偏相关系数

$$V_i=\sqrt{1-\frac{Q}{Q_i}} \quad (i=1,2,\cdots,m) \tag{6-42}$$

6.4.4 回归分析在隧道测量成果处理中的应用

回归分析的一般步骤为：首先将每次现场采集的监测数据按要求整理到已规范化的试验表格内，一般可以建立收敛—时间、下沉—时间、收敛—距开挖面距离、下沉—距开挖面距离等表格类型。然后将上述数据描绘在直角坐标轴上，并用直线或光滑的曲线加以连接，遇到突变点或奇异点时应查找原因，作出合理解释。散点图能直观反映围岩及支护的变形情况，给测量人员以重要提示。最后根据试验曲线与标准函数曲线图接近程度，确定函数形式。常用的回归曲线大多数为一元非线性方程，具体内容见上一节。

下面以厦蓉(厦门至成都)高速公路寨了隧道监控量测成果为例，选取右洞典型断面YK179+900处隧道周边水平位移收敛数据进行处理和回归分析，现场监测结果如表6-3所示。

在坐标轴中绘制出上述监测数据的收敛—时间曲线。根据曲线的形式特点，可以采用双曲线函数为回归函数进行分析，步骤如下：

(1) 函数变换

令$y=1/u$，$x=1/t$，则有$y=A+B_x$。

(2) 用一元线性回归分析法求回归系数A、B

$$n=26,\bar{y}=1/26\times7.256=0.289,\bar{x}=1/26\times3.786=0.146$$

则

$$L_{yy}=\sum y_i^2-\frac{1}{n}\left(\sum y_i\right)^2=5.022-\frac{1}{26}\times7.526^2=2.844$$

$$L_{xx}=\sum x_i^2-\frac{1}{n}\left(\sum x_i\right)^2=1.602-\frac{1}{26}\times3.786^2=1.050$$

$$L_{xy}=\sum x_iy_i-\frac{1}{n}\sum x_i\sum y_i=2.821-\frac{1}{26}\times7.526\times3.786=1.725$$

表 6-3　　　　**寨了隧道右洞 YK179＋900 周边水平位移收敛实测数据**

编号 n	测量时间 t/d	位移值 u/mm	编号 n	测量时间 t/d	位移值 u/mm
1	1	0.59	14	14	6.47
2	2	1.24	15	15	6.77
3	3	1.57	16	16	8.05
4	4	1.99	17	17	8.33
5	5	2.46	18	19	8.14
6	6	2.88	19	21	8.25
7	7	3.38	20	23	8.47
8	8	3.70	21	25	8.79
9	9	4.04	22	27	8.96
10	10	4.77	23	29	9.04
11	11	5.04	24	31	9.09
12	12	5.74	25	33	9.25
13	13	6.05	26	35	9.27

$$B = \frac{L_{xy}}{L_{xx}} = \frac{1.725}{1.050} = 1.642$$

$$A = \bar{y} - B\bar{x} = 0.289 - 1.642 \times 0.146 = 0.050$$

由此得出双曲函数回归方程：

$$\frac{1}{u} = 0.050 + \frac{1.642}{t}$$

(3) 计算剩余标准差，评价回归精度

$$S_1 = \sqrt{\frac{1}{n-2}\sum_{i=1}^{n}(y_i - \hat{y})^2 + b^2} = \sqrt{\frac{1}{24} + 8.714} = 0.603$$

(4) 计算线性相关系数

$$r_1 = \frac{L_{xy}}{\sqrt{L_{xx}L_{yy}}} = \frac{1.725}{\sqrt{1.050 \times 2.844}} = 0.998$$

计算过程数据处理见表 6-4。

表 6-4　　　　**寨了隧道右洞 YK179＋900 周边水平位移收敛回归方程计算**

测量时间 t/d	实测值 u/m	$y=1/u$	$x=1/t$	y^2	x^2	xy	回归值 y_i	$(u-y_i)^2$
1	0.59	1.695	1.000	2.873	1.000	1.695	1.802	1.468
2	1.24	0.806	0.500	0.650	0.250	0.403	2.946	2.909
3	1.57	0.637	0.333	0.406	0.111	0.212	3.736	4.692
4	1.99	0.503	0.250	0.253	0.063	0.126	4.315	5.406
5	2.46	0.407	0.200	0.165	0.040	0.081	4.757	5.278
6	2.88	0.347	0.167	0.121	0.028	0.058	5.106	4.957

续表 6-4

测量时间 t/d	实测值 u/m	$y=1/u$	$x=1/t$	y^2	x^2	xy	回归值 y_i	$(u-y_i)^2$
7	3.38	0.296	0.143	0.088	0.020	0.042	5.389	4.035
8	3.70	0.270	0.125	0.073	0.016	0.034	5.622	3.694
9	4.04	0.248	0.111	0.061	0.012	0.028	5.818	3.160
10	4.77	0.210	0.100	0.044	0.010	0.021	5.984	1.475
11	5.04	0.198	0.091	0.039	0.008	0.018	6.128	1.184
12	5.74	0.174	0.083	0.030	0.007	0.015	6.253	0.263
13	6.05	0.165	0.077	0.027	0.006	0.013	6.363	0.098
14	6.47	0.155	0.071	0.024	0.005	0.011	6.461	0.000
15	6.77	0.148	0.067	0.022	0.004	0.010	6.547	0.050
16	8.05	0.124	0.063	0.015	0.004	0.008	6.625	2.030
17	8.33	0.120	0.059	0.014	0.003	0.007	6.696	2.671
19	8.14	0.123	0.053	0.015	0.003	0.006	6.817	1.749
21	8.25	0.121	0.048	0.015	0.002	0.006	6.919	1.771
23	8.47	0.118	0.043	0.014	0.002	0.005	7.006	2.144
25	8.79	0.114	0.040	0.013	0.002	0.005	7.080	2.924
27	8.96	0.112	0.037	0.012	0.001	0.004	7.145	3.295
29	9.04	0.111	0.034	0.012	0.001	0.004	7.201	3.380
31	9.09	0.110	0.032	0.012	0.001	0.004	7.251	3.380
33	9.25	0.108	0.030	0.012	0.001	0.003	7.296	3.818
35	9.27	0.108	03029	2012	0.001	0.003	7.336	3.740
$\sum$	152.33	7.526	3.726	3.786	5.022	2.821	154.600	69.574

依据应用数理统计知识，选取的函数回归曲线与实测曲线相比应具有误差范围小和回归精度高的特点，即 S 越小 r 越接近 1 的函数评价效果越好。上述计算结果表明，选取双曲函数作为右洞 YK179＋900 处隧道周边水平位移回归函数具有较高精度，将该函数用于现场收敛位移分析是合理可行的。

6.5 Origin 在回归分析中的应用

6.5.1 Origin 功能简介

Origin 是由美国 OriginLab 公司出品的科学绘图和数据分析软件。该软件有强大的数据分析功能，可给出选定数据的各项统计参数平均值（Mean）、标准偏差（Standard Deviation，SD）、标准误差（Standard Error，SE）、总和（Sum）以及数据组数 N；数据的排序、调整、计算、统计、频谱变换；线性、多项式和多重拟合；快速 FFT 变换、相关性分析、FFT 过滤、峰找寻和拟合；可进行统计、数学以及微积分计算。

如图 6-8 所示，Origin 界面主要包括以下几个部分：

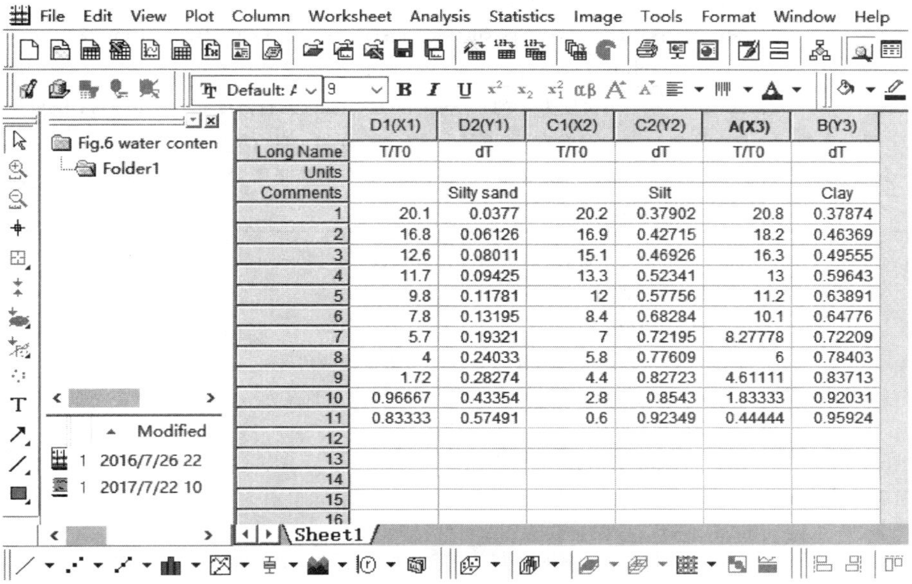

图 6-8　Origin 用户界面

(1) 菜单栏(顶部)，可以实现大部分功能。

(2) 工具栏(菜单栏下面)，一般最常用的功能都可以通过此实现。

(3) 绘图区(中部)，所有工作表、绘图子窗口等都在此。

(4) 工程管理器(下部)，类似资源管理器，可以方便切换各个窗口等。

(5) 状态栏(底部)，标出当前的工作内容以及鼠标指到某些菜单按钮时的说明。

Origin 具有丰富的内置函数，可分为公用函数、数学函数和统计函数，见表 6-5。关于一些具体函数的使用可参考 Origin 的 LabTalk 帮助文件。其中约 200 个内建的以及自定义的函数模型可进行曲线拟合，并可对拟合过程进行控制。

表 6-5　Origin 的内置函数

公用函数	基本工作表格函数	col(colname);col(colname)[row#];col(colname)[row#]$;wcol(colnumvariable);wcol(colnumvariable)[row#]S
	数据集产生函数	ata(x1,x2,inc);{v1,v2,…vn};Fit(Xdataset);Table(Datasetl,Dataset2,Dataset3)
	数据集操作函数	sort(dataset):diff(dataset);peaks(dataset,width,minheight); Corr(datasetl,dataset2,k[,N])
	数据集信息函数	IsMasked(index, dataset); FindMasks(dataset); hasx(dataset); xof(dataset); errof(dataset);xvalue(i,dataset); xindex(x,dataset);xindexl(x,dataset):list(value,dataset)
	其他函数	colnum(colname):color(name);date(MM/DD/YY:HH:MM); exist (name);exist(name,n);hex(string);asc(character); font(name)

续表 6-5

统计函数	基于数据集的统计函数	histogram(dataset, inc, min, max); sum(dataset); ave(dataset, size); percentile(datasetl, dataset2); ss(dataset, ref); ss(dataset); ss(dataset, 4); ss(datasetl, dataset2); cov(datasetl, dataset2, avel, ave2)
	基于分布的统计函数	Ttable(x,n)：自由度为 n 的 t 分布；invt(value,n)：自由度 n 的反 t 分布；Ftable(x,m,n)：自由度为 m,n 的 F 分布；invf(Value,m,n)：m 和 n 自由度的反 F 分布；erf(x)：正规误差积分；inverf(x)：反误差函数；prob(x)：正态分布的概率密度；invprob(x)：正态分布的反概率密度函数；Qcd2(n)；Qcd3(n)；Qcd4(n)
数学函数	基础数学函数	rec(x,p)：精度函数，返回 x 的 p 位有效数字。如 prec(1234567,3)＝1.23E6 round(x,p)：设定小数位数 abs(x)：绝对值 angle(x,y)：原点(0,0)到(x,y)连线与正 x 轴夹角 exp(x)：指数函数 sqrt(x)：开方函数 ln(x)：自然对数函数 log(x)：以 10 为底的对数函数 mod(x,y)：x/y 的整数模 mind(x,y)：x/y 的实数模 int(x)：取整函数：如 int(7.9)＝7 nint(x)：同 round(x,0)：四舍五入取整；如 nint(－0.5)＝－1 sin(x),cos(x),tan(x)：三角函数(默认为弧度值) asin(x),acos(x),atan(x)：反三角函数(默认为弧度值) sinh(x),cosh(x),tanh(x)：双曲函数
	多参数函数	Gauss; Lorentz; Logistic; ExpDecay; ExpGrow; ExpAssoc; Boltzmann; Hyperbl; Dhyperbl; Pulse; Poly
	特殊函数	Jn(x,n)；J0(x)；J1(x)；Yn(x,n)；Y0(x)；Y1(x)；gammaln(x)；incbeta(x,a,b)；incgamma(x,a)
	随机数生成函数	md(seed); ran(seed); gmd(); normal(npts, seed); poisson(npts, mean, seed); uniform(npts, seed)

6.5.2 Origin 数据拟合

Origin 提供了多种函数形式进行数据拟合，除常见的线性和多项式外，Origin 还可自定义函数，进行非线性拟合。数据拟合功能集成在 Analysis 菜单中 Fitting 子项，主要数据拟合函数见表 6-6。

采用 Origin 进行数据拟合的主要步骤为：(1) 确定自变量和因变量；(2) 根据变量之间的关系选择合适的拟合函数。一个好的模型，函数的表达式力求简单，同时表达式的参数要具有一定物理意义；(3) 由计算机进行逼近，检验运算结果，相关系数越接近 1 越好。(4) 如果结果不合理，则重新设置参数再进行运算。

线性拟合是在实验数据分析中一种常用的拟合方法。对于线性拟合方程 $y=A+Bx$，Origin 中采用最小二乘法求取线性方程中的截距 A 和斜率 B。

表 6-6　　要拟合形式及表达式

英文名称	中文含义	函数表达公式
Linear Fit	线性拟合	$y=A+Bx$
Polynominal Fit	多项式拟合	$y=A+B_1x+\cdots+B_nx^n$
Multiple Linear Regression	多元线性回归	$y=A+B_1x_1+\cdots+B_nx_n$
Exponential Fit	指数拟合	$y=A+B_1\mathrm{e}^{x/t}$
Single Peak Fit	单峰拟合	$y=y_0+\dfrac{A}{w\cdot\sqrt{\dfrac{\pi}{2}}\mathrm{e}^{-\frac{2(x-x_0)^2}{w^2}}}$
Sigmoidal Fit	S 拟合	$y=\dfrac{A_1-A_2}{1+\mathrm{e}^{(x-x_0)/\mathrm{d}x}}+A^2$

下面以将热电偶温度传感器标定实验为例，介绍 Origin 的一元线性回归分析。

对热电偶进行标定时，分别将其两端插入盛有少许硅油的玻管中，一支玻管(冷端)插入盛有冰水的保温瓶中，另一支玻管(热端)插入恒温水浴中。调节恒温水浴的温度，在标定的温度区间均匀地取 6 个不同温度的点，用电位差计分别测出各相应温度点的电动势，得到的试验数据见表 6-7。

表 6-7　　热电偶标定试验数据

第 1 组标定数据							
温度/℃	1.3	20.2	40.8	60.3	80.1	100.5	1.3
电动势/mV	0.212	0.958	1.598	2.413	3.326	4.251	0.212
第 2 组标定数据							
温度/℃	1.4	20.1	40.9	60.2	80.2	100.4	1.4
电动势/mV	0.210	0.956	1.596	2.411	3.324	4.249	0.210
第 3 组标定数据							
温度/℃	1.5	20.2	41.0	60.3	80.3	100.2	1.5
电动势/mV	0.211	0.959	1.599	2.414	3.327	4.252	0.211

首先建立数据表，输入要分析的数据。通过 Column-Set As 命令将表格中各组温度数据设定为 X 系列，如图 6-9 所示。然后选中要分析的数据，生成散点图，如图 6-10 所示。分析曲线特征，由图 6-10 可看出，温度与电动势关系成线性关系。

选择 Analysis-Fitting-Fit Linear 命令，打开 Linear Fit 对话框，如图 6-11 所示，该对话框 Recalculate 选项是用于设定用于设定参与拟合的数据改变后重新计算的模式，可供选择的模式有 None、Auto、Manual。

对话框包含了 Input，Fit Control，Quantities，Residual Analysis，Output，Fitted Curves Plot，Find X/Y，Residual Plots 等子项。Input 子项设置拟进行拟合的数据。Fit Control 子项进行拟合参数控制，如设定截距和斜率等；Quantities 用于设定拟计算的量；Residual Analysis 子项设定残差分析模式；Output 子项设定数据拟合报告、结果及残差的输出控制；

A(X1)	B(Y1)	C(X2)	D(Y2)	E(X3)	F(Y3)
温度	电动势	温度	电动势	温度	电动势
℃	mV	℃	mV	℃	mV
第1组		第2组		第3组	
1.3	0.212	1.4	0.210	1.5	0.211
20.2	0.958	20.1	0.956	20.2	0.959
40.8	1.598	40.9	1.596	41.0	1.599
60.3	2.413	60.2	2.411	60.3	2.414
80.1	3.326	80.2	3.324	80.3	3.327
100.5	4.251	100.4	4.249	100.2	4.252

图 6-9 数据表格

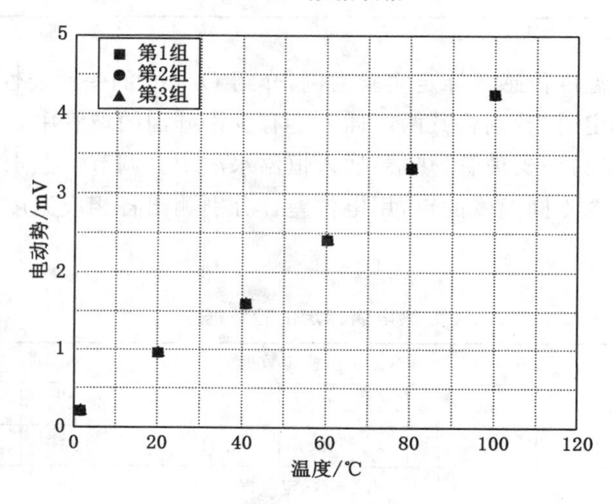

图 6-10 数据散点图

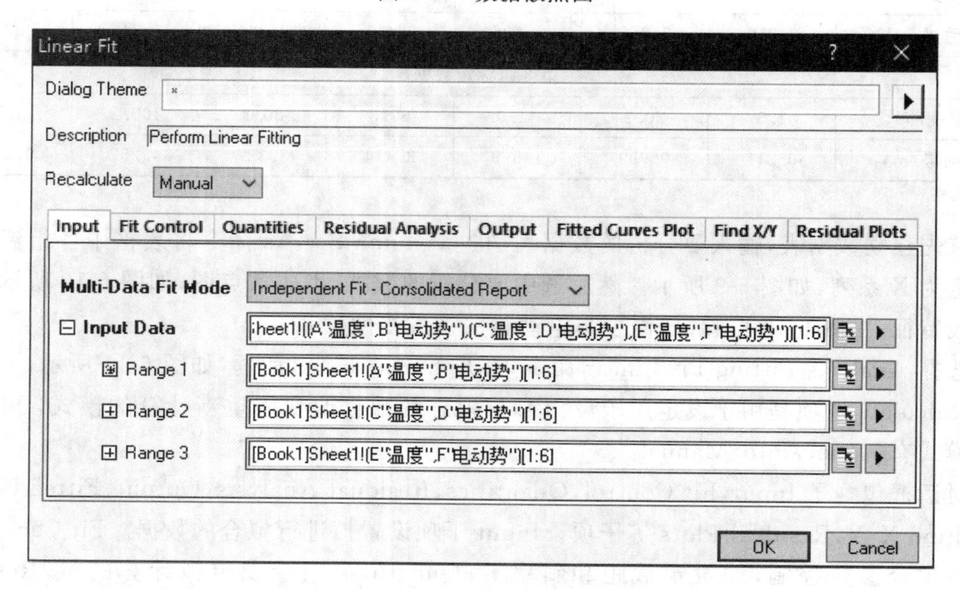

图 6-11 Linear Fit 对话框

Fitted Curves Plot 子项用于设定拟合曲线绘图控制；Find X/Y 是在拟合之后，用于数据的预测；Residual Plots 子项设定残差绘图控制。在 Linear Fit 完成上述子项相应的设置后，点击 Ok 按钮便可进行拟合。

拟合结果窗口将显示该拟合分析的类型、模型参数和拟合曲线等，见图 6-12。根据图 6-12 可知，3 组数据拟合后得到的截距平均值为 0.079，斜率平均值为 0.04，相关系数大于 0.994。则可得到电动势 U 和温度 T 的拟合公式，即该热电偶的标定公式为：$U=0.04T+0.079$。

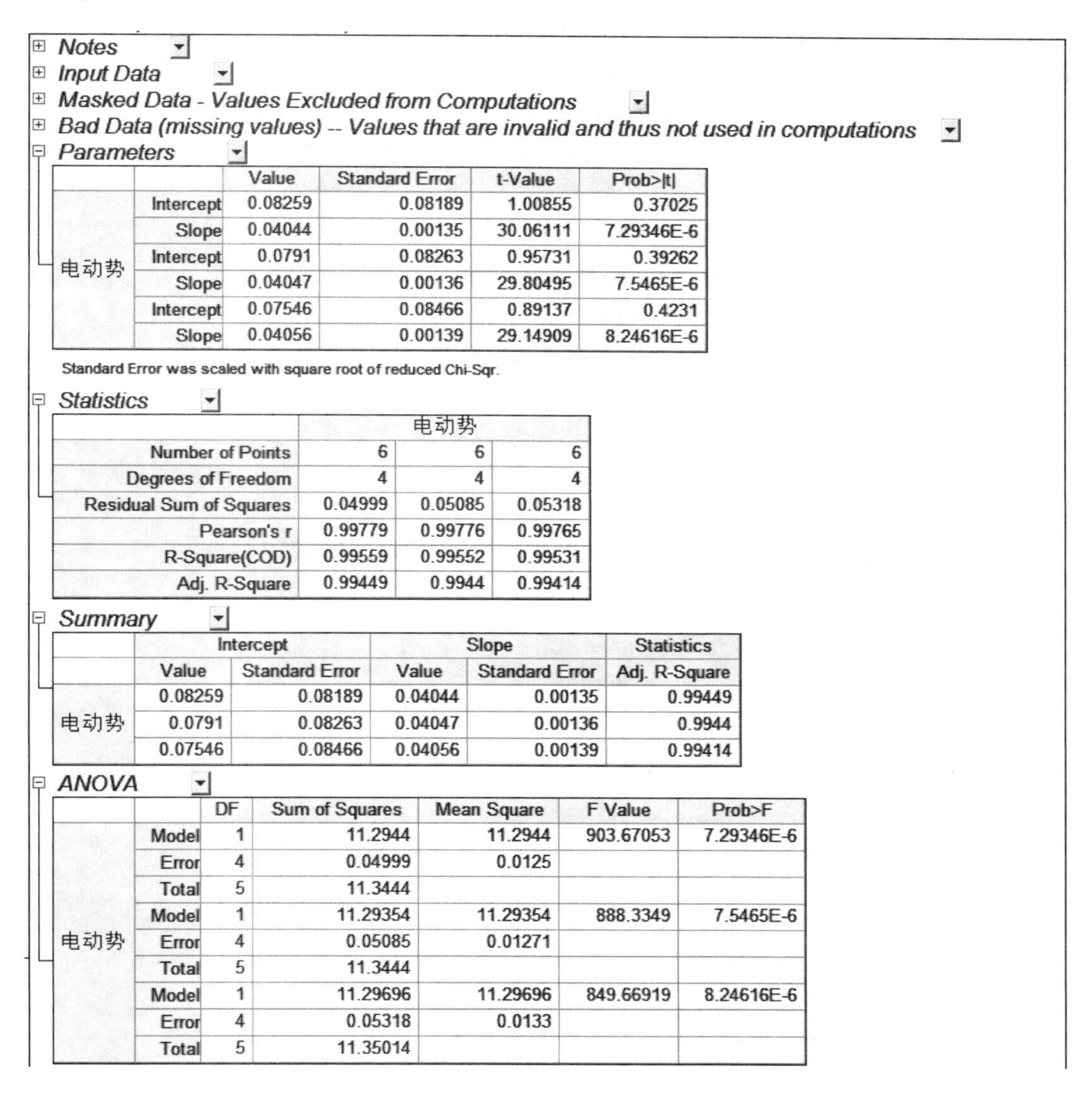

⊞ Notes

⊞ Input Data

⊞ Masked Data - Values Excluded from Computations

⊞ Bad Data (missing values) -- Values that are invalid and thus not used in computations

⊟ Parameters

		Value	Standard Error	t-Value	Prob>|t|
电动势	Intercept	0.08259	0.08189	1.00855	0.37025
	Slope	0.04044	0.00135	30.06111	7.29346E-6
	Intercept	0.0791	0.08263	0.95731	0.39262
	Slope	0.04047	0.00136	29.80495	7.5465E-6
	Intercept	0.07546	0.08466	0.89137	0.4231
	Slope	0.04056	0.00139	29.14909	8.24616E-6

Standard Error was scaled with square root of reduced Chi-Sqr.

⊟ Statistics

	电动势		
Number of Points	6	6	6
Degrees of Freedom	4	4	4
Residual Sum of Squares	0.04999	0.05085	0.05318
Pearson's r	0.99779	0.99776	0.99765
R-Square(COD)	0.99559	0.99552	0.99531
Adj. R-Square	0.99449	0.9944	0.99414

⊟ Summary

	Intercept		Slope		Statistics
	Value	Standard Error	Value	Standard Error	Adj. R-Square
电动势	0.08259	0.08189	0.04044	0.00135	0.99449
	0.0791	0.08263	0.04047	0.00136	0.9944
	0.07546	0.08466	0.04056	0.00139	0.99414

⊟ ANOVA

		DF	Sum of Squares	Mean Square	F Value	Prob>F
电动势	Model	1	11.2944	11.2944	903.67053	7.29346E-6
	Error	4	0.04999	0.0125		
	Total	5	11.3444			
	Model	1	11.29354	11.29354	888.3349	7.5465E-6
	Error	4	0.05085	0.01271		
	Total	5	11.3444			
	Model	1	11.29696	11.29696	849.66919	8.24616E-6
	Error	4	0.05318	0.0133		
	Total	5	11.35014			

图 6-12　拟合结果表

练 习 题

1. 简述数据修约的规则。

2. 数据表达有哪些方法？各有何特点？

3. 举例说明系统误差产生的原因以及消除和修正的方法。

4. 对恒温室标准温度 20 ℃测量 15 次，其值(℃)如下：20.42，20.43，20.40，20.43，20.42，20.43，20.39，20.30，20.40，20.43，20.42，20.41，20.39，20.39，20.40。其中是否有异常数据需剔除？若有，则剔除后它们的标准偏差是多少？

5. 将下列数据化整为三位有效数字：

3.854 7，2.342 9，1.675 0，1.543 5，3.870 6，0.433 3，7.682 4，3.661 2，2.438 4，6.265 0，$8.95\ 4\times10^{-5}$，0.200 0。

6. 将下列两个物理量进行单位换算，并将结果写成科学表达式：

(1) 将 $m=(312.670\pm0.002)$ kg 换算成 g 与 mg。

(2) 将 $t=(17.9\pm0.1)$ s 换算成 min。

7. 根据有效数字的运算规则，计算下列各式的结果：

(1) $89.70+1.3=$

(2) $107.40-2.6=$

(3) $222\times0.200=$

(4) $237.5\div0.10=$

8. 何谓回归分析？简述一元线性回归分析的最小二乘法原理。

第 7 章　相似理论和模型试验

7.1　概述

早在 1606～1620 年，人们就开始研究和应用相似的概念。到了 1686 年，牛顿研究解决了两个物体运动的相似，并且确定了两个力学系统相似的准则——牛顿准则。1882 年，傅立叶提出了两个冷却球体温度场相似的条件。1848 年，法国科学家贝特朗以力学方程的分析为基础，首次确定了相似现象的基本性质——相似第一定理，以后许多学者都应用它。例如：法国学者贝特朗自己就在 1878 年探讨了热和电的相似；弗鲁特用模型研究了船的航行特性。

1911～1914 年间，俄国人费解尔曼和美国的波根汉先后导出相似第二定理——即 π 定理。1925 年爱林费思特 · 阿尔法纳塞夫对自然界任何现象相似的最普遍的情况，证明了第一定理和第二定理。至此，在最普遍情况下，关于相似现象性质的学说基本上建立了。

相似第一定理与第二定理，是在假设现象相似的基础上导出的。但是，它没有回答如何判定两现象是否相似。1930 年苏联学者基尔皮契夫和古赫曼提出了相似第三定理。回答了如何判定两现象相似的问题。至此相似理论便形成了较完整的理论。

科学技术的发展，特别是工程数学和电子计算机的发展，为模拟试验技术的发展开拓了广阔的前景。现在模拟试验技术可以分为：

(1) 物理模拟(也称为同类模拟)

它是被研究的原型与模型均属于同一类物理现象间的相似。物理模拟是基础，它是研究原型最基本的方法，也是给原型建立数学模拟的重要方法之一，又是检验所建立的理论的方法之一。

(2) 数学模拟(也称为异类模拟)

它是把被研究的原型用与其有相同规律的另一类物理模型进行模拟研究，来求得原型解的模拟研究方法。它是在已知数学函数式的基础上对模拟技术的一个发展。水—热模拟，非电量电测的仪表多属于数学模拟范围。

(3) 计算机模拟(也称为数值模拟)

随着计算机的应用和工程数学的发展，计算机数值模拟也获得了迅速发展。它具有研究宏观实物，得出各种条件下的参量数值的功能，也能研究物质的微观运动的过程。虽然在计算机模拟中还有计算机容量和计算速度及一些参量的数值计算等问题，但在应用中已显示了这种技术的优点和发展前景。

(4) 信息模拟(也称为功能模拟)

在计算机模拟的基础上，以系统论、信息论和控制论为理论指导，将信息、数值模拟和机械的或电的运动相结合，能够做到系统中的功能模拟。它是机器人人机对话和运动的基础。

由于现代高技术的发展和需要，计算机模拟和功能模拟已逐渐发展成独立的分支——

计算机模拟与功能模拟(信息模拟)。

现代模型试验已为许多部门和学科,例如力学、建筑结构学、化工学、热工学、空气动力学、采矿学、地下工程学、矿山建筑学等所应用,特别是在化工学、空气动力学和地下工程学的一些应用课题上,在目前用相似理论为指导的模型试验,还是求解的主要方法。

以相似理论为基础的模型试验(模拟),首先对待研究的对象(原型)进行分析,列数学方程或罗列各影响参数,经过相似转换求出相似准则;其次,考虑量测传感器的尺寸和所需精度、试验条件等因素,确定模型的几何缩比;第三,按各准则来设计试验模型(试验台),试验后用准则形式来处理试验数据;最后,仍用相似理论确定试验结果可扩大应用的范围。

7.2 相似理论基础

7.2.1 相似的概念

(1) 几何相似

相似的概念,最初产生在几何学中。两个几何上相似的图形或物体,其对应部分的比值必等于同一个常数。这种相似叫几何相似。

两个三角形相似,其对应边必互成比例。这两个三角形对应边比值为相似常数;假如我们以三角形 A 作为标本,而将其每边放大相同的倍数,则可以得到一个相似于原来图形 A 的另一个三角形,这种将原来图形转换成不同大小相似图形的方法叫相似转换。

若将同一三角形的两边相比,则在所有相似的三角形中,其比值比为同一个数值,这个在所有相似的三角形中都保持同一个数值的比值,称为相似准则(也称为“相似准数”或“相似定数”)。显然,相似准则可以不相同。

(2) 物理现象的相似——同类相似

几何相似的概念,可以推广到物理现象上去。在进行着物理过程的系统中,若系统几何相似,并且其中各个对应点(或对应部分)上的各个物理量也互成常数的比例时,则称为现象的物理相似(也叫同类相似)。

过程的进行常与过程开始时状况有关,同时被研究的系统也常受周围介质的影响。因此,除上面所说的相似外,还有初始条件相似和边界条件相似。举例来说,在不稳定热传导的现象中,必须知道过程开始时物体内温度分布的情况是否相似,即初始条件相似。在过程进行中,我们还必须知道物体界面上的温度分布(或是变化规律)是否相似,这就是边界条件相似。

(3) 数学相似——异类相似

自然界各种现象都具有规律性,不仅在同一类性质的物理现象中常具有相似的性质,在不同性质的物理现象中也常具有相类似的特点。例如:万有引力与点电荷间库仑力。这样这些反映不同性质的物理现象各自规律的数学方程(也称为数学模型),其形式即是相同的(或具有相同的数学模型)。

凡描写不同性质的现象,其数学方程相同时(也叫具有同一数学模型),称为数学相似(或异类相似)。

(4) 基本概念

用来度量同类量的基准量称为单位。

所谓“量纲”或“因次”，是指物理量的种类，反映物理量的属性。

量纲齐次性原理：在物理方程中，在“＝、＜、＞”等比较运算符号两边，量纲应相同；凡用“＋”或“－”号运算的项，其量纲应相同。

单值条件：能够把一个现象从同类现象中区分出来的条件，包括几何条件、物理条件、边界条件、初始条件、时间条件和衔接条件。

几何条件：任何具体物理现象都发生在一定的几何空间内，因此，物理现象所涉及物体的几何形状与大小，是应给出的单值条件。

物理条件：所有物理现象都是有物质基础的，而且有的还受到相关物理场的影响，因此，相关的物性条件和物理场条件也是单值条件。例如，物质的密度、物质受到的重力场——重力加速度等。

边界条件：描述物理系统边界状态的数学表达式。它应能完全描述所研究的物理系统在边界上各点在任一时刻的状态。边界条件体现了物理系统与周围环境在界面上的相互作用。

初始条件：描述物理系统初始状态的数学表达式。它应能完全描述所研究的物理系统在初始时刻其内部及边界上任意一点的状态。初始条件体现了历史对未来的影响，意味着不同的起点可能有不同的结果。

时间条件：指某些非待求物理量随时间进程变化的特点。

衔接条件：描述物理系统内两种不同介质在交界面上的相互作用的数学表达式。若研究的系统由不同介质组成，在两种不同介质的交界处需要给定的条件。

相似缩比（相似倍数，相似比）：原型参数与其时空对应点上的模型参数之比。

两个物理现象如果在空间、时间对应点上所有表征现象的对应的物理量都保持各自的固定的比例关系（如果是矢量还包括方向相同），则两个物理现象相似。

两个现象相似所必须遵守的准则称为相似准则。

关于相似准则的说明：是无量纲量——纯数；由同一现象的物理量组合而成；在相似的原型和模型的时、空对应点上同名准则数值相同；是不变量，而非常量，在同一现象的不同时、空点上可能不同。

独立准则：不能由其他准则通过加、减、乘、除、方幂运算而得到的准则。

决定性准则：由单值条件的物理量（决定性量）所组成的相似准则——相当于 $y=f(x)$ 中的 x。

被决定性准则：包含待求量（被决定量）的准则——相当于 y。

7.2.2　相似三定理

什么是相似？

① 相似的现象能为文字上完全相同的方程组所描写，即现象具有同一内在规律。

② 用来表征这些现象的一切物理量在空间相对应的各点和在时间上相对应的各瞬间各自互成一定比例关系，也就是两个相似的同类现象经过按比例转换后可达到相同的现象。

③ 各相似常数服从于某种自然规律的约束，即相似现象的内部规律和外部条件具有相同的规律。

具备上述条件的两个现象，我们称为相似的现象。

相似理论的基础是相似三定理。

第一定理 相似的现象，其单指条件相似，其相似准则相同。

第二定理 若有一描述某现象的方程为 $f(a_1,a_2,\cdots,a_k,b_{k+1},b_{k+2},\cdots,b_n)=0$，式中 a_1，a_2，…，a_k 表示基本量；b_{k+1}，b_{k+2}，…，b_n 为导来量，这些量都具有一定的因次，且 $n>k$。

因为任何物理方程中的各项量纲都是齐次的，则该方程可以转换为无因次的准则方程：

$$F(\pi_1,\pi_2,\cdots,\pi_{n-k})=0$$

其相似准则数目为 $n-k$ 个。它告诉我们：① 任一现象的函数式都可以用准则方程来表示；② 准则有 $n-k$ 个；③ 准则是无因次的。

相似第一定理与第二定理（常称为 π 定理）说明了相似现象的性质。由第一定理，我们知道哪些量决定一组相似现象的特征，因而在试验时就要测量这些量。相似准则是由表示现象特征的这些量之间的关系的方程导出的，所以相似准则中一定包含了所有表征现象特性的量。也可以说，在试验中应当测量所有包含在相似准则中的量。

相似第二定理告诉我们，由描述现象的方程可以转换为准则方程。这样，对于有数学方程的现象，就能转换成准则方程，以利于研究。对于只知道参量但还不知道其数学方程的现象，我们可根据相似第二定理求出其准则方程，再进行研究。第二定理还告诉我们，求出的准则数有多少个及如何去整理试验的结果。即应当应用相似准则间的关系的形式来整理试验结果，以利于试验结果的推广。

第三定理 当现象的单值条件相似且由单值条件所组成的相似准则（决定准则）的数值相等时，则现象相似。

相似第三定理明确地规定了两现象相似的必要条件和充分条件。

相似理论的这三个定理，奠定了相似理论的基础。

① 指导如何进行模拟试验：先由第二定理求出相似准则，再根据第三定理建立相似模型和进行试验；

② 指出了整理试验结果的方法：根据第二定理，表示为相似准则间关系；

③ 指出了试验结果推广应用的范围：先根据第三定理判断现象间是否相似，再根据第一定理将成果 应用于相似现象。

7.2.3 相似准则

（1）对准则的判断与要求

① 独立准则数目：等于参数个数减去基本量个数；

② 准则要有明确的物理意义，宜采用经典形式以便交流；

③ 时空坐标及待求量各自只宜出现在 1 个准则的分子上；

④ 实验中每个要变化的量不宜出现在多个准则中；

⑤ 其他次要的物理量宜分别在一个准则中，以利于尝试舍去该准则；

⑥ 准则表达式应尽量简约，必要时才用复合准则；

⑦ 准则中不应含有无法测量的物理量；

⑧ 纯几何量集中到一个准则中，可便于几何设计；

⑨ 可由准则运算得新准则，以方便模型设计或公式拟合。

（2）准则的作用

① 简化解析分析；指导数模拟和物理模拟；用于整理研究成果，由于其高度的概括性，易抓住问题的本质。

② 降低研究问题的维数：由 n 维变为 $n-r$ 维。

③ 判断公式的正确性。在指数函数、对数函数、三角函数、反三角函数、双曲函数、反双曲函数等函数中，例如在 e^x，$\ln x$，$\sin x$，$\cos hx$ 中，x 应是无量纲量——相似准则。

7.3　相似准则的导出

7.3.1　相似转换法

由基本方程和全部单值条件导出相似准则的方法称为相似转换法。因此，采用这个方法的前提条件是对所研究的问题能建立数学方程或方程组和给出单值条件式(包括边界条件)。

相似转换法求相似准则的步骤：

① 写出现象的基本微分方程组和全部单值条件；

② 写出相似常数的表示式；

③ 将相似常数代入方程组，进行相似转换，求出相似指标式；

④ 以相似常数代入相似指标式，求出相似准则；

⑤ 将相似常数代入单值条件方程，经过相似转换得到相似指标，再将相似常数代入相似指标求出相似准则；

⑥ 对所求出的准则可进行分解或重新组合，向常用准则靠拢，并将相同准则合一。

举例：物体运动的距离为 l，时间为 τ，速度为 w，试求其准则。

解：(1) 物体的运动微分方程为

$$w=\frac{\mathrm{d}l}{\mathrm{d}\tau} \tag{7-1}$$

设与之相似的运动的微分方程为

$$w'=\frac{\mathrm{d}l'}{\mathrm{d}\tau'} \tag{7-2}$$

(2) 写出相似常数的表达式

$$\begin{cases} C_w=\dfrac{w}{w'} \\ C_l=\dfrac{l}{l'} \\ C_\tau=\dfrac{\tau}{\tau'} \end{cases} \tag{7-3}$$

(3) 将式(7-3)代入方程式(7-1)得

$$C_w w'=\frac{\mathrm{d}C_l l'}{\mathrm{d}C_\tau \tau'}=\frac{C_l \mathrm{d}l'}{C_\tau \mathrm{d}\tau'}$$

$$\frac{C_w C_\tau}{C_l}w'=\frac{\mathrm{d}l'}{\mathrm{d}\tau'} \tag{7-4}$$

比较式(7-4)与式(7-2)得

$$\frac{C_w C_\tau}{C_l}=1 \tag{7-5}$$

$\dfrac{C_w C_\tau}{C_l}$为相似指标。

(4) 将式(7-3)代入式(7-5)得

$$\frac{\frac{w}{w'}\cdot\frac{\tau}{\tau'}}{\frac{l}{l'}}=1$$

经整理得

$$\frac{w\tau}{l}=\frac{w'\tau'}{l'}=\text{idem}(\text{同一个数})$$

(5) 其初始条件$\frac{w_0\tau_0}{l_0}=\frac{w'_0\tau'_0}{l'_0}=\frac{w\tau}{l}=\text{idem}$,则相似准则 $\pi=\frac{w\tau}{l}$。

7.3.2 量纲等价法

从量纲相同的角度来看,积分式和微分式可用量纲等价式替代,例如:

$$\left[\frac{\mathrm{d}^n y}{\mathrm{d}x^n}\right]=\left[\frac{y}{x^n}\right],\left[\frac{\partial^2 z}{\partial x\partial y}\right]=\left[\frac{z}{xy}\right],\left[\int f\mathrm{d}x\right]=[fx],\left[\int_a^b f\mathrm{d}x\right]=[fa-fb]$$

$[x]$表示物理量 x 的量纲。

所谓量纲等价法,就是利用上述量纲等价式替换方程中的积分式和微分式,然后根据物理方程的量纲齐次性原理,利用同量纲量之比求相似准则。量纲等价法求相似准则的步骤为:

① 写出方程的量纲求解式;

② 用量纲等价式替换方程中的积分式和微分式;

③ 获得相似准则:从"+"或"-"号连接项中选出 1 项除方程量纲求解式左、右两边各项即得准则。

在进行量纲求解运算时,要注意常量与纯数的差别,前者一般是有量纲的,而后者无量纲。

7.3.3 因次分析法

在实际研究中,我们所遇到的问题往往十分复杂,对问题的内在关系还认识很少,以致还不能建立其微分方程,因此,就不能应用相似转换法和量纲等价法求得相似准则。这时因次分析法就能帮助我们获得准则。

(1) 因次分析法的基本原理

任何一个完善正确的物理方程,各个量的因次(也称量纲——被量测物理量的种类)必定相同。或者说,说明物理现象的方程,各项因次都是齐次的。π 定理也是在因次分析的基础上导出的。当 π 定理一经证明后,就不再局限于有方程的物理现象。对一个现象,只要正确确定其参数,通过因次分析来考查其各参数的因次,就可以求得其准则。因次分析法是对于一切机理尚不清楚,规律未充分掌握的复杂情况来说,是获得准则的主要方法。

(2) 因次分析法的步骤

① 罗列参数,写出现象的函数式

$$\varphi(x,y,z,w,\cdots)=0$$

② 对参数进行分组,同量纲的参数编在一组;

③ 写出部分准则,相应地从函数式中剔除参数:

a. 无量纲量本身是准则,剔除出去;

b. 同量纲量中选一个留下，其他量与之相比即是准则；

④ 设余下参数为 $X_1, X_2, \cdots, X_r, X_{r+1}, X_{r+2}, \cdots, X_n$，$X_1, X_2, \cdots, X_r$ 其中为量纲独立的物理量；$X_{r+1}, X_{r+2}, \cdots, X_n$ 为导来物理量；

⑤ 选定一个导来量 X_{r+j}，写出 $\Pi_j = X_{r+j}\prod_{i=1}^{r} X_i^{-P_{ji}}\ (j=1,2,\cdots,n-r)$；

⑥ 根据 Π_j 是无量纲数(度量单位指数为0)这一条件，列出关于 P_{ji} 的方程，求出 P_{ji} 后，即得到相似准则 Π_j；

⑦ 重复⑤和⑥步骤，直到求出全部准则。

⑧ 整理准则。

说明：① 关键是抓住主要影响因素：a. 关键物理量既不能凭空增加，也不能遗漏；b. 不要遗漏了那些带有量纲的物理常数；c. 不要疏忽了无量纲物理量，如内摩擦角；d. 注意区分那些同量纲不同含义的物理量。

② 选择基本物理量时注意：所选物理量要有量纲，且相互独立；尽量不选用待求物理量，以避免出现隐函数；所选物理量的量纲种类是完整的，不能有遗漏；尽量选量纲形式最简单的物理量以简化准则。

举例：单摆问题的因次分析法。

影响单摆周期的因素：

$$f(T, m, g, l, \alpha) = 0$$

式中，T 为周期，s；m 为质点的质量，kg；g 为重力加速度，$\mathrm{m \cdot s^{-2}}$；l 为摆长，m；α 为夹角，无量纲。

因为 α 是无量纲量，故有准则：$\pi_1 = \alpha$。

余下参数 T, m, g, l 中，m, g, l 三者量纲独立，故可求出一个准则。

写出 Π 式，$\Pi = Tm^a g^b l^c$，两边取量纲：

$$\begin{aligned}[\Pi] &= [L^0 M^0 T^0] \\ &= [T]^1\ [M]^a\ [LT^{-2}]^b\ [L]^c = [T]^{1-2b}[M]^a\ [L]^{b+c}\end{aligned}$$

因等式两边量纲指数应相等，故有 $1-2b=0, a=0, b+c=0$，解得 $a=0, b=1/2, c=-1/2$。

即

$$\pi_2 = T\sqrt{\frac{g}{l}}$$

7.4 数学模拟试验

尽管当代计算机的运算速度日新月异，但对于大型数值计算，如何合理减少计算次数，如何降低后处理工作量仍是十分重要的。相似第二定理，按相似方法进行计算，降低工作量；遵守相似第三定理可保证计算模型与原型相似。

7.4.1 原理

数学模拟也叫异类模拟，或称类似(analogy)。事物是复杂的，千变万化的，但也是有规律的。许多事物的性质其内在规律是近似的。例如一个线性方程：

$$y = ax + b \tag{7-6}$$

方程式(7-6)是在研究属于线性规律的事物中抽象出来的数学方程。也可以说是对服从线性规律的所有事物的概括描述。对于不同的现象(7-6)式中 y,a,x,b 各有不同的物理含义。

表 7-1　　各符号不同物理含义

符号	运动学	电学	传热学	水滤流
y	距离	电流	热流量	水流量
a	速度	电导	导热系数	导水系数
x	时间	电压	温度梯度	水力梯度
b	初始距离	初始电流	初始热流	初始流量

同理,傅立叶方程:

$$\frac{\mathrm{d}t}{\mathrm{d}\tau} = a\,\nabla^2 t = a\left(\frac{\partial^2 t}{\partial x^2} + \frac{\partial^2 t}{\partial y^2} + \frac{\partial^2 t}{\partial z^2}\right) \tag{7-7}$$

方程式(7-7)也具有和式(7-6)相同的性质。当 t 表示温度时,它描述的是温度场。当 t 表示力时,它描述的是应力场。当 t 表示电位时,它描述的是电场。当 t 表示的是水位时,它描述了滤流中的水位场等。虽然导热、受力、导电、滤流是不同的现象,在性质上有本质的区别。但描写这些现象所具有规律的数学方程在数学形式上确实是相同的。即这些现象具有数学上的相似。也可以说是彼此互相模拟。人们常用容易实现的试验,模拟不同类但具有数学相似的现象。

7.4.2　步骤

① 求相似准则。

② 定模型方案:确定采用同类模拟还是异类模拟。

一般情况下均用同类模拟,特别是规律(定解方程)不明朗时。当存在同规律的异类现象时,有时采用异类模拟会很方便。同类模拟:同规律相同物理现象间的模拟(常用);异类模拟:同规律不同物理现象间的模拟。

③ 定模型参数(C_l大于 1 时,缩小;C_l等于 1 时,原型;C_l小于 1 时放大)。一般地,令基本物理量的值等于 1 个国际单位,可使其他模型参数的值与对应准则值相等,能大大方便数值模拟结果的后处理。

④ 根据模型参数,建立数值计算模型,运算求得数值解。

⑤ 总结规律,推广至原型。

举例:无限长厚壁圆筒应力问题。

(1) 求准则:罗列影响参数

$$f(\sigma, p_n, p_w, r_n, r_w, C, \varphi, E, \mu) = 0$$

式中,σ 为应力,MPa;p_n,p_w 为内、外压力,MPa;r_n,r_w 为内、外半径,m;C 为内聚力,MPa;E 为弹性模量,MPa;φ

p_n　p_w

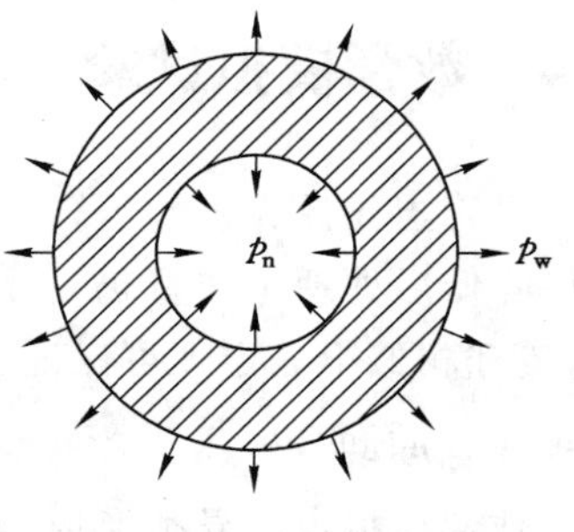

图 7-1　无限长厚壁圆筒应力问题

为内摩擦角，无量纲；μ 为泊松比，无量纲。

用因次分析法求得准则：

$$\pi_1=\varphi,\pi_2=\mu,\hat{\sigma}=\sigma/E,\hat{p}_n=p_n/E,\hat{p}_w=p_w/E,\hat{C}=C/E,\hat{r}_n=r_n/r_w$$

整理得准则方程：

$$\hat{\sigma}=F(\hat{p}_n,\hat{p}_w,\hat{C},\hat{r}_n,\varphi,\mu)$$

(2) 定模型方案

同类模拟。

(3) 定模型参数

假设已知如下条件：$E=(2\sim4)\times10^4$ MPa；$p_n=2\sim4$ MPa，$p_w=8\sim12$ MPa，$C=2\sim4$ MPa，$r_w=5\sim7$ m，$r_w-r_n=1\sim2$ m，$\phi=30°\sim45°$，$\mu=0.2\sim0.4$，则有：$\hat{p}_n$，$\hat{p}_w$，$\hat{C}$，r_n 可求得相应的准则值。

在数值计算模型中，取 $E'=1$ MPa，$r'_w=1$ m，则：$\sigma'=\sigma'/E'=\hat{\sigma}=\sigma/E$ MPa，依次类推，可求得模型中参数值。

(4) 将上述参数，输入到数值计算模型中进行计算即可。

7.5　物理试验设计

物理模拟能帮助我们探索多种物理量之间的函数关系、自然规律及有关工程稳定性的各种效应。特别当数值分析方法遇到困难时，物理模拟往往可以成功地得到预期结果，揭示一般规律，帮助我们作出正确的分析与评价。

7.5.1　物理模拟试验的基本步骤

① 求相似准则。

② 定模型方案：同类模拟（相同物理现象间的模拟），还是异类模拟（不同物理现象间的模拟）。

③ 定几何缩比（模型尺寸）。主要考虑：测量精度要求，模型易制作，节省人力、物力、财力和时间。

④ 定材料（定物性参数缩比）：是用相同材料还是用相似材料。一般尽可能用相同材料进行试验。

⑤ 定重力加速度缩比。不得已时才利用离心试验机进行模拟试验。

⑥ 根据相似准则推导其余参数缩比。

⑦ 根据模型定性参数，设计、制作相似模拟试验台。

⑧ 在试验台上按相似要求试验和量测。

⑨ 按准则整理试验数据，总结规律，推广至原型。

7.5.2　结构模型设计

7.5.2.1　结构静力模型

在按工程实践中，经常遇到的都是结构经历相似问题。与结构静力问题有关的物理量主要有：

① 结构的几何尺寸 l；

② 静载荷，如集中力 P、线载荷 ω、面载荷 q 以及弯矩 M；

③ 结构效应，如线位移 x、转角 θ、应力 σ，应变 ε；

④ 材料性能，如弹性模量 E、剪切模量 G、泊松比 v 以及密度 ρ。

因此结构静定状态用一般函数形式表示为：

$$F(l,P,M,\omega,q,x,\theta,\sigma,\varepsilon,E,G,\nu,\rho)=0$$

用量纲分析法可以求得结构静力试验模型的相似关系，如表 7-2 所示。

从表 7-2 分析可知，静力模型的相似常数是 C_l 和 C_E 的函数。对于表中的实用模型，实际上是假设原型与模型应力相等的等强度模型，从表中模型材料的密度为原型材料的 $1/C_l$ 倍，显然在实际中是很难实现的，为了解决这一矛盾，一般采用在模型结构上附加质量的方法来弥补材料容积密度不足所产生的影响，但附加的人工质量必须不改变结构的强度和刚度特性。

表 7-2　　结构静力模型的相似关系

类型	物理量	量纲	理想模型	实用模型
材料特性	应力 σ	$[FL^{-2}]$	C_E	1
	应变 ε	[1]	1	1
	弹性模量 E	$[FL^{-2}]$	C_E	1
	剪切模量 G	$[FL^{-2}]$	C_E	1
	密度 ρ	$[FL^{-4}T^2]$	C_E/C_l	$1/C_l$
	泊松比 v	[1]	1	1
几何特性	长度 l	[L]	C_l	C_l
	线位移 x	[L]	C_l	C_l
	角度 θ	[1]	1	1
	面积 A	$[L^2]$	C_l^2	C_l^2
	惯性矩 I	$[L^4]$	C_l^4	C_l^4
荷载特性	集中荷载 P	[F]	$C_EC_l^2$	C_l^2
	线荷载 ω	$[FL^{-1}]$	C_EC_l	1
	面荷载 q	$[FL^{-1}]$	C_E	1
	力矩 M	[FL]	$C_EC_l^3$	C_l^3

7.5.2.2　结构动力模型

在进行结构动力模型设计时，由于结构的惯性力是作用在结构上的主要荷载，因此必须要考虑模型与原型结构的材料质量密度的相似，同时在材料力学性能的相似要求方面还应考虑应变速率对材料性能的影响。与结构相似的主要物理量有：

① 结构的结合尺寸 l；

② 作用，如集中力 P、线荷载 ω、面荷载 q、重力加速度 g、质量 m、能量 EN、阻尼系数 C；

③ 结构的动力响应，如位移 x、速度 v、加速度 a、转角 θ、应力 σ、应变 ε；

④ 材料性能，如弹性模量 E、剪切模量 G、泊松比 v、密度 ρ；

⑤ 时间 t。

因此，一般结构动力问题用函数形式可表示为

$$F(l,P,q,g,m,EN,C,x,v,a,\theta,\sigma,\varepsilon,E,G,v,\rho,t)=0$$

根据上式，用量纲分析法可以求得结构动力模型的相似关系，见表 7-3，可以看出结构动力模型的相似常数同样是 C_l 和 C_E 的函数。

由于动力问题中要模拟惯性力，恢复力和重力，对模型的弹性模量与材料密度要求很严格。从表 7-3 可知，$C_E/C_l=C_\rho$，因此模型弹性模量应比原型的小或材料密度应比原型的大。对于由两种材料组成的钢筋混凝土模型结构，这一条件很难满足。因此，在同样的重力加速度情况下进行试验时，需要用附加质量来弥补材料容积密度不足所产生的影响，值得注意的是，这种相似也是近似的。

此外，由于目前对阻尼产生的机理认识尚不透彻，故对结构阻尼的相似模型也是非常困难的。不过小阻尼结构的基本特征值和固有频率的影响非常小，因此，不满足这个相似条件对结构模型试验结果不会带来较大的影响。

表 7-3　　结构动力模型的相似关系

类型	物理量	量纲	理想模型	人工质量模型	忽略重力效应
材料特性	应力 σ	[FL^{-2}]	C_E	C_E	C_E
	应变 ε	[1]	1	1	1
	弹性模量 E	[FL^{-2}]	C_E	C_E	C_E
	密度 ρ	[FL^{-4}T^2]	C_E/C_l	C_P	C_P
	泊松比 v	[1]	1	1	1
几何特性	长度 l	[L]	C_l	C_l	C_l
	线位移 x	[L]	C_l	C_l	C_l
	角度 θ	[1]	1	1	1
荷载特性	集中荷载 P	[F]	$C_EC_l^2$	$C_EC_l^2$	$C_EC_l^2$
	线荷载 ω	[FL^{-1}]	C_EC_l	C_EC_l	C_EC_l
	面荷载 q	[FL^{-1}]	C_E	C_E	C_E
	力矩 M	[FL]	$C_EC_l^3$	$C_EC_l^3$	$C_EC_l^3$
	能量 EN	[FL]	$C_EC_l^3$	$C_EC_l^3$	$C_EC_l^3$
	加速度 a	[LT^{-2}]	1	1	$C_l^{-1}(C_E/C_P)^{1/2}$
	重力加速度 g	[LT^{-2}]	$C_l^{1/2}$	$C_l^{1/2}$	$(C_E/C_P)^{1/2}$
	速度 v	[LT^{-1}]	1	1	忽略
	阻尼系数 C	[FL^{-1}T]	$C_EC_l^{3/2}$	$C_EC_l^{3/2}$	$C_EC_l^{3/2}$
	时间 t	[T]	$C_l^{1/2}$	$C_l^{1/2}$	$C_l(C_E/C_P)^{1/2}$
	频率 f	[T^{-1}]	$C_l^{-1/2}$	$C_l^{-1/2}$	$C_l^{-1}(C_E/C_P)^{1/2}$

7.5.3　大跨度钢桁架拱桥静动力相似模型试验

大跨度钢桁架拱桥构件种类繁多，且均为薄壁构件。进行大比例缩尺模型设计时需考

虑如何有效设计各类薄壁构件，本书在参考胡志坚的研究的基础上，以九江长江大桥主桥三联拱桥部分为对象，采用结构试验模型的静力和动力相似理论，开展大跨度钢桁架拱桥静动力模型相似设计研究，以 1∶10 的厚度缩尺和 1∶40 的几何缩尺设计并制作大桥整体结构的缩尺模型，并通过实测数据，进一步论证了九江长江大桥三联拱桥静动力缩尺模型设计的有效性与合理性，为后续在役钢结构桥梁静动力模型试验研究和损伤模拟研究提供了试验依据。

7.5.3.1　静力模型

静力结构模型一般满足载荷和几何同时相似，并选取力 F、长度 l 为基本因次。但是对于薄壁结构，其线尺度(外廓尺寸)与构件厚度是不同量级的物理量，模型要满足严格的几何全相似是不现实的。总结航空薄壁结构模型分析工作经验，可知薄壁结构的几何相似可只涉及外轮廓尺寸，而不包括桁条断面和薄板厚度，即将外形尺寸 l 和厚度 δ 同时作为基本因次是可行的。对于静态强度试验，不涉及时间参量，基于量纲分析可得如下相似指标

$$\frac{C_M}{C_C C_l^2 C_\delta}=1,\frac{C_A}{C_l^2}=1,C_{b_l}=C_l^3 C_\delta,\frac{C_P}{C_\sigma C_l C_\delta}=1$$

$$C_I=C_l^3 C_\delta,C_{I_S}=C_l C_\delta^3,C_\mu=1$$

描述结构材料特性的基本物理量弹性模量 E、剪切模量 G 及泊松比 μ，选择 $C_\mu=\mu_s/\mu_m=1$(μ_s 为实型的泊松比，μ_m 为模型的泊松比)、$C_E=E_s/E_m=1$(E_s 为实型的弹性模量，E_m 为模型的弹性模量)时，模型与实型的应力换算关系为

$$C_\sigma=\frac{C_P}{C_l C_b}=\frac{C_M}{C_l^2 C_b}$$

$$C_\sigma=\sigma_s/\sigma_m,C_l=L_s/L_m,C_M=M_s/M_m,C_\delta=\delta_s/\delta_m$$

式中，脚标 s，m 分别代表实型与模型；M 为各向弯矩和扭矩的代表量；P 为各向外力的代表量；σ 为各向应力的代表量；A 为抗扭箱闭域板厚中心线所围的面积；I 为各向剖面惯性矩的代表量；I_s 为开口构件的自由扭转惯性矩；I_b 为闭口构件的自由扭转惯性矩；I_ω 为约束扭转惯性矩。

位移 ω 换算关系为

$$C_\omega=\frac{F_s}{F_m}\frac{C_l^3}{C_l^3 C_\delta}=\frac{C_P}{C_\delta}$$

7.5.3.2　动力相似准则

对于振动问题，取长度 l、时间 T、力 F 作为 3 个基本量纲，采用量纲矩阵的分析方法根据相似第二定理，求取 π 因子建立各物理量的关系。当模型与结构原型采用相同材料时，结合简谐激振力作用下的受迫振动微分方程，得到相似判据为：

频率 ω 相似关系：$C_\omega=\frac{\omega_{js}}{\omega_{jn}}(\frac{1}{C_l})^2\sqrt{\frac{C_E C_I}{C_m}}=(\frac{1}{C_I})^2\sqrt{\frac{C_l^3 C_\delta}{C_l C_\delta}}=\frac{1}{C_l}$。

模态质量 m 相似关系：$C_m=C_l^2 C_\delta$。

刚度 K 相似关系：$C_K=\frac{C_E C_I}{C_l^3 p}=C_\delta$。

阻尼系数 c 相似关系：$C_K=\frac{C_E C_I}{C_l^3 p}=C_\delta$。

7.5.3.3　试验模型

本部分内容主要借鉴了胡志坚(2014)对九江长江大桥开展的模型试验研究。该大桥全长 13 941 m,其中正桥钢梁长 1 806 m,共 11 孔,桥式组成由北向南为(3×162+3×162) m 连续钢桁梁、(180+216+180) m 柔性拱钢桁梁,下层为双线铁路,线间距 4.2 m,限坡 0.4%,设计荷载为中—活载;上层为公路,设四车道和两侧人行道,行车道宽度 14 m,两侧各有 2 m 宽的人行道,汽—20 级、挂—100,人群恒载为 3.5 kPa。

正桥主桁为带竖杆的三角形桁架,桁高 16 m,节间长 9 m,两主桁中心距 12.5 m,三大拱一联及相连的各支点处下加劲桁高 16 m,中跨拱矢高为 32 m,边跨拱矢高为 24 m。主桁所用钢材为屈服强度 412 MPa 的 15 MnVNq 钢及 16 Mnq 钢,杆件连接及组合分别采用栓焊结构。

(1) 模型材料

其试验中模型材料均是在弹性范围内,应力不超过弹性极限,可认为应力、位移与荷载成正比。模型试验采用 Q245 低碳钢作为模型材料,参数如表 7-4 所示。

表 7-4　　模型材料参数

材料	密度/(kg/m³)	弹性模量/GPa	剪切模量/GPa	标准强度/MPa
Q245	7.85	206	7.90	215

(2) 模型设计

针对九江大桥实际状况,胡志坚依据结构实验室的条件、模型与原型之间几何相似、拱梁截面面积相似等原则,最终确定实桥与模型的板厚相似比定为 1∶10,长度相似比定为 1∶40。对于采用闭口截面的部分实桥腹杆,在模型制作时无法满足闭口截面要求,则根据截面面积等效原则按开口截面处理。其所设计模型示意图如图 7-2 所示。图 7-2 中标注对应桁架节点编号,其中 c 表示拱上节点,a 表示上弦杆节点,e 表示下弦杆节点,m 表示中间构件对应节点。其加工完成的模型结构见图 7-3。

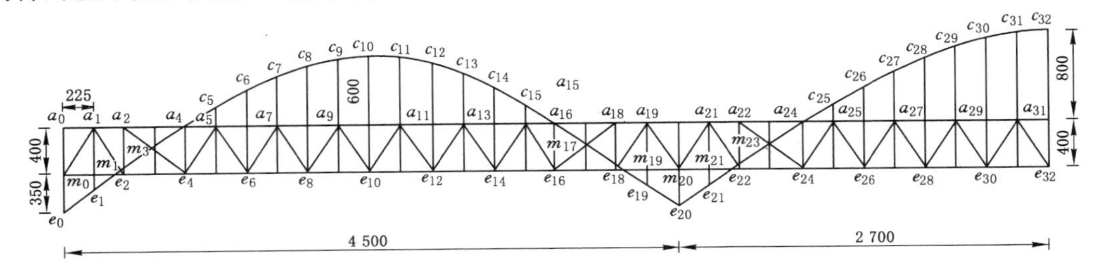

图 7-2　试验模型半立面(单位:mm)

(3) 模型试验载荷与配重

实桥载荷具体如下:

① 实桥静载:127 216 kN。

② 实桥活载:汽车载荷 26 061 kN、火车载荷 46 940 kN、人群载荷 8 064 kN。

③ 实桥总载荷:208 276 kN。

④ 模型桥加载与配重:模型桥实际称重质量为 0.678 t,依据相似理论,若模型桥的测

(a)

(b)

(c)

图 7-3　加工完成的模型结构

(a) 模型结构；(b) 加速度传感器测点；(c) 挠度测点

试应力和实桥相同，则实桥的载荷为模型桥的 400 倍。

实桥满载时的总换算载荷 $P_{m}=208\ 276\ kN/400=521\ kN$；实桥空载时的换算载荷 $P_{m}=127\ 216\ kN/400=318\ kN$。

由于其实验室的加载方式为集中加载，模型桥材质为普通钢材，如果集中力过大，则会导致结构局部屈曲破坏。为保证模型桥的安全性，其取模型桥的试验荷载为实桥换算的 1/4，则换算到模型桥载荷分别为 130 kN(满载)和 80 kN(空载)，最终取模型试验的实际最大总静载荷为 96 kN，分别在三跨的跨中截面用千斤顶加载 32 kN 的集中力。进行动力相似模拟时实桥质量还须按频率进行换算时，实桥换算质量为(1 061 t＋2 354 t)/16 000＝0.810 t，所需配重质量为 0.132 t。

(4) 试验测点布置

在考虑结构控制截面、实际受力和满足试验数据结果分析要求的前提下，试验测点布置在量值较大的位置；测点拾振器的布置还兼顾了结构振型形状。全模型共布置了 151 个应变测点，如图 7-4 所示(图 7-4 中节点标注同图 7-2)。限于篇幅，本书仅列出了一跨边拱的单侧应变布置。沿模型纵向在下弦杆底缘每隔 5 个节间布置 1 个挠度测点，共 14 个竖向位移测点，在进行结构的横向和竖向振型测试时分别布置了 19 个加速度传感器。

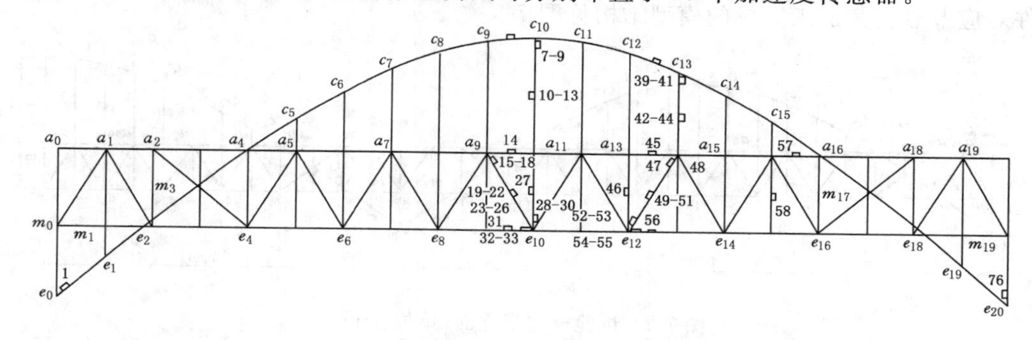

图 7-4　第 1 跨拱左侧应变测点布置

7.5.3.4　结语

基于相似比例可确定大跨度钢桁架拱桥缩尺模型设计时各静动力关键参数的相似关系准则，具体参数包括应力、位移、频率、质量、刚度、阻尼系数等。通过模型桥和实桥的对比研究与具体试验，胡志坚取得了模型与实型之间良好的静动力相似关系，保证了模型的有效性与可靠性。

练　习　题

一、简答题

1. 什么是量纲？量纲和单位有什么不同？

2. 什么是基本量纲？力学问题中常用哪些基本量纲？

3. 如何判别几个基本物理量是相互独立的？

4. 何谓几何相似？运动相似和动力相似？试举例说明。

5. 什么是相似准则？模型试验方法如何选择相似准则？

6. 为什么工程中常采用近似模型试验方法？请举例说明。

二、选择题

1. 速度 v、长度 l、重力加速度 g 的无量纲集合是(　　)。

A. $\frac{vl}{g}$　　B. $\frac{v}{gl}$　　C. $\frac{l}{gv}$　　D. $\frac{v^2}{gl}$

2. 速度 v、密度 ρ、压强 p 的无量纲集合是(　　)。

A. $\frac{\rho p}{v}$　　B. $\frac{\rho v}{p}$　　C. $\frac{pv^2}{\rho}$　　D. $\frac{p}{\rho v^2}$

3. 速度 v、长度 l、时间 t 的无量纲集合是(　　)。

A. $\frac{v}{tl}$　　B. $\frac{t}{lv}$　　C. $\frac{l}{t^2 v}$　　D. $\frac{l}{tv}$

4. 压强差 Δp、密度 ρ、长度 l、流量 Q 的无量纲集合是(　　)。

A. $\frac{\rho Q}{\Delta p l^2}$　　B. $\frac{\rho l}{\Delta p Q^2}$　　C. $\frac{\Delta p l Q}{\rho}$　　D. $\sqrt{\frac{\rho}{\Delta p}}\frac{Q}{l_2}$

三、计算分析

1. 在静力模型试验中，若几何相似常数 $S_l=\frac{[L_m]}{[L_p]}=\frac{1}{3}$，结构材料弹性模量相似常数 $S_E=\frac{[E_m]}{[E_p]}=\frac{1}{8}$，求集中荷载的相似常数 S_p(下标 m，p 分别表示模型和原型)。

2. 在静力模型试验中，若几何相似常数 $S_L=\frac{L_m}{L_p}=\frac{1}{4}$，线荷载相似常数 $S_\omega=\frac{q_m}{q_p}=\frac{1}{10}$，且应变的相似常数 $S_\varepsilon=1$，求原型结构和模型结构材料弹性模量的相似常数 S_E。(提示：$S_\sigma=S_E S_\varepsilon$，$S_\sigma$ 为应力相似常数)

第8章　测试技术的工程应用

测试技术不仅是科学研究的重要手段，还在工程的施工监测监控、质量验收和使用维护中发挥重要的作用。监测监控现已成为土木工程施工技术的重要组成部分，始终贯穿在土木工程施工的整个过程之中，对于新型的大跨度结构、高层高耸结构、大型复杂结构、大体积混凝土结构、深基坑工程、长大隧洞工程以及深部地下工程等的顺利施工和安全运营至关重要。在不同的具体工程中，土木工程测试技术既有共性，又有差异。

从共性角度来看，就是要抓住能够反映土木结构整体安全状况的量测项目——代表性的物理量，如大跨度结构的变形、预应力结构的钢筋内力、大体积混凝土结构的温度等，进行针对性的重点量测，根据获得的实测数据结合经验类比、理论分析和数值计算，评价整个工程的安全状况，具体调整或提出相应的结构设计、施工和加固方案。

另外，不同的结构体系、施工方法、材料、地质条件，所要求的测试技术、分析方法有其自身的特点，需要抓住能够反映结构整体及重点部位的关键参数，以及时调整施工方案和结构设计。以隧洞工程的新奥法施工为例，它是应用岩体力学的理论，主要是通过对隧洞围岩变形的量测、监控，采用新型的支护结构，尽量利用围岩自承能力指导隧洞设计和施工的方法。量测监控是新奥法的基本特征，量测的重点是围岩和支护的力学特征随时间的动态变化。衬砌的结构设计和施作时间主要是依据围岩变位量测决定的。

本章选取测试技术在土木工程中应用的几种典型情况，并结合具体工程实例进行讨论。

8.1　高层建筑监测

8.1.1　概述

高层建筑监测包含荷载与内力反应监测和变形监测，监测内容亦可分为基坑监测与地上结构监测(图 8-1)。

高层建筑监测的直接目的之一就是对高层建筑的施工和运营状态进行安全监控、评价和预报。高层建筑变形监测对特定的建(构)筑物在其荷载情况下，在其外部周围(不受影响)布设观测网作为基准点，在观测建(构)筑物上布设观测点，定期测量观测点相对基准点的变化量，对其定期观测的数值进行比较，了解观测物的变形随时间的发展情况，测定建筑物及其地基在建筑物本身的荷载或受外力作用下，一定时间段内所产生的变形量及其数据的分析和处理工作。内容主要包括沉降、倾斜、位移、挠曲、风振等变形观测项目。高层建筑荷载和内力反应监测是在结构中提前埋设和安装钢筋计，在结构外部

图 8-1　上海陆家嘴的高层建筑群

安装地震传感器、风荷载传感器来监测外部荷载与内部应力。变形监测和荷载与内力监测成为提供设计依据、优化设计和可靠度评价不可缺少的手段，成为工程设计和施工质量控制的重要手段。为了实现高层建筑安全运营的设计目的，一般需要结合具体的工程和监测不同时段的不同特点和要求分别选用不同的手段和方法，认真做好监测数据和资料的整理分析工作，对高层建筑的安全稳定状态进行评估、预测和预报，并为改进建筑工程设计、施工方法和运营管理提供科学的依据。

8.1.2　监测方案设计

高层建筑监测的依据主要为《工程测量规范》(GB 50026—2007)、《建筑变形测量规程》(JGJ 8—2007)、《国家一、二等水准测量规范》(GB/T 12897—2006)、《建筑地基基础设计规范》(GB 50007—2011)。

监测方案的制订，首先需要收集周围环境资料，包括地质报告、结构设计图纸、水电管线图、施工组织设计等，并进行现场踏勘、了解管线布置以及周围环境的情况。其后，由监测方提出初步方案，由甲方、施工、监理、监测多方会商，讨论监测方案，并形成会议纪要。正式监测方案需要归档保存，并在施工方的配合下进行现场实施。

8.1.2.1　监测项目与监测点布置

不同于桥梁或普通建筑，超高层结构具有非常大的高度，风荷载往往成为结构的控制荷载。在侧向荷载作用下，超高层结构的水平位移过大容易引起结构损坏或失稳，从而影响结构的可靠性和安全性，因此对超高层结构的水平位移监测与控制是超高层健康监测的重要内容。布置监测点一定要有代表性和针对性。选择监测的点、施工段基本上能反映整个结构的受力或变形情况，要尽可能监测到整个结构受力或变形的最大值，起到监测的预警作用。

(1) 变形监测

变形监测点包括基准点和监测点，基准点分为稳定基准点和工作基点，它们在监测中各自作用不同。基准点的布设主要考虑稳定性，不受干扰，且要考虑测量技术，一般埋设在变形影响范围以外或基岩上，基准点埋设过远，则测量工作不方便，观测误差大，埋设近了，有可能不稳定。所以，一般在基准点和监测点之间加设工作基点。同时要在基准点周围设置保护点，当基准点受到破坏时可用保护点来恢复，平时则可以用于检核基准点。由基准点和工作基点构成变形监测网，既保证了基准的稳定性，又方便了测量工作。基准点的布设主要考虑测量工作的需要，而监测点的布设则需要与其他学科相结合。总的来说，监测点的位置必须布设在能够反映高层建筑变形特征和变形明显部位。实践表明，监测点一般布设在如下位置：① 基础类型、埋深、荷载有明显不同处；② 沉降缝、伸缩缝、新老建筑连接处两侧；③ 高层建筑角点、中点处，且每边不少于3个监测点；④ 圆形、多边形高层建筑纵横轴线对称处；⑤ 工业厂房独立柱基础。

(2) 动力特性监测

结构动力特性监测，对于结构的损伤或老化，会不同程度地引起结构参数如结构质量、刚度和阻尼的变化，进而导致结构自振频率、振型和模态参数等变化，结构动力监测的目的是通过监测系统来获得结构模态参数、加速度时程记录、频响函数来推算结构参数的变化，从而进行结构参数识别、模型修正和损伤识别。所以结构的动力特性监测对于结构健康监测具有巨大的工程意义的，它是超高层结构健康监测一项最主要内容。

(3) 风荷载监测

超高层结构属于风荷载敏感建筑。随着高度的增加,风荷载往往成为超高层结构设计中的控制荷载,并且频繁发生的风力作用容易引起构件或关键子结构发生过大的永久变形,增加结构二阶效应和屈服破坏的可能,从而降低结构的可靠度,因此,抗风设计历来是结构设计的主要内容之一。现行结构规范对于超过一定高度的超高层结构风荷载方面的理论和规定相对还不完善。通过超高层结构的风向、风速的监测,获得超高层不同风场特性不仅有助于超高层结构在风场中的行为及其抗风稳定性的分析,为结构安全、可靠性评估提供依据,同时,还促进了超高层抗风设计和风工程的理论研究。荷载监测点布设在所受风荷载与地震荷载较大处。风荷载监测应参照风压分布规律,在迎风面设置连续的监测点,监测迎风面上的平均风压。

(4) 地震荷载监测

地震荷载监测,地震荷载也是健康监测系统的荷载监测内容之一,它主要的作用是记录地震荷载及其历程,为环境激励下的结构振动响应分析提供依据。并且获得的地震观测资料可以促进我国的地震动方面的研究。地震荷载监测点布置在结构中上部,在其上安装加速度传感器测试地震的动力效应,并在地面安装加速度传感器作为基准点测试地震效应。

内力监测点布设在结构内力较大和结构较薄弱处。结构柱轴力、迎风面约束边缘钢筋应力、剪力墙钢筋应力。

高层建筑监测的项目如图 8-2 所示。

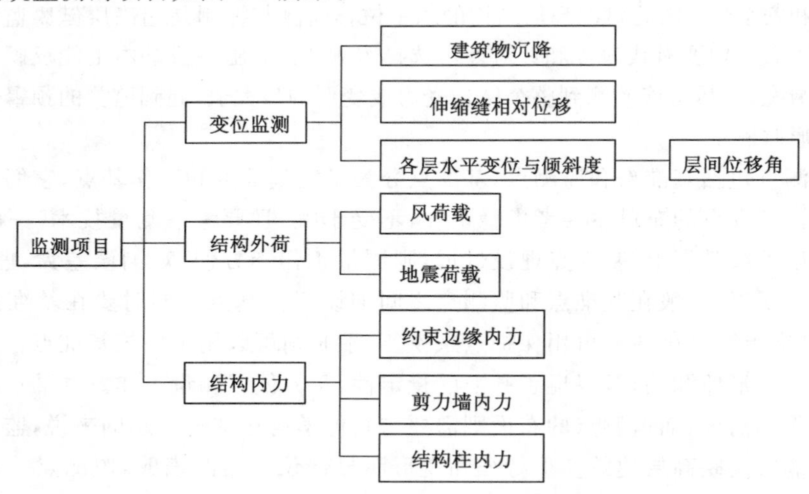

图 8-2 高层建筑监测的项目

8.1.2.2 监测周期

高层建筑变形是一个渐变过程,是时间的函数,而且变形速度不均匀,但变形观测次数是有限的,因此,合理地选择连续观测的周期,对于正确分析变形结果是确保高层建筑自身安全很重要的。变形观测从高层建筑施工开始,到停止使用结束,贯穿整个过程,相邻两次变形观测的时间间隔就是一个观测周期。确定变形观测周期的基本原则为:根据高层建筑的特征、变形速率、观测精度要求和工程地质条件及施工过程等因数综合考虑。在实际工程中,应视具体情况选择观测次数与间隔时间。在高层建筑施工期间,观测次数与间隔时间应视地基与荷载增加情况而定；在高层建筑使用阶段则应视主要荷载类型和沉降速度大小而定。特别是当高层建筑平均沉降速度较大或不均匀沉降量较大时，一方面应及时通知设计、施工单位，查找原因并采取措施，另一方面应增加观测次数，以保证高层建筑的安全使用。

8.1.2.3　监测方法

① 沉降观测是指测定建筑物或其基础的高程随时间变化的工作。建筑物在施工和运营期间，对埋设在基础和建筑物上的观测点，定期用精密水准测量的方法测定它们的高程，比较观测点不同周期的高程即可求得其沉降值。监测主要是采用经纬仪、水准仪、测距仪、全站仪等常规测量仪器测定点的变形值，其主要观测内容包括精密高程测量、精密角度测量、精密距离测量等。

② 挠度观测是测定建筑物受力后挠曲程度的工作。观测方法是测定建筑物在铅垂面内各不同高程点相对于底部的水平位移值。高层建筑物通常采用前方交会法测定。对内部有竖直通道的建筑物，挠度观测多采用垂线观测，即从建筑物顶部附近悬挂一根不锈钢丝，下挂重锤，直到建筑物底部。在建筑物不同高程上设置观测点，以坐标仪定期测出各点相对于垂线最低点的位移。比较不同周期的观测成果即可求得建筑物的挠度值。

③ 倾斜观测是测定建筑物顶部由于地基有差异沉降或受外力不均匀而产生垂直偏差。建筑物（构筑物）主体的倾斜观测，通常测定顶部及其相应底部观测点，定期观测其相对位移值，也可直接观测顶部中心点相对于底部中心点的位移值的偏移值。对整体刚度较好的建筑物的倾斜观测，可采用基础差异沉降推算主体倾斜值。

④ 荷载与内力反应的监测数据直接传至电脑，对收集到的数据进行整理、分析，得出分析处理报告。

风荷载传感器的设置：① 风速风向仪，用于测量瞬时风速风向和平均风速风向，具有显示、自动、实时时钟、超限报警的功能。将其设置在建筑顶部。② 风压变送器，可实时测量风压并将电子数据传送至电脑终端。由于结构迎风面中部风压较大，风压变送器宜设置在结构迎风面中部，并沿竖向设置多个监测点以测量平均风压。

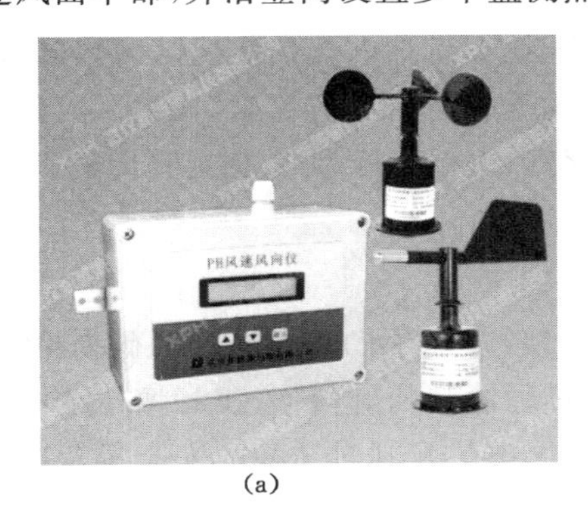

(a)

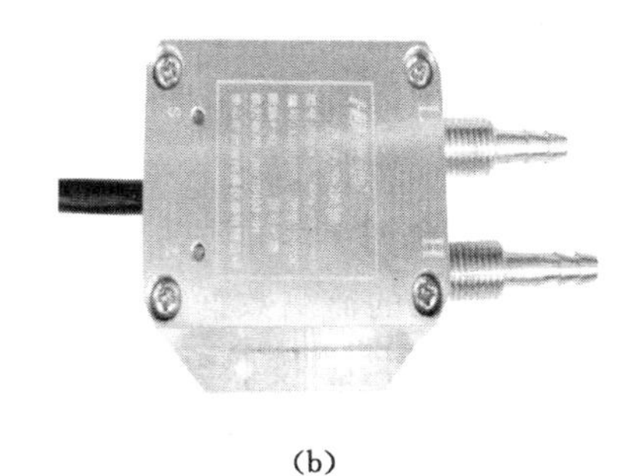
(b)

图 8-3　风速风向仪与风压变速器

梁柱钢筋计的设置：约束边缘与剪力墙内力监测点应设置在最大弯矩截面处的纵向受拉钢筋上；当楼层纵向钢筋配筋变化时，应在钢筋截面面积减小且弯矩较大部位的纵向受拉钢筋上设置测点。常用的振弦式钢筋测力计通常埋设于各类建筑基础、桩、地下连续墙、结构柱、剪力墙等混凝土工程及深基坑开挖安全检测中，测量混凝土内部的钢筋应力、锚杆的锚固力、拉拔力等。

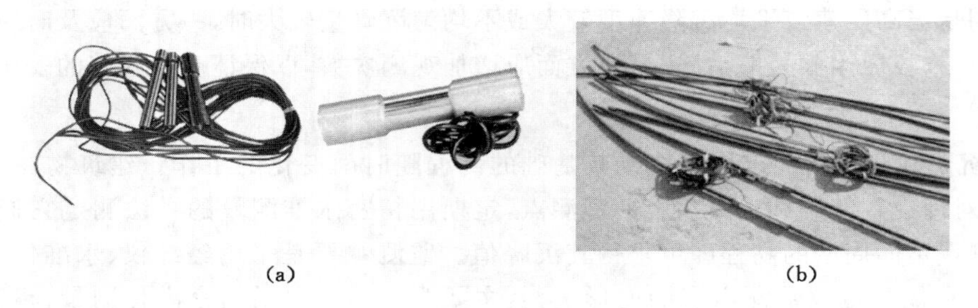

(a) (b)

图 8-4 振弦式钢筋测力计

地震记录仪的设置：地震记录仪是具备速度和加速度采集的系统。可及时反映地震信息进行警报，并将信息数据反映给总监测台。地震记录仪一台安装在地震反应较大的结构上部，另一台安装在结构附近地面处。

(a) (b)

图 8-5 地震记录仪、加速度传感器

8.1.2.4 监测数据处理

结构健康监测系统在采集到上述海量数据后，要根据具体结构的特点，进行数据的分析处理，实时地、合理地分类存储、更新、筛选、压缩、挖掘各种内外部环境监测数据，结构静动力监测数据，结构边界条件及荷载检测数据，结构分析与逆分析数据，日常巡检养护维修数据，事故灾害处理数据等，以便由表及里、去伪存真、去粗存精，为数据远程传输、动态显示查询、结构损伤诊断与评估服务。

8.1.2.5 结构损伤诊断与评估

根据大量的、全面的监测数据结果，结合人工巡查所得出的局部损伤、破损检测结果，利用结构损伤诊断分析方法，按照事先确定的评价方法与响应阀值，实时评估结构的损伤程度、性质，进而判断结构可能存在的质量隐患、发展态势及其对结构的安全运营造成的潜在威胁，预测结构的结构状态的改变、损伤程度或安全程度，必要时根据响应阀值、提出预警，为结构评估、管理、养护以及维修加固提供科学依据。

8.1.3 工程实例

上海中心大厦位于上海浦东新区陆家嘴金融中心区 Z3-1 和 Z3-2 地块，总高度 632 m，建成后将成为浦东最后一座超高层建筑也是我国第一高楼，并与金茂大厦、环球金融中心共同组成 1 组三角的“品”字形关系的建筑群。它主要包括 1 幢超高层塔楼建筑(塔顶建筑高度632 m,结构屋顶高度约580 m)、1幢7层高的裙房建筑和1个5层地下室建筑。结构采用巨型框架伸臂核心筒结构体系,由钢筋混凝土核心筒,巨型框架以及伸臂桁架组成。中央核心筒底部为30 m×30 m方形混凝土筒体。从第5区开始,核心筒四角被削掉,逐渐变化为十字形,直至顶部。伸臂桁架将塔楼沿高度方向分为8个区段,并结合径向桁架与环带桁架将巨型框架与核心筒联系起来,组成"巨型框架—核心筒—外伸臂"结构体系。由于上海中心大厦结构的复杂性和重要性,有必要对结构实施从施工阶段到运营阶段的长期动力特性监测、荷载监测、结构沉降监测,以建立全面的结构健康监测数据库,为结构的施工指导、设计验证和性能评估提供支持。

8.1.3.1　结构动力特性监测

施工阶段中的结构体系处于时变状态。为分析各施工阶段中结构动力特性的变化,依据结构特性划分为9个施工阶段,即每完成1个区段为1个施工阶段(图8-6)。

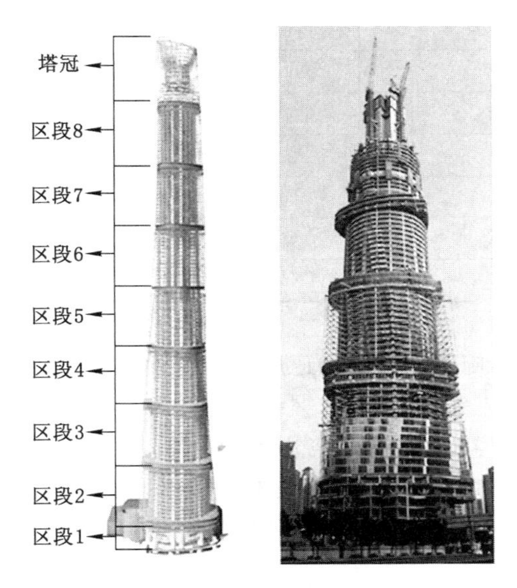

图8-6　上海中心大厦结构体系

现场环境振动测试方案,由于早期施工阶段结构基频较大,结构自身因环境脉动引起的加速度响应较小,且易受到施工活动影响。为保证数据的有效性,自第2区段的外框筒体施工(第21层)和第3区段的核心筒(第36层)施工时(工况2),开始对结构的加速度响应进行监测。

表8-1　　基本设计参数

区段编号	巨型框架		核心筒		混凝土强度等级	
	巨柱截面面积/m^2	角柱截面面积/m^2	翼墙高/m	腹墙高/m	框架	核心筒
1	3.7×5.3	2.4×5.5	1.2	0.9	C70	C60
2	3.4×5.0	2.2×5.0	1.2	0.9	C70	C60
3	3.0×4.8	1.8×4.8	1.0	0.8	C70	C60
4	2.8×4.6	1.5×4.8	0.8	0.7	C60	C60
5	2.6×4.4	1.2×4.5	0.7	0.65	C60	C60

续表 8-1

区段编号	巨型框架		核心筒		混凝土强度等级	
	巨柱截面面积/m²	角柱截面面积/m²	翼墙高/m	腹墙高/m	框架	核心筒
6	2.5×4.0	—	0.6	0.6	C60	C60
7	2.3×3.3	—	0.6	0.5	C50	C60
8	1.9×2.4	—	0.6	0.5	C50	C60

表 8-2　　各施工工况前 3 阶频率

工况	第 1 阶(X 向平动)	第 2 阶(Y 向平动)	第 3 阶(平面扭转)
1	2.064 0	2.201 1	2.242 4
2	0.851 5	0.878 5	1.010 6
3	0.438 7	0.447 6	0.634 9
4	0.312 8	0.317 3	0.501 7
5	0.237 5	0.240 0	0.421 4
6	0.190 5	0.192 1	0.367 8
7	0.157 5	0.158 8	0.333 1
8	0.144 2	0.145 3	0.316 4
施工完毕	0.140 7	0.141 8	0.312 4

考虑到施工环境影响，施工期间的加速度计均布置在各加强层中。同时，考虑到核心筒施工流水先于外框架施工流水，为及时掌握结构在施工过程中的动力响应，还分别于核心井筒的最高层和外框架组合楼板的最高层各布置 2 个活动测点(图 8-7)，测点均布置在核心筒内。每个测点安装 2 个加速度计进行同步采集，分别采集 X 与 Y 方向的加速度信号。

测试的仪器设备，从有限元模型的动力特性分析来看，上海中心的模态频率主要以低频为主。为保证低频的采集精度，环境振动测试采用的加速度计选用具有低频高灵敏度的朗斯 LC0132T 型加速度传感器(图 8-8)，其测量频率范围 DC～500 Hz。考虑到低阶模态对结构的影响较大，且上海中心的前 5 阶模态在工况 2 后远小于 5 Hz，为保证采集信号保真度和结构低阶频率的监测精度，加速度的采样频率设为 20 Hz。

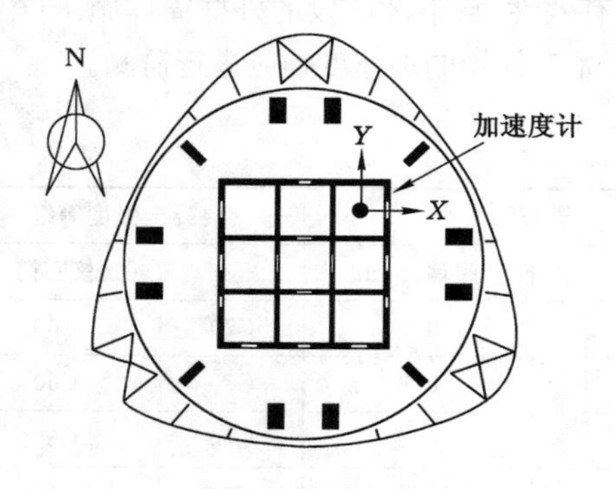

图 8-7　移动加速度计平面位置

图 8-8　朗斯 LC0132T 型加速度传感器

现场数据记录与分析，测试采样频率选用 20 Hz，每次记录时间为 1 h。图 8-9 所示为不同施工阶段下核心筒施工最高层与外框架施工最高层的加速度幅值均方根(RMS)。框架施工最高层的加速度幅值均方根(RMS)。图 8-9 中结果表明如下特点：① 随着楼层的增加，加速度幅值呈线性上升趋势；② 2 个方向的 RMS 相差不大，表明结构两个方向刚度较为接近；③ 核心筒振动幅度是外框架振动幅度的 5～7 倍，表明外框架对结构整体刚度具有较大的增强作用。

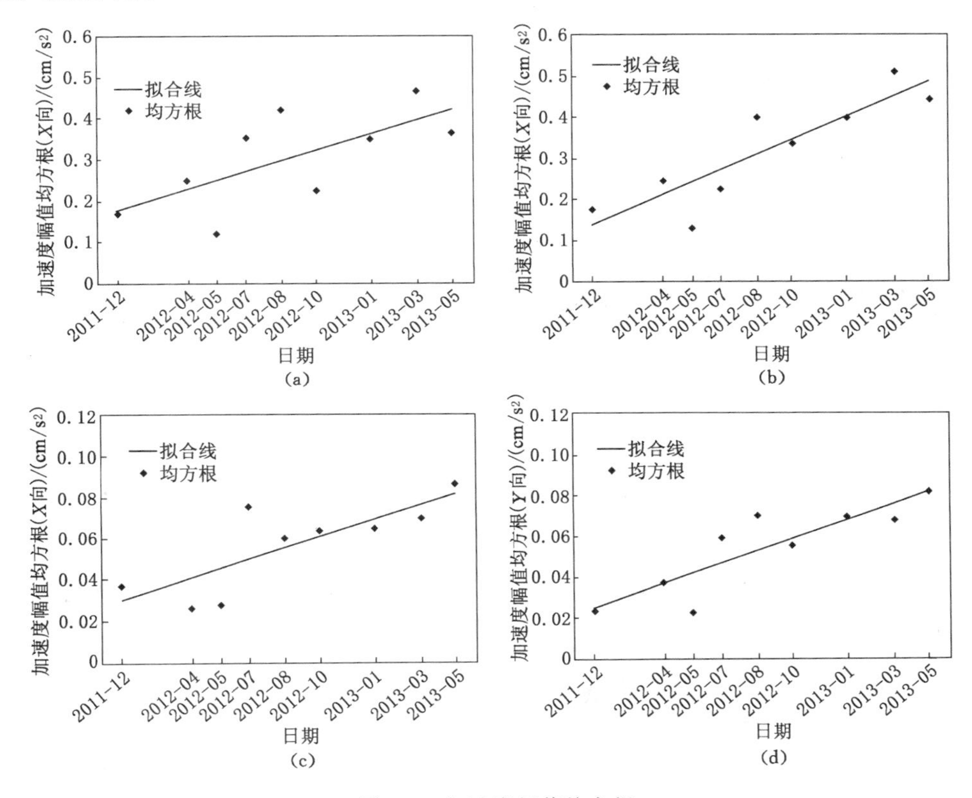

图 8-9　加速度幅值均方根

8.1.3.2　风荷载监测

楼层顶部侧立面的玻璃幕墙外表面，4 个侧立面中部位置共布置 8 个风压传感器。风速仪安装在建筑物顶部外斜撑框架(东西立面方向)中部相关位置。平均风速和风向的监测，根据风场的流动性，并按照国家规范，对风速和风向进行 10 min 平均处理，得到平均风速和风向，形成图表。对急阵风情况下的风场特性与振动进行分析，提取最高风速超过 50 m/s 的阵风进行分析，时长取 5 s，并有加速度传感器监测出结构的风致响应，绘出加速度功率谱、平均风速与结构振动加速度均方值关系曲线等(图 8-10 至图 8-13)。

8.1.3.3　结构竖向变形监测

根据计算假定，对上海中心塔楼的施工过程进行监测，选取巨形柱和核心筒剪力墙中对应的 12 个控制点(图 8-14)，得到了在结构封顶 1 年后的竖向变形及其差异。

在上海中心塔楼结构体系中，不仅存在巨柱与核心筒之间的竖向变形差异，由于截面大小、结构布置和荷载分布的不同，巨柱之间也存在变形差异。图 8-15 描述了巨柱 C1、C2 在的竖向变形及差异。

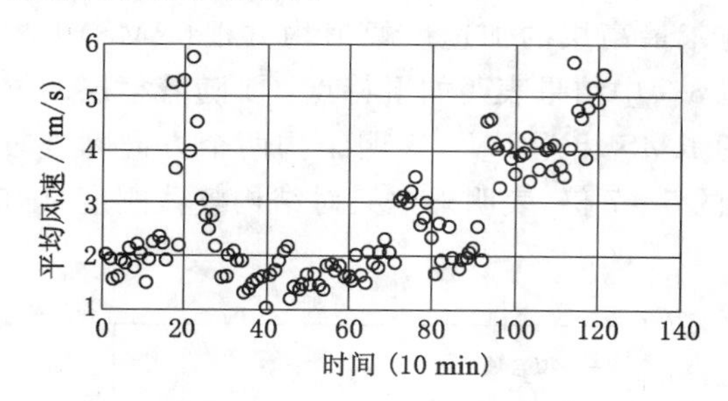

图 8-10　10 min 平均风速

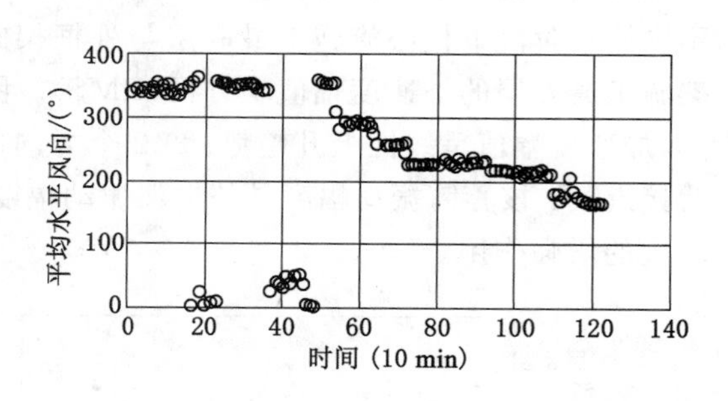

图 8-11　10 min 平均风向

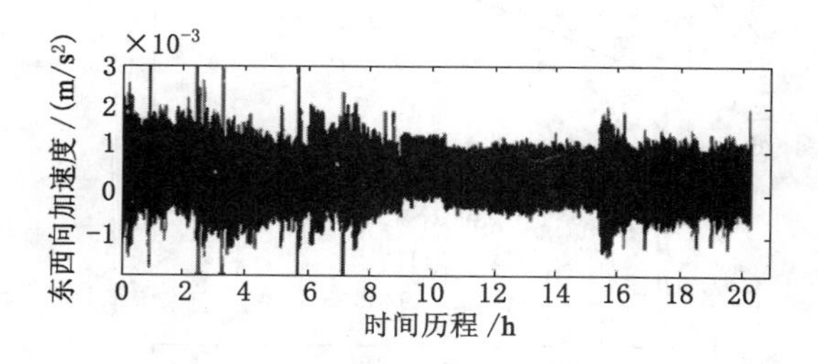

图 8-12　东西向加速度反应时程

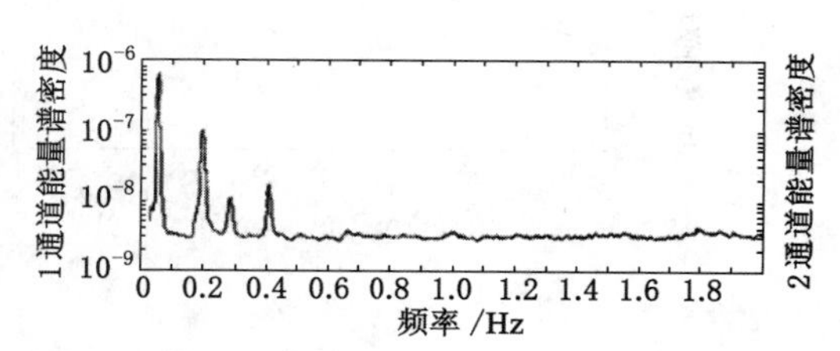

图 8-13　东西向加速度功率谱曲线

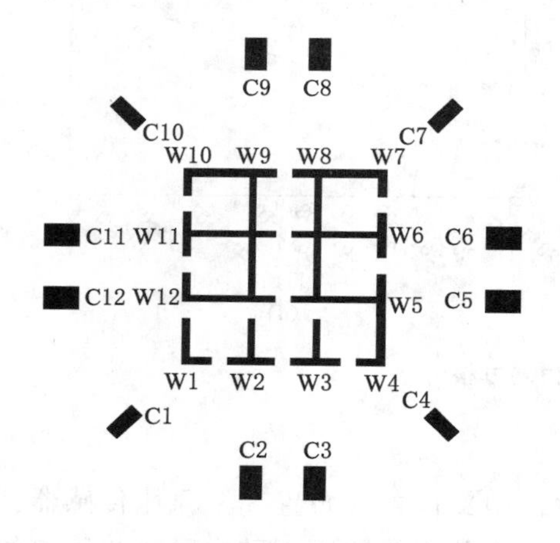

图 8-14　塔楼竖向变形控制点

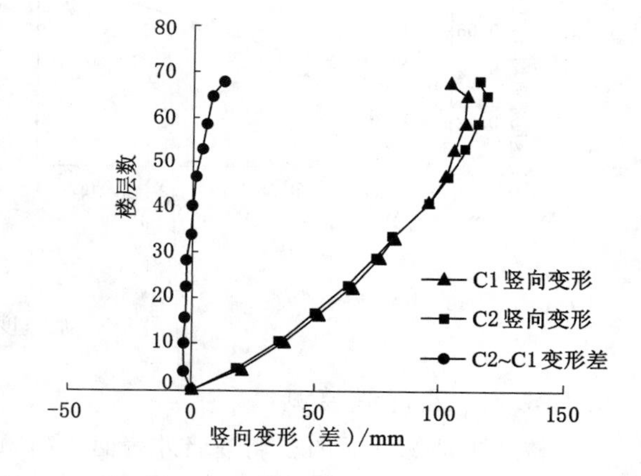

图 8-15　巨柱 C2、C1 的竖向变形及差异

8.2　基坑工程监测

8.2.1　概述

基坑工程是由地面向下开挖一个地下空间，深基坑四周一般设置垂直的挡土围护结构，围护结构一般是在开挖面基底下有一定插入深度的板(桩)墙结构；板(桩)墙有悬臂式、单撑式、多撑式。支撑结构的设置则是为了减小围护结构的变形，控制墙体的弯矩；分为内撑和外锚两种。

基坑支护体系是临时结构，其安全储备较小、施工风险较大。基坑工程的施工，主要包括支护体系设计和土方开挖两部分。对于已施工完成的支护体系来说，土方开挖的施工组织将对支护体系产生重要影响。不合理的土方开挖的步骤和速度，可能导致主体结构的桩基变位、使支护结构产生过大的变形，甚至引起支护体系失稳而导致破坏。因此，基坑开挖过程中，需要通过上述内容的监测合理规划和调整基坑开挖计划。另外，基坑工程的风险还表现为其对环境的影响，基坑开挖势必引起周围地基地下水位的变化和土应力场的改变，导致周围地基土体的变形，对周围建(构)筑物和地下管线产生影响，甚至危及其正常使用或安全。

基坑工程具有较强的时空效应。土体，特别是软黏土，具有较强的蠕变性，作用在支护结构上的土压力随时间变化。蠕变将使土体强度降低，土坡稳定性变小。刘建航院士等提出的时空效应法，就是首先按照时空效应规律及地质环境资料等设计基坑的分层、分条、分段和分块开挖；接着按设计要求并限定时间边开挖边支撑，充分调动未开挖土体的承载力，减少基坑的暴露时间；该方法要求设置现场监控系统，实施信息化施工，精确地控制基坑的变形。

基坑工程具有很强的个性和区域性。基坑工程的支护体系设计与施工和土方开挖不仅与工程地质水文地质条件有关，还与基坑相邻建(构)筑物和地下管线的位置、抵御变形的能力、重要性以及周围场地条件等有关。有时保护相邻建(构)筑物和市政设施的安全是基坑工程设计与施工的关键，这就决定了基坑工程的个性。因此，对基坑工程进行分类、对支护结构允许变形规定统一标准都是比较困难的。其区域性则体现在软黏土地基、黄土地基等工程地质和水文地质条件不同的地基中基坑工程差异性很大。同一城市不同区域也有差异。基坑工程的支护体系设计与施工和土方开挖都要因地制宜，根据本地情况进行，外地的经验可以借鉴，但不能简单搬用。

因此，在深基坑的设计施工过程中，由于地质条件、荷载条件、材料性质、施工条件和外界其他条件的影响，以及当前土压力计算理论和边坡计算模型的局限性，很难单纯从理论上预测工程中可能遇到的问题。所以在基坑的开挖施工中，对支护结构、基坑邻近建筑物、地下管线以及周围土体等，在理论分析指导下有计划地监测，以此监测数据为依据，对基坑支护进行动态设计，是十分必要的。

基坑工程监测的依据主要为《建筑基坑支护技术规程》(JGJ 120—99)以及各地的相应基坑监测的具体工法或规程，如《深基坑开挖监测工法》(YJGF-18—2002)。

8.2.2　监测方案与监测项目

监测方案的制订，首先需要收集场地地质资料、周围环境资料，包括地质报告、设计图纸、管线图、施工组织设计等，并进行现场踏勘、了解管线布置以及周围环境的情况。其后，由监测方提出初步方案，由甲方、施工、监理、监测多方会商，讨论监测方案，并形成会议纪要。正式监测方案需要归档保存，并在施工方的配合下进行现场实施。

(1) 监测技术方案

监测技术方案主要包括以下内容：

① 工程概况——工程概况主要包括以下内容：a. 工程地点；b. 工程周边环境情况，主要包括周围建(构)筑物、地下管线、市政道路等；c. 风险单元(包括工程自身风险和环境风险)的详细描述；d. 工程地质与水文地质条件，明确地质条件复杂程度；e. 结构设计及施工工艺概况，如基坑、隧道空间尺寸，开挖深度，上部覆土层厚度，开挖方法，围护结构形式、尺寸、嵌入深度以及支撑形式、截面尺寸和标高等设计参数。

② 监测依据。

③ 监测目的。

④ 监测范围及对象。

⑤ 监测项目及方法。

⑥ 监测精度。

⑦ 监控量测测点布设原则。

⑧ 各监测项目的监测周期和频率。

⑨ 监测控制指标(预、报警值)。

⑩ 监测注意事项和其他要求(监测重点项目、测点埋设、保护要求等)。

⑪ 信息反馈的要求;

⑫ 监测工作量清单。

(2) 设计图纸的组成与内容

监控量测设计图纸应该按风险单元或风险工程成章成册,主要包括:

① 总平面图:应包括施工总平面图、周边环境总平面图、管线分布总平面图、监测点布置总平面图;

② 工程地质纵、横断面图;

③ 监测控制网布设图;

④ 各监测项目测点布置平、剖面图;

⑤ 基准点、监测点安装埋设大样图。

(3) 监测项目

基坑开挖过程中,围护结构位移、内力、支撑轴力等都有变化,应采用多项监测手段进行全面监测,其监测项目可分为结构及周边环境的变位、结构外荷载和内力等,见图 8-16。《建筑基坑支护技术规程》(JGJ 120—2012)要求:基坑支护设计应根据支护结构类型和地下水控制方法,选择相应的基坑监测项目和测试方法见表 8-3。这些监测项目有的是强制性的、应测的,有的是建议性的、宜测的,有的则是可以选择性开展的,应根据基坑的安全等级和具体情况进行合理选择。例如,安全等级为一级、二级的支护结构,在基坑开挖过程与支护结构使用期内,就必须进行支护结构的水平位移监测和基坑开挖影响范围内建(构)筑物、地面的沉降监测。

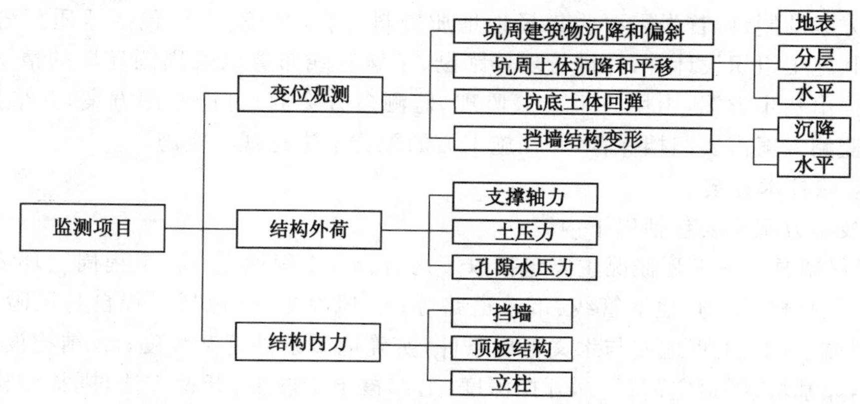

图 8-16 基坑工程现场监测的项目

表8-3　基坑监测项目——《建筑基坑支护技术规程》(JGJ 120—2012)

监测项目	支护结构的安全等级			测试方法
	一级	二级	三级	
支护结构顶部水平位移	应测	应测	应测	水准仪、经纬仪
基坑周边建(构)筑物、地下管线、道路沉降	应测	应测	应测	水准仪、沉降计、全站仪
坑边地面沉降	应测	应测	宜测	水准仪、沉降计
支护结构深部水平位移	应测	应测	选测	测斜仪
锚杆拉力	应测	应测	选测	应力计,钢筋计
支撑轴力	应测	宜测	选测	轴力计
挡土构件内力	应测	宜测	选测	应力计、应变计
支撑立柱沉降	应测	宜测	选测	水准仪、沉降计
支护结构沉降	应测	宜测	选测	水准仪、沉降计
地下水位	应测	应测	选测	水位观测仪
土压力	宜测	选测	选测	土压力盒
孔隙水压力	宜测	选测	选测	孔隙水压计

8.2.3　测点布置和监测方法

基坑工程监测的测点布置应有代表性和针对性。由于监测仪器昂贵,监测数据的测读、处理烦琐,布置测点一定要有代表性和针对性。选择监测的点、施工段基本上能反映整个结构的受力或变形情况,要尽可能监测到整个结构受力或变形的最大值,起到监测的预警作用。如对围护结构位移的观测,其长边中点处有可能是位移最大值,在该处就要布置位移观测点;支撑测点应布置在主撑跨中部位。《建筑基坑支护技术规程》(JGJ 120—2012)中对测点布置提出了明确的要求。

(1) 位移和沉降观测

支挡式结构顶部水平位移监测点的间距不宜大于20 m,土钉墙、重力式挡墙顶部水平位移监测点的间距不宜大于15 m,且基坑各边的监测点不应少于3个,其测点布设见图8-17。

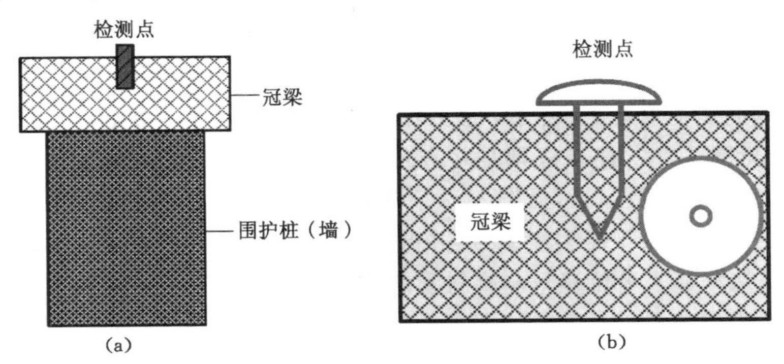

图8-17　桩顶沉降及水平位移监测点布设示意图

基坑周边有建筑物的部位、基坑各边中部及地质条件较差的部位应设置监测点。各类水平位移观测、沉降观测的基准点应设置在变形影响范围外,且基准点数量不应少于2个。

坑边地面沉降监测点应设置在支护结构外侧的土层表面或柔性地面上，与支护结构的水平距离宜在基坑深度的0.2倍范围以内，见图8-18。有条件时，宜沿坑边垂直方向在基坑深度的1～2倍范围内设置多测点的监测面，每个监测面的测点不宜少于5个。

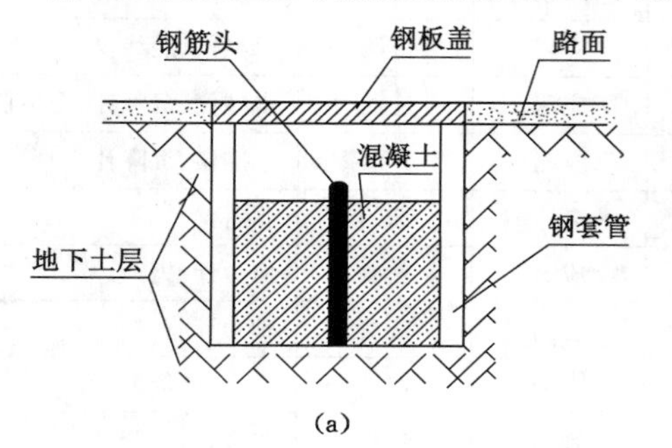

(a)

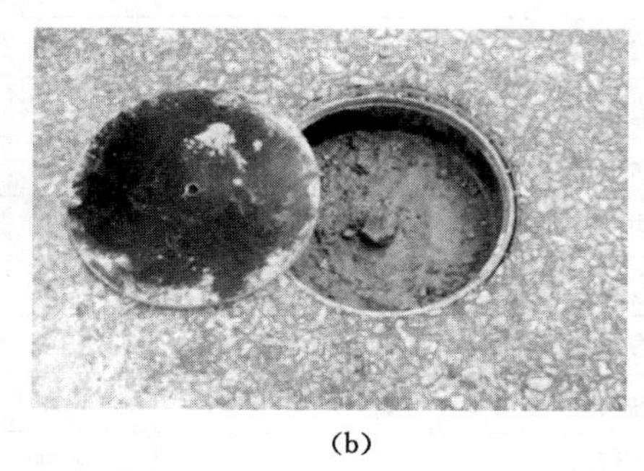

(b)

图8-18　地表沉降点埋设示意图及实景图

支撑立柱沉降监测点宜设置在基坑中部、支撑交汇处及地质条件较差的立柱上。

(2) 支护结构和水土压力的监测

对锚杆拉力、支撑轴力、立柱沉降、支护结构沉降、挡土构件内力、地下水位、土压力、孔隙水压力进行监测时，监测点应布设在邻近建筑物、基坑各边中部及地质条件较差的部位，监测点或监测面不宜少于3个。

孔隙水压力计宜采用钻孔埋设，见图8-19。在埋设点采用钻机钻孔，达到要求的深度或标高后，先在孔底填入部分干净的砂，然后将孔隙水压力计放入，孔压计需要提前至少12 h进行浸泡，再在压力计周围填砂，原则上一个钻孔只能埋设一个探头，但为了节省钻孔费用，也有在同一钻孔中埋设多个位于不同标高处的孔隙水压力探头，在这种情况下，需要采用干土球或膨胀性黏土将各个探头进行严格相互隔离，否则达不到测定各土层孔隙水压力变化的作用。

土压力盒的安装可采用钻孔布设，在需下放钢筋笼时，如地下连续墙和钻孔灌注桩等，可采用气顶法或挂布法。土压力盒的钻孔埋设，应紧贴围护桩布置，在埋设点采用钻机钻孔，达到要求的深度后放入土压力盒，并保证压力计受压面背对桩体，然后向钻孔中填入与周围土料相同的土并夯实。气顶法则是通过汽缸活塞运动把土压力盒顶至被测土层面，使土压力盒的感应面与土层紧密接触，相比钻孔法更能反映土体的受力。气顶法必须在钢筋笼或者地连墙钢筋笼上安装，安装完毕后开始下钢筋笼，钢筋笼下好后，由进气管充气，使气顶将仪器顶出，见图8-20。挂布法则是将布帘罩在钢筋笼上，土压力盒放在布帘上的土压力盒口袋中，随钢筋笼下放布设，见图8-21。将土压力盒测试导线套上PVC管进行保护，记录好土压力盒安装位置及土压力盒编号，并派专人看管，以防导线因施工而破坏。

(3) 支护结构深部水平位移——测斜管的布置

采用测斜管监测支护结构深部水平位移时，对现浇混凝土挡土构件，测斜管应设置在挡土构件内，测斜管深度不应小于挡土构件的深度；对土钉墙、重力式挡墙，测斜管应设置在紧邻支护结构的土体内，测斜管深度不宜小于基坑深度的1.5倍，见图8-22。测斜管顶部尚应设置用作基准值的水平位移监测点。测斜管可绑扎在钢筋笼上，与钢筋笼同步下放，见图8-22(b)。

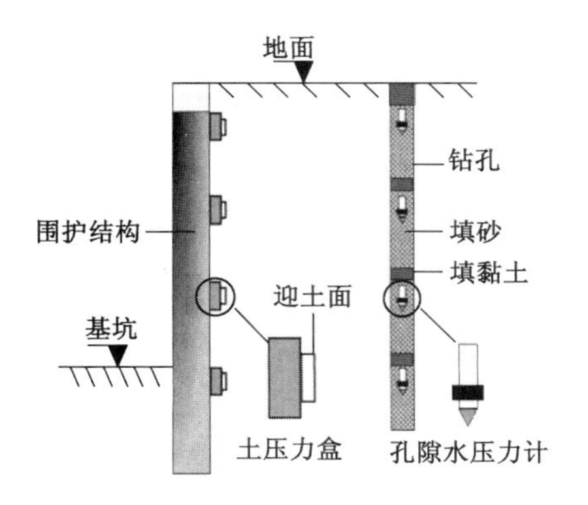

图 8-19　水土压力测点布设

图 8-20　气顶法安装土压力盒

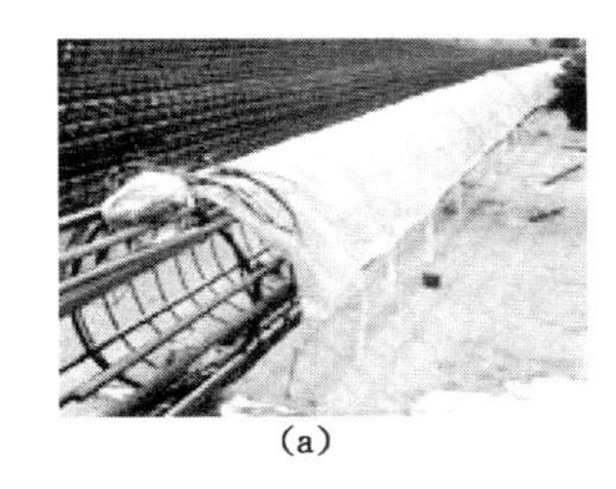

(a)

(b)

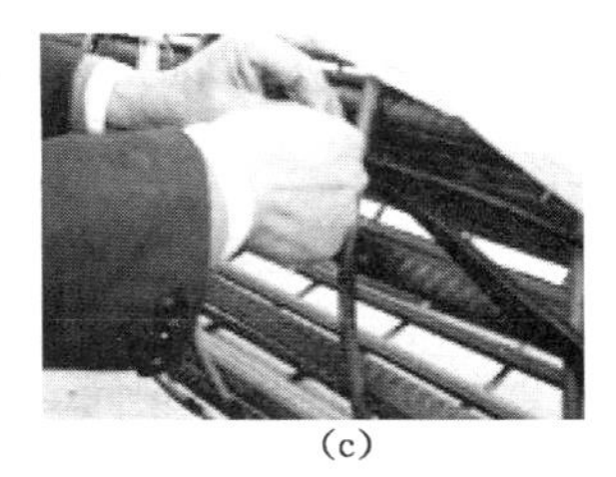

(c)

图 8-21　土压力盒的挂布法安装

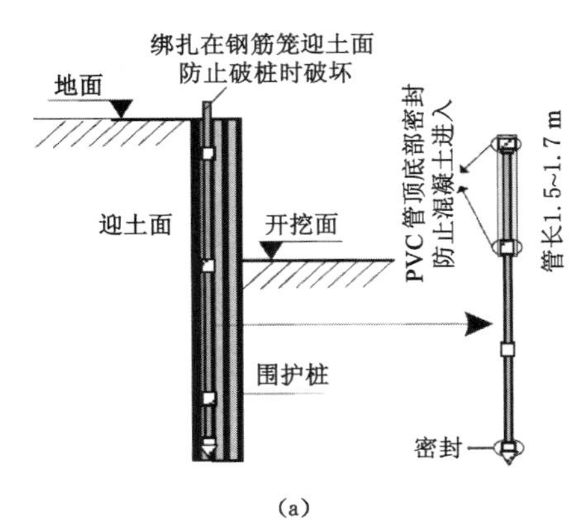

(a)

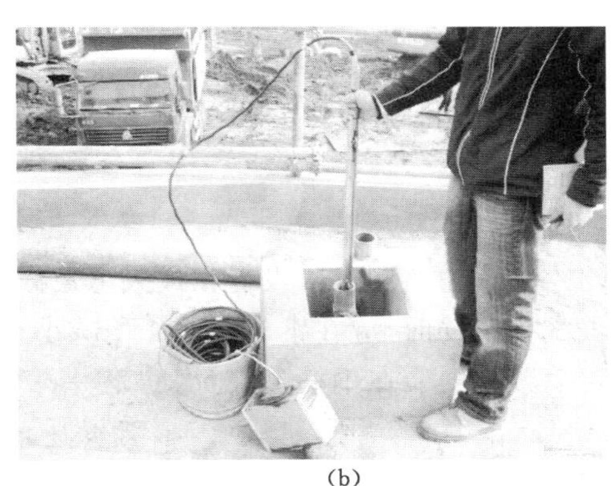

(b)

图 8-22　测斜管绑扎埋设示意图及实景图

(4) 锚杆拉力监测

锚杆拉力监测宜采用测量锚头处的锚杆杆体总拉力的方式；对多层锚杆支护结构，宜在同一竖向平面内的每层锚杆上设置测点。在钻孔注浆且水泥浆凝固后，在墙体受力面之间增设钢垫板，将测力计套在锚杆外钢垫板和锚具之间，钢绞线或锚杆从锚锁计中心穿过，见图 8-23。

锚杆内力监测点应选择在受力较大且有代表性的位置，基坑每边跨中部位和地质条件复杂的区域宜布置监测点。每层锚杆的拉力监测点数量应为该层锚杆总数的 1%～3%，并

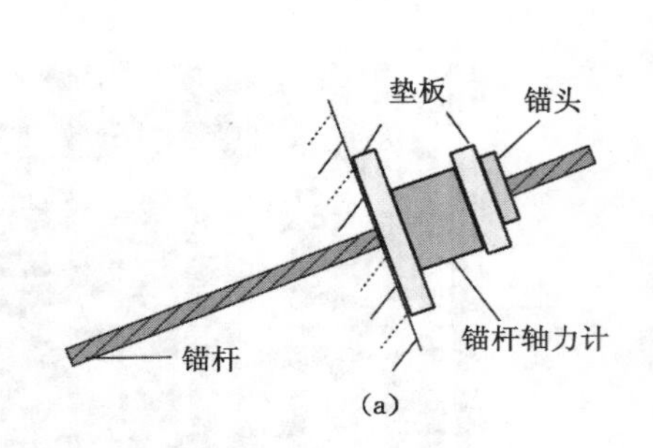

图 8-23　基坑锚杆轴力计安装示意图及实景图

不应少于 3 根。每层监测点在竖向上的位置宜保持一致。

(5) 支撑轴力监测

支撑轴力监测点宜设置在主要支撑构件、受力复杂和影响支撑结构整体稳定性的支撑构件上,见图 8-24。对多层支撑支护结构,宜在同一竖向平面的每层支撑上设置测点。

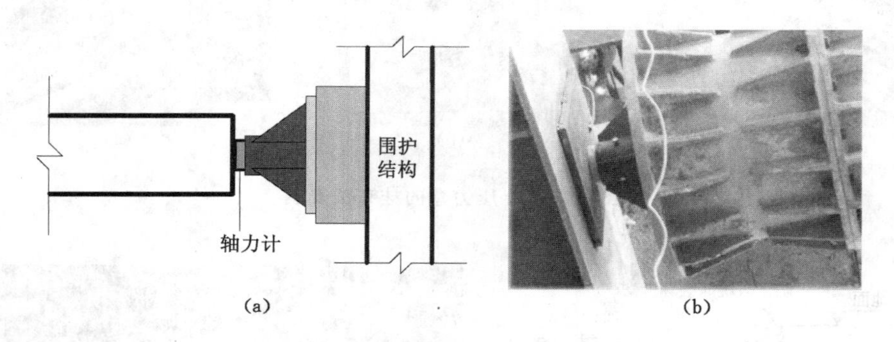

图 8-24　钢支撑轴力计安装示意图及实景图

(6) 挡土构件内力监测

挡土构件内力监测点应设置在最大弯矩截面处的纵向受拉钢筋上;当挡土构件采用沿竖向分段配置钢筋时,应在钢筋截面面积减小且弯矩较大部位的纵向受拉钢筋上设置测点。钢筋计可以预先安装在钢筋上,随钢筋笼一同下放,见图 8-25。

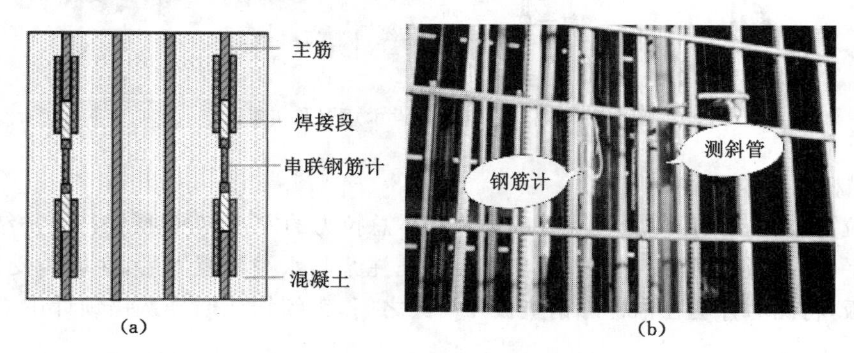

图 8-25　钢筋计埋设示意图及实景图

(7) 基坑内地下水位的监测

基坑内地下水位的监测点可设置在基坑内或相邻降水井之间。当监测地下水位下降对基坑周边建筑物、道路、地面等沉降的影响时，地下水位监测点应设置在降水井或截水帷幕外侧且宜尽量靠近被保护对象。当有回灌井时，地下水位监测点应设置在回灌井外侧。水位观测管的滤管应设置在所测含水层内。

水位管可采用外径 50 mm 无缝钢管，钻孔埋设。钻孔完成后，清除泥浆，将水位管吊放入钻好的内，在孔内空隙中回填中砂，上部回填黏土，并将管顶用盖子封好，水位管下部用滤网布包裹住，以利于水渗透，见图 8-26。

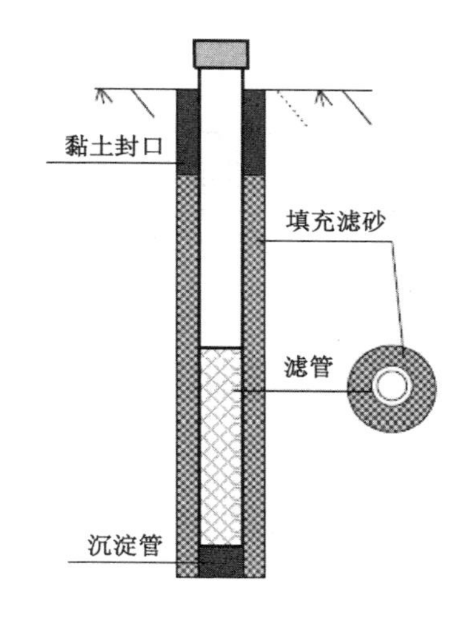

图 8-26　水位管的安装

布置完成后的基坑监测系统如图 8-27 所示。

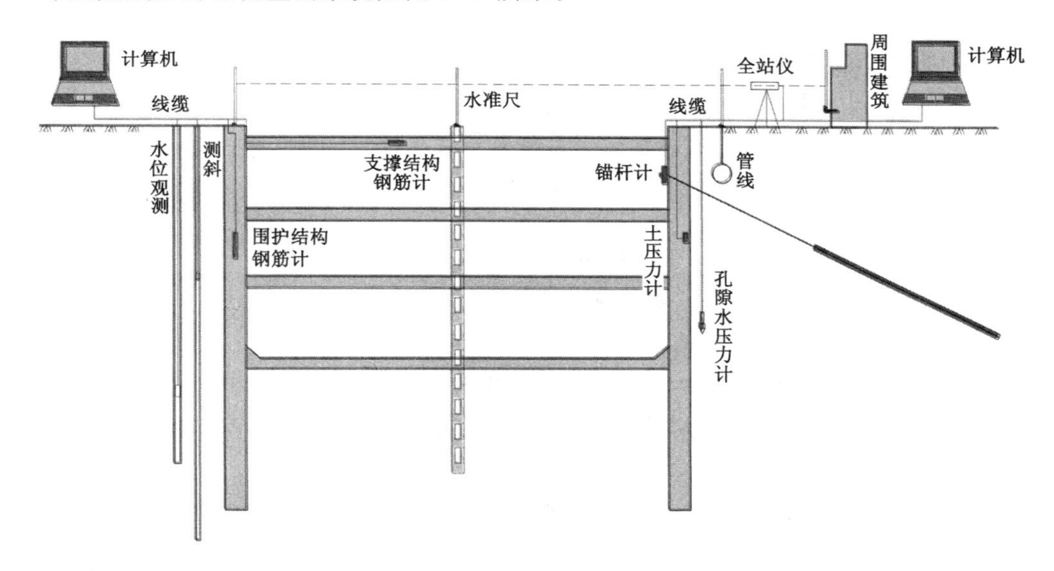

图 8-27　基坑监测系统示意图

8.2.4　基坑监测的实施

(1) 基坑监测的施工流程

基坑的检测是与基坑的施工过程密切衔接的。以地下连续墙基坑施工为例。在围护结构施工前，就需要布置周围建筑物和管线等的沉降测点，获得初始读数。在围护结构施工过程中，预先将土压力盒、孔隙水压计、钢筋计、测斜管等绑扎在钢筋笼上，并在开挖前测读其初始值。开挖过程中，随支撑施作，逐次安装支撑轴力计、锚杆测力计等传感器，并根据工程需要和规程要求进行监测，及时反馈，在必要时可以调整支护结构设计，从而指导基坑工程的施工，见图 8-28。

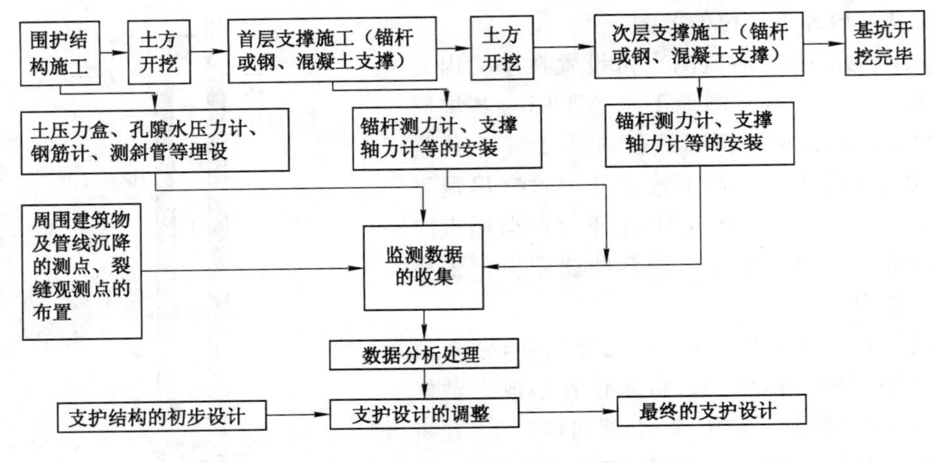

图 8-28　基坑监测的施工流程

(2) 监测仪器与监测频次

基坑各监测项目采用的监测仪器的精度、分辨率及测量精度应能反映监测对象的实际状况，并应满足基坑监控的要求。各监测项目应在基坑开挖前或测点安装后测得稳定的初始值，且次数不应少于两次。

支护结构顶部水平位移的监测频次应符合下列要求：

① 基坑向下开挖期间，监测不应少于每天 1 次，直至开挖停止后连续 3 天的监测数值稳定。

② 当地面、支护结构或周边建筑物出现裂缝、沉降，遇到降雨、降雪、气温骤变，基坑出现异常的渗水或漏水，坑外地面荷载增加等各种环境条件变化或异常情况时，应立即进行连续监测，直至连续 3 天的监测数值稳定。

③ 当位移速率大于或等于前次监测的位移速率时，则应进行连续监测。

④ 在监测数值稳定期间，尚应根据水平位移稳定值的大小及工程实际情况定期进行监测。

⑤ 支护结构顶部水平位移之外的其他监测项目，除应根据支护结构施工和基坑开挖情况进行定期监测外，尚应在出现下列情况时进行监测：

a. 支护结构水平位移增长时；

b. 出现上述第①～②款的情况时；

c. 锚杆、土钉或挡土构件施工时，或降水井抽水等引起地下水位下降时，应进行相邻建筑物、地下管线、道路的沉降观测。当监测数值比前次数值增长时，应进行连续监测，直至数值稳定。

对基坑监测有特殊要求时，各监测项目的测点布置、量测精度、监测频度等应根据实际情况确定。

近年来，随着对工程施工安全和质量要求的不断提高，监测数据的时效性和连续性越来越成为施工监测所追求的目标。在这种形势下，自动化监测已经逐渐成为工程监测的主要发展趋势。自动化监测技术需要布设能够自动监测的传感器，建立通信网络和计算机软件系统，以形成集数据采集、传输、处理分析于一体的监测系统。目前，我国很多重大工程都实现了自动化监测，该项技术已进入实用阶段，如上海地铁汉中路车站、董家渡深基坑等，相对于传统的人工监测，自动化监测具有以下优点：

① 能保证监测数据的时效性和连续性。自动化监测可以 24 h 不间断将监测数据传送到参建各方手中，第一时间获得报警信息，真正做到防患于未然。

② 监测工作开展方便、高效，节约大量的人力和时间。

③ 设备可重复利用，除埋设的传感器不可回收外，其他设备均可重复利用，总体来看自动化监测成本较传统监测方法不会有很大提高。

(3) 监测仪器与监测频次

在支护结构施工、基坑开挖期间以及支护结构使用期内，应对支护结构和周边环境的状况随时进行巡查，现场巡查时应检查有无下列现象及其发展情况：基坑外地面和道路开裂、沉陷；基坑周边建筑物开裂、倾斜；基坑周边水管漏水、破裂，燃气管漏气；挡土构件表面开裂；锚杆锚头松动，锚杆杆体滑动，腰梁和锚杆支座变形，连接破损等；支撑构件变形、开裂；土钉墙土钉滑脱，土钉墙面层开裂和错动；基坑侧壁和截水帷幕渗水、漏水、流沙等；降水井抽水不正常，基坑排水不通畅。

(4) 基坑监测数据、现场巡查结果应及时整理和反馈

当出现下列危险征兆时应立即报警：

① 支护结构位移达到设计规定的位移限值，且有继续增长的趋势。

② 支护结构位移速率增长且不收敛。

③ 支护结构构件的内力超过其设计值。

④ 基坑周边建筑物、道路、地面的沉降达到设计规定的沉降限值，且有继续增长的趋势；基坑周边建筑物、道路、地面出现裂缝，或其沉降、倾斜达到相关规范的变形允许值。

⑤ 支护结构构件出现影响整体结构安全性的损坏。

⑥ 基坑出现局部坍塌。

⑦ 开挖面出现隆起现象。

⑧ 基坑出现流土、管涌现象。

8.2.5　基坑安全性判定标准

基坑支护体本身报警值的确定必须根据工程土质特征、设计结果及附近工程经验等因素确定，当附近没有类似工程经验时，宜参考表 8-4 确定。由于各类建(构)筑物对差异沉降的承受能力相差较大，因此由基坑开挖引起的附加变形应与建筑物已经产生的变形一并考虑，其叠加值应满足表 8-5。

表 8-4　　基坑支护体报警值的确定

监测项目	报警值	基坑类别		
		一级	二级	三级
围护墙(坡)顶水平位移	累计值/mm	25～25	40～60	60～80
	变化速率/(mm/d)	2～10	4～15	8～20
围护墙(坡)顶竖向位移	累计值/mm	10～40	25～60	35～80
	变化速率/(mm/d)	2～5	4～8	4～10

续表 8-4

监测项目	报警值	基坑类别		
		一级	二级	三级
深层水平位移	累计值/mm	30～60	70～85	70～100
	变化速率/(mm/d)	2～3	4～6	8～10
立柱竖向位移	累计值/mm	25～35	35～45	55～65
	变化速率/(mm/d)	2～3	4～6	8～10
基坑周边地表竖向位移	累计值/mm	25～35	50～60	60～80
	变化速率/(mm/d)	2～3	4～6	8～10
坑底隆起(回弹)	累计值/mm	25～35	50～60	60～80
	变化速率/(mm/d)	2～3	4～6	8～10
土压力 孔隙水压力	累计值	(60%～70%)f_1	(70%～80%)f_1	(70%～80%)f_1
各构件内力	累计值	(60%～70%)f_2	(70%～80%)f_2	(70%～80%)f_2

注：f_1 为荷载设计值，f_2 为构件承载能力设计值。当监测项目的变化速率达到表中规定值或连续 3 d 超过该值的 70%时，应报警。

表 8-5　　地基变形允许值

变形特征		地基变形允许值	
		中、低压缩性土	高压缩性土
砌体承重结构基础的局部倾斜		0.002	0.003
建筑物和邻桩基的沉降差	框架结构	0.002L	0.003L
	砖石墙填充的边排桩	0.000 7L	0.001L
	当基础不均匀沉降时不产生附加应力结构	0.005L	0.005L
桥式吊车轨面的倾斜 (按不调整轨道考虑)	纵向	0.004	
	横向	0.003	

注：L 为相邻桩基的中心距离(mm)。倾斜指基础倾斜方向两端点的沉降差与其距离的比值。局部倾斜指砌体承重结构沿纵向 6～8 m 内基础两点的沉降差与其距离的比值。对临近的破旧建筑物，其允许变形值应根据危房鉴定标准由相关部门确定。

8.2.6 工程实例

某基坑总面积约 1.4 万 m^2，基坑周长约 470 m，开挖深度 23.50 m。该基坑工程总面积大，开挖深度深，工期要求紧，场地周围有大量的市政管线，基地东侧中央路下设地铁一号线区间地铁隧道，地铁主体衬砌结构距离基坑约 5.0 m。工程的规模和复杂的场地条件对基坑工程的设计和施工提出了极大挑战。

该基坑的支护方案采用地下连续墙的围护结构＋内支撑的支护结构体系，竖向设置 3 道钢筋混凝土水平支撑系统，支撑呈边桁架加对撑布置。基坑的平面监测项目及测点布置如图 8-29 所示。

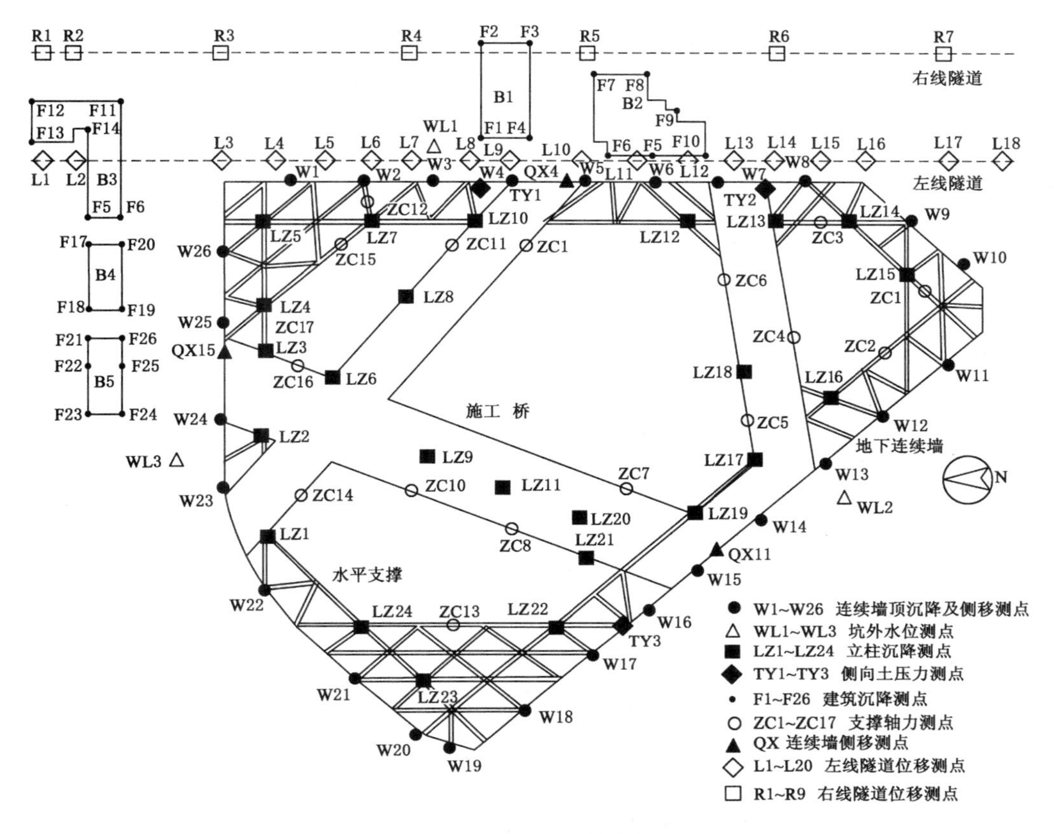

图 8-29　基坑平面及测点布置

实际监测方案中，沿基坑周边连续墙共布置 16 个水平位移测点，编号为 QX1～QX16。根据监测数据的整理分析，各施工工况下连续墙最大水平位移一般出现在各边中点附近。选取邻近地铁隧道侧的监测点 QX4，连续墙的水平位移如图 8-30 所示。

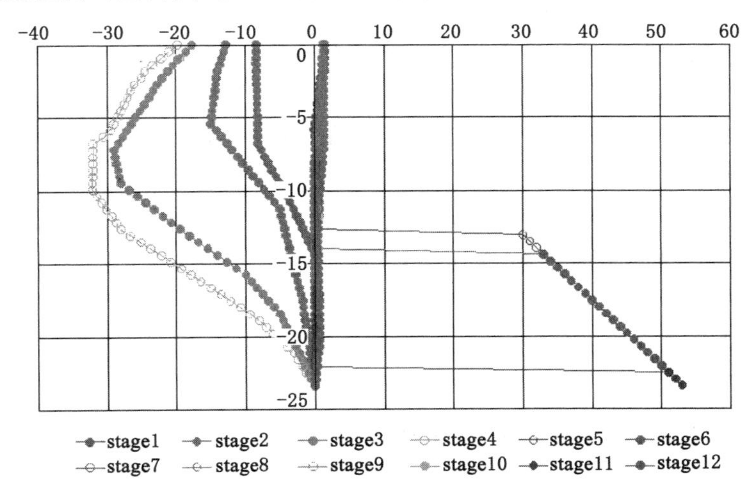

图 8-30　连续墙水平位移(QX4 点)

从图 8-30 中可以看出：QX4 测点水平位移较大，最大水平位移值为 32.14 mm（深度 −11 m），该最大水平位移增量出现在 stage 4 工况，即完成第 3 道支撑施工开挖到设计标高处时。根据图 8-30 中深层水平位移报警值为 30～60 mm 可知，该最大水平位移值已进入报警区，需密切关注。后随施工进行，QX4 测点水平位移有所减小，表明基坑仍处于安全状态。

8.3 隧洞工程信息化施工

8.3.1 概述

地下隧洞最早的设计理论是 1907 年普罗托季亚科诺夫提出的平衡拱理论——即普氏拱理论。他假定岩体为不具有黏聚力的松散体，硐室开挖之后就会形成压力拱，压力拱以上的岩体不受扰动，而压力拱以下的岩体则将松动，以致塌落。作用在支护结构上的荷载可根据普氏拱的范围确定，这样就可以根据已知的荷载进行地下结构设计，这种方法与地面结构的设计方法相近，可归类为荷载结构法。经长期实践，该类方法只适用于明挖回填法施工的地下隧洞。随后，人们逐渐认识到了地层对结构受力变形的约束作用，提出了假定抗力法和弹性地基梁法，这类方法对于覆盖层厚度不大的暗挖地下结构的设计计算是较为合适的。此外，把地下隧洞与地层看作一个整体，可按连续介质力学或断裂力学的理论设计地下隧洞的衬砌结构。数值计算技术的进步和岩土体本构关系的建立，使得人们可以求解各种洞型、各种支护结构的弹性、塑性和黏弹塑性或断裂力学解。在岩土体各项计算参数能够准确给定的条件下，能够获得较为可靠的解析解和数值解。然而，由于岩土介质和地质条件的复杂性，计算参数往往难以确定，无论是解析法还是数值法都不能一劳永逸的解决隧洞工程的支护设计问题。

20 世纪 60 年代起，以拉布采维茨为代表的奥地利学者和工程师总结出了最大限度发挥围岩本身自承能力的隧洞施工技术——新奥法，新奥法以尽可能不要恶化围岩中的应力分布为前提，在施工过程中密切监测围岩变形和应力等参数，通过调整支护措施来控制隧洞变形。新奥法着眼于洞室开挖后形成塑性区的二次应力重分布，而不拘泥于传统的荷载观念，它是建立在对围岩的加固和变形控制的基础上的。它通过对最直观、最易获得的监测数据——位移和洞周收敛的量测和分析，来确定合理的支护结构形式及其设置时间。在此基础上，近年来又发展起来了地下隧洞的信息化设计和信息化施工方法。它是在施工过程中布置监测系统，在隧洞的开挖和支护过程中获得隧洞的变形和支护结构的内力，通过分析研究或数值反演，获得符合现场实际工况的计算参数将其用于隧洞的超前预报，并反馈到施工决策和支持系统，修正和确定新的开挖方案和支护参数，其流程见图 8-31。

8.3.2 监测项目

隧洞工程的监测包括洞内监测、周边环境监测和洞内外巡视，具体有：① 拱顶沉降；② 净空收敛；③ 锚杆内力；④ 钢格栅内力；⑤ 衬砌（管片）内力；⑥ 水量监测；⑦ 爆破震动；⑧ 地下水位；⑨ 地表沉降；⑩ 相邻地下建筑物及管线变形；⑪ 洞内外巡视观察。

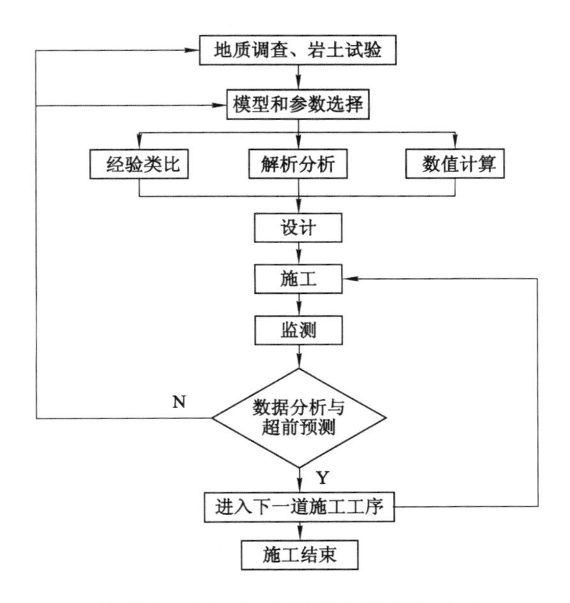

图 8-31　隧洞工程信息化施工流程图

8.3.3　监测方法及测点布置

8.3.3.1　拱顶沉降

(1) 监测方法

拱顶沉降监测可以采用三角高程测量方法，使用全站仪或经纬仪进行观测，通过前后视的竖直角、距离和后视点的高程来计算前视点(拱顶沉降点)的高程。但三角高程法对现场观测条件要求高，地铁隧道中普遍采用水准测量方法，使用水准仪进行观测，监测时将长度适宜的钢尺端部挂于预先在拱顶埋设好的挂钩上，通过测量钢尺刻度进行拱顶沉降监测，见图 8-32。

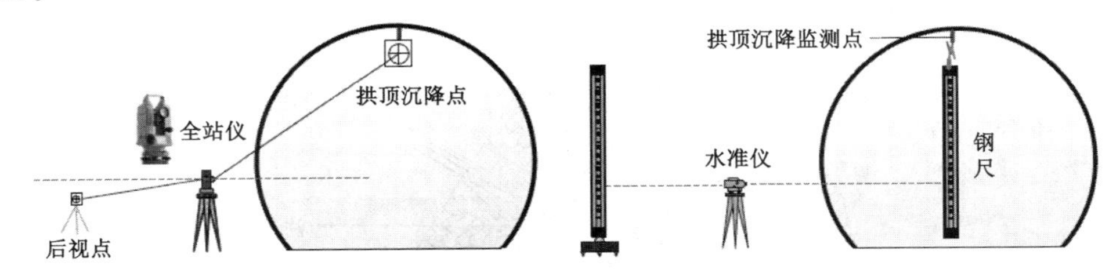

图 8-32　三角高程法和水准测量法测量拱顶沉降监测示意图

(2) 监测点的埋设和初始值的采集

测点用电钻成孔，埋入小棱镜或拱顶沉降膨胀钩，埋设时务必保持小棱镜或膨胀钩轴线垂直于拱顶。应在该断面钢拱架施工完成或混凝土喷射施工完成后的当天进行测量，并连续观测三次取其平均值作为初始值。

8.3.3.2　净空收敛

(1) 监测方法

洞内净空收敛普遍采用隧道收敛计进行监测。监测前先在设计监测部位埋设收敛钩，监测时将收敛计两端分别连接于收敛钩上，张紧钢尺读数，即可得到两预埋件之间的距离，与初始距离进行比较即可得到净空变化值。

(2) 监测点的埋设与初始值的采集

净空收敛测点应与拱顶沉降测点布置于同一断面。同一断面内布设若干条基线，收敛钩埋设于收敛基线两端，采用冲击钻成孔，埋入收敛膨胀钩，尽量使两个收敛钩的轴线与基线重合，见图 8-33。

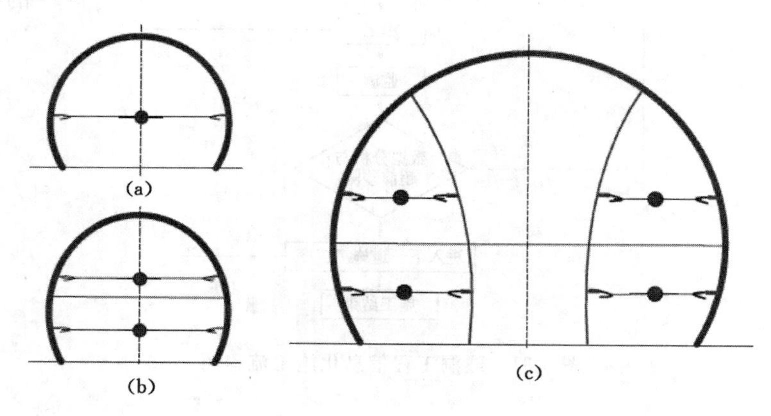

图 8-33　浅埋暗挖隧道收敛点布置示意图

(a) 全断面开挖(1 条测线)；(b) 台阶法(每层 1 条测线)；(c) 分部开挖(每部分 1 条测线)

应在该断面钢拱架施工完成或混凝土喷射施工完成后的当天进行测量，并连续观测 3 次取其平均值作为初始值。收敛监测点极易受到破坏，一旦发现测点受损，应立即修复或重新在原位置布设，并立即采集初始值。

8.3.3.3　锚杆内力

(1) 监测方法

预应力锚杆可采用锚索计进行监测，非预应力锚杆须采用锚杆轴力计监测，见图 8-34。

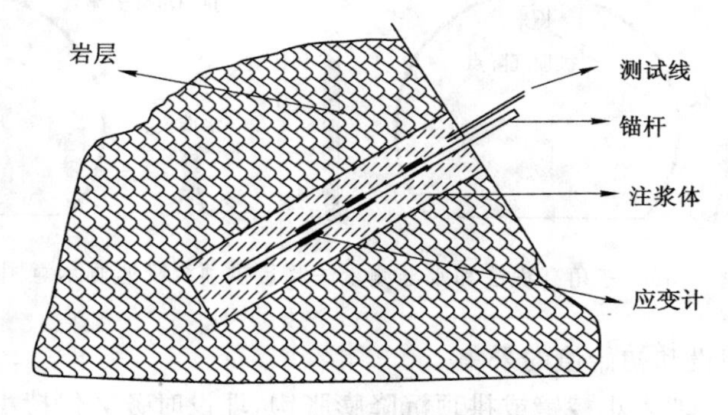

图 8-34　隧道锚杆轴力监测点布置及实物

(2) 监测点的埋设和初始值的采集

锚索计的安装同基坑锚杆轴力监测点的安装；锚杆轴力计的安装同基坑工程中钢筋计的安装。

在测点埋设完毕后即可采集初始值，连续监测三次取其平均值作为初始值。

8.3.3.4　钢格栅内力

(1) 监测方法

钢格栅内力通过在受力钢筋中串联连接钢筋应力传感器(钢筋应力计)测定。

(2) 监测点的埋设与初始值的采集

钢格栅内力监测断面应布置于地质条件复杂、围岩稳定性差、受力变形较大及断面发生变化的部位。测点埋设时将钢筋计串联焊接在钢筋上,同一断面在受力较大的几个部位进行埋设,见图8-35。

在钢拱架施工完全封闭,混凝土喷射施工完毕后,即可采集初始值,连续监测3次取其平均值作为初始值。

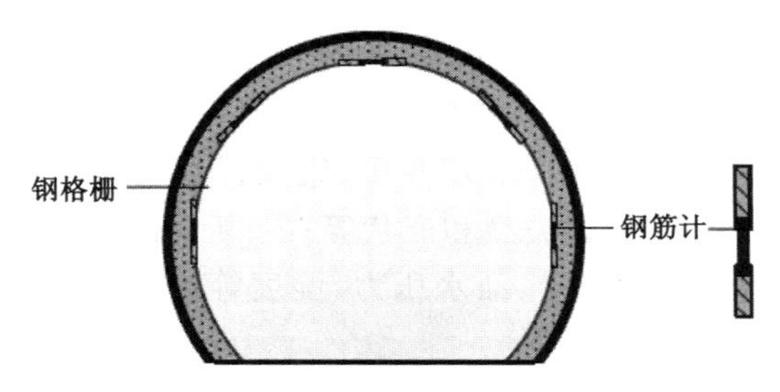

图8-35　钢格栅内力监测断面布设示意图

8.3.3.5　衬砌(管片)内力

(1) 监测方法

衬砌(管片)内力通过在受力钢筋中串联连接钢筋应力传感器(钢筋应力计)来测定。

(2) 监测点的埋设与初始值的采集

钢格栅内力测点布置于地质条件复杂、受力变形较大的部位。衬砌内的监测点在衬砌钢筋绑扎时安装,安装方法同本章中钢筋计的安装方法。管片内力监测点一般在管片制作时预埋,但必须注意对传感器导线的保护,以免在管片拼接及后续施工中遭到破坏。

在衬砌混凝土达到强度标准后或管片拼接完成后,进行监测点初始值的采集,连续监测3次取其平均值为初始值。

8.3.3.6　爆破震动

(1) 监测方法

爆破震动监测采用爆破震动仪来实施监测。它利用敏感元件在磁场中的相对运动,产生与振动成一定比例关系的电信号,经过放大器和记录装置得到振动信号。通过在围岩内部、地表及建筑物布设振动拾取传感器,在爆破进行的同时通过采集器采集振动数据。

(2) 监测点的布置

爆破震动测试点通常选择爆破影响范围内对振动控制要求最高的建筑物或其他构筑物。测点安装时,一般的地表振动监测,因振动幅值不大,频率不是很高,只需将传感器直接置于地表,周围用石膏粘贴即可。在地下工程内墙壁上监测强烈爆破震动时,需用钢钎嵌入岩石中,将传感器固定在钢钎上。一般岩体表面尽可能直接安装传感器,不要通过钎杆安装传感器,它可能使振动波形失真。

8.3.3.7 水量、地下水位、地表沉降、相邻建筑物及管线变形

隧道内的涌水量监测可采用三角形围堰法或浮标进行测试，在需要时可采用烘干法测试其含泥量与含砂量。

地下水位、地表沉降、相邻建筑物及管线变形监测的方法参见基坑监测的相关内容。

8.3.3.8 洞内外安全巡视

对于浅埋暗挖工程，日常洞内外的巡视观察甚至比其他监测项目重要，因为它往往能够更加直观、全面地发现问题，尤其是在遇到恶劣天气或施工环境导致无法按时监测的情况下。暗挖工程施工监测主要的巡视内容有：

(1) 对开挖后没有支护的围岩进行观察，主要是了解开挖工作面下列工程地质和水文地质条件，主要包括：① 岩质种类和分布状态，结构面位置状态；② 岩石的颜色、成分、结构、构造；③ 地层时代归属及产状；④ 节理性质、组数、间距、规模、节理裂隙的发育程度和方向性，结构面状态特征，充填物的类型和产状等；⑤ 断层的性质、产状、破碎带宽度、特征等；⑥ 地下水类型、涌水量、涌水位置、涌水压力、湿度等；⑦ 开挖工作面的稳定状态、有无剥落现象。

(2) 对已施工地段的观察每天至少应进行一次，内容包括：① 初期支护完成后对喷层表面的观察以及裂缝状况的描述和记录，要特别注意喷混凝土是否发生剪切破坏；② 有无锚杆脱落或垫板陷入围岩内部的现象；③ 钢拱架有无被压曲、压弯现象；④ 是否有底鼓现象。

(3) 对洞外周边环境巡视包括以下内容：① 地表超载，包括荷载重量、类型、面积、位置等；② 地表积水，包括积水面积、深度、水量、位置、地面硬化完好程度等。

8.3.4 监测过程控制

8.3.4.1 监测频率

暗挖工程施工监测的监测频率适合采用《铁路隧道监控量测技术规程》(TB 10121—2007)中的相关规定。该规范将监测项目分为必测项目和选测项目，并对必测项目的监测频率分别以测点距开挖面的距离和位移速度为根据提出了如表 8-6、表 8-7 的标准。同时，规定监测频率取两指标下的大值，出现异常情况或不良地质时应加密监测。

表 8-6　按距开挖面距离确定的监测频率

监测断面距开挖面距离/m	监测频率
(0～1)B	2 次/d
(1～2)B	1 次/d
(2～5)B	1 次/(2～3d)
$>4B$	1 次/7d

注：B 为隧道开挖宽度。

表 8-7　按位移速度确定的监测频率

位移速度/(mm/d)	监测频率
≥5	2次/1d
1～5	1次/1d
0.5～1	1次/(2～3d)
0.2～0.5	1次/3d
<0.2	1次/7d

8.3.4.2　监测控制值

控制基准值包括隧道内位移、地表沉降、爆破震动等，应根据地质条件、隧道施工安全性、隧道结构的长期稳定性，以及周围建筑物特点和重要性等因素制定。

在跨度 $B\leqslant 7$ m时，隧道初期支护极限相对位移可参照表8-8选用；位移控制基准应根据测点距开挖面的距离，由初期支护极限相对位移按表8-9要求确定；根据位移控制基准，可按表8-10分为三个管理等级；地表沉降控制基准应根据地层稳定性、周围建(构)筑物的安全要求分别确定，取最小值。

表 8-8　跨度 $B\leqslant 7$ m隧道初期支护极限相对位移

围岩级别	隧道埋深		
	$h\leqslant 50$	$50<h\leqslant 300$	$300<h\leqslant 500$
拱角水平相对净空变化/%			
Ⅱ	—	—	0.20～0.60
Ⅲ	0.10～0.50	0.40～0.70	0.60～1.50
Ⅳ	0.20～0.70	0.50～2.60	2.40～3.50
Ⅴ	0.30～1.00	0.80～3.50	3.00～5.00
拱顶相对下沉/%			
Ⅱ	—	0.01～0.05	0.04～0.08
Ⅲ	0.01～0.04	0.03～0.11	0.10～0.25
Ⅳ	0.03～0.07	0.06～0.15	0.10～0.60
Ⅴ	0.06～0.12	0.10～0.60	0.5～1.20

注：1. 本表适用于复合式衬砌的初期支护，硬质围岩隧道取表中较小值，软质围岩隧道取表中较大值，表中数值可在施工中通过实测资料积累作适当修正；
2. 拱脚水平相对净空变化指两拱脚测点间净空水平变化值与其距离之比，拱顶相对下沉是指拱顶下沉值减去隧道下沉值后与原拱顶至隧道高度比；
3. 墙腰水平相对净空变化极限值可按拱脚水平相对净空变化极限值乘以1.2～1.3后采用。

表 8-9　位移控制基准

类别	距开挖面 $1B(U_{1B})$	距开挖面 $2B(U_{2B})$	距开挖面较远
允许值	$65\%U_0$	$90\%U_0$	$100\%U_0$

表 8-10 位移管理等级

管理等级	距开挖面 B	距开挖面 $2B$
Ⅲ	$U<U_{1B}/3$	$U<U_{2B}/3$
Ⅱ	$U_{1B}/3\leqslant U\leqslant 2U_{1B}/3$	$U_{2B}/3\leqslant U\leqslant 2U_{2B}/3$
Ⅰ	$U\geqslant 2U_{1B}/3$	$U\geqslant 2U_{2B}/3$

钢架内力、喷混凝土内力、二次衬砌内力、围岩压力(换算成内力)、初期支护与二次衬砌间接触压力(换算成内力)、锚杆轴力控制基准应满足《铁路隧道设计规范》(TB 10003—2005)的相关规定;爆破震动控制基准值应按表 8-11 的要求确定。

表 8-11 爆破震动安全允许振速

序号	保护对象类别	安全允许振速/(cm/s)		
		<10 Hz	10～50 Hz	50～100 Hz
1	土窑洞、土坯房、毛石房屋	0.5～1.0	0.7～1.2	1.1～1.5
2	一般砖房、非抗震的大型砌块建筑物	2.0～2.5	2.3～2.8	2.7～3.0
3	钢筋混凝土结构房屋	0.0～4.0	3.5～4.5	4.2～5.0
4	一般古建筑与古迹	0.1～0.3	0.2～0.4	0.3～0.5
5	水工隧道	7～15		
6	交通隧道	10～20		
7	矿山巷道	15～30		
8	水电站及发电厂中心控制室设备	0.5		
9	新浇大体积混凝土 龄期:初凝～3 d 龄期:3～7 d 龄期:7～28 d	 2.0～3.0 3.0～7.0 7.0～12.0		

注:1. 表列频率为主振频率,系最大振幅所对应的频率;

2. 频率范围可根据类似工程或现场实测波形选取,选取频率时亦可参照下列数据:深孔爆破 10～60 Hz;浅孔爆破 40～100 Hz;

3. 有特殊要求的根据现场具体情况确定。

8.3.4.3 隧道围岩收敛的数据分析

在正常情况下,如果支护及时,隧道围岩的变形是处于稳定状态。其围岩变形可分为三个阶段:

(1) 急剧变形阶段

隧道开挖后围岩变形的初始速率最大,以后逐渐降低,du/dt 呈下降趋势,变形与时间关系曲线呈下弯形。这一阶段的变形量为最终变形量的 60%～70%,这一阶段所延续的时间称为急剧变形期,见图 8-36 中 *ab* 段。

(2) 缓慢变形阶段

随支护结构施工,围岩变形得到控制,当 du/dt 近于 0.1 mm/d 时,围岩基本处于稳定状态，这一阶段所延续的时间称为缓慢变形期，见图 8-36 中 *bc* 段。

(3) 基本稳定阶段

其后，在支护结构满足使用要求的情况下，隧道围岩将日趋稳定，变形不再增加而变形速率近于零，$du/dt \approx 0$，这时隧道围岩基本稳定，这一阶段所经历的时间称为基本稳定期，见图 8-36 中 *cd* 段。

如果支护结构施工后围岩变形不能得到有效控制，围岩变形持续增加，则可能导致结构破坏、变形激增，见图 8-36 中 *ce* 段。如出现此情况，应在结构失稳前及时进行二次支护，以控制围岩变形。

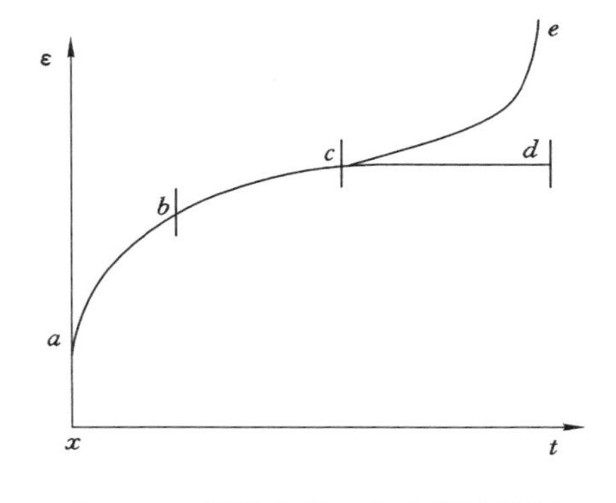

图 8-36　隧道变形三个阶段示意图

8.3.5　工程实例

某浅埋暗挖车站位于某体育场南侧，某路北段，车站范围内交通流量大，车站上方为某操场，车站周围无高大建筑物，车站北侧临近某公园，有市政管线从该路下方通过(图 8-37)。

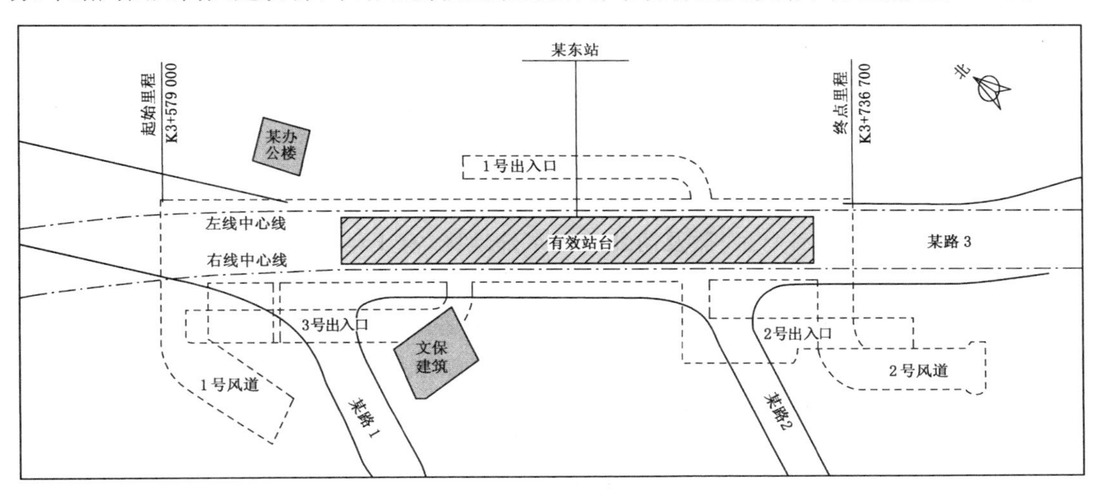

图 8-37　某暗挖车站周边环境图

车站为地下二层岛式车站，施工工法采用矿山法，开挖断面尺寸(宽×高)为 19.2 m×16.2 m，拱顶埋深为 10～12 m，覆岩厚度为 3.5～11.2 m，隧道经过的岩层围岩分级为Ⅲ～Ⅵ级。

该暗挖车站的监测项目包括洞内监测及周边环境监测，具体包括：① 洞内外巡查；② 拱顶沉降；③ 洞内净空收敛；④ 地表沉降；⑤ 建筑物沉降；⑥ 管线沉降；⑦ 爆破震动。根据暗挖车站的特点，选取具有代表性的监测断面，在靠近车站中线上方设置监测点。

净空收敛数据直接反映了隧洞围岩和支护结构的稳定性。为此，选取进尺 30 m、50 m、70 m、90 m、110 m，130 m 处的净空收敛的数据说明本隧道的信息化施工情况，见图 8-38。从图 8-38 可以看出，收敛的变化分为三个阶段：第一个阶段为急剧变形阶段，时间范围为 0～15 d；第二阶段为缓慢变形阶段；时间范围为 15～35 d，第三阶段为基本稳定阶段，对应的时间为大于 35 d，表明支护结构满足使用要求。

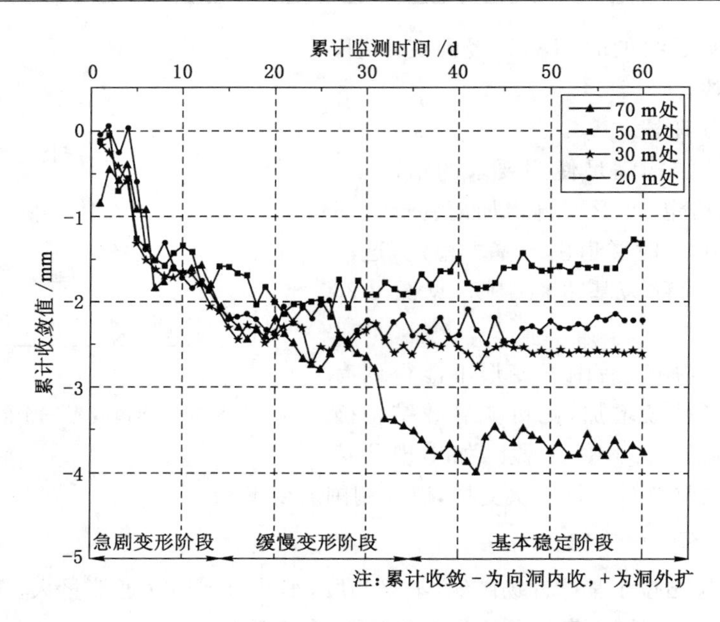

图 8-38　某暗挖车站收敛累计变形量时空曲线

8.4　冻结法凿井的安全监测监控

8.4.1　引言

在我国山东、江苏、河南、安徽及河北等中东部地区，有 1 000 多亿吨煤炭资源埋藏于深厚冲积层下。为突破资源瓶颈制约，深部资源开发势在必行。当冲积层厚度超 200 m 时，可靠的凿井方法只有冻结法和钻井法两种，国内外主要用冻结法建设井筒。冻结法是在井筒开凿之前，用人工制冷的方法将井筒周围的岩土层冻结成封闭的圆筒——冻结壁，以抵抗水、土压力，隔绝地下水和井筒的联系，然后在冻结壁的保护下进行井筒掘砌工作的一种特殊的凿井方法。

2002 年以前，我国冻结冲积层最厚为金桥煤矿主井的 376. 35 m，而在苏联、波兰、德国、英国等国，总共有 10 个井筒的表土深度超过 400 m，最大为 571 m(苏联雅可夫列夫铁矿 3 个井筒)。进入 21 世纪以来，我国巨野、淮南等矿区的龙固、丁集、郭屯等矿井的相继开工建设，其冲积层厚度分别为 567. 7 m、530 m 和 587. 5 m，其中，郭屯煤矿主井冲积层厚度为 587. 5 m，为目前世界上冻结冲积层厚度最大的井筒，其冻结深度 702 m 为目前国内冻结深度最大的井筒。

由于国外深表土井筒少，故在深厚表土冻结井壁和冻结壁设计的理论与施工技术方面未形成系统的理论和成熟的技术，他们在施工中均遇到了重重困难，如雅可夫列夫铁矿井筒就发生了大量冻结管断裂和井壁挤裂事故，几乎造成工程失败。在深厚表土层中，井壁的外载取值、合理井壁结构的确定、井壁材料的选择和施工等均无成熟经验可借鉴；在冻结壁方面，随深度的增大，地压增大，冻结壁将呈现出极强的流变性，要求冻结壁厚度大大增加、平均温度大幅降低。所有这些均给冻结法凿井提出了挑战。

冲积层厚度由 400 m 左右跨越到近 600 m，相应的冻结管布置圈数由 1～2 圈变为 3～4 圈，冻结壁温度场分布及冻结压力变化规律出现了显著变化；单层井壁厚度由 800 mm 左右变为 1 200 mm，其标号由 C50 变为 C75，成为典型的大体积、高性能混凝土。同时，井帮温度由 −5 ℃降低到近 −20 ℃，将直接影响现浇混凝土井壁到强度增长。由于我国深厚冲积层中冻结法凿井技术不成熟，在多个矿井出现井壁压裂的重大事故。

针对深厚表土层中冻结凿井工程，必须准确获取冻结凿井过程中的各种信息，借以判断冻结壁和井壁的安全状况，指导工程施工。在此基础上，可开展冻结壁温度和变形的超前预测。进而适时调整施工进度和支护方案，确保工程安全。井筒安全施工的监测监控工作的顺利开展，需要建设、冻结、掘砌、科研等相关单位的大力协调，透明的共享监测成果，就工程最新情况（如井壁裂隙、测值突变）等进行分析，达成共识，才能及时决策，其工作流程见图 8-39。

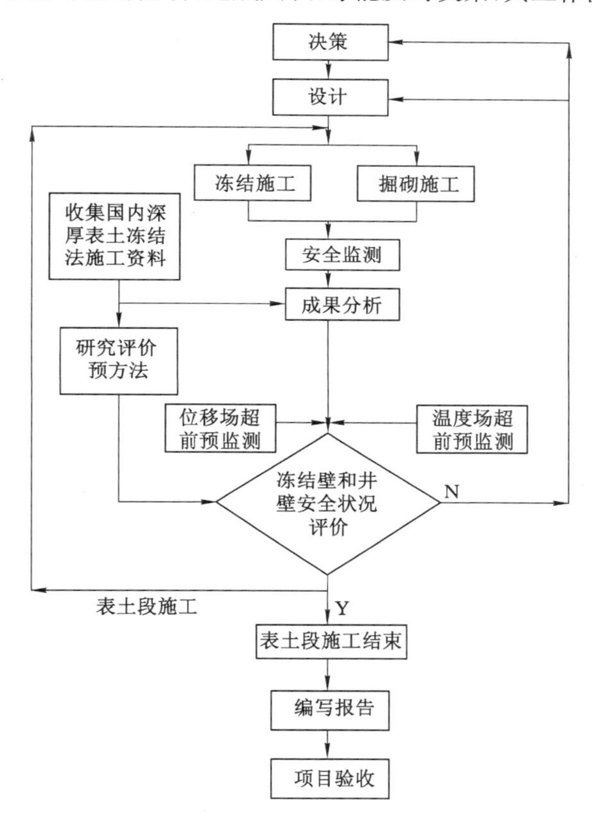

图 8-39　深厚表土冻结法凿井井筒安全施工监测监控工作流程

8.4.2　监测项目的选择

外层井壁的安全性，主要取决于井壁强度及其外载两个方面。井壁强度不仅取决于混凝土的成分配比，更与其浇注工艺、养护温度、外载等密切相关。井壁早期强度不足将难以抵挡外部冻结压力，井壁将破坏；早期强度增长快，有助于抑制冻结壁变形，保证冻结壁的安全，但也将使冻结压力增大，对井壁强度提出更高的要求。井壁外载，即冻结压力，是由于冻结壁变形和冻胀变形受阻而产生的压力。它是井壁与冻结壁耦合作用的结果，其大小随井壁养护时间、井壁刚度变化而变化。

因此，井壁安全性的评估应以上述两方面监测为基础，主要内容为：外壁的受力与变形监测：包括冻结压力、混凝土应变、钢筋应力监测；外壁及冻结壁的温度监测。以下以郭屯煤矿主井冻结法凿井信息化施工为例介绍其监测方法和测点布置。

8.4.3 监测方法及测点布置

监测层位的选择主要考虑以下因素：① 监测重点以膨胀性显著、预计井帮变形较大的厚黏土地层为主；② 监测层位即传感器埋设深度均位于黏土层的靠近顶面部位。

(1) 热电偶

沿井壁、冻结壁径向各均布若干个测点。其中冻结壁内测温范围受钻孔施工能力（只能施工 400 mm 深度的钻孔，深度再大则需要特制钻具，且耗时过长）限制，局限在距井帮表面 400 mm 范围内。各监测层位均在井壁内布置 8 个温度测点，间距 100 mm；冻结壁内测点数 8 个，间距 50 mm；每个监测层位总计布置温度测点 16 个（图 8-40），共设热电偶 16 只。图 8-41、图 8-42 分别为测温杆及井壁测温杆安设后的情形。

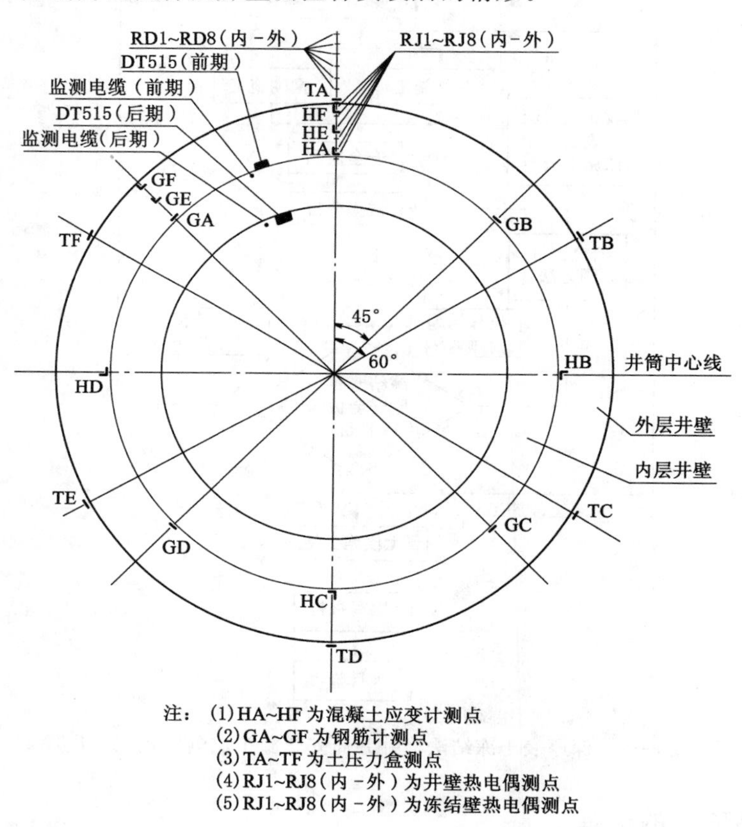

图 8-40 传感器的测点布设示意图

(2) 混凝土应变计

因井壁内缘处混凝土应变最大，为此混凝土应变计沿顺时针方向在外壁内侧北、东、南、西 4 个方向依次布设 HA、HB、HC、HD 测点；同时在北侧井壁厚度中央、井壁外表面处布设 HE、HF 测点，因此，每个层位共计布设混凝土应变计 14 只（图 8-40）。

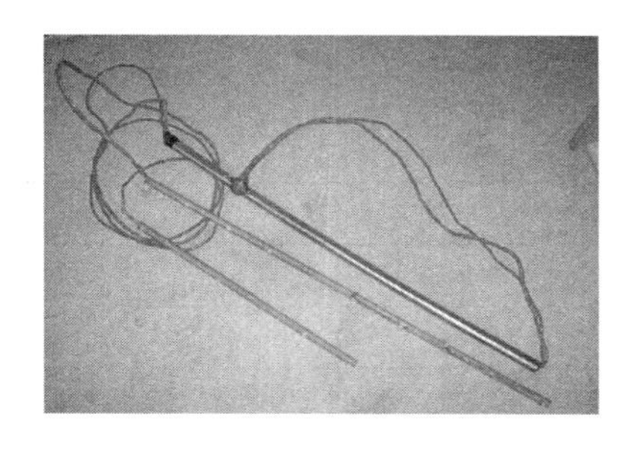

图 8-41　井壁与冻结壁内的测温杆

图 8-42　井壁内测温杆安设后外观

各监测层位均在 HA 测点处增设径向、竖向的无应力计，并在 HA、HD 处增设热敏电阻式温度传感器，用于永久监测期间温度测量(永久监测期间不便于采用热电偶测温)及应变值温度修正。

因此，每个监测层位正常需混凝土应变计 14 只、无应力计 2 只，小计 16 只，另需要热敏电阻式温度传感器 2 只。图 8-42 是井壁内安设完毕的应变计的情形。

(3) 钢筋测力计

钢筋计测点与混凝土应变计测点的布置类似，为避免二者间相互影响，将其测点偏转 45°，见图 8-43。

井壁 GA、GB、GC、GD、GE、GF 测点均布置竖向、周向、径向钢筋计各 1 只。每个监测层位 6 个测点共需钢筋计 6×3＝18 只。

图 8-44 和图 8-45 分别为安设前的钢筋计、现场安设完毕的钢筋计。

(4) 土压力盒

为获得冻结法凿井过程中井壁外载的变化，以西侧为起点，沿顺时针方向在外壁外侧均布 TA～TF 共 6 个测点，按 60°间隔均布。外载量测采用振弦式土压力盒，其安装情况见图 8-46。

图 8-43　井壁内安设完毕的应变计

图 8-44　与钢筋连接为一体的钢筋计

图 8-45　现场安设完毕的钢筋计

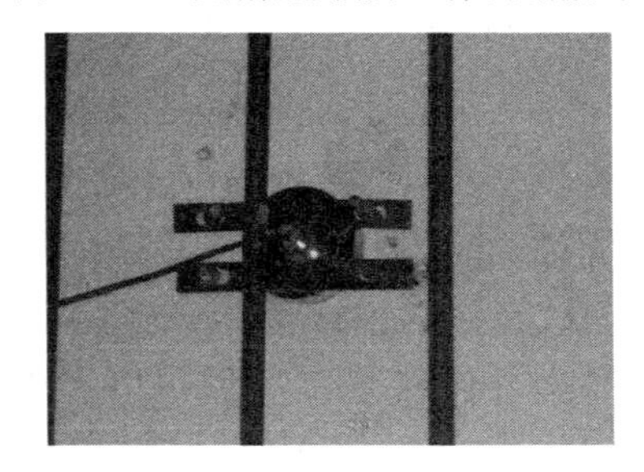

图 8-46　压力盒现场安设完毕后的情形

各监测层位的传感器的配置统计参见表 8-12。

表 8-12　　监测层位基本情况

监测层位		对应的地层			对应的外层井壁				
编号	深度/m	土性	厚度/m	顶深/m	混凝土标号	钢筋			井壁厚度/mm
						竖向	环向	径向	
Z1	432	黏土	21.8	402	C75	25	28	16	1 000
Z2	470	黏土	15.5	456.14	C75	25	28	16	1 000
Z3	487	黏土	3.1	486.1	C75	25	28	16	1 000
Z4	512	黏土	10	505.6	C75	28	30	16	1 150
Z5	535	黏土	13.8	523.3	C75	28	30	16	1 150
Z6	568	黏土	6.3	564.5	C75	28	30	16	1 150

8.4.4　监测系统的运行

监测系统的由传感器、数据采集仪、调制解调器和主控计算机构成，数据采集仪一端与传感器连接，另一端与调制解调器(称为下调制解调器)连接，并通过电话线与另一台调制解调器(称为上调制解调器)相连，进而连接至地面监测室内的主控计算机。

两台调制解调器通过电话网进行通讯。数据采集命令通过主控计算机发出后，传至安设在井筒中的 Datataker 数据采集仪，指挥其完成数据采集及数据上传任务。二次仪表采用数据采集器，视监测数据变动情况，1～60 min 巡检一次。

8.4.5　工程实例

某煤矿设计主、副、风三个井筒，均采用冻结法凿井。本书以冲积层最厚且先期开工的主井为例展开介绍。该主井井筒净直径 5 m，为双层钢筋混凝土井壁结构，冲积层段井壁厚度为 1 100～2 250 mm，其中外壁厚度为 550～1 000 mm，混凝土标号为 C30～C70。采用四圈孔差异冻结，冻结深度 702 m。

该井筒所穿过的土层具有黏土厚度大、含水量较低、膨胀性极强、冻结难度大、冻土强度低的特点，冻结壁和井壁的安全状况堪忧，为此，在主井开展冻结法凿井的信息化施工，实测冻结压力、井壁混凝土应变、钢筋轴力、冻结壁和井壁温度等参数，并据此指导工程施工。

8.4.5.1　监测层位选择

根据施工进度及施工中实际检揭露的地层状况，最终确定的下部 6 个厚黏土层作为设计监测层位，其基本情况见表 8-12。

8.4.5.2　已成型井壁段监测结果

依据传感器实测数据绘制各层位传感器测值随时间的变化曲线：时间起点为该监测层位混凝土浇筑完毕；时间终点为套壁至该位置下方约 10 m 时(距套壁至该位置约 1 d 时间)。

(1) 径向荷载实测分析

外壁设计荷载 $P_0=0.013H$，则该井筒 6 个监测层位的井壁荷载设计值分别为 5.62 MPa、6.11 MPa、6.33 MPa、6.66 MPa、6.96 MPa 和 7.38 MPa。各监测层位井壁荷载均值变化曲线和各监测层位的最大井壁荷载监测曲线见图 8-47。由图 8-47 可知，各层位径向荷载的增长特点有显著区别。

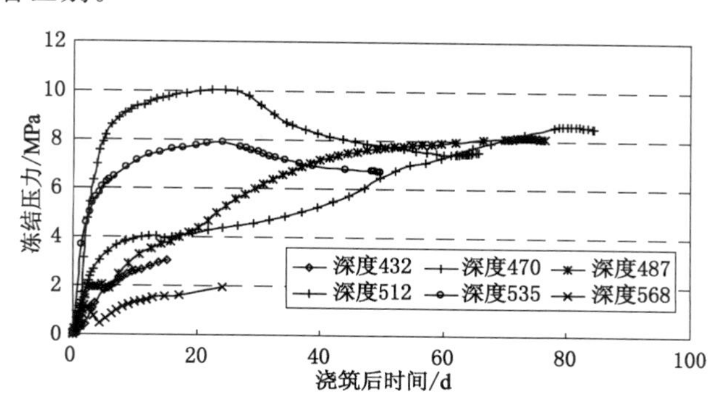

图 8-47　各监测层位的最大井壁荷载监测曲线

其中，深度 432 m 第一监测层位，掘进至 462.5 m 后即行套壁，监测中断，监测时间约 15 d；深度 568 m，第六监测层位，掘至 702 m 深度时再次套壁，监测时间约 24 d；两者监测时间均短，其冻结压力随时间缓慢增长，井壁荷载较小。

深度 470 m、487 m 处，为第二、三监测层位，其上井深 462.5 m 至地面已浇筑内壁。径向荷载增长速率前期 0～3 d 较快，其后持续增长，其最大值分别达到 8.64 MPa 和 8.14 MPa，分别出现在浇筑后 80.1 d 和 73.4 d，其后略有下降。

深度 512 m、535 m 处，第四、五监测层位，井壁径向荷载则呈三阶段特征，即"线性增长、曲线增长、缓降"三阶段。线性增长阶段为外壁浇筑后 0～5 d，该阶段井壁荷载急剧增长，可达到最大值的 80%；5～25 d 为曲线增长阶段，该阶段冻结压力仍在增长，但增速趋缓；此后荷载缓慢下降。各监测层位以 512 m 处冻结压力为最大，达到 10.04 MPa，出现在井壁浇筑后的第 24.9 d；535 m 处次之，最大为 7.91 MPa，出现在第 22.8 d。

研究表明，井壁径向荷载最终为永久地压。但是，在冻结法凿井过程中，外层井壁荷载还受到深度、地层特性、冻结运行和井壁结构等因素的影响，从而呈现不同的变化规律。中途于 462.5 m 深度套壁后，冻结壁温度有效降低，上部井壁结构强度增强，限制了冻结壁的径向位移，所以前期套壁段下方井壁(即第二、三监测层位处)荷载增长平缓，但因井壁对冻结壁变形的约束作用，井壁荷载持续在后期仍增加，出现了高于永久地压的现象，并在套壁前达到峰值，中止监测前已呈平缓下降趋势。

需要指出的是，实测表明，冲积层中井壁最大径向荷载并未出现在冲积层的最下部，而是出现在冲积层和基岩交界面上方 50～70 m 的厚黏土层中，即主井第四、五监测层位处。这是由于基岩端部嵌固效应的影响，使得冲积层与基岩界面附近冻结壁变形受到约束，制约了冻结压力的升高。

外壁施工过程中，第 2、3、4、5 监测层位，均出现了井壁荷载超过设计值($0.013H$)的情况。此时，需开展适当的井壁收敛量测工作，并密切关注冻结壁温度和钢筋应力及混凝土应变变化。

在 −512 m 深度井壁荷载超过设计值 6.66 MPa(即掘砌后 3.62 d)后，即通报建设方，并在 −509 m 深度处布置收敛监测。受井筒装备制约，仅能测试井壁浇筑后 4～7 d 的数据，实测历时 2.80 d 井壁收敛为 0.49 mm，收敛速率为 0.175 mm/d，小于设定允许变形 1 mm/d，表明收敛量测时该部位井壁结构是稳定的。一旦吊盘下行，井壁收敛量测困难，就需要通过冻结壁温度和钢筋应力及混凝土应变监测来判断井壁的安全状况。以下以实测荷载最大的主井－512 m 第 4 监测层位为例展开介绍。

(2) 温度实测分析

以主井－512 m 第 4 监测层位监测为例，其井壁温度曲线见图 8-48。

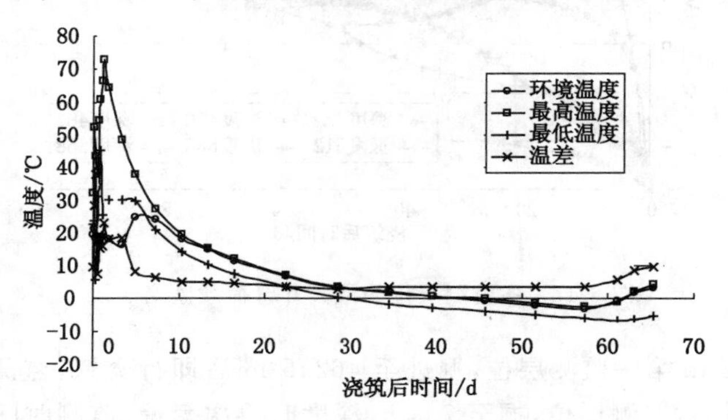

图 8-48　主井－512 m 深度井壁温度监测曲线

外壁混凝土浇筑后，第 4 层监测层位外壁最高温度为 72.9 ℃，出现在浇筑后 1.30 d；此时，混凝土内部温差达到最大，为 23.0 ℃。满足施工组织设计中“最大温差不得大于 25 ℃”的要求，可有效抑制井壁温度裂缝的出现。

套壁前，由于内壁混凝土水化热影响，混凝土温差有所上升，预计套壁后外壁内表面温度可达 60 ℃以上，外壁外表面温度约为－10 ℃。因此，套内壁时，外壁混凝土温差将达到最大。在此条件下，外壁极可能出现温度裂缝。

井壁内、外表面分别在 45.66 d 和 34.49 d 时进入负温。由于高强混凝土具有早期强度普遍较高的特点，其 7 d 强度已远远超过抗冻临界强度，而井壁在 34.49 d 时进入负温，表明该部位无混凝土冻害。

冻结壁内的温度监测曲线见图 8-49，在混凝土浇筑后，贴近井壁一侧冻土温度迅速上升，壁后冻土逐步融化，浇筑后约 7.32 d，冻结壁内测点处冻土全部融化，表明冻结壁的最大融化厚度超过 400 mm；在浇筑后约 22.49 d，冻结壁内测试温度重新全部进入负温；其后，冻土温度进一步降低，至 63.03 d 达到最低，该时刻壁后冻土最高温度为－5.8 ℃，最低温度为－10.60 ℃。

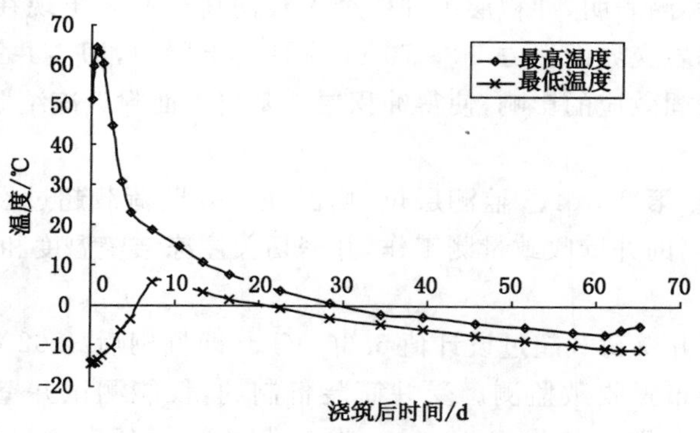

图 8-49　主井－512 m 深度冻结壁温度监测曲线

(3) 外壁钢筋轴力实测分析

外壁钢筋均采用 HRB400(20MnSiV),依据混凝土强度设计规范(GB 50010—2002),其强度设计值为 360 MPa。实测结果表明,主井外壁钢筋应力均小于其设计值。

以主井－512 m 深度处第 4 监测层位为例,见图 8-50。监测过程中:竖向钢筋初期受压,而后压应力减小,逐渐变为受拉,其轴向压应力最大值出现在井壁浇筑后 3 d 内;径向钢筋应力测值相对较小,其变化规律与竖向钢筋相近。冻结凿井期间,竖向和环向筋则主要承受因混凝土约束而产生的温度应力。浇注初期,井壁升温,其后井壁温度逐渐下降至负温。因钢筋的线膨胀系数大于混凝土,导致升温时钢筋受压,降温时钢筋受拉。

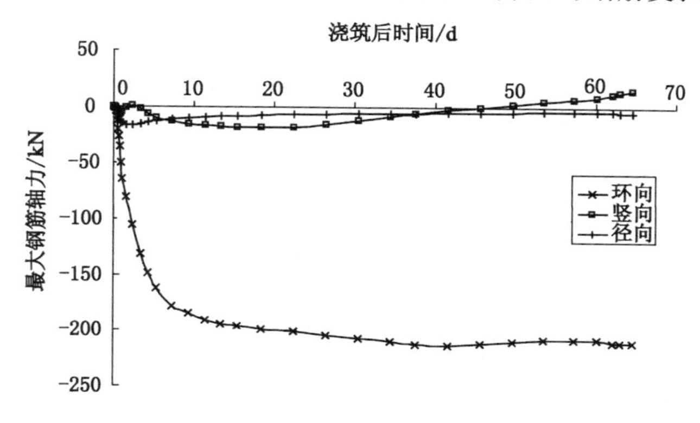

图 8-50　主井－512 m 深度处最大钢筋轴力监测曲线

环向筋应力受井壁荷载控制,并主要表现为压应力(最大为 213.34 kN),其绝对值为竖向钢筋的 8 倍以上,表明环向钢筋发挥了环向承载作用。

(4) 凿井期间外壁混凝土应变实测分析

由主井－512 m 深度处监测结果可知,外壁混凝土应变主要表现为压应变,后期竖向应变逐渐转化为拉应变,见图 8-51。监测过程中,三向应变以环向应变绝对值为最大,最大为－1 304 με;径向应变次之,最大为－562 με;竖向应变绝对值最小,介于－279～235 με 之间。

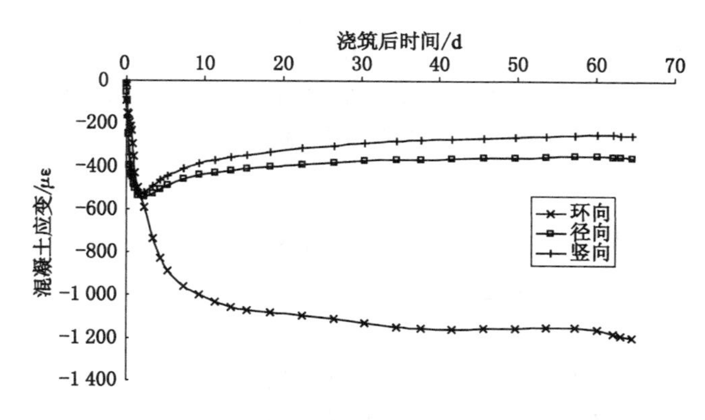

图 8-51　主井－512 m 深度处最大混凝土应变监测曲线

根据室内试验结果和临近矿区的监测成果,设定混凝土极限压应变为－2 500 με,极限拉应变为 500 με。实测各层位混凝土应变均在允许范围内。

8.4.5.3　主要结论

该井筒历经 240 d 的掘砌施工安全穿过 585 m 特厚冲积层。凿井过程中，在下部 6 个危险黏土层位，开展了上部已成型井壁段的温度和受力与变形的监测，对冻结壁和井壁的安全状况进行评价，为矿井井筒的安全施工决策提供了科学的准确的依据，获得以下结论：

① 冻结井筒外层井壁径向荷载最终为永久地压，但达到永久地压的方式受到深度、地层特性、冻结效果和井壁结构等因素的影响，变化规律有显著区别。本工程中，冲积层中井壁最大径向荷载并未出现在冲积层的最下部，而是出现在冲积层和基岩交界面上方厚黏土层中。

② 外壁施工过程中，可能会出现井壁荷载超过设计值（0.013H）的情况，此时，需密切关注井壁收敛、冻结壁温度和钢筋应力及混凝土应变变化，及时提出处置措施。在冻结法凿井监测过程中未出现井壁变形过大的情况，钢筋应力或混凝土应变均在允许的安全范围内。

研究过程中，依据监测成果及时准确做出了在厚黏土层进行中途套壁（－460 m）的工程决策；在－512 m 深度处井壁荷载超过设计值的情况下，根据混凝土应变和钢筋轴力监测成果，判断出井壁结构处于安全状态，避免了不必要的施工变更。可以说，信息化施工监测在该井筒建设中起到了重要作用。

8.5　大跨度网架网壳结构的监测

8.5.1　概述

新型结构的施工和运行更是离不开土木工程测试。以网架网壳结构为例，它是由很多杆件通过节点，按照一定规律组成的网状空间杆系结构。网架结构根据外形可分为平板网架和曲面网架。通常情况下，平板网架简称为网架；曲面网架简称为网壳。网壳结构是曲面形的网格结构，兼有杆系结构和薄壳结构的特性，受力合理，覆盖跨度大，是一种颇受国内外关注、半个世纪以来发展最快、有着广阔发展前景的空间结构。

网架网壳为刚性结构，网架网壳结构作为当今标志性大型建筑的主流结构，往往承担着大型、人流量大的活动。然而，架壳结构由于设计施工、材料原因，使得结构不能满足正常使用要求，易引发工程事故并可能导致大量人员伤亡。因此，它们的健康与运行检测显得格外重要。此外，在结构运行的中后期或出现安全隐患时，可采取的加固措施通常为增加杆件、更换杆件、加焊附加材料、减轻荷重等，其具体加固效果也需要通过工程测试予以确认。

8.5.2　监测方案设计

网架网壳结构的监测设计主要围绕钢结构、拉索、焊缝及风载开展。

8.5.2.1　钢结构应力检测和监测

(1) 应变计方法

表面应变传感器采用高性能弹性材料，经过专门线切割加工、特殊定型及热处理等工艺。采用无线数据采集系统，该系统包括：数据采集器、中转器、通信主机以及 PC 等系统和模块。

(2) X 射线衍射法

当多晶材料中存在内应力时，必然存在内应变与之对应，导致其内部晶面间距发生变化，以及 X 射线衍射谱线发生位移。通过分析衍射峰位的变化，便可以测量材料中内应力大小及方向。目前由于 X 射线应力衍射方法理论基础严谨，试验技术日趋完善，测量结果可靠，并且属于无损检测方法，因而在国内外得到普遍应用。

8.5.2.2　索力监测

(1) 磁通量法

如图 8-52 所示，由两个线圈组成一个电磁感应系统，主要线圈通入直流电，通电瞬时，由于有铁心存在，产生电磁感应现象。会在次要线圈中产生瞬时电流，因此在次要线圈中会测得一个瞬时电压。可以通过该电磁感应系统测量得到的输出电压以及铁心材料的其他材料参数(如横截面面积、温度)等换算得到材料磁导率，因而便可以间接得到铁心材料的应力状态。测量系统中包括冲击电压电源系统、电磁感应双线圈系统、温度测量系统、感应电压测量系统以及结果输出系统。

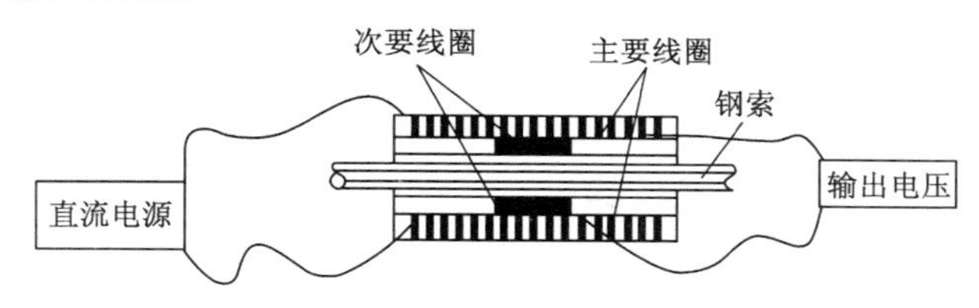

图 8-52　索力监测的磁通量法

(2) 频率法

建筑结构中使用的张紧拉索构件作为拉索支承点的结构总体振动或是其他可能作用其上的荷载振动将会引起这一构件发生局部振动，使拉索中轴力发生周期性变化，尤其是当结构总体振动频率与其横向局部振动频率成倍数关系时，将会引发拉索的自激性参数共振，造成拉锁大振幅的局部振动。因此，可以通过测量拉索自振频率计算拉索索力。

8.5.2.3　焊接裂纹监测

系统由多个完全相同的子模块和一个主模块组成，如图 8-53 所示。每个子模块可测 8 通道(可扩展到 15 通道)，就近布置在被测电阻附近。子模块与主模块之间用 1 根 4 芯屏蔽电缆联系。体积非常小巧，便于安装。子模块内置高精度模数转换器，将电阻值转化为数字信号传送到主模块处理。以下为针对世博轴阳光谷钢结构底层内力较大部位的节点、表面以及焊接位置的表面裂纹的监测。每节点杆件与节点焊接位置处，检测传感器的现场布置，数据要求无线传输。选取阳光谷底层某节点作为检测部位，每部位选择 3 根杆件与节点的焊接位置作为监测点。

8.5.2.4　风效应监测

(1) 风荷载效应监测

风环境监测一般可采用三维超声风速仪、螺旋桨式风速仪或杯式风速仪等。其中，三维超声风速仪的采用频率可以达到 10 Hz 或 100 Hz，风速可达 56 m/s。三维超声风速仪的测定原理是通过测量超声波在一堆超声发生器之间的传播时间，并通过多普勒位移(Doppler shift)来测定该通道的风速分量。

(2) 风压监测

风压监测应与结构的风致响应监测相结合，以建立起有效的荷载响应关系，实现强风灾

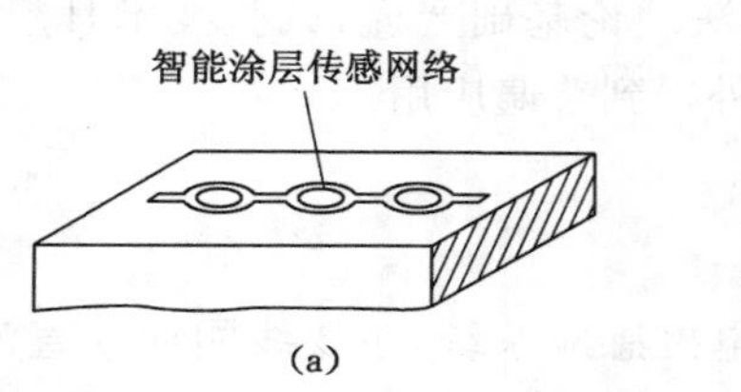

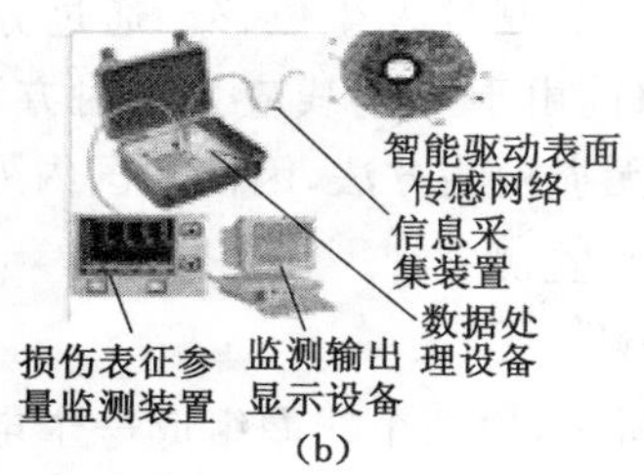

图 8-53　焊接裂纹监测系统示意图

(a) 传感网络；(b) 系统组成

害的预警，以及风荷载作用下结构的损伤识别及性态评估。因此，在建筑立面应考虑沿建筑高度方向均匀设置适当数量的风压测量装置。风压监测采取 Setra 的 Model 264/C264 微差压传感器，这种类型的传感器由不锈钢膜片和一个固定电极构成一个可变电容，当压力变化时电容值发生变化，检测此电容值，并由电子线路将其转换成直流电信号。传感器被封装在一个不锈钢腔体内，因而具有优良的稳定性。

(3) 风振监测

基于加速度频响函数的模型修正法可以直接利用计算和测量得到的加速度频响函数进行模型修正，使修正后模型的频响函数与实际结构的频响函数一致，所以基于加速度频响函数的模型修正技术在结构损伤诊断中具有更实际的工程意义。利用测得的频率可以反算出结构的刚度矩阵，从而可以识别损伤杆件。加速度计是由一个悬挂于硅架复合横梁上的微小硅芯片组成。硅芯片随支架的形变而改变其电阻值，上下表面硅帽提供了超量程保护能力。这种结构，使加速度具有体积小，抗冲击，耐用，内置阻尼和宽带的特点。

8.5.3　工程实例

8.5.3.1　工程实例 1

济南体校 2 号馆为第十一届全运会训练馆，1 层为体操训练室，2 层为武术、蹦床训练室。2 层楼盖平面尺寸 30 m×40 m，采用正方四角锥预应力组合网架结构体系，网架高度 1.8 m，沿网架下弦杆内短向布置 9 道预应力拉索，预应力拉索采用强度级别为 1 860 MPa 的 1×7－ϕ15.24 带 PE 护套的无黏结预应力钢绞线。楼面网架平面如图 8-54 所示。

8.5.3.1.1　施工监测

为保证结构安全及预应力张拉施工的准确性，使张拉完成后的预应力状态与设计要求相符，对张拉过程中结构索力、杆件应力、挠度等进行监测。

监测点布置如下：

(1) 索力监测点布置

索力控制是索张拉施工的核心，为保证索张拉的准确性预应力索张拉过程中通过振弦式应变传感器和电阻应变片监测索力，电阻应变片仅用于监测索张拉时的索力，振弦式应变传感器用于长期监测。索力传感器安装在锚具与下弦球节点之间的钢管上(图 8-55)。

(2) 杆件应力监测点布置

本工程采用振弦式应变传感器监测网架杆件应力，测点布置如图 8-56 所示。

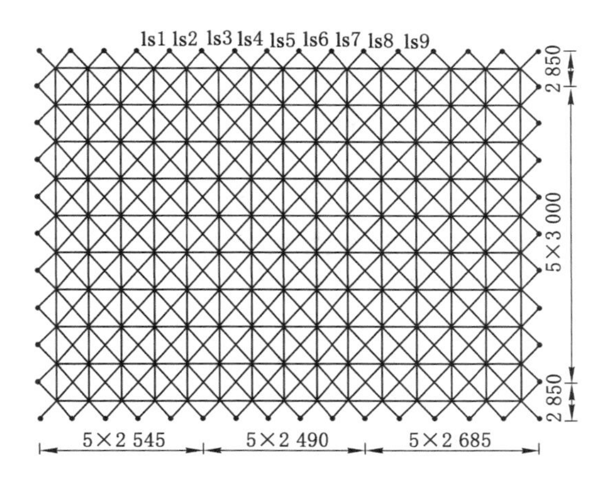

图 8-54　济南体校 2 号馆楼面网架平面图

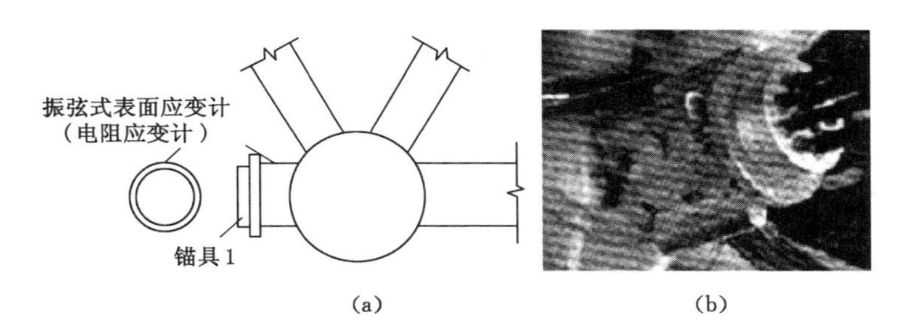

图 8-55　索力测点示意图

(a) 构造;(b) 实物

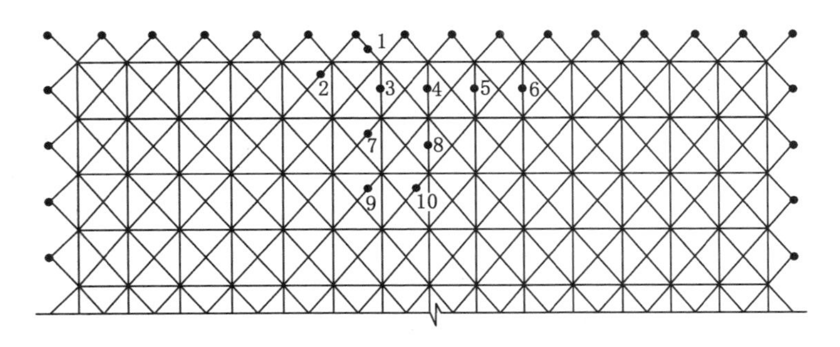

图 8-56　杆件应力测点

(3) 挠度监测点布置

在下弦球节点处布置 20 个监测点,采用全站仪对钢结构挠度变形进行监测,测点布置如图 8-57 所示。

8.5.3.1.2　施工监测结果

(1) 索力监测结果

图 8-58 为监测得到的索力动态曲线。从图 8-58 可以看出,不同工况下索力的理论值和监测值差别不大。ls4,ls6 索的工况 20～24 为找平层施工完成以后的监测值,监测频率

为 1 个月，可以看出施工完毕后预应力索力值趋于稳定，松弛现象不明显。

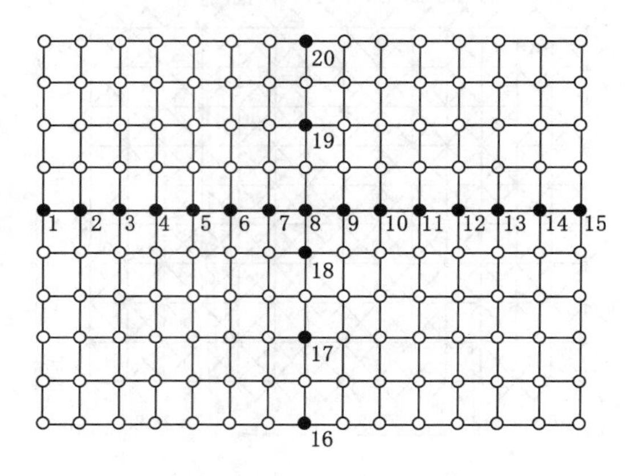

图 8-57 网架下弦挠度测点

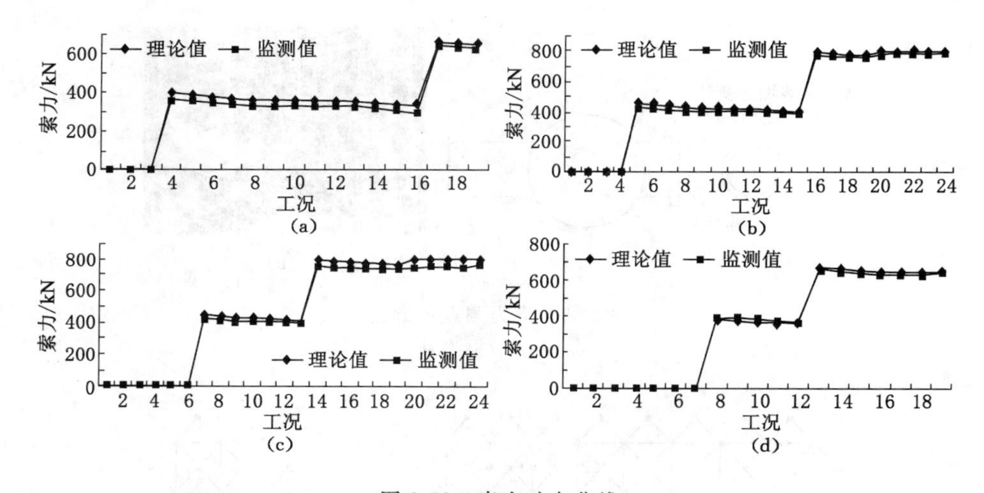

图 8-58 索力动态曲线

(a) 3 号；(b) 4 号；(c) 6 号；(d) 7 号

(2) 杆件应力监测结果

所示网架杆件应力曲线如图 8-59 所示。

分析图 8-59 可以看出，穿索的下弦杆在施加预应力后部分杆件由拉变压，张拉索附近的下弦杆应力变化相对较大。杆件最大应力并不一定出现在施工完成后，若以最终状态作为设计对象，会造成结构的不安全。模拟分析结果和监测结果整体上规律相同，绝大多数杆件的监测值小于理论值，随杆件应力的增大，误差逐渐缩小。

(3) 挠度监测结果

对工况 1 和 19 的挠度进行了监测(图 8-60)，由于理论分析假定网架杆件之间及腹杆与梁之间铰接，造成模型的刚度小于结构的实际刚度。因此工况 1 拆除脚手架后，实测挠度值小于理论分析值，工况 19 预应力施加完成后，与工况 1 相比，挠度减小程度不如理论分析明显。

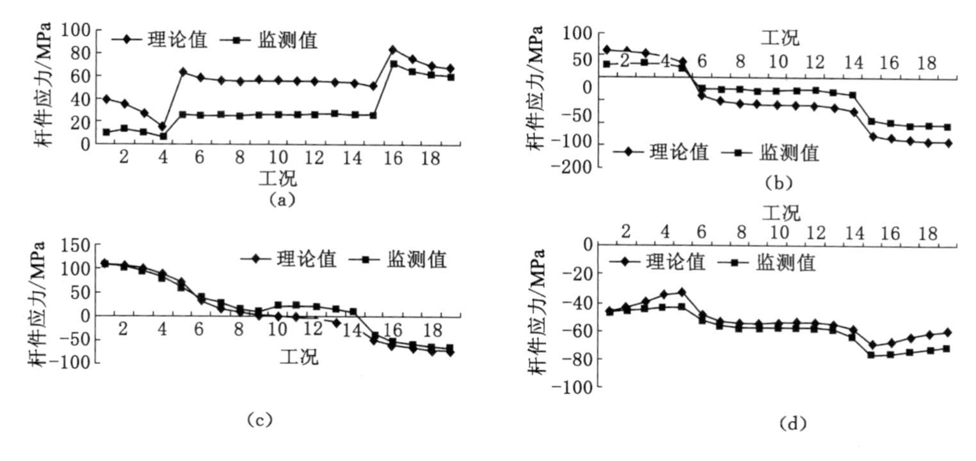

图8-59　网架杆件应力曲线

(a) 1号;(b) 4号;(c) 8号;(d) 10号

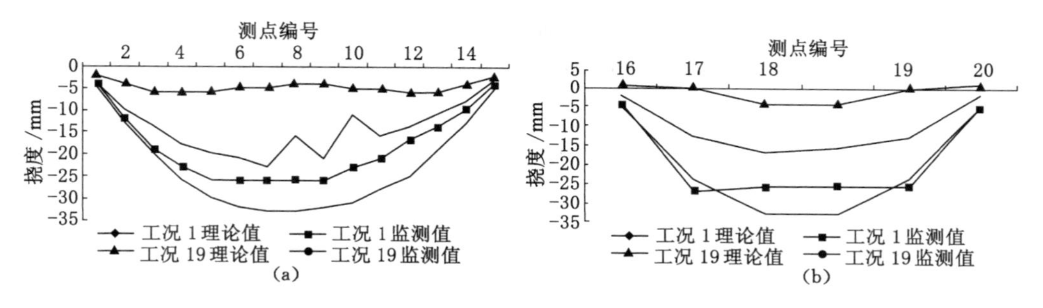

图8-60　网架挠度曲线

(a) 纵向;(b) 横向

综上可以得到如下结论:

① 济南体校2号馆预应力组合网架结构中的混凝土楼板采用全现浇施工工艺,能够保证结构中不同构件的整体协同工作,结构整体受力性能好,且施工工序简单,施工工期短。

② 由于预应力索需分批张拉,部分杆件最大内力并不一定出现在结构最终受力状态,因此对组合网架预应力索张拉阶段的20个工况进行模拟分析,计算出张拉阶段的索施工张力控制值。

③ 为保证结构施工的安全性及预应力索张拉施工的准确性,使张拉完成后的预应力状态与设计要求一致,对张拉过程中结构的索力、杆件应力、挠度进行监测。通过监测有效地保证了施工质量。

8.5.3.2　工程实例2

营口市沿海开发区奥体中心体育馆屋面结构均采用双层网壳和弦支穹顶结构,网壳节点采用焊接空心球。屋面结构以及测点布置如图8-61所示。利用X射线衍射方法,检测12根拉杆方向(径向)的内应力,每根杆件在同一轴线位置上选取两个点,考虑到可能的测量误差,将两个点的测量值相加取平均值作为该杆件的实际受力,并以此结果与设计值对比,检验施工情况及结构的安全性状况。测量结果如图8-62所示。

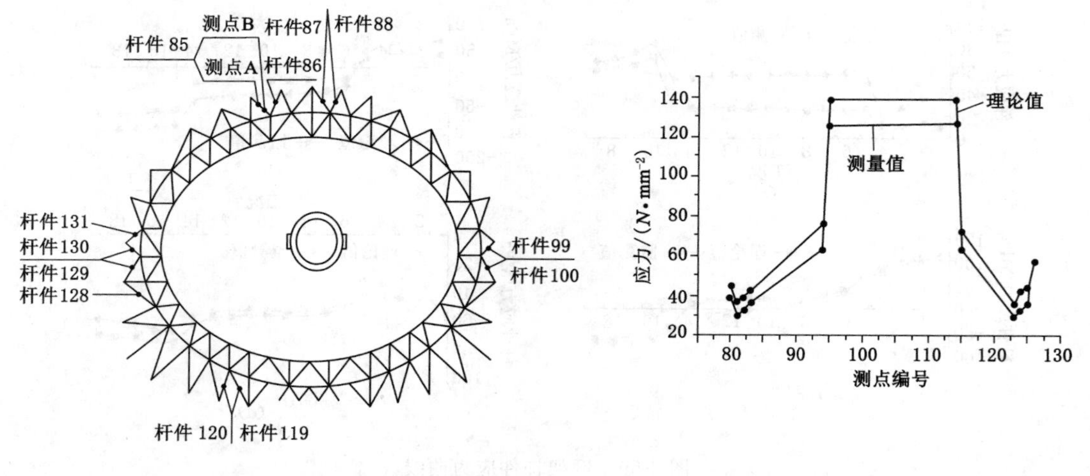

图 8-61　营口体育馆结构及测点布置

图 8-62　营口体育馆测量结果

在该体育场现场通过在拉索上安装加速度计，人为激起拉索振动，采集各拉索的一阶振型频率。待测试的 4 根桅杆共 24 根拉索编号如图 8-63 所示。监测过程及结果如图 8-64 所示。

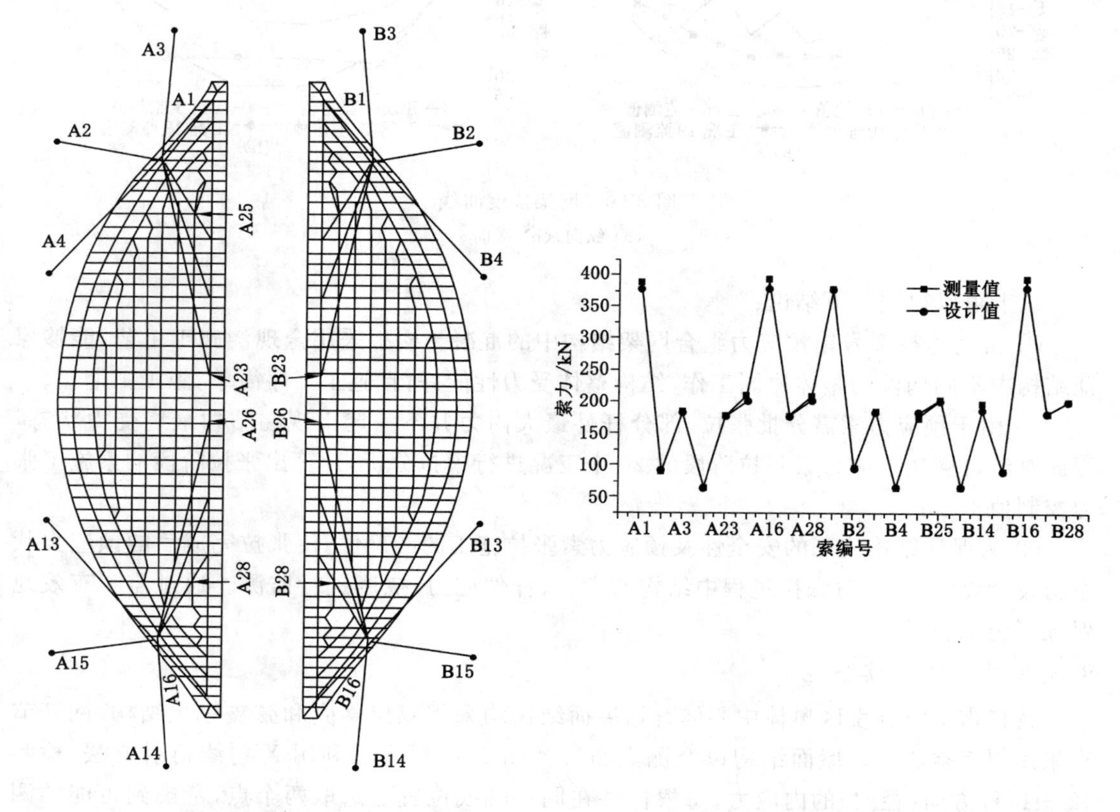

图 8-63　营口体育场拉索测点布置

图 8-64　营口体育场索力监测结果

练　习　题

一、填空题

1. 基坑工程监测的测点布置应有________和________。选择监测的点、施工段基本上能反映整个结构的________或________情况，起到监测的预警作用。

2. 安全等级为________、________的支护结构，在基坑开挖过程中与支护结构使用期内，必须进行支护结构的水平位移监测和基坑开挖影响范围内建(构)筑物、地面的沉降监测。

3. 新奥法着眼于洞室开挖后形成塑性区的二次应力重分布，它通过对最直观、最易获得的监测数据——________的量测和分析，来确定合理的________及其________。

4. 隧洞工程的监测包括________、________和洞内外巡视。

二、简答题

1. 简要介绍高层建筑监测的项目。

2. 列举基坑监测的主要项目和监测手段。

3. 隧洞工程监测方法和测点布置如何设计？

4、动力特性监测的项目和手段有哪些？请结合具体工程予以说明。

三、思考题

新型结构中监测系统设计时应考虑的主要因素有哪些？测试项目和测点布置应如何选择？

参考文献

[1] 长江水利委员会长江科学院.工程岩体分级标准:GB 50218—2014[S].北京:中国计划出版社,2014.

[2] 陈成宗,何发亮.隧道工程地质与声波探测技术[M].成都:西南交通大学出版社,2005.

[3] 单宝华,欧进萍.海洋平台结构管节点焊缝超声相控阵检测技术[J].焊接学报,2004(6):35-37.

[4] 方祖捷,秦关根,瞿荣辉,等.光纤传感器基础[M].北京:科学出版社,2013.

[5] 洪松林,等.数据挖掘技术与工程实践[M].北京:机械工业出版社,2014.

[6] 胡时胜.动态加载装置和动态测试技术[J].实验力学,1987,2(1):27-42.

[7] 胡向东.传感器与监测技术[M].北京:机械工业出版社,2013.

[8] 胡志坚.大跨度钢桁架拱桥静动力相似模型[J].中国公路学报,2014,27(9):82-89.

[9] 黄声享,尹晖,蒋征.变形监测数据处理[M].武汉:武汉大学出版社,2003..

[10] 吉林工业大学农机系,第一机械高压泵农业机械科学研究院.应变片电测技术[M].北京:机械工业出版社,1978.

[11] 赖寒,何志军,丁洁民.上海中心大厦考虑施工过程的竖向变形及差异分析与研究[J].结构工程师,2011,27(6):14-21.

[12] 黎敏、廖廷彪.光纤传感器及其应用技术[M].武汉:武汉大学出版社,2012.

[13] 李川.光纤传感器技术[M].北京:科学出版社,2012.

[14] 李大心.探地雷达方法与应用[M].北京:地质出版社,1994.

[15] 李飞.桥梁动挠度测试方法的研究[D].天津:天津大学,2012.

[16] 李晗,杨彬,张其林,等.上海中心施工过程动力特性的数值模拟与监测[J].中南大学学报(自然科学版),2014,45(7):2369-2377.

[17] 廖红建.岩土工程测试技术[M].北京:机械工业出版社,2007.

[18] 林维正.土木工程质量无损检测技术[M].北京:中国电力出版社,2008.

[19] 刘宝有.钢弦式传感器及其应用[M].北京:中国铁道出版社,1986.

[20] 刘洋.对回弹法检测混凝土抗压强度的几点看法和适应性探讨[J].工程质量,2012,30(11):76-78.

[21] 柳锋,王骥,迟云.组合网架结构预应力施工模拟分析与监测[J].施工技术,2011,40(339):33-36.

[22] 马超锋,李晓,等.工程岩体完整性评价的实用方法研究[J].岩土力学,2010,31(11):3579-3584.

[23] 毛毳,李义生.电测、光弹法在土木工程中的应用[J].天津:天津城市建设学院学报,1998,4(1):1-8.

[24] 强锡富.传感器[M].北京:机械工业出版社,2000.

[25] 任建喜.岩土工程测试技术[M].武汉:武汉理工大学出版社,2009.
[26] 陕西省建筑科学研究设计院,同济大学.超声波检测混凝土缺陷技术规程:CECS 21:2000[S].北京:中国工程建设标准化协会,2000.
[27] 陕西省建筑科学研究院,浙江海天建设集团有限公司.回弹法检测混凝土抗压强度技术规程:JGJ 23—2011[S].北京:中国建筑工业出版社,2011.
[28] 盛骤.概率论与数理统计[M].北京:高等教育出版社,2008.
[29] 宋雷,刘天放,黄家会,等,冻结壁发育状况的探地雷达探测研究[J].中国矿业大学学报,2005,34(2):143-147.
[30] 宋雷,杨维好,李海鹏.郭屯煤矿主井冻结法凿井信息化监测技术研究[J].采矿与安全工程学报,2010,27(1):19-23.
[31] 宋彧,李丽娟,张贵文.建筑结构试验[M].重庆:重庆大学出版社,2001.
[32] 唐文彦.传感器[M].北京:机械工业出版社,2014.
[33] 唐贤远,刘岐山.传感器原理及应用[M].成都:电子科技大学出版社,2000.
[34] 王冬梅.结构动载试验[M].北京:北京工业大学出版社,2000.
[35] 王克协,崔志文.声波测井新理论和方法进展[J].物理,2011,40(2):88-98.
[36] 王强.敏感环境下深大基坑开挖实测分析及数值模拟[J].土木工程学报 2011,44(S2):98-101.
[37] 王天稳.土木工程结构试验[M].武汉,武汉大学出版社,2014.
[38] 王衍森,程建平,薛利兵,等.冻结法凿井冻结壁内部冻胀力的工程实测及分析[J].中国矿业大学学报,2009,38(3):303-308.
[39] 魏建明,等.寨了隧道监控量测成果分析及应用[J].公路与汽运,2011(1):146-148.
[40] 夏才初,李永盛.地下工程测试理论与监测技术[M].上海:同济大学出版社,2009.
[41] 夏才初,李永盛.地下工程测试理论与监测技术[M].上海:同济大学出版社,1999.
[42] 夏才初.土木工程监测技术[M].北京:中国建筑工业出版社,2002.
[43] 谢毅,柯在田.用地震式低频振动传感器测量桥梁的挠度[J].清华大学学报(自然科学版),1994(5):48-56.
[44] 熊海贝,张俊杰.超高层结构健康监测系统概述[J].结构工程师,2010,26(1):144-150.
[45] 杨德建,马芹永.建筑结构试验[M].武汉:武汉理工大学出版社,2010.
[46] 杨薇,唐炫.灰色预测模型在隧道拱顶变形预测中的应用[J].轻工科技,2013(5):88-89.
[47] 杨旭旭,王文庆,靖洪文.围岩松动圈常用测试方法分析与比较[J].煤炭科学技术,2012,40(8):1-5,54.
[48] 杨艳敏,刘殿忠.土木工程结构试验[M].武汉:武汉大学出版社,2014.
[49] 姚天祥,等.灰色预测理论及其应用[M].北京:科学出版社,2014.
[50] 姚姚.地震波场与地震勘探[M].北京:地质出版社,2006.
[51] 姚振纲,刘祖华.建筑结构试验[M].上海:同济大学出版社,1996.
[52] 姚直书,蔡海兵.岩土工程测试技术[M].武汉:武汉大学出版社,2014.
[53] 叶成杰.土木工程结构试验[M].北京:北京大学出版社,2012.
[54] 易伟建,张望喜.建筑结构试验[M].北京:建筑工业出版社,2005.
[55] 于俊英.建筑结构试验[M].天津:中央广播大学出版社.2003.

[56] 俞云书.结构模态试验分析[M].北京:宇航出版社.2000.
[57] 郁有文,常健,程继红.传感器原理及工程应用[M].西安:西安电子科技大学出版社,2008.
[58] 袁海军,李竹成.建筑结构检测鉴定技术及实例剖析[M].北京:中国建筑工业出版社,2012.
[59] 詹姆斯·D·汉密尔顿.时间序列分析[M].北京:中国人民大学出版社,2015.
[60] 张俊平.土木工程试验与检测技术[M].北京:中国建筑工业出版社,2013.
[61] 张俊平.土木工程试验与检测技术[M].北京:中国建筑工业出版社,2013.
[62] 张其林,陈鲁,朱丙虎,等.大跨度空间结构健康监测应用研究[J].施工技术,2011,40(4):3-8.
[63] 张如一,沈观林,李朝弟.应变电测与传感器[M].北京:清华大学出版社,1998.
[64] 张小俊,宋雷,黄家会,等,山区高速公路岩溶路基的探地雷达探测[J].贵州大学学报(自然科学版),2009,26(5):28-31.
[65] 赵庶旭,等,神经网络:理论、技术、方法及应用[M].北京:中国铁道出版社,2013.
[66] 赵望达.土木工程测试技术[M].北京:机械工业出版社,2014.
[67] 赵望达.土木工程测试技术[M].北京:机械工业出版社,2014.
[68] 郑绣瑗,谢大吉.应力应变电测技术[M].北京:国防工业出版社,1985.
[69] 中国建筑科学研究院.超声回弹综合法检测混凝土强度技术规程:CECS 02:2005[S].北京:中国工程建设标准化协会,2005.
[70] 中国建筑科学研究院.钢结构现场检测技术标准:GB/T 50621—2010[S].北京:中国建筑工业出版社,2010.
[71] 周杏鹏,传感器与监测技术[M].北京:清华大学出版社,2010.
[72] ABO-QUDAIS S A. Effect of concrete mixing parameters on propagation of ultrasonic waves [J]. Construction and building materials,2005,19(4):257-263.
[73] ANNAN A P. GPR-History, Trends, and Future Developments [J]. Subsurface Sensing Technologies and Applications,2002,3(4): 253-270.
[74] BLITZ J,SIMPSON G. Ultrasonic Methods of Non-destructive Testing[M]. London: Chapman and Hall,1996.
[75] CHAI H K,MOMOKI S,KOBAYASHI Y,et al. Tomographic reconstruction for concrete using attenuation of ultrasound[J]. NDT & E International,2011,44(2):206-215.
[76] LEUCCI G,MASINI N,PERSICO R,et al. GPR and sonic tomography for structural restoration: the case of the cathedral of Tricarico[J]. Journal of Geophysics and Engineering,2011(8):76-92.
[77] LIN SHIBIN SHAMS, et al. Ultrasonic imaging of multi-layer concrete structures [J]. NDT & E International,2018(98):101-109.
[78] SALINAS V,SANTOS-ASSUNÇAO S,PÉREZ-GRACIA V. GPR Clutter Amplitude Processing to Detect Shallow Geological Targets[J]. Remote Sens,2018,10(1):88.
[79] SONG LEI, YANG WEIHAO, HUANG JIAHUI, et al. GPR utilization in artificial freezing engineering [J]. Journal of Geophysics and Engineering,2013,10(3):55-60.